城市交通规划编制体系研究与实践

武汉市交通规划设计研究院　编著

中国建筑工业出版社

图书在版编目(CIP)数据

城市交通规划编制体系研究与实践／武汉市交通规划设计研究院编著．—北京：中国建筑工业出版社，2011.10
ISBN 978-7-112-13631-5

Ⅰ．①城… Ⅱ．①武… Ⅲ．①城市规划：交通规划－研究 Ⅳ．① TU984.191

中国版本图书馆CIP数据核字（2011）第197591号

责任编辑：施佳明　陆新之
装帧设计：嘉泰利德
责任校对：赵　颖　陈晶晶

城市交通规划编制体系研究与实践
武汉市交通规划设计研究院　编著
*
中国建筑工业出版社出版、发行（北京西郊百万庄）
各地新华书店、建筑书店经销
北京嘉泰利德公司制版
北京画中画印刷有限公司印刷
*
开本：880×1230毫米　1/16　印张：17½　字数：530千字
2011年11月第一版　2011年11月第一次印刷
定价：170.00元
ISBN 978-7-112-13631-5
(21405)

本书编委会

顾　　问： 张文彤　盛洪涛

主　　编： 张本湧　何继斌

副 主 编： 肖敬宪　郭新建　刘东兴　陈　华

参编人员： 孙小丽　李建忠　陈光华　白　帆　戴义军　阮祥怀
郑　猛　佘世英　黄　澍　徐　中　聂华波　刘　金
路　静　王　东　孙贻璐　黄广宇　潘欣欣　彭武雄
龚全州　熊建平　王志强　刘进明　李玲琦　杨　伟
韩丽飞　官　廉　姜　荣　汪　涧　张虹艳

前　言

随着我国社会经济的快速发展和城市化、机动化进程的不断加快，近年来，国内各大城市交通供需矛盾日益突出，交通拥堵现象日益加剧，城市交通规划作为指导城市交通建设和管理的公共政策，地位和作用随之凸显，逐渐从早期单一的道路交通规划，发展到涵盖交通发展战略、综合交通规划、分区交通规划、专项交通规划以及实施性交通规划等不同层面的城市交通规划编制体系。

2008 年实施的《城乡规划法》，明确提出城市综合交通规划是城市总体规划的重要组成部分，对其编制的内容、深度提出了相应的要求。同时，交通规划作为相对独立的体系，在实践中存在着规划类型不全、逻辑关系松散、法律地位不高等问题。从交通规划内容的复杂性和促进城市发展的重要性出发，迫切需要开展交通规划编制体系研究，探索建立适应当前城市交通发展自身特点的规划编制体系，从而更好地指导城市交通规划工作，提高规划编制的科学性、系统性。

本书在充分梳理和总结国内外城市，特别是武汉市的交通规划实践的基础上，从理论探索、基础研究、规划实践三个层面，对城市交通规划编制体系作了系统总结，归纳和划分了城市交通规划的工作内容，明确了交通规划的不同类型和各类交通规划的编制主体、主要任务、工作内容和深度要求，提出了一套系统完整的城市交通规划编制体系。理论探索篇主要根据当前城市交通规划面临的新形势，借鉴国内外城市交通规划编制经验，提出了城市交通规划体系的总体框架和基本构成；基础研究篇概括了交通基础研究的发展历程，对综合交通调查、交通预测模型、交通信息平台的理论与实践进行了研究；规划实践篇结合近年来武汉市交通规划实际工作，对城市交通发展战略研究、城市综合交通规划、城市交通分区规划、城市交通专项规划、城市交通实施规划等内容进行了总结。

本书在理论研究的基础上，通过引用大量交通规划实例，运用最新图片和数据资料，以期达到图文并茂、通俗易懂的效果。既可以作为从事城市交通规划、建设、管理专业人员和决策者的参考用书，也可以作为城市规划、交通工程等相关专业的教学用书。

本书主编单位武汉市交通规划设计研究院是国内较早成立的从事城市交通规划的专业机构之一，多年来积累了丰富的交通规划理论知识和实践经验，拥有一批高素质的交通规划人才队伍。本书凝结了全院在交通规划编制与实践中的集体智慧，希望得到广大交通规划同行的批评指正。

武汉市交通规划设计研究院

2011 年 10 月

目　录

上篇　理论探索篇

下篇 规划实践篇

上篇

理论探索篇

第1章　城市交通规划面临的形势

1.1　城市发展对城市交通规划的要求

1.1.1　我国城市发展的主要特征

改革开放以来，随着社会、经济的快速发展，我国城市化水平有了巨大提升，人口集聚、地域延展，城市人口规模和空间范围都达到了历史最高峰，城市的空间尺度、土地利用以及交通发展步入了一个全新的阶段。我国的城市发展呈现出以下特征。

1）城镇化进程不断加快，城市发展出现新格局

现阶段，城镇化依然是推动经济增长的持续动力。从20世纪90年代初期至今，我国城市化水平每年提高大约1%，2010年全国的城市化水平已经达到了47.5%，部分地区甚至达到了75%以上。快速的城市化进程使每年约1500万人成为城市人口，形成世界前所未有的人口大迁移局面。随着人口政策的变化和城市经济的增长，我国城镇功能普遍增强，大城市对人口的吸纳能力和对周围城镇的辐射带动作用不断加强，中小城市在数目和规模上都迅速扩张，沿海、内地经济发展较快的地区和城镇密集地区迅速发育，都市圈的发展初现端倪，城镇化发展出现以大带小、区域整体推进的新格局。

2）城市用地不断扩张，空间结构不断调整

随着2000年以来土地有偿出让制度的实施，城市进入了社会经济和城镇化进程的高速发展时期，城市用地快速扩张。以武汉市为例，主城区建成面积由2000年的270km²增加至2009年的430km²，全市常住人口由800万增长至979万，人均GDP突破10000美元。城市用地向外围拓展主要表现为，人口向外围蔓延，制造业、物流业向外围地区扩散，基础设施向外围延伸等几个方面。这些变化促使我国城郊地区飞速发展，迅速带动了城市外围地区相关产业和城市服务业的发展，同时也促进了城市空间结构的调整。

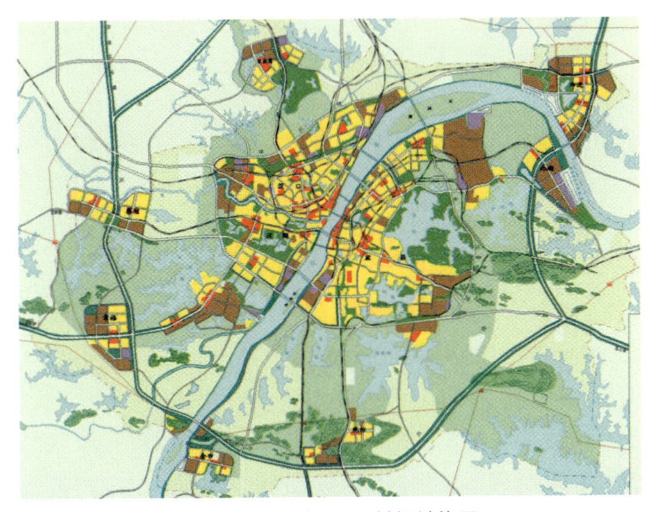

图1-1　武汉市96版总规结构图

随着城市经济的快速发展和机动化水平的迅速提高，许多城市跨越了曾制约其发展的自然地理屏障，在空间上通过跨江、跳出中心城区、结合重大交通设施以及利用以前的工业园区建设新城等调整城市空间形态，从而打破了蔓延式的城市空间拓展模式，各大城市都开始探寻新的、适合的城市发展模式。例如，上海在浦东开发的基础上，拓展沿江沿海发展空间，形成由宝山新城、外高桥港区、空港新城、上海化学工业区、金山新城等组成的滨水城镇和产业发展带；北京由单中心饼状发展调整为涵盖京津唐地区的“两轴、两带、多中心”的城市结构，规划顺义、通州、亦庄三个东部重点新城。武汉市也对城市的发展模式进行了新一轮的调整，国务院批复的武汉市新一轮城市总体规划提出在都市发展区形成“以主城为核心、多轴多心”的开放式城市空间结构，城市空间布局由原来的“主城＋卫星城”逐步向“主城＋新城组群”布局结构转变，依托区域性交通干道和轨道交通组成的复合型交通走廊，布置六大新城组群，构成以交通为导向、有机生长的“轴向组群式”城市空间拓展形态。

图 1-2　武汉市新版总规空间拓展图

3）以特大城市为中心，区域一体化协调发展趋势明显

中国的城市发展正逐步迈入城市群、城市带和城市圈的发展时期。根据国家“十二五”规划，城市与区域协调发展是我国城市未来发展的主导方向，其重点就是：“以大城市为依托，以中小城市为重点，逐步形成辐射作用大的城市群，促进大中小城市和小城镇协调发展。”

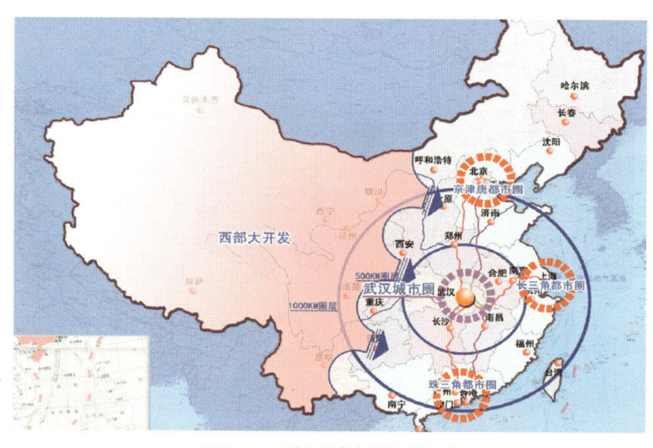

图 1-3　武汉城市圈区位图

“区域一体化协调发展”既是城市自身发展的要求，同时也促进了区域经济的整体繁荣和共同发展。例如，我国东部沿海地区三大城市群就集聚了全国 25% 的人口和 36.3% 的 GDP。其中，上海是长三角城市群和经济区的龙头；珠三角城市群中广州和深圳无疑发挥着中心城市的作用；北京和天津是环渤海湾城市群和经济区的核心城市。因此，通过城市的发展带动区域的联动，实现城市与区域的一体化，进而加速推进城市化，将成为全社会的共识与政府的主要努力方向。以湖北省为例，2003 年 11 月湖北省作出重大决策，正式提出构建“武汉城市圈”，并于 2007 年 12 月 14 日正式获得国务院批准。武汉与城市圈 8 市 1 小时交通圈的形成、577km 的武汉城市圈城际铁路规划等建设规划举措，都是湖北 9 市联动发展、建立一体化的政策框架，是政府为提高城市圈的整体竞争力所作出的积极探索与实践，对促进武汉城市圈区域经济社会发展具有重要意义。区域一体化协调发展，必将成为今后城市与区域联动发展的新的增长源。

图 1-4　武汉城市圈城市空间分布图

4）城市发展目标从“以经济为主导”向“以人为本、环境优先”全面发展

随着我国经济的快速增长，各项建设均取得了巨大成就，但同时也付出了极大的资源和环境代价，经济发展与资源环境的矛盾日益尖锐，城市及周边地区的能源、环境、生态及资源必将面临越来越大的压力。同时，在发展的过程中也极易滋生西方城市发展过程中曾出现的贫富悬殊、环境恶化、污染严重、犯罪增加、住房困难、交通拥挤等所谓的“城市病”。

为了贯彻落实科学发展观、构建社会主义和谐社会、建设资源节约型和环境友好型社会，许多城市转变了只追求 GDP 增长、忽视城市可持续发展的发展观，坚持“以人为本、环境优先”的基本原则，展开了与城市化进程相关的能源、环境、交通、公共卫生等各个领域的研究。“集约化发展”、“可持续发展”、“绿色城市”和“生态城市”等概念已逐步渗透到城市规划、建设的各个领域。

1.1.2 当前城市发展对交通规划的要求

进入新时期，我国城市化进程不断加快、城市规模日益扩大，居民日均出行次数和机动车保有量逐年增加，城市交通需求急剧扩大，供需矛盾日渐突出，引发了一系列城市交通问题。但其根本原因是城市发展与交通系统的不协调。新时期，我们需要重新审视城市交通与城市发展之间的关系，研究新的发展形势下城市交通规划的新变化、新任务和新要求。

1.1.2.1 当前城市交通发展的特征

1）城市交通机动化水平发展迅猛

随着社会经济发展水平的提高，城市私人机动车数量迅速增长，多数城市已经迈入了机动化快速发展时期，部分特大城市已经开始进入普及阶段。截至 2010 年底，北京和上海的机动车保有量分别达到了 480 万辆和 283 万辆（图 1–8），武汉、长沙等城市的机动车保有量也纷纷突破 100 万辆。城市交通机动化水平的迅猛发展已经成为当前我国城市交通发展最主要的特征。

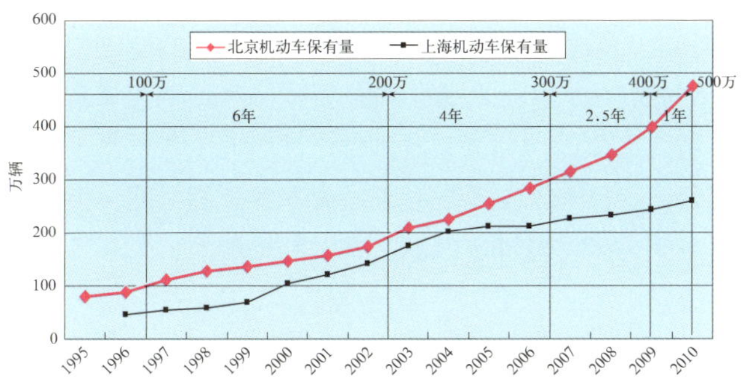

图 1–5 1995 年以来北京、上海机动与拥有量变化图

城市交通机动化发展，使城市活动的范围大大扩展，改变了城市居民的生活方式，大大提高了城市居民出行的机动性。而机动性的提高在增加居民出行距离和出行次数的同时，使得城市在道路交通承载力、停车设施、交通管理等多个方面面临巨大的考验，也使城市交通可持续发展问题成为各级政府和各阶层居民关注的对象。

2）交通设施建设力度空前

随着城市交通机动化的迅猛发展和城市拥堵问题的日益突出，各级政府高度重视交通问题，交通设施投资比例、建设速度和建设规模逐年提升，达到了历史最高水平。大规模投资使城市交通基础设施水平迅速改善，部分城市的快速道路（包括高速公路）、轨道交通、公共汽车交通、交通枢纽等城市交通基础设施硬件建设已经迈入世界一流水平。以北京市为例，自 2003 年以来，北京市城市道路由 2003 年的 3055km 增至 2009 年的 6247km，建成 5 个综合客运枢纽和一批换乘中心，建成大容量快速公交线路 3 条，优化调整公交线路 689 条，地铁日均客运量由 2003 年的 129 万人次上升到 2009 年的 532.8 万人次，增长 4.13 倍。至 2009 年，北京市已建成 9 条线路、总长 228km 的轨道交通网络，轨道交通与地面公交日均客运量由 2003 年的 1039 万人次上升到 2009 年的 1805 万人次，增加了 73.8%；2009 年居民公共交通出行比例达到 38.9%，比 2003 年提高了 10.7%。

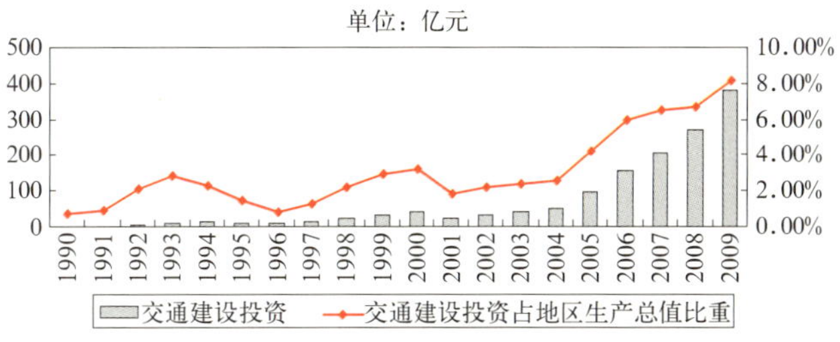

图 1–6 武汉市交通投资比重发展趋势

自 2000 年以来，武汉市的交通设施建设力度也不断增强，武汉市与周边城市的高速路出入口、跨长江过江通道、城市快速路、主干道建设力度不断加大。武汉市的年度交通建设投资从 2000 年的 40 亿元增加到 2009 年的 382.3 亿元，主城区道路里程由 2000 年的 1332km 增加至 2009 年的 2542km。

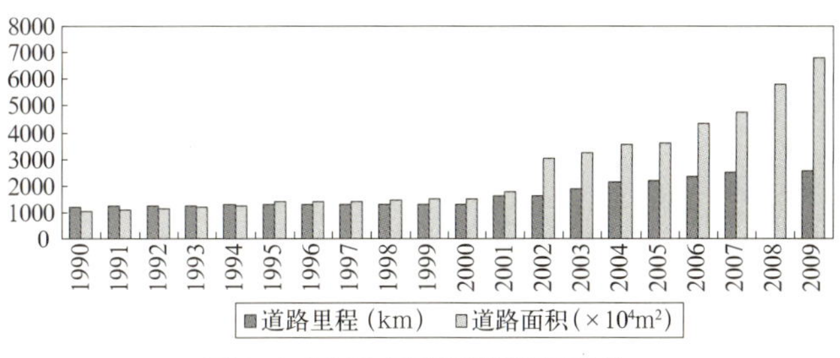

图 1–7 近 20 年武汉道路里程变化

3）交通拥堵日益严重

“拥堵”是当前大城市交通运行中的普遍现象。汽车工业的成功，使之成为驱动国家经济发展的动力，并让人们在享受机动化带来的机动性、舒适性提高的同时，也在忍受机动化带来的无休止的拥堵。自 20 世纪 80 年代以来，我国特大城市市区机动车高峰小时平均速度已由过去的 20km/h 左右下降到现在的 12km/h 左右。在一些大城市中心区，机动车平均速

度甚至已下降到 8 ～ 10km/h。特大城市大部分地区高峰时段道路交通量接近饱和，有的城市中心区交通已接近半瘫痪状态，部分特大城市已经从上下班拥堵扩展到不分时段、场合的拥堵。随着交通机动化的普及，交通拥堵正在从特大城市迅速扩散到大城市，甚至中等城市，成为目前城市交通运行的“常态”。我国每年因城市交通不畅、运输效率下降造成的经济损失高达数百亿元。

现代化公共交通在城市交通系统中的作用举足轻重，发展公共交通是缓解城市交通拥堵问题的重要手段之一。但目前由于资金不足，城市常规公共交通的发展在公交线网调整优化、场站建设、换乘接驳等方面的投资较少，致使公交枢纽站、首末站等基础设施建设滞后于公共交通的发展需求；公交尚未形成层次性，缺乏成系统的快速、大运量公共交通体系，公交运营效率低下；城市对内交通和对外交通换乘衔接效率不高，可靠度较差，造成公交自身服务质量不高，吸引力不够。以武汉市为例，武汉市公交线路平均长度约 20km，换乘系数为 1.15，公交出行分担率为 23.8%，公共交通服务水平不高，在居民出行中公交出行分担率还没有占据主导地位。

4）交通环境持续恶化

随着城市交通机动化的快速发展，我国城市交通环境持续恶化：一些大城市的居民出行调查显示，从 20 世纪 80 年代后期至 90 年代中期，人们出行总量增长了一倍以上；进入 21 世纪，汽车生产和销售量更是以两位数高速增长，加剧了机动车对城市的污染；一些城市机动车排放的污染物对多项大气污染指标的贡献率已达到 60% 以上。与此同时，以“机动车优先”为主导的各项规划和建设造成人行交通和非机动车交通的路权问题被忽略，步行困难的问题日益突出。道路拥挤、步行困难、车祸多、车速慢和环境污染成为当前城市交通环境的真实写照，也成为我国城市发展的制约因素。

由此可见，虽然近几年国内城市交通建设取得显著成就，但依然存在交通设施供给不足、轻管理重建设、交通拥堵时空扩散、公交服务水平不高、施工期交通影响较大、交通污染严重等问题。

1.1.2.2 当前城市发展对交通规划的要求

新时期带来了城市交通发展的新变化，赋予了城市交通新的作用与责任，城市交通规划正面临着新的形势和发展要求。

1）交通规划要进一步突出前瞻性，引导城市有序拓展

在当前区域协调一体化发展的背景下，大多数城市正在经历城市规模的拓展和空间结构的调整。而城市的发展和空间演化是与城市交通的机动化紧密联系在一起的，城市往外拓展和区域的协调发展必须以交通作为支持条件。交通战略的选择将会影响到城市空间布局形态的选择，交通设施的建设会影响城市的拓展方向，交通系统的规划与建设将会影响到城市未来很长一段时间的发展。因此，交通规划必须具有前瞻性：通过交通系统积极引导城市的土地开发，使城市土地开发强度与交通系统承载力相协调；通过交通网络结构的调整和重大交通枢纽设施布局的调整，达到有效引导城市空间结构调整和实现区域协调一体化发展的目标，从而实现交通引导城市健康发展（TOD）。

2）交通规划要进一步突出系统性，统筹协调城市规划、建设和管理

随着交通规划地位的不断提升，交通规划不再仅仅是缓解交通拥堵的技术手段，而是承载了更多的社会责任。上至国家政策的落实、城市发展战略的制定，下至规划的建设、实施和管理都需要以交通规划为依据，而编制城市交通规划的最终目标也是服务于城市发展的各个方面。因此，交通规划必须要有系统性，综合全面考虑各个方面，与城市规划、建设和管理的各个环节全面对接。

从城市交通系统本身来讲，它是由若干不同功能的子系统组成的，每一个子系统又包含若干构成要素。构成城市交通系统的要素有人、车、交通基础设施及环境（既包括自然环境因素，也包含城市运营管理的各类社会环境因素）。城市交通系统又可分为载体子系统（包括各类交通网络、场站和交通工具）、运输子系统（包括运输方式的构成及运输组织管理等）以及交通管理子系统等。

子系统之间及子系统内的各要素之间是一种相互依存与相互制约的关系，而每一个子系统同时又作为另一个子系统的外部环境条件而存在。系统要素是系统的基础。随着系统要素数量、质量及其交互作用的变化，势必引起一个或几个交通子系统结构发生改变，进而使整个交通系统产生变化，出现系统内的连锁反应。

城市交通系统有其自身的规律性，同时，它作为城市大系统的有机组成部分，其与外部环境（社会经济形

态、社会发展水平、城市规模、土地利用布局、城市综合管理水平等）之间也有较强的作用与反作用机制。交通系统的运行状态，不仅有赖于系统自身的构成与运行机制，而且还取决于系统与外部环境之间的相互作用结果。由于城市交通系统具有这种与外部环境间交互作用的特性，所以城市交通规划就不能就交通论交通，而是应当从城市交通系统的内在机制及其与外部环境条件之间的交互作用关系出发，统筹协调交通规划与城市规划、建设和管理的关系，分析交通症结和制定对策。

3）交通规划要进一步突出主动性，促进城市可持续发展

在当前，能源、环境和土地资源的限制决定了我国必须走紧凑型城镇化的道路。土地供应已经成为了城市发展的硬制约，一切城市空间活动都必须在土地供应的框架内实现；能源与环境的控制目标也决定了交通运输的方式、组织与布局必须以环保、集约和城市紧凑发展为前提。"提高城市人口密度，节约使用土地、能源，实现城市可持续发展，以有限的道路资源来满足日益增长的交通需求"，已经成为我国城市规划建设的基本原则。当前的城市交通规划需体现这一基本原则，引导城市和交通可持续发展。

传统的城市规划，特别是城市总体规划往往通过综合研究来确定城市发展形态，并以此统筹安排城市各项建设用地，配置城市各项基础设施，交通系统的规划仅是其基础设施工程规划中的一个专项，交通规划往往被动适应于城市规划。然而，随着中国城市化进程的高速发展，城市交通问题已经成为影响城市发展的最主要因素之一。在城市规划过程中需要能动处理交通发展与土地利用之间的矛盾，协调二者之间的互动关系，交通规划要主动引导城市发展，开创城市规划工作的新思路。

4）交通规划要进一步突出科学性，保障城市活动畅通有序

随着城市交通机动化和居民出行时间、出行距离的增加，交通拥堵已经成为了城市交通运行的常态，对城市及社会经济的发展产生了严重的影响。交通规划最基本的内容就是通过不同的交通工具，把人从出发点送往目的地，把货物送到使用者手中，以最有效的方法送达各目的地。也就是说，交通规划最基本的要求就是要有科学性，通过科学的交通规划，保障城市交通的正常运行；通过交通管理，调控交通系统的供需平衡，提高交通系统和城市活动的运行效率。

交通规划的科学性主要体现在以下几方面：

（1）交通规划模型——有效的定量分析依据。

20世纪80年代以来，国内一些城市引进了TranStar、LUTO (Land Use and Transportation Optimization)、TRIPS、EMME/2等多种适合各自城市的交通规划模型。这些模型融合了城市社会与经济发展、土地利用规划和交通规划等内容。它们不仅可以在宏观层次上检验和评价交通战略和交通投资产生的效果，实现对规划年限内交通模式和交通状况的预评价，根据区位成本分析不同地区开发建设的优先顺序，而且还可以对道路、公路、公共交通等具体的交通建设项目的效益进行定量分析，为决策提供有效的定量分析依据。此外，交通规划模型还可以对拟建的公共建筑可能产生的交通影响进行分析（交通影响评价），提出与建设项目性质和规模相匹配的交通设施布局和交通组织方案，从交通的角度对建设项目的合宜性提出反馈意见。

运用以交通规划模型为基础的交通定量评价分析方法，不仅使交通规划的决策实现了多目标、多方案的比选，优化了交通方案，而且它在合理确定土地使用性质、开发强度及开发进程的过程中，发挥着越来越重要的作用。

（2）运用系统工程的理论和方法。

随着系统观念的建立，北京在治理交通的过程中逐步引入了系统工程的分析方法，并利用这种方法，准确地揭示了城市交通的主要症结，全面、科学地评价了交通系统的运行水平，预测了未来城市交通演变的趋势，提出了实现交通发展目标的主要对策及有效途径。系统工程的分析方法彻底改变了过去"头疼治头，脚疼治脚"，以及就交通论交通、孤立地研究交通问题的状况。

（3）重视对交通源流特征的调查。

近年来，交通规划人员越来越重视对交通源流特征的调查与分析，先后开展了所在城市的城市居民出行、机动车一日出行和市区道路交通流量的调查，了解全市交通流时空分布特征及其发展规律；还进行了公共建筑生成与吸引交通量、公共建筑停车需求、小样本居民出行特征等许多反映交通特征的典型调查。这些调查对近几年制定的一系列改善城市交通的重大决策，完善交通规划模型，提高交通规划方案的可信度起到了重要作用。

（4）促进智能化交通技术的应用。

应用先进的智能交通技术建立公共交通和公安交通管理调度指挥中心，以实现公共交通（含出租车）的运营组织与监控、道路交通指挥调度（交通疏导、处置突发事件）、交通控制（如交通信号控制、交通电视监测、交通违章自动监测）、信息管理（路况信息采集与发布）等系统的智能化控制，提高交通规划的有效性和路网运行效率。

1.2 城市交通规划的发展方向

1.2.1 国外城市交通规划发展历程

国外城市交通规划在不断实践与完善的过程中取得了一定的经验，对指导我国城市交通的发展有重要的借鉴作用。

1.2.1.1 美国城市交通规划发展历程

20 世纪初，美国城市交通规划处于公路规划阶段，到30 年代早期，美国基本实现人口中心城市之间都有两车道公路连通的建设目标。第二次世界大战后，随着美国国内汽车数量快速增长以及公交系统逐渐衰落，城市交通面临新的挑战。1944 年，美国首次推出后来被广泛应用的起讫点调查方法。1961 年，在市郊铁路亏本、财政困难的情况下，为解决城市交通拥挤，美国开始在国内进行全面的城市交通调查。据统计，到 1965 年，美国国内共有 224 个城市进行了交通调查和交通规划。70 年代后，交通公害、环境保护等问题日渐突出，美国政府开始城市交通综合规划的尝试，经过多年的不断总结和探索，取得了丰硕成果。进入80年代后，城市综合交通规划结合地理信息系统（GIS），重视交通需求管理（TDM），优先考虑能高效使用道路交通设施的交通工具，加强对公交的投入，效果十分显著。90年代至今，美国在研究智能道路交通系统（ITS）方面取得较大进展，研究内容有：交通管理系统、交通信息系统、城市公共交通管理系统、车辆控制系统、营业车辆运营系统、市际交通管理系统等。据美国 Mobility—2000 组织所作的技术效益分析，应用智能道路交通系统后，城市交通阻塞、交通事故、能源消耗、大气污染等方面减少的损失费用，再加上智能交通技术产品的市场效益，一年就可收回对智能交通技术投入的成本。

综上所述，美国城市交通规划发展历程大致可分为四个阶段：从探索公路规划方法、以交通调查为基础的精细化规划、充分挖掘交通设施水平，到发展智能化交通体系，美国城市交通规划发展逐步趋向智能化。

1.2.1.2 日本城市交通规划发展历程

日本交通规划的发展过程与其颇具特色的国土综合开发紧密结合。1961 年至今，日本共经历了五次国土开发，每一次的重点都各不相同，其中以第五次最为著名。

第一次全国综合开发，是以若干个大城市为工业据点，建立经济圈，逐步向中小规模的工业地带发展，但因缺乏全国范围各地方交通规划，缺乏人民生活改善规划，在经济发展的同时，“三大片”尤其是大城市的人口过密，交通环境恶劣。

第二次全国综合开发期间，日本经济起飞，城市人口过密更严重，三大城市圈集中了全国人口的一半，人车流、客货流迅速发展，远超过城市道路和城市铁路的运载能力，导致拥挤、事故、交通公害的发生，城市功能和效率下降，地价高涨，大量居民迁出市中心 30km以外。在这种情况下，日本开始进行轨道交通规划，兴建高速公路、新干线，使“三大片”工业地带快速联系起来，以适应城市不断扩大的需要。

第三次全国综合开发以控制大城市、发展中小城市为目标，交通规划提出交通设施应与城市发展保持充分的协调。在客运方面，做好以大城市市中心向外放射的交通干线（铁路、公路）、连接各地区中心相互间的交通干线（高速公路）以及连接各地区中心和它影响地区范围内的交通线（公路网）；在货运方面，将地区外进出的中转货运、过境货运和市内货运三者适当分开。

第四次全国综合开发计划提出多极分散型的国土开发模式，建成区域中心城市和具有多样性及特性的地域，使人流、物流和信息流畅通。交通规划方面重点发展铁路新干线和航空运输，重点建设机场和港口。

第五次全国综合开发计划自 1998 年至今，其目标是促进国土利用的多元化发展。其中，提出了完善国际交通体系的战略构想，主要内容包括三个方面：促进国际间的航空干线、海上干线的发展，促进全国范围内国际门户的合理配置，逐渐形成四大交流圈战略；促进国内交通网与国际交通网的连接，形成国内经济圈与国际经济圈的互动与协作；继续解决上次国土开发遗留下来的问题。新技术的应用与规划目标的整合是 20 世纪 90 年代东京城市交通规划的两大主题。智能交通运输系统的发展日益受到重视。新的规划政策更为强调交通与环境、土地利用、城市规划等的结合，并在此基础上，推动交通需求管理等新的政策手段的运用和实践。

总体而言，日本城市交通规划与城市发展紧密相关：城市发展初期阶段，交通被动满足城市发展需求，城市功能效率降低；城市发展中期阶段，大力发展城市轨道、大城市与周边城市放射性联系的高速公路、新干线；城市发展成熟阶段，城市向国际化转变，重点发展国内交通网与国际交通网的衔接。

1.2.1.3 欧洲城市交通规划发展历程

伦敦、巴黎作为先期发达的大城市，在19世纪中后期和20世纪初已经开始建设并运行地铁。但当时城市交通矛盾不突出，公共交通的优越性尚未体现出来。随后的工业化进程、汽车工业的高速发展以及家庭小汽车的普及，使交通供需矛盾开始激化。道路建设作为交通供给策略的重要内容也开始加快，逐渐进入高峰期。

从20世纪30年代开始，增加和改善道路系统的交通供给策略贯穿欧洲城市交通发展的始终，但道路供给的增加始终无法赶上交通需求的增长，其中最具代表性的是巴黎。为满足汽车的推广与使用，巴黎不断扩充道路建设，公路网的骨架在1960～1970年形成，但道路供给仍然处于基本饱和状态。依然存在的交通问题使巴黎市政府开始意识到仅靠道路的增长不能解决交通问题，于是将公共交通优先和建设新城作为交通工作的重点，此后道路系统的供给增长主要集中在现有道路系统的优化和完善上。

当单纯的交通供给策略显示出有限的效应时，欧洲各大城市从20世纪50～60年代开始倡导并实施以新城建设为主要内容的空间策略，以疏解中心城过密的人口和交通。其中，伦敦新城建设始于阿伯克隆比（Abercrombie）在1944年制定的大伦敦规划。到1980年，英国共建设了2座新城，总计吸纳人口超过100万，其中相当一部分人口集聚在伦敦周围。新城建设疏解了大量的中心城人口和工业，客观上减轻了城市交通的压力，改善了城市交通拥挤状况。有数据显示，伴随伦敦周边新城的建设，伦敦中心城区的人口从1960年的800万下降至1983年的650万。但当1980年伦敦新城建设基本结束之后，中心区人口又出现了缓慢回升的迹象。为巴黎新城建设奠定基础的是1965年的巴黎大区规划，最后建成了5座新城。凭借良好的生活环境和新增的就业岗位，新城在吸纳地区新增人口的同时，还吸引了大批来自巴黎及其近郊的居民，成为巴黎地区人口增长最快的地区。

近些年来，由于道路网络骨架已经形成，道路供给增长能力逐渐达到最大，欧洲各大城市在交通供给方面的策略主要是通过引进智能交通系统来改善和提高现有交通系统的运行效率，在交通供给不能满足交通需求的情况下，欧洲一些大城市转向了交通需求管理策略，其中引导公共交通优先发展是大城市的共同选择。具体措施包括：以地铁为代表的轨道交通的发展、公交专用道的建设、公交信号优先、公交票价优惠等。部分城市还实施了限制小汽车的“交通拥堵收费”政策，如伦敦于2003年实施了“交通拥挤收费”政策，并取得了良好效果。

欧洲主要城市交通规划发展历程大概可分为三个阶段：第一个阶段是城市交通设施被动满足机动车增长需求，第二个阶段是利用“主城＋新城组群”城市空间结构转变缓解交通压力，第三个阶段是发展城市轨道交通以及利用交通需求管理措施缓解城市交通问题。

1.2.2 国内城市交通规划发展历程

纵观我国几十年来城市交通规划事业的发展，经历了一个艰难而又曲折的历程。交通工具从初期的马车、人力板车、自行车时代，过渡到当今的小汽车、轨道交通、高铁时代，我国城市交通规划在理论与实践等方面也发生了翻天覆地的变化，可将其规划历程归纳为三个阶段：起步发展阶段、道路交通规划阶段和多层次规划阶段。

1.2.2.1 起步阶段

20世纪70年代，西方国家的城市交通工程、城市交通规划思想传入了我国，人们开始认识到城市交通规划的重要性。当时，我国城市交通主体为自行车，交通矛盾尚不突出，对城市交通规划的认识仅仅局限在道路的规划和建设方面。70～80年代，我国几个大城市相继开始了交通调查，如1978年上海市组织了机动车OD调查，1981年天津市组织了居民出行调查和货物流动调查，1982年徐州市进行了居民出行调查、武汉市进行了60万张公交月票和24路公交线路乘客调查，1987年武汉市开展了居民出行和机动车OD调查等。到80年代末，全国30多个城市进行了居民出行调查和公共交通出行调查，这些调查为了解我国城市交通的基本状况、探索城市交通的特征奠定了基础。此时的交通规划工作重点在于调查和分析城市的交通状况，并提出改善建议。随后，交通预测模型的引入和应用丰富了交通规划的方法和手段，如EMME／2、TransCAD、TRIPS等预测软件现在仍被广泛使用，1992年上海市城市综合交通规划研究所结合1986～1987年的交通调查出版了《上海城市交通分析和预测》一书，书中包括了全部交通调查以及在此基础上进行的交通分析、建立的预测模型，是上海市综合交通规划的重要技术依据。

1.2.2.2　道路交通规划阶段

进入 20 世纪 90 年代后，城市交通规划领域的研究人员和技术人员不断探索、发现和引入了一些新的工作内容、方法和手段，活跃了城市交通规划领域的学术思想，具有代表性的学术成果就是 1995 年颁布的《城市道路交通规划设计规范》（GB 50220—1995）。从此，我国正式进入了道路交通规划阶段。北京、天津、上海、广州、深圳、鞍山、马鞍山等国内大中城市纷纷开展道路交通规划研究。这一时期开展的城市道路交通综合网络规划有两个明显的特点：

（1）在城市总体规划指导下进行，最终纳入城市总体规划中实施；

（2）以道路网络规划为重点，侧重于确定道路、停车场、客货运枢纽等交通设施的布局，因此不完全等同于现在所讲的城市综合交通规划。该阶段，中国城市规划设计研究院完成了第一个综合交通规划，使道路交通规划踏上了一个新的台阶：纵向上，将交通规划拓展到道路网络、公共交通、轨道交通、停车、交通管理各方面；横向上，囊括了客、货运输，为交通规划向多层次规划阶段的迈进奠定了基础。

1.2.2.3　多层次规划阶段

2000 年以来，人们在实践中逐渐意识到，要缓解城市交通拥挤，仅仅靠交通设施建设已经无法满足日益增长的交通需求，交通规划与城市发展的决策过程、交通政策的选择越来越密切。交通需求管理、交通结构优化、优先发展公共交通、交通可持续发展等课题摆在了我们面前。城市交通规划已经从早期的道路交通规划，发展到综合交通规划，并进一步从关于城市交通规划编制体系的思考向上发展到交通发展战略及交通政策白皮书，如武汉市交通发展战略，上海、广州、深圳、南京等地的交通白皮书，北京交通发展纲要，深圳市整体交通规划等；向下发展到公共交通规划、轨道交通规划、停车规划等交通专项规划，以及地区性交通详细规划、交通影响评价、工程可行性研究、施工期交通组织、道路交通工程设计、交叉口交通工程设计等。自此，城市交通规划走到了多层次的系统规划阶段。

1.2.3　当前城市交通规划存在的主要问题

经过交通规划者几十年的努力，我国的城市交通规划在理论与实践等方面取得了长足进步。但是，随着城市化的快速发展，城市空间、土地利用和交通正发生着快速的改变。城市交通正承受着前所未有的压力与挑战，交通供需矛盾日渐突出，城市交通规划亟需从认识、体系、理念和方法等多个方面进行提升。

1）交通规划地位有待提高，由战术型向战略型、被动向主动、从属向法定转变

随着城市的快速发展，城市交通规划成为了城市规划的重点问题，城市交通规划是体现城市公共政策和城市人民政府引导城市经济、社会发展和城市布局的重要纲领性文件，应在城市发展中占有突出的、重要的位置，从而引导城市的健康发展。但是目前，交通规划的地位依然有待提高：①许多交通规划的制定是从交通运输系统本身发展与完善以及部门的角度进行规划，虽然也提到为经济社会发展服务、满足和适应经济社会发展与人们生活水平提高的要求，但在具体的国情以及城市发展条件下，贯彻什么样的交通发展理念不明确，战略定位不清，以致城市交通不能主动引导城市经济集聚、人口集中、公共设施建设；②传统的城市交通规划是被动的，交通预测对土地使用规划有很强的依附性，土地使用的空间布局决定了城市交通的发生源和空间分布；③城市交通规划更多地表现为配套作用，是为了满足土地使用和城市发展的需求，因为交通规划更多的是对城市规划方案的分析和评价，并没有直接参与方案的制订过程，其处于为城市其他规划提供配套服务的从属地位。

交通在城市用地布局和城市空间结构的调整中发挥越来越大的引导、支持和互动作用，以公共交通为导向的城市发展和土地配置模式是城市交通规划作用的重要体现。如果在目前城市土地开发、机动车辆、城市交通基础设施和城市化进程高速发展的时期，对交通规划的重要性没有正确的认识，没有深入研究城市交通与经济社会、城市发展、人们生活质量、生存环境之间的关系，没有明确城市交通问题，那么在新时期我们面临的在土地开发上进行的交通改造会像旧城改造一样更加困难。因此，必须高度重视交通规划，明确城市交通规划的编制层次以及与城市规划的关系，使其由被动解决交通问题的战术转变为主动引导城市交通及经济、社会综合发展的战略，提升其法定地位，使交通发展真正成为落实城市和国家发展政策的重要手段，充分发挥交通对社会经济发展的促进作用。

2）交通规划编制体系有待完善

在我国的城市规划编制体系中，交通规划是作为一

个专项规划出现的，而城市规划编制体系的重点依然是设施和用地安排。但随着城市的发展和城市空间的快速扩张，快速道路、轨道交通、综合枢纽和城市道路网络的建设成了主导城市活动的重要因素，这就要求城市交通系统与城市空间、土地利用互动反馈。2008 年公布的《中华人民共和国城乡规划法》又为两者提供了法律保障，将城市交通规划体系纳入城市规划体系，将城市骨干交通系统规划作为城市规划的核心内容。新的城市发展状况和法律环境要求交通与土地利用体系必须转变，交通与土地利用的结合也必须在交通规划编制体系上有所突破。但目前，国内的城市交通规划编制仍无统一的规划编制体系和编制办法，城市交通规划编制体系仍亟待完善。

2010 年 2 月住房和城乡建设部印发了《城市综合交通体系规划编制办法》，对城市综合交通体系的规划内容、技术要点、成果要求作了详细说明。

城市综合交通体系规划要依据城市综合交通体系总体发展目标和交通资源配置策略，统筹城市综合交通体系功能组织，提出规划布局原则和要求。其具体内容包括：研究对外交通系统构成，以及城市内外交通的衔接关系，论证大型对外交通设施选址和布局原则；研究客运交通分布，确定客运交通走廊、客运交通枢纽的功能、等级和规模，提出客运系统总体布局框架；论证公共交通系统构成和功能等级，分析城市轨道交通和大运量快速公共交通系统规划建设的必要性、可行性；研究城市道路干路网组成和功能等级，研究城市防灾减灾和应急救援运输通道，提出规划布局原则；研究货运交通分布，确定货运交通走廊，论证货运交通通道的交通组织模式和管理策略；研究步行、自行车交通组织模式，确定城市不同地域步行、自行车交通的功能定位，提出步行、自行车交通系统的总体布局原则；研究提出城市停车设施的供给策略和总体布局原则；研究提出交通信息化建设与交通管理的基本策略。

3）交通规划观念亟需转变，由设施规划向管理规划转变

随着城市机动化水平的迅速增长，扩展交通基础设施以适应城市社会和经济发展成了各级政府的首要任务，交通设施的投资比例逐年增高。但是，许多城市却陷入了“交通拥挤—建造新路—车辆增加—再度拥挤”的怪圈，交通规划永远追随在城市发展之后解决城市发展的眼前问题。要缓解城市交通拥挤，仅仅靠交通设施建设已无法满足日益增长的交通需求。

仅仅依靠不断修建城市道路增强道路运输能力，必将使道路越来越多，从而激发新的交通需求使交通更加拥堵。同时，随着可用能源、土地资源的日益较少，城市财政压力日益加大，过于注重物质、以需求为导向的规划将面临更为严峻的考验。只有对日益增长的交通需求进行管理，制定合理的交通政策才能应对城市扩张和交通拥挤带来的运输效率的下降。

因此，在城市交通规划中，必须转变观念和理念，提倡绿色交通、可持续交通、低碳交通等，实现交通通达与有序、安全与舒适、低能耗与低污染三个方面的统一结合，达到交通系统的高效性和持久性。这主要表现为减少个人机动车辆的使用，尤其是减少高污染车辆的使用；提倡步行，提倡选择自行车与公共交通出行；提倡使用清洁干净的燃料和车辆等。

4）交通规划的指标体系和规划方法亟需更新

我国现行的城市交通规划标准、指标体系和规划方法，是在 20 世纪 80 ～ 90 年代的城市和交通发展环境下形成的。随着城市化进程的加快和城市的快速发展，城市交通从规模到组织都发生了翻天覆地的变化，这些以原来城市发展作为规划基础的规划标准、体系和方法受到了巨大的冲击。规范、标准滞后，交通组织方式不能反映城市发展要求，城乡交通“二元化”等问题层出不穷。

以城乡交通“二元化”问题为例，进入 21 世纪以来，城市人口不断增加，全国已接近一半人口居住在城市，城市规模不断扩大，城镇密集地区迅速发展。尽管城市发展已经将大量的乡村纳入城市发展地区，但是在城乡、城际的规划上却少有突破，成为制约城市健康发展的枷锁。

目前城市交通规划一般以四步骤法作为规划手段，城市的发展对交通规划技术方法与手段要求也越来越高。进入 20 世纪 90 年代后，随着 ITS 研究的深入，国内 ITS 的研究也不断拓展。交通行为的实质是用尽可能少的时间（费用），方便、安全地实现人与物有目的的移动。ITS 对于这种本质的交通行为的影响是过去各种交通手段、规划方法所难以企及的。ITS 依靠计算机强大的信息采集、处理能力和网络信息传输的实现，把握当前交通运行状况和预测未来的交通状况，期望引导交通，使其趋向有序，更好地服务于交通系统的管理和交通行为者。它借助有力的信息交流手段（可变情报板、交通

信息电台／电视、连接与用户的PC），在很短时间内使用户成为交通实际信息的拥有者。随着先进科学技术的发展，交通规划中也要引进先进的技术手段和方法，重视交通规划理论与方法的创新，提高交通规划编制科学水平，加强交通规划方案的科学论证；此外，交通规划中也要考虑先进技术的发展对交通产生的影响，这样规划才能更好地服务于发展。

5）交通规划编制与决策实施的协调、互动性有待加强

为加大城市交通规划的实施力度，改变以往重规划编制、轻规划实施、缺规划评估的局面，根据现代组织管理理论分析，我国交通管理体制需从以下两个方面进行改善：

（1）增强决策系统的权威性。近年来，一些城市建立了整顿交通环境办公例会和市政管理联席会议等制度，但由于计划体制下条块分割等弊病，加上没有常设机构，使这些会议的权威性受到影响。此外，由于交通管理牵涉面广，各级领导机关往往从不同的角度作出指示和决定，导致政出多门、下级无所适从的现象时有发生。

（2）完善交通管理反馈系统。交通管理的反馈系统专门从事道路规划、工程设计、运行网络和交通管理方面的调查研究，向决策系统提供建议、方案，或对所作出的决策提出修正意见等。我国城市至今尚未形成完善独立的反馈系统，致使各决策单位和执行机构忙于事务，无暇顾及评析自己的工作，而反馈信息的支离破碎，导致了解决交通问题时头痛医头、脚痛医脚的恶性循环。

1.2.4 城市交通规划的主要发展方向

随着城市化水平不断提升、社会经济快速发展，交通压力不断增加，道路拥堵、废气污染已成为当今世界上几乎所有大城市的通病，与此同时，为缓解交通压力，许多城市逐步重视交通规划与城市规划的统筹协调。城市交通规划发展表现为以下几种发展态势：

1）交通规划与城市规划互相协调，引导城市健康有序发展

目前，我国正处在城市和交通发展最快的时期，也是奠定未来城市结构和生活方式的关键时期，交通是其中最重要的环节，关系到城市长远发展的问题。这就要求我们在交通规划体系、方法和内容上合理地处理交通与资源、城市空间布局、土地利用、城市职能、城市的开发模式等一系列问题，将交通规划与城乡发展相结合，处理好城市交通组织、交通网络结构等问题。

2）实现交通一体化，系统布局区域交通网络，促进区域一体化的发展

随着城市化的推进和社会经济水平的发展，城乡统筹、区域协调发展的新格局必将代替以“城乡二元化”为特征的既有结构。传统意义上以市区交通为主体、城乡分割的交通规划理念显然不合时宜。一些经济发达、城市化程度很高的沿海地区已经开始突破现有的规划体系以适应区域一体化的发展。例如，天津城市总体规划中高速公路网规划突破传统行政区域的限制，统筹考虑天津、河北一体化的高速公路布局，以及上海大都市圈交通规划和南京都市圈交通发展战略，都说明了城市交通规划从以前局限在单个城市规划区以内的小范围交通问题，拓展到广域层面的交通问题，这也是我国城市化、区域一体化快速发展的必然要求。

3）以人为本，重视行人、非机动车、公交等弱势群体的通行空间

近年来，机动化程度很高的美、日、英、法、德等发达国家，在经历了机动化的迅猛发展给城市带来的交通拥堵、环境污染等问题后，进一步加强了慢行系统的规划和建设，不仅缓解了机动化所带来的城市问题，也为市民提供了舒适、便利的出行环境。

在“以人为本”、建设“两型社会”的要求下，中国的城市交通规划正在从过去“以车为本”的理念向“以人为本”转变。加强、改善公交与“慢行”交通的建设逐渐得到各级部门重视，可持续发展成为城市交通建设主流。以武汉市为例，2010年武汉市政府工作报告中明确提出“建设中心城区慢行交通系统”，并作为2010年政府为民办理的“十件实事”之一；相继编制了《武汉市绿色交通规划研究》、《武汉市主城区公共自行车系统布局规划》和《武汉市主城区慢行系统建设规划》，丰富完善了武汉市规划编制体系，对武汉市慢行系统建设起到重要指导作用。

4）保护环境、节约能源，关注交通的可持续发展

交通发展日益面临资源、能源和环境的严重制约等问题，要实现交通的可持续发展，必须减少在发展过程中对资源和环境的破坏，做到节约资源、降低能耗、保护环境。为此，在交通规划的过程中需要做好以下几个方面：强化交通规划与土地利用的协调，建立资源节约型交通运输体系；加快技术进步，发展节能型交通运输

工具和清洁燃料；大力推行低排放绿色交通工具，实行绿色交通；继续强化推行公交优先的交通理念，提供适应各个阶层需求的公交服务。

5）创新手段，全面推广城市交通系统的信息化

信息化是世界各国城市交通现代化的发展方向。我国的城市交通信息化与发达国家相比还有一定的差距。因此，亟需破除交通管理体制的瓶颈，研究建立城市交通信息化的总体构架，给交通规划、建设、运营和管理带来信息化的革命，并将其运用到规划、管理、决策各环节中，统一规划，提高效率。目前，武汉市正全面推进数字武汉地理空间框架的建设，其中就包括了建设宏观、中观、微观三级一体化的交通模型体系。

1.3 构建新时期交通规划编制体系的必要性

尽管城市交通规划受到了各级政府和社会各界的高度关注，但是目前国内仍无统一的城市交通规划编制体系。随着中国社会经济的快速发展，交通规划从没有像现在这样感受到如此巨大的需求压力，构建一套科学完整的新时期交通规划编制体系显得尤为重要。

1）提升交通规划地位，引领城市交通可持续发展的需要

随着城市社会经济的持续快速发展和城市化、机动化进程的加快，城市交通系统在城市发展中的地位和作用日益凸显，但城市交通规划在城市规划体系中的地位仍未得到完全认可，也使得交通规划的作用难以得到充分发挥。《中华人民共和国城乡规划法》规定，城市总体规划和控制性详细规划属于法定规划，城市交通规划属于法定规划的专业规划，是法定规划的重要组成部分。但是，当单独编制城市交通规划时，却属于非法定规划范畴。没有一个类似《城市规划编制办法》的法定文件指导交通规划的编制、组织、审批与实施等，各种不同类型的城市需要编制哪些交通规划、每项交通规划应研究的内容深度和广度等均没有明确的法定性要求，规划实施也缺乏法定效力约束，导致很多规划成果不能实施，不了了之。交通体系法定性不足还表现在规划难以统一管理、各种类型交通规划没有形成统一一致的管理平台，如未形成交通法定图则或者未纳入城市规划法定图则，从而使交通规划的管理不便，交通规划的效能大打折扣。

因此，从提升交通规划地位、保障交通规划效力从而有效引导城市发展的角度来讲，迫切需要构建完善的交通规划编制体系。

2）提升交通规划水平，增强编制科学性的需要

中国各城市普遍开展了城市交通规划的编制工作，却面临十分突出的问题，如各个层面规划内容随意，规划范围、期限和内容深度差异大，规划缺乏系统性和完整性，而交通规划的系统与完整又直接关系到交通规划的科学性与可操作性。

从国内城市交通规划编制历程来看，规划往往是从实际要求出发，遇到一个迫切需要解决的问题，就进行一项规划，这样极易造成各项规划相互独立、自成一体，出现规划内容重复、矛盾，导致规划无法实施等后果。建立一个科学合理的交通规划编制体系，将能够改变交通规划相互独立、自成一体的现象，从而更加有效地服务于城市各项建设活动。

3）明确各阶段规划重点和要求，强化各级规划间衔接和协调性的需要

交通规划体系纵向可分为交通战略规划、综合交通规划、交通专项规划、交通建设规划等，综合类的规划在内容中又都包括构成交通的各子系统，如轨道交通、公共交通、步行交通等。综合规划与专项规划同时涉及的部分，由于规划条件和思路的变化可能导致各规划的内容和侧重点不同，此时以什么为依据、如何同时协调大系统与小系统并无明确界定，下层规划编制时按需采用，“规划反规划”问题频出。

另外，衔接性不足还与现状交通规划体系缺乏自上而下、由面至点以及有层次、有步骤的系统管理有关，这在很大程度上限制了交通规划系统整体效能的发挥。例如，综合交通规划应在交通发展战略规划指导下进行，交通专项规划应在综合交通规划指导下进行，但实际上，往往上层规划尚未审批，下层规划已经编制并实施，上、下层的指导关系无法体现，易造成交通无序发展、投资浪费。

因此，建立严格的交通规划编制体系，有利于理清各级规划之间的衔接关系，明确各个阶段交通规划的规划内容和重点，从而充分发挥交通规划的整体效能。

4）加强交通规划管理依据，提高多部门决策效率的需要

城市交通涉及的领域越来越广泛，城市交通规划与政府决策的结合也越来越紧密。以往交通规划主要是城市规划部门关注的焦点，较少进入城市其他部门的视野。在城市发展的新阶段，交通设施是市政建设中

重要的基础设施，需要制定详细的交通设施建设计划；交通管理部门关注道路交通的畅通与安全，交通运营部门关注客货运输的效率和成本，他们不仅对交通设施建设会提出要求，还会提出政策需求；此外，环保部门的环保计划、计划部门的投资计划等，都将交通规划作为一项重要的内容。如果没有统一、完善的交通规划编制体系，往往出现多头各自组织编制、自行管理的情况，各个规划编制与审批、组织实施的权限谁主谁次也难以明确，极易造成大家抢着管和没人管的两种局面。另外，各部门出于自身专业与管理角度出发，意见不一、分歧得不到解决，相应的规划编制完成后，仅能入库备案，交通规划管理时缺乏依据。再者，没有统一的交通规划编制体系，没有统一的规划编制要求，造成的直接后果就是，规划管理人员缺乏有效的文件作为判断的依据，对城市交通规划产生歧义，对城市交通规划管理产生消极的影响。

因此，构建交通规划编制体系是完善交通规划的编制管理和监督机制的迫切需要。

第 2 章　城市交通规划编制体系的回顾与展望

近年来国内外专家学者及科研机构对交通规划编制体系进行了积极的思考、探索和实践，分别建立了适应当地实际情况的城市交通规划编制体系（又有机构称为"城市交通规划设计技术体系"）。

2.1　国外城市交通规划编制概况

2.1.1　美国主要城市交通规划模式

美国是一个联邦制的国家，由 50 个州组成。每个州分成若干个县、下辖市和一般地区。旧金山是例外，县和市的地域范围一致。所谓的大都市区是由若干个市（县）组成的成片地区。交通规划在大都市区范围内开展，负责的机构叫做"大都市区规划机构"（Metropolitan Planning Organization，MPO）。

1）交通规划机构

大都市区规划机构专门致力于交通规划，其领导小组成员由地方政府和州政府当选的官员任命。旧金山湾区和纽约的大都市交通委员会便是这种交通规划机构的典型。其主要职责为：开展长远的区域性交通规划，制定近期的交通改善投资计划，编制规划和研究方面的联合工作计划，编制不同层次的交通规划和交通投资计划，规划的内容从宏观到微观、远期到近期、总体规划到实施计划。

2）交通规划内容

美国大都市规划虽然在组织形式上各不相同，但其规划理念是一致的，都是依照联邦交通法的要求，体现"连续滚动、综合全面、多方协调"的过程，即所谓的"3C"规划。交通规划的连续滚动、定期修订，保证它能不断结合实际情况的变化，为未来交通发展提供更科学的规划指导；综合全面是交通方式本身多样性所决定的，大都市区的交通规划必须要考虑对外交通（航空、铁路、公路、水运）的影响，必须要考虑市内的各种交通方式（机动车、公交、自行车、行人），同时还要考虑经济、城市用地发展和环境方面的制约因素。在美国，即使是 20 年的长远交通规划，也十分强调对各种资金渠道的分析，并在此基础上拟定出财政上可行的规划蓝图。

交通规划的综合性还体现在交通规划要与城市的用地规划相协调，与环境保护的要求相适应。交通规划多方协调的过程保证了规划的广泛参与性。一方面大都市的各地方政府和主要的交通机构，在交通规划方面需达成广泛的共识；另一方面，交通规划编制部门采取公众咨询的形式，广泛征询市民、各利益集团和群众组织对交通规划方案的意见。不论大都市交通规划机构的组成形式如何，编制不同层次的交通规划和交通投资计划是其共同的任务。

按照规划内容，美国大都市交通规划主要分为以下几类。

（1）区域性交通规划。编制区域性交通规划是交通规划机构最主要的职能。区域性交通规划是指导整个区域未来 20 年交通发展的蓝图。同时，为能适应不断变化的情况和体现新的规划重点，区域性交通规划每隔 2 ~ 5 年定期修订一次，修订的前提是要对社会经济发展和交通需求进行预测，并要考虑用于交通领域资金来源方面的制约。

（2）交通改善计划。交通改善计划涉及各种交通方式的投资项目，具体包括桥梁、自行车专用道、行人道、公交、道路、交通安全和交通系统管理等一系列项目。交通改善计划分联邦政府、州政府和地方政府投资的项目。

（3）联合规划工作计划。美国《21 世纪的交通公正法》对地区的交通规划提出强制性的要求，即要有一个联合的规划工作计划。具体地说，规定大都市交通规划机构要与州的交通机构和交通服务的经营者联合行动提出这样的计划。这样做的目的是实现交通规划的全面、滚动、协调。联合规划工作计划的内容包括：讨论地区的规划重点，阐述未来1～5年涉及交通和与交通相关的空气质量方面的规划活动。

(4) 交通阻塞整治计划。由大都市区内的各县分别制定，并通过大都市交通规划机构加以汇总，形成区域性的交通阻塞系统整治计划。具体包括以下内容：提出道路系统的交通服务水平标准，建立评价现状和将来交通系统的量化因子和指标，交通需求情况的分析，用地开发对区域性交通系统影响情况的评价，制定相应的近期基础设施改善计划。

2.1.2 欧洲主要城市交通规划模式

1）欧洲部分城市交通规划与管理状况

柏林作为德国的首都，其面积为891.41km²，人口约338.7万，是德国第一大城市。柏林拥有多中心的城市结构，生活、学习、购物等区域间相距不远，市郊城市化过程不明显。为了减少机动车尾气排放量并确保高质量的生活，柏林决定构建一个全新的“城市交通概念”，即循序渐进的交通，通过制定目标、战略和具体措施，降低交通流量和改善环境条件。该计划共包含60项措施和策略，最晚于2015年予以实施。主要措施包括：鼓励使用自行车、降低道路交通的影响、改善现有基础设施的可持续投资战略以及交通创新等。

巴黎市内的地铁与巴士网络遍布全区。1960年由巴黎式公共交通自治管理局和法国国营铁路公司共同规划和设计的巴黎地区快速铁路网（RER）贯穿城市中心。1961年成立的巴黎区域专署于1965年制定了交通与土地使用战略规划，后在1967年、1969年两次交通调查的基础上加以修订。规划中提出沿赛纳河上游、下游和马尔河三段河流形成三条交通轴线，通过环城道路、11条放射形道路和原有的方格状路网相结合，具有36000km的规模。与此同时，同步建设换乘枢纽，改善公共交通，便捷和快速的公交规划成为巴黎城市发展的重要战略方针。

2）欧洲城市交通发展经验

(1) 优先发展公共交通，鼓励自行车和步行交通系统建设

欧洲城市交通建设的主要经验之一是优先发展公共交通，特别是地铁、轻轨等大运量快速轨道交通方式。例如，在巴黎等特大城市建设合理的大运量、高效率的轨道交通网络，提高公共交通服务质量，增大公交线网的覆盖率，实时提供换乘信息，改善乘车环境，以优质的服务和低廉的价格争取更多的客源。此外，在巴黎和柏林的商业聚集中心城区，经常结合一些广场规划建设城市的步行街，使大量的购物客流从城市的机动车交通系统中分离出来，改善了中心区的交通状况。在柏林市区，政府大力发展并建立自行车专用道系统，使机动车与非机动车实行交通分流，为自行车提供安全、舒适、高效的通行环境。传统的“步行＋公交车”出行模式要求公交线路网和站点密集，由于自行车取代了步行交通，公交路网不必像原来那么密集了，政府对公交及道路改善的投入要求也相应减少，因此，能集中财力优化公交干线、提高服务水平、增加公交的舒适性和吸引力。

(2) 建立绿色交通体系，强调交通以人为本

在欧洲，绿色交通体系将绿色交通工具进行优先级排序，依次为步行、自行车、公共交通、共乘车，最后才是单人驾驶的自用车。因此，实施公众乐意接受的、以人为本的交通系统，发展步行街区网络和自行车系统分别作为意大利罗马古城区和德国柏林新市区的交通规划工作重点，尽最大限度地满足各个阶层用户的交通需求，鼓励和诱导城市居民放弃小汽车而转向公共交通工具，从而有效地减少汽车燃料的消耗和废气的排放，达到改善城市环境、保障居民身心健康的目的。

2.2 国内城市交通规划编制体系

2.2.1 北京市城市交通规划实践

近几年，北京城市交通规划在研究、实践的深度和广度上都获得了前所未有的进步，在不同层面上编制了相关规划，逐步建立了包括宏观战略规划、中观和微观专项规划、交通专项研究三个层级的交通规划体系，为规范北京市城市交通发展奠定了基础。

其中，2005年北京市政府向社会颁布的《北京交通发展纲要（2004—2020年）》（以下简称《纲要》），作为

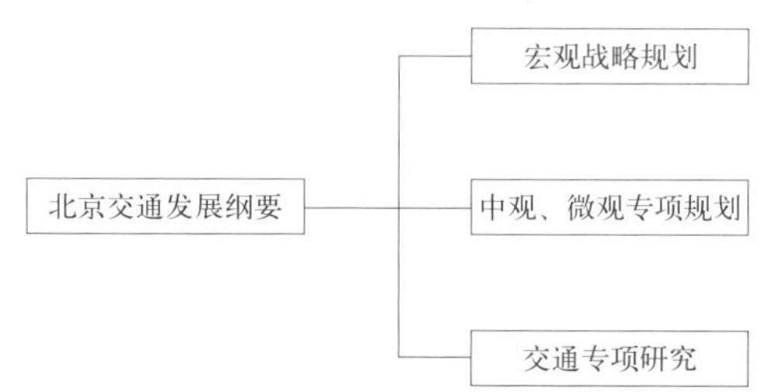

图2-1　北京市交通规划编制体系框架

今后一个时期指导制定全市交通规划、交通政策和实施计划的纲领性文件，是我国第一部交通发展纲领性文件，成为引领现代城市交通的理论与实践方法进入成熟应用阶段的标志，是北京城市交通发展理论与实践上的一个里程碑。

2.2.1.1 宏观战略规划

宏观战略规划的制定，为城市交通管理及重大交通设施的建设决策提供极为重要的支持。北京市制定了一系列宏观战略规划，如《北京市"十一五"时期交通发展规划》、《东部发展带交通发展战略与规划研究》、《北京东部新城发展带交通战略规划》、《北京综合交通体系规划》、《北京市轨道交通近期建设规划》、《北京市大容量快速公交系统（BRT）线网规划》等宏观战略规划。

2.2.1.2 中观、微观专项规划

目前，北京市组织规划了中观和微观层面的各项专项规划。例如，编制完成了《北京市公共汽车线网规划》、《北京市停车规划》、《北京市智能交通体系总体规划与近期建设规划》等专项规划，针对北京城市交通发展中出现的阶段性问题作出及时、快速调整；北京市每年编制"疏堵工程"计划方案，形成了标本兼治、建管并举、突出重点、综合治理的工作指导原则和思路。

另外，北京市针对重点地区进行了专项规划研究，如"北京站地区交通改善方案"、"北京南站地区交通改善方案"、"北京CBD综合交通规划"、"西城区综合交通规划"、"宣武区综合交通规划"、"北京市区域性交通组织优化方案研究"等。

2.2.1.3 交通专项研究

在《纲要》的指导下，北京市开展了多领域、多层次的专项研究，并吸收和运用了相关领域先进的研究方法，将战略指导思想建立于严谨的技术分析和科学的研究方法之上，并通过专项规划研究和政策赋予战略目标以丰富性和实践性。

（1）城市交通与土地利用的关系研究。着重强调了交通在引导土地利用和支持城市空间布局调整中的作用。例如，"北京综合交通规划"研究中制定了交通与城市空间布局、交通与土地利用、交通枢纽与土地协调发展的策略，分别在公共交通设施、轨道交通发展、道路网络调整以及枢纽建设等方面提出了较为具体的规划方案。

（2）城市交通结构的调整优化研究。在各项规划建设中重点调整路网结构、运输结构和投资结构，保证基础设施建设在资金分配、建设次序、运行秩序上协调并进，实现交通资源的合理分配和使用。

（3）加强交通信息化与智能化管理。信息化和智能化是建设"新北京交通体系"的重要支柱，也是北京交通未来发展的必然选择。现代交通规划实现了量化分析、实时监测、科学决策、智能管理等方面的跨越性变革。

（4）交通需求管理政策研究。交通需求管理政策研究是近年来城市交通建设和发展中的新课题，对此，北京先后开展了"北京市商业错峰研究"、"城市中心区拥堵收费研究"、"北京交通可持续发展的需求政策措施研究"、"奥运交通需求管理研究"、"奥运交通需求管理长效机制研究"等。

2.2.1.4 奥运交通规划

北京2008年奥运会是一次国际性的盛会，全世界200多个国家共同参与，出色的城市交通保障开创了北京市城市交通发展的新篇章。依据《奥运申办报告》，奥运交通服务的总体目标是："保证奥林匹克大家庭成员、媒体、贵宾享用舒适、安全、准点、可靠、快速的专用车辆和专用交通线路，保证观众及时、安全、顺利观赛；提倡和鼓励使用公共交通，最大限度地减少奥运会对社会日常生活秩序的影响；交通设施和服务项目照顾残疾人的特殊需要；公共汽车、出租汽车和奥运会专用车辆均使用清洁燃料"。

做好交通筹备工作，是成功举办奥运会、兑现申奥交通承诺的关键。在筹备过程中，针对北京奥运会的需求和特点明确奥运交通工作的主要任务，制定相应的工作计划，在基础设施的规划与建设，交通运输服务，场馆运行管理，交通组织指挥，相关政策法规等方面，确保了赛时奥运交通的顺利运行。从2002年以来，北京市先后制定和颁布了《奥运行动规划——交通建设和管理专项规划》、《北京交通发展纲要（2004—2020年）》、《缓解北京市区交通拥堵工作方案》、《关于优先发展公共交通的意见》、《北京市轨道交通近期建设规划》等交通发展战略、政策和行动规划，明确了以举办奥运为契机，建设"新北京交通体系"的近远期发展目标和战略任务。

交通规划的编制实施是推动北京市城市交通快速发展的重要途径，即综合性交通规划以及各类专项规划能够有效反映新时期基础理论和方法论的导向，为实践方法与途径的选择提供了有效的支撑。交通的组织与管理在北京市城市交通发展过程中起到了推动作

用，包括组织机构的完善、各类管理与管治政策的出台以及先进管理手段的出现，都成为推动城市交通优化升级的有效工具。

2.2.2 深圳市城市交通规划实践

深圳市在城市交通规划设计技术体系及工作指引方面进行实践总结，形成了实施导向的城市交通规划设计体系与工作机制。体系包括以下 6 部分。

（1）城市整体交通规划：即对城市综合交通发展提出的战略性规划，是编制城市交通各子系统规划的依据。

（2）分系统交通规划：包括城市干线道路网规划、城市公共交通规划、城市轨道交通规划、停车发展规划、交通管理、交通信息化建设等子系统规划。

（3）分区交通（改善）规划：在城市整体交通规划及分系统交通规划的基础上，进行分区交通规划及分区交通改善规划。

（4）片区交通（改善）规划：在城市整体规划、分系统交通规划及分区交通规划基础上，进行分片区交通改善规划及交通改善规划。

（5）重要交通设施建设、详细规划（改善设计）及交通影响分析：包括轨道交通建设规划、干线道路交通详细规划、轨道交通线路工程交通详细规划、枢纽交通详细规划以及建设项目交通影响分析。

（6）专项交通调查研究：定期开展大规模居民出行调查，实时更新部分数据，为城市交通规划设计提供基础数据支撑。

深圳市交通规划设计体系在项目不同方面的目的 表 2–1

项目名称	城市规划方面	市政建设等管理方面	交通系统、行业发展和运行方面
整体交通规划			交通系统一体化建设发展纲领性文件
分系统交通规划	轨道、干线道路网、对外枢纽及综合枢纽等布局规划成果纳入城市总体规划，公交场站布局规划纳入分区、组团规划，停车配建标准纳入城市规划标准及准则	设施布局及交通、工程及经济性评价等，作为市政建设管理依据	公交、停车、交通管理等发展政策成果作为行业发展的政策
分区交通（改善）规划	分区交通规划成果纳入分区规划，分区交通改善	设施布局及总体布置，作为市政建设管理依据	改善方案、措施作为交通综合治理依据
片区交通（改善）规划	片区交通规划成果纳入法定图则道路系统，片区交通改善建议可作为法定图则编制参考		改善方案、措施作为交通综合治理依据
交通详细规划	枢纽、轨道交通详细规划，与站点和沿线土地利用规划调整规划同步协调	枢纽、轨道、干线道路等建设规划，为具体工程项目可行性研究、工程可行性提供技术依据，为项目审批提供依据	
		枢纽、轨道、干线道路等交通详细规划，为安排布置设施功能空间提供技术依据，为方案、初设审批提供管理依据	道路交通改善设计，为交通综合治理工程设计及管理改善提供依据
交通影响分析		作为规划要点的部分依据	可作为局部交通改善的依据
专题调查研究	根据需要提出		

2.2.3 广州市城市交通规划实践

广州市作为中国最早实行改革开放的城市之一，城市交通规划工作也率先遇到中国经济转型时期城市交通建设的种种问题和挑战，面对传统的交通规划编制方法、层次和技术手段等不能适应社会经济发展的新形势，广州在借鉴国内外有关交通规划成功经验的基础上，初步建立了面向市场经济、适合广州市交通规划与建设特点的城市交通规划编制体系框架。

广州的交通规划体现了宏观性和可操作性双重需求的满足，宏观层面起到了调控、指导作用，微观层面起到了具体、可实施性效果。总体上，广州市交通规划分为五个规划层级，如图 2–2 所示。

2.2.3.1 交通发展战略规划层级

没有编制交通发展战略之前，广州市也千方百计进行了交通整治以缓解城市交通紧张的局面。实践证明，这些措施只是暂时缓和了交通矛盾，拥挤问题不但没有解决，甚至诱发聚集更多的交通量，引起结构性“负效应”。所以，城市交通要适应社会经济大发展，必须在整体交通发展战略的框架下，统筹研究交通需求和供应的

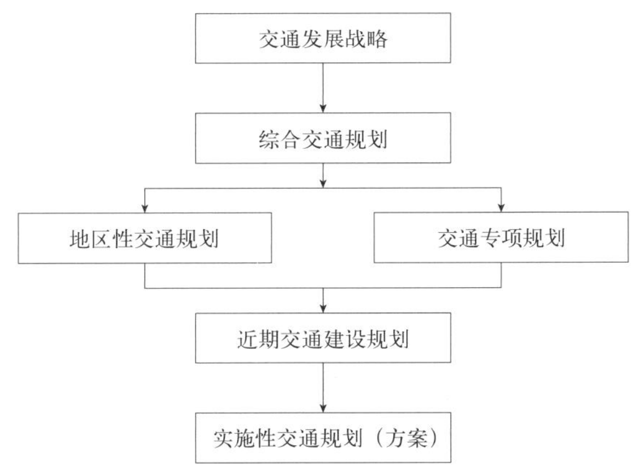

图 2–2　广州交通规划编制层级体系与框架

平衡，考虑土地和财力的可能，建立一套科学的整体交通战略和规划，以明确交通政策和交通基础设施建设的方向。

1993 年广州市政府与世界银行指定的 MVA 亚洲公司合作，开展了“广州市交通规划研究”，实际上是城市交通整体运输策略研究，突破了以往交通规划研究范畴和深度，为广州城市交通发展道路提供了方向和指引。

通过此次研究，广州市交通发展战略方案的中心内容为：在市中心区以外的地区，要加强路网的建设，以尽可能满足将来机动车交通迅速增长的需要；在市中心区内要以交通管理和交通管制的手段，对有限道路空间加以合理分配；重点发展公共交通；改善步行交通；对私人机动车交通要加以管制，限制其出入市中心区；进行适度的道路建设，严格市中心路网的功能性分级，使之各成系统又相互联系；合理组织并逐步减少自行车的出行比例，把它们从主干道网络中分离出去；在顺应经济发展和改善城市环境质量的前提下达到交通供给与需求的基本平衡。

2.2.3.2　综合交通规划层级

综合交通规划是建立在宏观层面上的战略性、协调性的总体规划，是引领交通运输发展的纲领性文件，也是与各种运输方式相关的专项规划编制的依据。

广州市制定了大力发展海陆空交通，以城市路网和轨网为支撑，构筑以轨道交通为骨干、常规公交为主体、鼓励环保交通的多种方式相协调的客运交通体系，形成城市交通与航空枢纽、海运枢纽、铁路枢纽的连接一体化的多模式立体现代化交通系统，实现畅达、集约、绿色、可持续发展的综合交通发展战略目标。

2.2.3.3　交通专项（地区性）规划层级

交通专项规划包括道路网络规划、轨道交通网络规划、轨道交通沿线土地控制性规划、城市公共交通系统规划、停车场规划、人行设施规划、地区性道路交通规划、道路附属设施规划（含加油、加气站等）等。

为进一步体现交通发展政策中公交为主体、轨道交通为骨干的战略思想，广州市于 1996 年在全国率先开展了《城市快速轨道交通线网规划》，首次采用了招标形式，由主持单位、主编单位、协编单位和顾问单位构成组织机构，充分发挥各专业技术特长，保证了规划水平的提高，摸索了一条规划编制方法的新路子。广州轨道交通线网规划提出了由 7 条线、206km 组成的网络构架，建设程序上分为基本线网、近期线网和远景线网三个层次。

2.2.3.4　近期交通建设规划层级

近期交通建设规划是实施交通规划的时序安排，是城市近期交通建设项目安排的基本依据，也是规划与计划的有机结合，更是项目实施与财政的融合，使得各层次规划能够有效、顺利实施。

2.2.3.5　实施性交通规划层级

实施性交通规划层级体系的特点如下：

（1）强化了规划对城市交通全局的引导与控制；

（2）加强了综合与专项规划的有机协调和衔接；

（3）重视交通规划过程的公众参与；

（4）充分发挥了交通规划模型技术的应用。

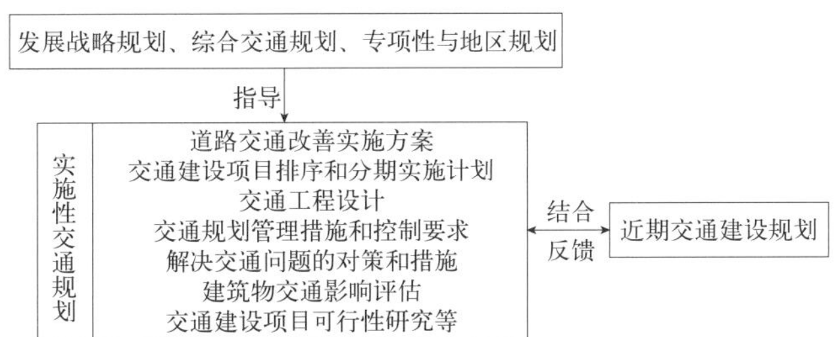

图 2–3　实施性交通规划层级内容及与其他层级交通规划的关系

广州市经过十几年对交通问题的不断认识，解决交通问题的方法和手段在实践中不断提高，开展了地区性交通改善实施规划，建立了地区性交通系统，提出一揽子实施方案，系统地解决了交通问题，避免了交通重复建设和资源的浪费。从 1995 年开始，广州市逐步推进地区性交通改善规划，在《中心区交通改善实施方案》取得巨大成功后，探索了一条规划理论方法，按照这种模式陆续开展了天河地区交通改善规划，以及沙河地区、珠江新城地区和黄村地区等地区性交通规划，有效地指导了交通建设，使交通规划迈向新的台阶。

2.2.4 武汉市城市交通规划实践

与国内许多城市一样，武汉市交通规划编制体系的建立和完善经历了长期探索，按照其形成过程大致可以划分为交通规划编制体系探索阶段和新时期交通规划编制体系充实与完善两个阶段。

2.2.4.1 武汉市交通规划编制体系的探索阶段

1996 年，《武汉市城市总体规划（1996—2020 年）》编制完成并获得国家批复，随后，武汉市于 1998 年开展了历史上规模最大的一次综合交通大调查，全面分析掌握了城市交通发展现状特征，为全面开展交通规划编制工作奠定了良好基础，之后便相继开展了一系列交通规划工作。1996 ~ 2006 年是武汉市交通规划编制体系研究的探索阶段，据初步统计，这一时期，武汉市开展的具体交通规划项目共 358 项，总结起来大致有五个层次：一是交通战略规划、综合交通规划等指导性规划，暂可将其称为交通总体规划；二是分区交通规划，如新区综合交通规划、青山区道路交通系统规划研究、新区公共交通规划等；三是轨道交通、道路交通、公共交通、交通管理、加油（气）站、步行系统规划等交通专项规划；四是交通工程设计、交通影响评价、交通综合整治等交通实施性规划；五是交通建设规划，如近期交通建设和

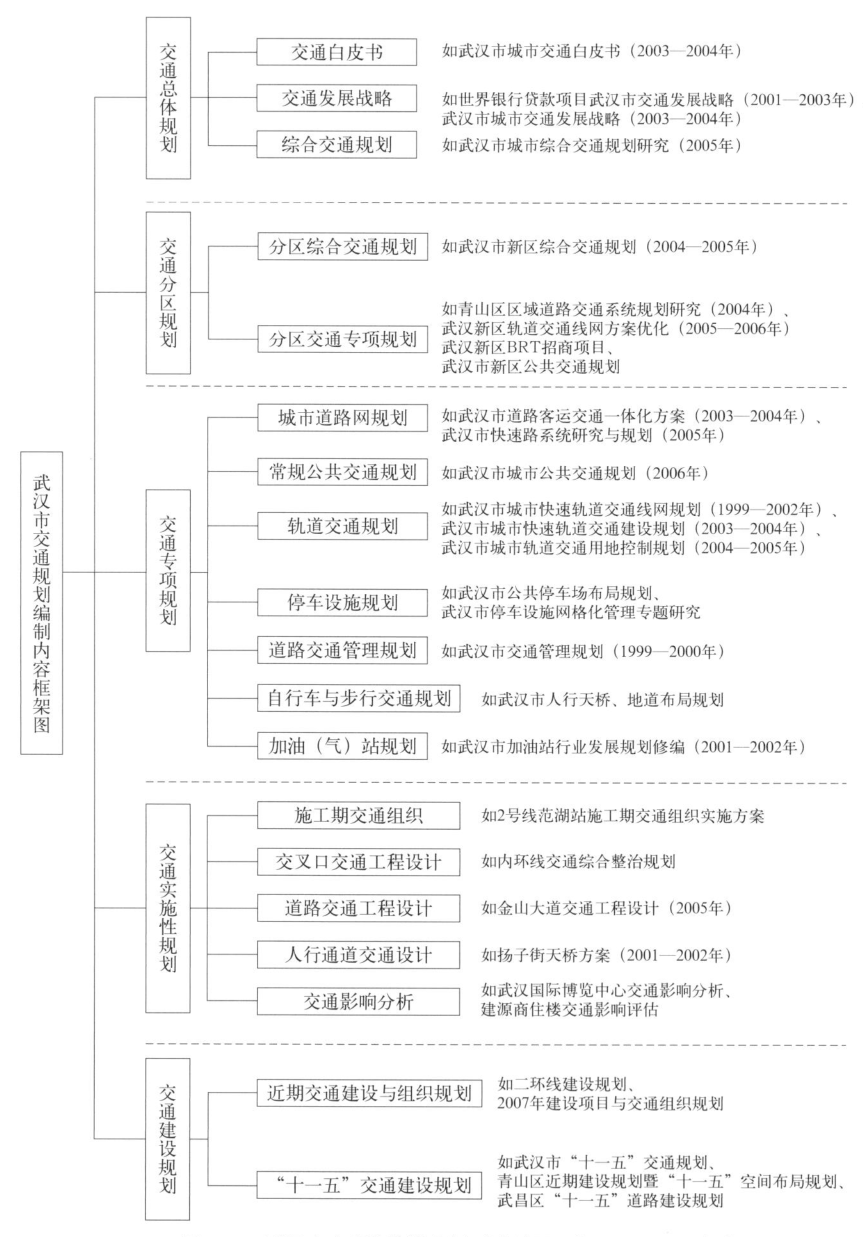

图 2-4 武汉市交通规划编制内容框架图（1999—2006 年）

组织规划、“十一五”交通规划等。

从上述统计来看，2006 年前，在这一阶段，武汉市虽然编制了较多的交通规划，但审批的项目并不多，主要表现在两个方面：一是规划承担编制部门不申请审批，二是没有主管部门主动组织项目审批。表 2–2 是武汉市主要交通规划的审查、审批及实施情况。

武汉市主要交通规划实施情况（2006 年前）　　表 2–2

编号	项目	实施情况
1	世界银行贷款项目武汉市交通发展战略（2001—2003 年）	战略研究确定的项目从 2002 年开始陆续实施，其中内环线的大部分项目已经投入使用，对于缓解中心城区交通压力发挥了重要作用，中环线南段、北段部分工程 2 月底也将通车，全部项目将于 2008 年基本建成
2	武汉市城市交通发展战略（2003—2004 年）	—
3	武汉市综合交通规划研究（2005 年）	综合交通规划研究部分项目已经纳入武汉市“十一五”规划
4	武汉市城市快速轨道交通线网规划（1999—2002 年）	目前，轨道交通一号线二期工程已经施工，二号线一期工程也已开工建设，其余线路的前期规划研究工作正在进行中
5	武汉市城市快速轨道交通建设规划（2003—2004 年）	目前，轨道交通一号线一期工程已建成通车，一号线二期、二号线一期工程已开工建设，四号线一期工程中武昌站已与武昌火车站的改造同步实施
6	武汉市城市轨道交通用地控制规划（2004—2005 年）	近期建设线路已经在 1 ：2000 地形图上进行控制
7	武汉市道路客运交通一体化方案（2003—2004 年）	规划的对外客运站点已在逐步实施
8	武汉市二环线建设规划（2003—2004 年）	目前二环线东湖—珞狮路段正在按规划实施，二七路通道正在开展下一步的深化研究
9	武汉市交通管理规划（1999—2000 年）	作为“畅通工程”必备材料，当年通过公安部、建设部专家组的检查，并指导近几年交通管理实际工作，达到一等管理水平
10	2007 年武汉市交通建设与组织规划（2005—2006 年）	用于 2007 年武汉市建设委员会城建计划编制工作，成立交通联席会议，加强全市交通规划管理协调，武昌老城区等部分地区交通组织方案调整
11	武汉市加油站行业发展规划修编（2001—2002 年）	作为武汉市加油（气）站规划建设的依据
12	武汉市人行天桥、地道布局规划（2004—2005 年）	已逐步按照规划实施
13	武汉新区综合交通规划（2004—2005 年）	正在按该规划分期、分步骤实施
14	武汉新区轨道交通线网方案优化（2005—2006 年）	—

2.2.4.2　武汉市交通规划编制体系的充实与完善阶段

2006 年，武汉市编制完成了新一轮城市总体规划。为适应新一轮城市总体规划，武汉市城乡规划编制体系和交通规划编制体系都进行了大刀阔斧式的改革与创新。与此同时，“十一五”规划也逐渐进入全面推进阶段，各项城市交通基础设施建设加快发展，迫切需要交通规划在实施过程中发挥更有力的作用。在此背景下，武汉市交通规划编制也明显加快了步伐。各层次交通规划的编制，一方面丰富和完善了城市交通规划编制体系，为城市交通规划事业的发展提供了广阔的空间；另一方面，随着各项规划的落实，城市交通规划的作用与社会影响力日益凸显，反过来进一步促进了城市交通规划地位的巩固和提升。

该阶段，在发展和完善交通规划编制体系方面编制的重点包括以下内容。

（1）解决规划“有”与“无”的问题。

以往没有编制的交通规划，城市发展过程中又确实会遇到该方面的交通问题，应编制此项交通规划。例如，武汉市出租车交通发展规划，武汉市自行车、步行交通规划等。以往没有编制，可能是因为城市发展中某些交通矛盾还不严重或者因为有更重大的交通问题来不及解决此类问题，但是现在问题不严重，不代表发展中没有问题，应尽快编制规划、提早控制，达到事半功倍的效果。

另外，有些规划编制工作是 20 世纪 90 年代完成的，随着武汉市交通迅猛发展，有些规划内容已不适合当前形势，也需要定期对规划进行修编。

（2）解决规划“有”与“有用”的问题。

在第一阶段发展的基础上，武汉市已经编制完成了大量的交通规划，交通规划体系完善的第一步应该是将已有的规划转化为有用的规划。首先要做的事情就是规划整合报批，重点是整合交通发展战略、综合交通规划等上层规划的整合报批，形成指导性文件，解决下层规划缺乏上层规划作为指导依据的问题。这项工作耗时短、成效快，而且能够基本保证规划体系建立完善过程中城市建设的有序进行。

（3）适应城市发展形势，促进规划向服务政府决策、服务城市规划管理和城市建设转变。

"十一五"期间和当前的"十二五"是武汉市大建设、大发展时期，很多交通项目开工建设，所以，近期交通规划编制工作要紧紧围绕为政府决策、城市规划管理和城市建设服务的思想，做好交通建设计划、施工期交通组织等一系列迫在眉睫的规划工作。

（4）加强基础性研究，加快推进规划支撑平台建立。

为了更好地做好交通规划、充分发挥规划的作用，支撑平台的建立起到重要作用。例如，每隔 5 ~ 8 年开展综合交通调查，每年开展小样本交通调查，交通模型的校核及维护更新、开展相关交通研究等，都将有助于交通规划的顺利开展和方案的有效实施。

据统计，在 2007 ~ 2010 年，武汉市交通规划项目总量近 500 项，其中 2009 年和 2010 年交通规划编制项目均达到了 150 项，规划编制的数量较过去有了大幅度增长。

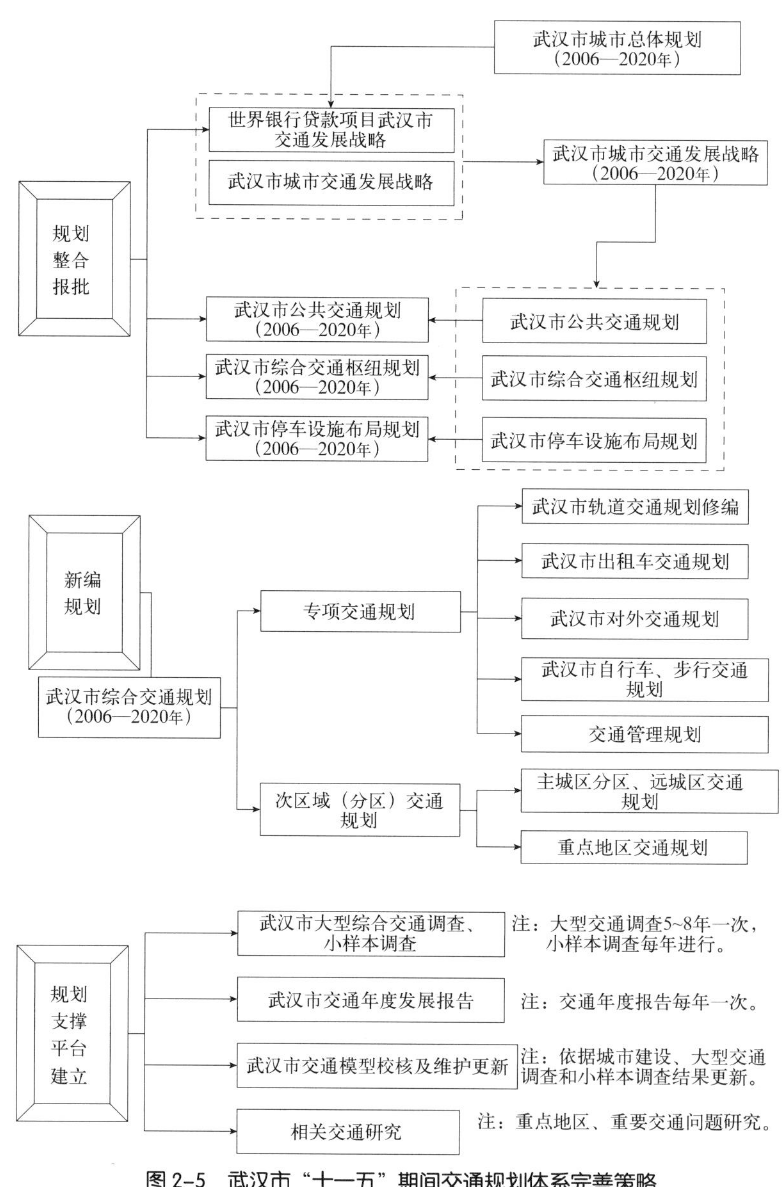

图 2–5　武汉市"十一五"期间交通规划体系完善策略

武汉市交通专项和分区规划方面编制情况（2007 ~ 2010 年） 表 2–3

类别	2007 年度	2008 年度	2009 年度	2010 年度
综合交通体系规划			武汉市综合交通规划	
交通专项规划	武汉市公共交通规划、武汉市轨道交通线网修编国际合作筹划与项目配合整合、武汉市快速公交系统规划及近期实施方案研究、武汉市城市慢行交通系统规划及建设方案研究、武汉市主城区快速路实施方案研究	武汉城市圈快速轨道交通规划研究、武汉市主城区道路交通战略规划、武汉市轨道交通站点和线路选址规划、武汉市轨道交通线网修编、武汉市快速路系统规划、武汉市停车场（库）实施规划	武汉市轨道交通建设规划、武汉市轨道交通线网资源共享专题研究、武汉市出租车停靠点布局规划、武汉市货运交通系统规划、都市发展区停车场空间布局及实施规划	武汉市主城区慢行系统建设规划、武汉市过江通道规划、武汉市主城区汉口地区次支路道路系统规划
交通分区规划	武汉市黄陂区综合交通规划、泛金银湖地区综合交通规划、武汉四新地区交通预测分析、黄孝河商业街区交通规划咨询	武昌地区道路交通改善方案研究、硚口区操场角片区交通规划咨询、东西湖区柏泉镇综合交通规划、王家墩CBD 区域轨道站点衔接规划	武昌地区交通改善规划及骨干道路系统建设方案研究、新洲区综合交通规划、东湖风景名胜区综合交通规划、鲁巷广场周边地区综合改造规划、东西湖区综合交通规划、武汉市额头湾地区交通规划咨询	贵阳北站地区交通综合规划、江夏区综合交通规划、武汉新区四新生态新城道路交通专项规划、东湖高新综合交通规划

2.3 当前城市交通规划编制体系的发展方向

2.3.1 城市交通规划编制体系特征

通过收集国内外多个城市已有的交通规划编制体系，分析不同城市交通规划编制特征，如表 2–4 所示。

国内外城市交通规划编制体系经验 表 2–4

国家（城市）	编制体系		特征
美国	4 层级	区域性交通规划	划分侧重于大的概念性的把握、与细部的实施调整，中间层次不再是规划编制的重点
		交通改善计划	
		联合规划工作计划	
		交通阻塞整治计划	
英国	3 层级	交通发展白皮书	
		交通发展战略	
		实施规划	
北京	4 层级	交通发展战略规划	将规划的范围主要界定在上层，与实施性的环节仍需进行过渡
		综合交通规划	
		区域交通规划	
		专项交通规划	
广州	5 层级	交通发展战略	层次划分完整，从交通发展战略，至交通设施建设，划分也更为细致，其中深圳对基础数据的准备也很重视
		综合交通规划	
		地区性交通规划、交通专项规划	
		近期交通建设规划	
		实施性交通规划	
深圳	6 层级	城市整体交通规划	
		分系统交通规划	
		分区交通（改善）规划	
		片区交通（改善）规划	
		重要交通设施建设、详细规划（改善设计）及交通影响分析	
		专项交通调查研究	

近年来国内专家学者及科研机构对交通规划编制体系进行了积极的思考、探索和实践，取得了一些成果。例如，北京市建立了包括交通发展战略规划、综合交通规划、区域交通规划、专项交通规划 4 个层级的交通规划体系；深圳市构架了包括 6 方面内容的交通规划编制体系，即城市整体交通规划、分系统交通规划、分区交通（改善）规划、片区交通（改善）规划、重要交通设施建设详细规划及交通影响分析、专项交通调查研究。

美国城市交通规划体系分为 4 级，英国城市交通规划体系分为 3 级，相对国内而言，城市交通规划层级划分更加简单，重点侧重于大的概念性的把握与细部的实施调整，对中观层面的规划内容较少。这与欧美城市发展程度有直接关系，欧美发达国家城市化进程已经基本完成，城市发展处于相对稳定阶段，对城市交通规划要求宏观性指导及微观交通改善更多。

我国北京交通规划体系分为 4 级，广州交通规划体系分为 5 级，深圳交通规划体系分为 6 级。交通规划体系层次划分完整，从交通发展战略至交通设施建设，划分也更为细致，其中深圳对基础数据的准备也很重视，这体现了我国城市交通规划体系发展的特点。我国城市化进程正处于快速发展阶段，城市面貌日新月异，城市交通规划体系从上至下需要战略层面、中观层面、微观层面的连续性，以指导城市交通建设发展。

2.3.2 城市交通规划编制体系发展方向

借鉴国内外城市交通规划编制体系的研究和探索，并考虑城市交通规划体系与城市规划体系的有机衔接，以及交通规划体系构架和工作阶段的划分与城市规划体系保持一致性和连贯性，同时考虑尽量包括现阶段交通规划领域涉及的内容，国内大城市的交通规划编制体系应重点突出战略型（如城市交通发展战略规划）、管理型（如城市综合交通规划、交通专项规划、分区交通规划）、实施型（如近期交通建设规划、交通需求分析、交通工程设计、交通影响评价）三种不同类型的交通规划编制体系。

城市交通规划编制体系的发展方向主要体现在以下几方面。

（1）健全交通规划专门机构，注重应用新技术、新方法，提高城市交通规划的水平，充分发挥其决策参谋作用。

政府的重视、机构的保障是提高城市交通规划水平的先决条件。国内外大城市的做法都是通过专门的官方或半官方机构来编制和修订城市综合交通规划，该机构的主要职能还包括：定期开展居民出行调查和常规的交通运作情况调查，建立地区的交通规划模型，收集和提供涉及城市交通方面的现状信息和预测数据，参与重大交通项目的前期研究工作，掌握涉及交通规划和研究的全面信息。我国有一定规模的城市都应该建立并健全交通规划机构的建设，充实机构人员队伍并完善专业构成，使该机构能承担或组织各类交通规划，提出近期实施计划方案和建议城市交通各种方式的年度（或近期）投资计划，从而真正发挥其在城市交通领域的决策参谋作用。

（2）建立交通规划与城市规划相互协调及融合的编制机制，提升交通规划在城市规划编制体系中的地位和作用。

虽然我国城市普遍开展了城市交通规划编制工作，但城市交通规划的定位模糊，与城市规划体系缺少有机衔接，交通规划内容难以准确地反映在城市总体规划和详细规划中。依据《中华人民共和国城乡规划法》，城市综合交通体系是城市总体规划所包含的内容，在城市交通规划编制体系中将进一步强化顶层规划定位；部分城市交通专项规划将转变为在城市综合交通体系规划指导下的中期或近期实施规划，以及城市为解决特定问题的交通设计、整治计划和行动计划；城市建设项目交通影响评价仍需要较长时期的磨合，与城市控制性详细规划的关系将在实践中协调完善。

（3）适应城市化进程，建立定期编制和修订交通规划的机制。

为适应我国现阶段快速的经济增长和城市化进程，大城市的综合交通规划应至少每5年回顾和更新1次。针对人口、就业分布的变化、车辆的增长、交通运作的情况，原规划项目的建设落实情况以及未来可能的投资规模等因素，滚动地调整原来的交通规划，以便更好地指导城市交通建设和管理。交通规划需要通过年度（或近期）实施计划加以落实，而通过不断更新的实施计划又可以反过来加强规划的可操作性。因此，国内大城市需要定期编制滚动的近期交通改善实施计划，供政府决策参考。

（4）建立交通规划的工作协同机制，使交通规划及相关工作贯穿于交通项目规划、建设、管理的全过程。

国内城市受现行规划、建设、运营、管理行政体制的束缚，交通规划的编制与实施、交通基础设施的建设以及交通运营往往各自为政、相互掣肘。即使已建立了一个健全的交通规划机构，这个机构仍不可能独自承担全部的交通规划工作。除综合交通规划、近期交通改善计划等核心业务外，其他专项交通规划和重大项目的前期工作可能会由专业院所或专门机构来承担。为此，交通规划工作应建立相应的协同机制，制定联合的工作计划，明确相关规划和研究项目的清单、负责的部门、实施的时间、最终的目标等主要内容，以避免工作的重复或缺漏，并保证专门的交通规划机构掌握全面的信息。

第 3 章　武汉市交通规划编制体系研究

鉴于国内外主要城市的交通规划发展实践经验，考虑武汉市城市特色、交通特征及城市规划编制要求，与武汉市城乡规划相结合，制定了武汉市交通规划编制体系架构的总体原则，并研究确定了武汉市交通编制体系架构和组成内容。

3.1　武汉市交通规划编制体系架构的总体原则

一是要与城市规划编制体系相对应。城市交通规划是城市规划重要的组成部分，也是落实城市规划、促进城市规划实施的重要方面。因此，两者的对应性直接关系到规划的协调性与可实施性。城市规划可简单划分为总体规划阶段和详细规划阶段两个层次，与城市规划相对应，建立规范化的交通规划，将为提高交通规划的法律效力奠定基础。

二是与城市规划管理体系建设相协调。城市交通规划管理体系的建设应坚持编制、审批、实施三分开的原则，以"政府主导、市区联动、统一规划、统一审批、依法实施、动态调整完善"为指导，最终实现"五个一"规划管理目标，即建立一套科学完善的规划体系、一套精简透明的审批程序、一套严格有效的批后监督制度、一套优质高效的城乡统筹机制、一支忠实捍卫城市利益的规划队伍。

三是以法定规划为核心，前期研究与实施规划并重。在城市总体规划的指导下，以综合交通规划、专项交通规划、次区域（分区）交通规划为法定规划，构成交通规划的主干体系。同时，大力开展包括城市交通发展战略研究、交通调查和资料采集、交通预测模型建立及维护、基础性研究以及重大交通建设项目交通研究等前期研究工作，发挥支撑体系的作用；切实编制近期建设规划、区域交通整治规划、施工期交通组织规划、交通影响评价等实施性交通规划，充分发挥规划指导建设的作用。

四是科学归纳和划分城市交通规划的工作阶段及相应编制内容。城市交通规划从宏观控制到微观设计，从交通系统整体到交通个体，包括多层面、多阶段的内容。科学划分交通规划的工作阶段，并确定相应的编制内容，确立完整的规划体系，注重编制体系的阶段性、层次性和开放性，才能避免重复与规划的无序，有效发挥各具体规划的作用，真正指导实际工作。

五是交通规划编制体系的构架密切结合交通规划实践，并在实践中不断完善。由于交通实践的丰富完善和新理念的涌现，交通规划的范畴正向更深、更广的方向发展，特别是在专项规划方面，新的规划类型不断出现。以城市公共交通规划为例，逐步由原来的常规公交规划向轨道交通、快速公交、常规公交、出租车交通的综合发展规划拓展，对轨道交通、快速公交、出租车规划方案的要求也比以往更为深入与细致。因此，交通规划编制体系的建立应密切结合实践，并在实践中不断完善，同时充分考虑未来城市交通规划的范畴和内容，为之留有充分余地，体现规划的可持续性和包容性。

与此同时，结合武汉城市特色，武汉市交通规划编制体系架构还需要考虑以下几点：

（1）九省通衢、得天独厚的天然区位优势，促进铁路、公路、水运、航空各种交通方式合理分工、彼此协调、紧密衔接和安全运行，将武汉打造为国家级综合交通枢纽城市；

（2）两江分隔、三镇鼎立的城市跨江发展格局，要求武汉市要依据城市特点有针对性地制定城市交通发展战略和过江交通发展战略，确定合理的过江通道规模，制定切实可行的过江通道建设规划；

（3）山水交融、轴向拓展的城市空间布局对武汉交通系统提出新的要求，即需要依托主城沿新城组群建设六条交通发展轴，引导城市空间拓展，推进城市空间布局调整，实现主城至新城的跳跃式发展；

（4）大力推进轨道交通建设、适时倡导慢行交通理念，为武汉“两型社会”综合配套改革试验区的建立提供重要保障。

3.2 武汉市交通规划编制体系架构

3.2.1 武汉市城乡规划体系结构分析

依据《城乡规划法》，武汉市结合自身特大城市的特点，经过多年持续不断的探索和完善，确定了以“总体规划—分区规划—控制性详细规划”三层次的法定规划主干体为核心，以基础研究和专项规划为支撑的城乡规划编制体系。总体规划（简称总规）和分区规划（简称分规）均属于战略性、框架性和系统性控制，控制性详细规划（简称控规）则属于实施性、独特性和局部性控制，各层次规划按照不同的控制深度，逐级落实总体规划和上位规划的控制要求。

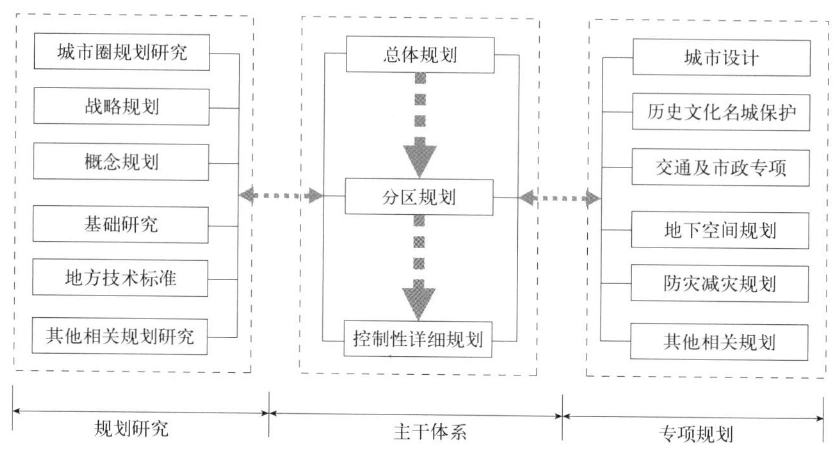

图 3-1 武汉市城乡规划体系框架示意图

总规作为规划体系的龙头，重在城乡总体空间发展战略的确定。由于武汉市城市规模和空间尺度巨大，分规作为总规和控规之间过渡的必要中间层次，被纳入武汉市法定规划主干体系，其主要任务是对城乡功能发展、用地布局、空间管制作出进一步安排，对交通、生态和基础设施建设等进行系统性落实，作为控规编制的上位法定依据。

控规作为城乡规划管理的法定依据，对其规划内容和成果形式进行了改革。首先，依据分规确定覆盖主城区的区域性控规导则；其次，根据建设需要编制局部地段的控规细则；最终，规划划定规划管理单元，并对管理单元分别提出法定文件和指导文件。

目前，武汉市法定规划主干体系已基本建立，历时两年的总规修编成果已上报国务院审批，《主城区分区规划》和《新城组群分区规划》已完全覆盖都市发展区，计划再用 2 ～ 3 年时间，全面实现控规全覆盖的目标。对远郊的生态农业区，则采取编制城乡统筹规划的模式，作为城乡建设管理的基本平台。

武汉市法定规划是由市政府统一组织编制和审批，集成规划管理的“一张图”。市域范围内的法定规划均纳入市级规划管理，各级法定规划均由武汉市政府统一组织编制与审批，武汉市规划局依据《中华人民共和国城乡规划法》及《武汉市规划条例》出台了《武汉市规划编制管理规定》，形成全市统一的编制和审批程序。审批后的规划成果经严格的入库程序，在 CIS 平台上进行集成，形成全市规划管理“一张图”。各远城区的规划审批则必须以“一张图”为依据，以有效解决规划编制与规划管理相脱节、基础设施不对接、前后规划不连贯的问题，实现规划编制和规划管理的有效衔接。

为实现空间发展的科学统筹，武汉市在市域空间分圈层组织编制深度适宜的法定规划。根据新一轮武汉市城市总规确定的“以主城为核、轴楔相间”的开放型城镇空间发展战略，武汉市市域空间划分为主城区、都市发展区、农业生态区三个圈层：①主城区作为城市主导功能的集聚区，组织编制以分规—控规导则—控规为体系的法定规划，率先完成控规导则的全覆盖，确保主城区的整体功能提升；②都市发展区作为未来城镇空间的主要拓展区，率先完成新城组群分区规划，实现对近郊区城镇空间秩序的引导管控；③农业生态区则以城镇体系规划为主导，与土地利用总规相协调，实现城乡统筹的发展目标。

2009年9月，国土资源、拆迁管理等职责重新被划入规划管理机构，武汉市政府组建了新的武汉市国土资源和规划局。为进一步加强城乡规划（简称城规）与土地利用规划（简称土规）的协调，武汉市近年来在原来规划体系基础上，提出了创建“两规合一”的城乡规划和国土资源规划编制体系。一是加强了“两规”编制基础技术平台的构建，从规划体系、用地分类、现状数据、规划方法等方面进行统一；二是加强了“两规”规划成果的对接工作，实现两规同步编制、同步调整的“双同步”机制，保证“两规”完全对接；三是加强了“两规”协调的基础管理平台的构建，理顺“两规”管理程序，切实提高规划管理的效率。

“两规合一”的编制体系可以归纳为“二段五层次、主干加专项”的框架。

“二段”：导控型规划＋实施型规划。

“五层次”：

（1）导控型规划三个层次。

①“城市总体规划＋市级土地利用总体规划”；

②“分区规划＋区级土地利用总体规划”；

③“控规导则＋乡级土地利用总体规划”。

（2）实施型规划两个层次。

①近期建设规划＋中长期土地储备规划＋功能区规划；

②年度实施计划＋年度土地储备供应计划。

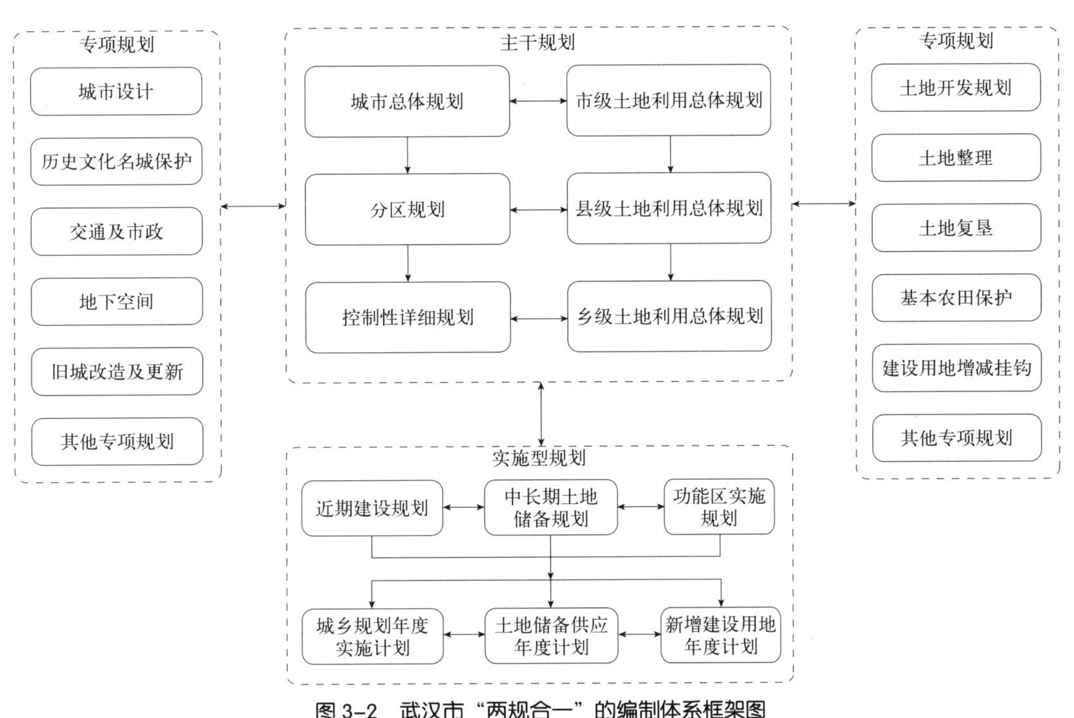

图3-2　武汉市“两规合一”的编制体系框架图

1）主干规划体系

主干规划是城乡规划法和土地管理法中明确要求的规划类型，是武汉市城乡规划管理和土地管理的法定依据，也是专项规划、实施型规划以及其他规划研究在规划管理中有效发挥指导作用的落脚点。其主干包括“三个层次”，即城乡规划的“城市总体规划—分区规划—控制性详细规划”和土地利用总体规划的“市级土地利用总体规划—区级土地利用总体规划—乡级土地利用总体规划”。“两规”主干体系分层次进行规划编制内容的对接。

2）专项规划体系

专项规划是面向城乡建设和土地利用中的某一方面内容开展的有针对性的规划，类型包括城规和土规各六个专项规划，即城乡规划的“城市设计、交通及市政、历史文化名城保护、旧城更新及改造、地下空间、其他专项规划”和土地利用规划的“土地开发、土地整理、土地复垦、基本农田保护、城乡建设用地增减挂钩、其他专项规划”。

专项规划总体而言与主干规划一样分为从总体到局部的层层深化的规划层次。

3）实施型规划体系

实施体系包括近期建设规划、中长期土地储备供应规划、城乡规划年度实施计划、土地利用年度计划、土地储备供应年度计划等，直接指导建设活动，是核心规划和专项规划得以落实的具体保障。实施型规划分为两个层次，一是近期实施型规划，二是年度实施型计划。

3.2.2 武汉市交通规划编制体系总体架构

借鉴国内外城市交通规划编制体系的研究和探索，并考虑城市交通规划体系与城市规划体系的有机衔接，

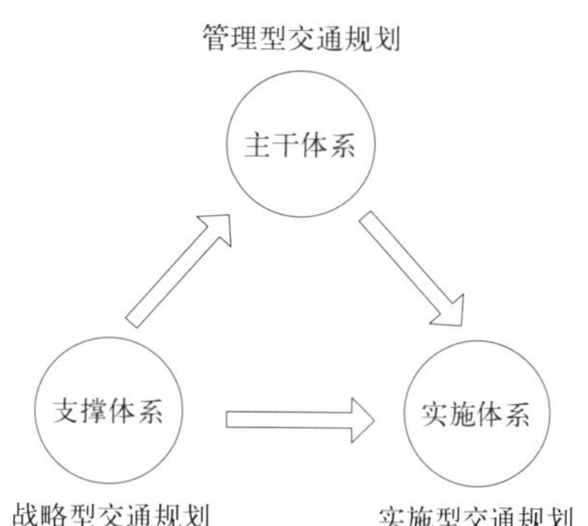

图 3-3 城市交通规划编制体系总体架构

以及交通规划体系构架和工作阶段的划分与城市规划体系保持一致性和连贯性，城市交通规划编制体系应由三部分组成：城市交通规划主干体系、支撑体系和实施体系。三者构成了完整的城市交通规划编制体系，如图 3-3 所示。即以战略型交通规划的支撑体系为先导，以管理型交通规划的主干体系为核心，以实施型交通规划的实施体系为落脚点，突出主干体系，夯实支撑体系，强化实施体系。

战略型交通规划作为城市交通规划的支撑体系，主要包括城市交通发展战略规划、城市发展白皮书、城市交通发展纲要等；管理型交通规划作为城市交通规划的主干体系，主要包括城市综合交通规划、交通专项规划、分区交通规划等；实施型交通规划作为城市交通规划的实施体系，主要包括近期交通建设规划、交通需求分析、交通工程设计、交通影响评价等内容。

城市交通规划支撑体系是主干体系和实施体系编制的纲领性指导依据；主干体系是支撑体系的延续和细化，对城市实施体系编制具有更明确的指导性；城市交通实施体系是支撑体系和主干体系内容的最终落实和具体体现，直接指导城市交通实际工作。

在城市交通规划编制体系总体架构的指导下，同时考虑尽量包括现阶段交通领域涉及的内容，确定武汉市交通规划编制体系总体架构是“1+6+6”，即 1 个主干体系、6 大支撑体系、6 大实施体系，以支撑体系为先导、主干体系为核心、实施体系为落脚点，突出主干体系，夯实支撑体系，强化实施体系。在规划编制体系中，重点突出战略型、管理型、实施型三种不同类型规划的作用。

1 个主干体系，包括综合交通体系规划、交通专项规划、交通分区规划三个层次，其中交通专项规划又包含 11 个专项内容。

6 大支撑体系，分别是交通发展战略、交通综合调查、

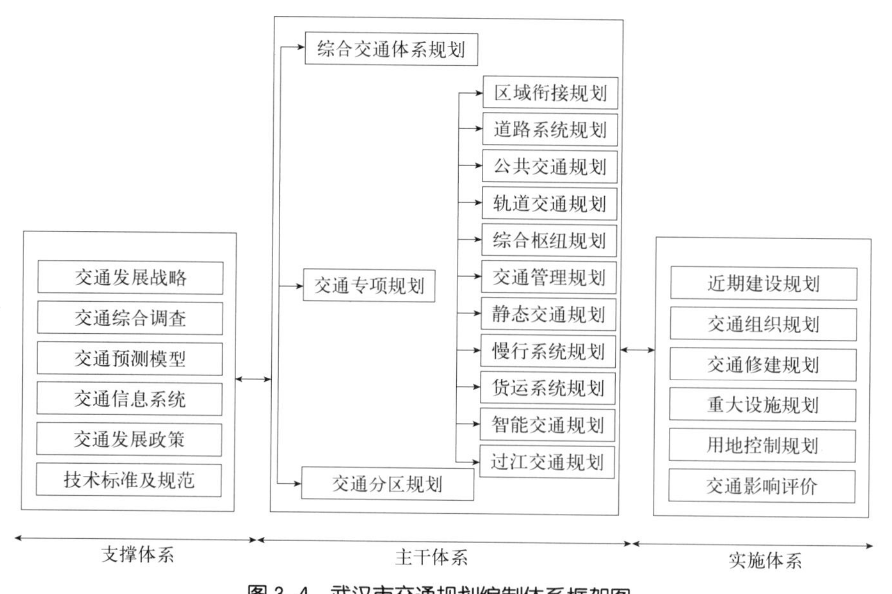

图 3-4 武汉市交通规划编制体系框架图

交通预测模型、交通信息系统、交通发展政策、技术标准及规范。

6 大实施体系，包含近期建设规划、交通组织规划、交通修建规划、重大设施规划、用地控制规划、交通影响评价。

3.2.3 交通规划编制体系与城乡规划体系关系

随着时代的进步，城市交通规划的编制逐渐由单纯强调规划技术的科学性向更好地与规划管理相结合、与政府政策的制定相结合转变。城市交通规划的编制应更深入、详细地指导城市交通建设管理；另外，城市交通规划应更好地与城市总体规划和详细规划等法定规划相协调，保证规划成果的实施。规划编制过程中还应加强与城市交通规划各有关行政主管部门的协调，避免因政府机构设置的问题影响交通规划编制的合理性。

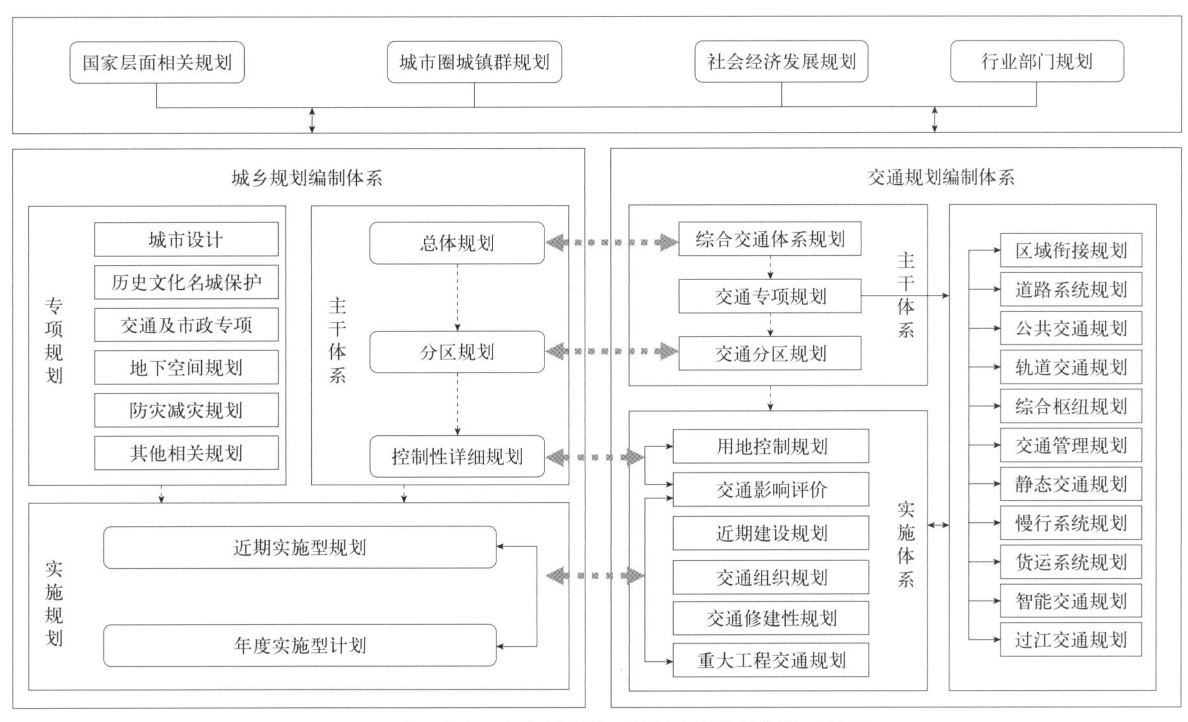

图 3–5 武汉市交通规划编制体系与城乡规划编制体系关系图

1）总体规划阶段的衔接和对应关系

(1) 在城市总体规划阶段，应结合各类用地布局同步编制综合交通规划。综合交通规划作为城市总体规划中重要的专项规划，一方面，在总体规划的指导下，落实各类道路交通设施布局；另一方面，交通规划可对城市规划提出反馈意见。随着交通研究的不断深入，其发展应该从过去交通规划滞后于城市发展、交通规划适应城市发展，过渡到交通规划与城市互动发展和交通引导城市发展阶段。

在城市规划纲要阶段，应结合城市性质、规模、用地布局、发展方向等重大问题的研究，编制城市交通发展战略规划。交通发展战略规划在研究城市交通现状、城市社会经济发展和用地布局的基础上，展望城市交通发展的优势、劣势、机遇和挑战，确定交通系统整体态势，重点研究城市交通发展方向、交通发展目标和水平、城市交通方式和交通结构、交通设施的选址和用地规模，以及实施规划的重要技术经济对策。交通发展战略规划同时也是综合交通体系规划研究的重要支撑。

(2) 在综合交通体系规划编制完成后，应根据城市交通发展战略和实施策略，结合城市发展要求开展交通专项规划编制工作。交通专项规划的成果要与城乡规划编制体系中交通市政专项相对应。

特别需要强调指出的是，综合交通规划中的各子系统规划与单独进行的交通专项规划不是一个层次，成果深度也不同。前者更强调交通系统的整合和协调，在交通系统整体环境下谋划该子系统的发展，成果侧重于宏观性和指导性；而单独进行的交通专项规划在综合交通规划的指导下进行，侧重于深入研究本系统自身的发展，成果较为具体并具有实施性。

2）分区规划阶段的衔接和对应关系

在分区规划阶段，与之相对应，也应该结合用地布局同步开展交通分区规划，以充分发挥交通规划在各个层面对城市用地布局和结构优化的引导作用，促进交通规划与用地的协调发展。

分区交通规划对应于城市规划中的分区规划或详细规划层面。其中，新城交通规划应与新城的城市规划相对应，中心城区各行政区的交通规划应与中心城区的控制性详细规划相对应。由于新城具有相对独立的地域范围，新城的城市规划类似于中、小城市的总体规划，新城的交通规划也类似于总体规划阶段的交通规划。中心城区各行政区是中心城区不可分割的一部分，与新城交通规划相比更具难度与不确定性。

3）控规阶段的衔接和对应关系

在控制性详细规划阶段，应同步开展交通影响评价，通过交通需求分析，从交通容量角度提出用地反馈意见，更全面、具体地反映交通设施布局的要求，合理确定土地开发强度、性质和规模，落实相关交通设施的布局，实现城市规划与交通规划的融合，促进城市用地布局与交通的协调发展。

另外，控制性详细规划阶段编制过程中，应将交通用地控制规划成果纳入规划研究之中。对于尚未编制用地控制规划的交通设施，应以对应交通专项规划成果的布局规划为依据，逐一核查和落实用地控制。影响特别重大的交通基础设施工程用地，应以上位规划为依据进行专题研究。

对应于城市控制性详细规划阶段，交通规划主要进行交通需求分析工作；对应于修建性详细规划（简称修规）阶段，交通规划主要进行交通影响评价和交通工程设计工作。

（1）交通需求分析。

控规阶段主要确定城市土地使用性质和开发强度。该阶段要进行交通需求分析，从交通容量角度提出用地反馈意见，更全面、具体地反映交通设施布局的要求，并落实设施布局，实现城市规划与交通规划的融合，促进城市用地布局与交通的协调发展。

（2）交通工程设计。

交通工程设计重点运用各种工程措施和技术手段，分析研究局部地区的交通特点及与全市交通的关系，对各种交通参与要素进行交通组织，并对交通设施本身进行设计。

（3）交通影响评价。

在修规阶段，交通影响评价分两个层面：一是区域开发建设前，开展交通规划咨询工作，对给定的土地性质和开发强度，分析区域的交通需求，提出区域内交通设施建设容量、类型与布局等建议；二是对区域用地开发项目进行交通影响评价，评价和分析建设项目建成投入使用后，新增的交通需求对周边交通环境产生影响的程度和范围，在满足一定服务水平的条件下提出对策，缓解项目产生的交通量对周围道路交通带来的压力，并布置基地出入口、停车设施及进行交通组织与设计。

4）实施阶段的衔接和对应关系

在实施规划层面，交通规划需要开展的工作以近期建设规划为主，同步开展近期实施规划和年度实施计划。

对于城市交通近期建设工程，视项目所在交通区位条件、工程影响范围和项目前期研究或实施过程中的具体要求，配合开展交通修建规划、交通组织规划等实施性规划。对于一般建设项目，按照《武汉城市圈建设项目交通影响评价技术规范》要求，开展项目交通影响评价。对于重大交通工程项目，开展相应的重大工程交通规划工作。

3.3 武汉市交通规划编制体系各层次内容

3.3.1 交通规划主干体系的主要内容

交通规划主干体系是城市交通规划编制体系的法定体系，包括综合交通体系规划、交通专项规划、交通分区规划三个层次。

3.3.1.1 综合交通体系规划主要内容

城市综合交通体系规划是城市总体规划的重要组成部分，是政府实施城市综合交通体系建设，调控交通资源，倡导绿色交通，引导区域交通、城市对外交通、市区交通协调发展，统筹城市交通各子系统关系，支撑城市经济与社会发展的战略性专项规划，编制城市交通设施单项规划、客货运系统组织规划、近期交通规划、局部地区交通改善规划等专业规划的依据。

其编制目的在于，城市综合交通体系规划旨在科学配置交通资源，发展绿色交通，合理安排城市交通各子系统关系，统筹城市内外、客货、近远期交通发展，形成支撑城市可持续发展的综合交通体系。

其编制原则与要求如下：

（1）应以建设集约化城市和节约型社会为目标，贯彻科学发展观，促进资源节约、环境友好、社会公平、城乡协调发展、保护自然与文化资源。

（2）应贯彻落实优先发展城市公共交通的战略，优化交通模式与土地使用的关系，统筹各交通子系统协调发展。

（3）应遵循定量分析与定性分析相结合的原则，在交通需求分析的基础上，科学判断城市交通的发展趋势，合理制订城市综合交通体系规划方案。

（4）应统筹兼顾城市规模和发展阶段，结合主要交通问题和发展需求，处理好长远发展与近期建设的关系。规划方案应有针对性、前瞻性和可实施性，且满足城市防灾减灾、应急救援的交通要求。

（5）与城市总体规划同步编制，相互反馈与协调，与区域规划、土地利用总体规划、重大交通基础设施规划等相衔接。

（6）规划期限，应当与城市总体规划相一致；编制城市综合交通体系规划的地域范围，应当与城市总体规划确定的规划编制范围相一致。

城市综合交通体系规划应当包括下列主要内容。

（1）调查分析：以调查为依据，评估城市交通现状，分析交通存在的问题，构建交通战略分析模型。

（2）发展战略：根据城市发展目标等，确定交通发展与土地使用的关系，预测城市综合交通体系发展趋势与需求，确定综合交通体系发展目标及预期的交通方式结构，提出交通发展战略和政策，确定交通资源分配利用的原则，确定各种交通方式的发展要求和目标。

（3）交通系统功能组织：确定交通系统功能组织的原则和策略；论证客运交通走廊，确定大运量公共客运系统的组成和总体布局；论证货运交通走廊，确定货运通道布局要求。

（4）交通场站：提出各类交通场站设施规划建设原则和要求；论证城市交通与对外交通的衔接关系，确定各类综合交通枢纽的总体规划布局、功能等级、用地规模和配套设施；确定城市公共交通场站规划建设指标、布局和用地规模；确定城市物流设施用地、布局和规模。

（5）道路系统：确定城市各级道路规划指标和建设标准；确定城市主要道路网络布局和主要道路交叉口的基本形式和建设要求；确定自行车与步行交通系统网络布局和设施规划指标，确定自行车与行人过街的基本形式和总体布局要求；提出公共交通专用道设置原则。

（6）停车系统：论证城市各类停车需求，提出城市不同区位的分区停车政策，确定各类停车设施规划建设基本原则和要求。

（7）近期建设：制定近期交通发展策略，提出近期重大交通基础设施安排和实施措施。

（8）保障措施：提出规划的实施策略和措施，评价规划方案的预期效果。

3.3.1.2 专项交通规划主要内容

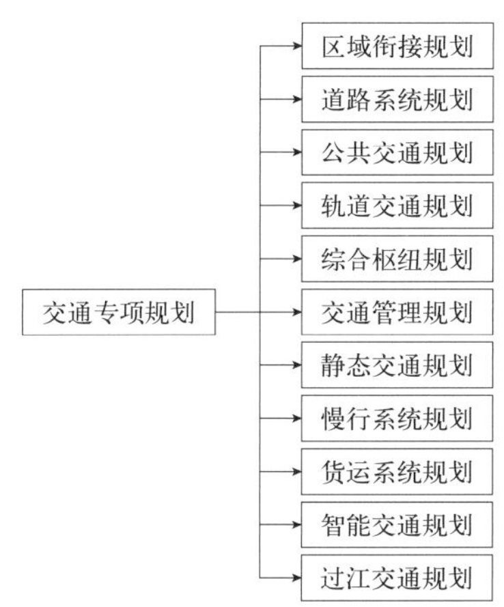

图 3-6 交通专项规划内容结构图

交通专项规划是综合交通规划的重要组成部分，随着交通建设和交通系统发展的不断深入，国家相关行政管理部门对交通专项规划的编制要求逐渐提高。交通专项规划主要包括 11 个方面内容：区域衔接规划、道路系统规划、公共交通规划、轨道交通规划、综合枢纽规划、交通管理规划、静态交通规划、慢行系统规划、货运系统规划、智能交通规划、过江交通规划。交通专项侧重于各子系统本身的发展目标、需求分析、设施规模、布局、近期建设计划、运营管理、效益评价。各专项规划研究的具体内容如表 3-1 所示。

1）区域衔接规划

依据城市具体情况研究对外交通系统网络和区域交通设施布局，处理好与相关专业规划的关系。

其主要内容如下：

（1）确定干线公路网规划布局，规划入城公路与城市道路系统的衔接方案，确定公路客货运场站的功能、等级、规划布局，提出公路客货运场站设施用地规模控制建议；

交通专项规划的主要内容 **表 3–1**

序号	名　称	主要内容
1	区域衔接规划	确定公路、铁路、水运、航空四种对外交通方式的总体布局、功能结构、场站布局及与城市交通的衔接关系等
2	道路系统规划	研究中远期城市道路网络功能、结构、布局和规模，研究近中期路网所要达到的功能、结构、布局与相应的建设计划
3	公共交通规划	分析总结公交现状及存在问题，预测公交发展趋势，确定公交发展目标，进行公交线网布局、公交场站设施规划、公交车辆发展规划，提出公交公司经营管理建议并制定投融资政策
4	轨道交通规划	研究远期城市轨道网络总体构架及建设时序，确定近中期轨道网络模式，进行线路规划、客流预测、交通衔接、场站布局、用地控制、综合规划、专题研究、施工组织、交通评估等工作
5	综合枢纽规划	确定各类交通枢纽的数量、功能等级、布局、控制规模以及各类交通枢纽之间的衔接、枢纽交通组织、经营管理等
6	交通管理规划	分析现状交通系统及交通管理存在的问题，预测规划期交通需求，制定交通管理方案（主要包括道路交通运行组织、路段及交叉口交通工程设计、停车设施管理、交通指挥系统建设等），并对其进行评价
7	静态交通规划	确定城市停车发展总体策略、发展目标、停车设施规模、公共停车场布局及建筑物停车配建标准
8	慢行系统规划	明确自行车与步行交通功能定位、发展目标、规划控制要求，制定自行车专用道规划和主要步行过街通道规划
9	货运系统规划	确定城市货运枢纽、场站的规划布局、规模和用地控制指标，制定城市货运道路网络规划和管理对策
10	智能交通规划	分析智能交通系统结构、框架和应用范围，制定相关技术研究、应用方案，明确初近远期智能交通系统建立、实施计划
11	过江交通规划	分析过江交通需求、合理确定过江交通方式结构，明确过江通道选址、布局、规模、交通疏解方案，跟踪评估过江通道运行状况，适时制定需求管理相应对策

（2）论证铁路线路走廊规划布局，确定铁路客货运场站布局及功能定位，提出铁路场站设施用地规模控制建议，提出铁路客运站交通集散组织模式和设施配置要求，规划铁路货运站集疏运通道；

（3）确定不同类型港口、码头功能及规划布局，提出设施用地规模控制建议，规划港口货运集疏运方式和集疏运通道；

（4）确定航空港功能、等级规模和规划布局，规划航空港与市区的快速交通集散系统。

2）道路系统规划

按照与道路交通需求基本适应、与城市空间形态和土地使用布局相互协调、有利于公共交通发展和内外交通系统有机衔接的要求，合理规划道路功能、等级与布局。

其主要内容如下：

（1）优化配置城市干路网结构，规划城市干路网布局方案，提出支路网规划，控制路网密度和建设标准；

（2）提出城市各级道路红线宽度指标和典型道路断面形式；

（3）确定主要交叉口、广场的用地控制要求；

（4）确定城市防灾减灾、应急救援、大型装备运输的道路网络方案。

3）公共交通规划

依据城市公共交通系统构成和客运系统总体布局框架，统筹规划公共交通系统设施安排和网络布局。

其主要内容如下：

（1）确定城市轨道交通网络和车辆基地的布局原则及控制要求；

（2）确定大运量快速公共汽车（BRT）网络，提出线位控制原则及控制要求，以及停车场、保养场规划布局和用地规模控制标准；

（3）确定公共汽（电）车停车场、保养场规划布局和用地控制规模标准，提出首、末站规划布局原则；

（4）确定公共交通专用道设置原则和技术要求，规划公交专用道网络布局方案，提出港湾式公交站点的设置原则和规划建议；

（5）提出出租汽车发展策略和出租汽车驻车站规划布局原则。

4）轨道交通规划

依据城市发展总体规划和居民出行特征，研究远期城市轨道网络总体构架及建设时序，确定近中期轨道网络模式，进行线路规划、客流预测、交通衔接、场站布局、用地控制、综合规划、专题研究、施工组织、交通评估等工作。

轨道交通规划体系包括轨道交通线网规划、建设规划、用地控制规划、线路综合规划和修建性详细规划。其主要内容如下：

（1）研究城市现状及发展规划、城市客流需求，确定轨道交通线网和换乘枢纽布局，提出线网规模、线网密度、覆盖率、客流预测相关结果等指标；

（2）确定轨道交通线网建设时序；

（3）进行网络化车辆选型、车辆段和综合基地的设置、供电系统、通信系统、信号系统、网络控制中心、网络票务系统、运营模式与行车组织、枢纽站点规划及交通方式衔接、"地铁＋物业"开发模式以及经营管理体制及相关政策等资源共享规划研究；

（4）确定轨道交通沿线用地控制规划和用地开发规划；

（5）提出轨道交通站点的综合交通衔接规划及站点配套设施设置原则。

5）综合枢纽规划

按照人性化、一体化、节约用地的原则，优化布局客运枢纽，统筹各种交通方式的衔接。

其主要内容如下：

（1）确定客运枢纽的规划布局和用地规模控制标准；

（2）制定各交通方式衔接规划；

（3）提出相应的配套设施规划、建设要求。

6）交通管理规划

按照人性化管理、信息资源共享的要求，合理确定交通管理和交通信息化发展对策及设施规划原则。

其主要内容如下：

（1）确定交通系统管理基础设施规划、布局原则和建设要求；

（2）提出交通需求管理的对策。

7）静态交通规划

遵循城市停车设施的供给策略，综合利用城市土地资源和地下空间，确定各类机动车停车设施规划、建设基本要求。

其主要内容如下：

（1）确定城市机动车停车分区和不同类别停车需求的供给目标；

（2）提出城市配建停车指标建议及管理对策；

（3）提出城市机动车公共停车场规划布局原则。

8）慢行系统规划

按照安全、方便、通畅的原则，结合城市功能布局，合理规划步行与自行车系统。

其主要内容如下：

（1）确定步行、自行车交通系统网络布局框架及规划指标；

（2）提出行人、自行车过街设施布局的基本要求；

（3）提出步行街区布局和范围；

（4）确定城市自行车停车设施规划布局原则；

（5）提出无障碍设施的规划原则和基本要求。

9）智能交通规划

智能交通系统（Intelligent Transportation System，ITS）是将先进的信息技术、数据通信传输技术、电子传感技术、控制技术及计算机技术等有效地集成并运用于交通系统，从而提高交通系统效率的综合性应用系统。

其主要内容如下：

（1）分析职能交通系统结构、框架和应用范围；

（2）制定相关技术研究、应用方案；

（3）确定初近远期智能交通系统建立、实施计划。

10）货运系统规划

依据城市功能布局，合理规划货运交通系统。

其主要内容如下：

（1）确定城市货运枢纽、场站的规划布局、规模和用地控制指标；

（2）确定城市货运道路网络和管理对策。

11）过江交通规划

针对具有大江、大河分隔的城市，应单独编制过江交通规划。

其主要内容为：分析过江交通需求、合理确定过江交通方式结构，明确过江通道选址、布局、规模、交通疏解方案，跟踪评估过江通道运行状况，适时制定相应的需求管理对策。

3.3.1.3 交通分区规划主要内容

分区交通规划的主要任务是衔接综合交通规划，制定分区交通发展目标，提出分区交通规划方案。具体包括：分区主次干路布局及与上层规划的衔接，主要交叉口控制要求，明确分区公共交通、步行交通、货运交通等交通设施布局及提出分区停车设施控制要求等，最后提出分区交通建设计划。

3.3.2 交通规划支撑体系的主要内容

武汉市交通规划编制支撑体系由交通发展战略、交通综合调查、交通预测模型、交通信息系统、交通发展政策、技术标准及规范组成。

3.3.2.1 交通发展战略

在城市规划纲要阶段，应结合城市性质、规模、用地布局、发展方向等重大问题的研究，编制城市交通发展战略规划。

交通战略规划主要内容包括：在研究城市交通现状、

城市社会经济发展和用地布局的基础上，展望城市交通发展的优势、劣势、机遇和挑战，确定交通系统整体态势，重点研究城市交通发展方向、交通发展目标和水平、城市交通方式和交通结构、交通设施的选址和用地规模，以及实施规划的重要技术经济对策。

进行总体规划前瞻性研究时，也可结合开展城市交通发展战略研究，根据已有交通规划的实施情况，总结经验教训，综合城市未来发展对交通的需求及城市综合交通网络的供给评估，总体研究交通发展的定位、目标、框架等战略问题，为后续规划奠定基础。

交通战略规划的研究与制定，对于落实科学发展观，促进城市社会经济和交通事业的协调发展，强化城市的交通政策，保证城市总体规划目标的实现具有重要意义。

3.3.2.2 交通综合调查

交通调查是掌握城市交通特征、进行城市交通规划与研究的重要基础工作。通过调查可以发现城市交通问题，总结交通运行的规律，建立交通数据库和交通预测模型，为交通规划建设决策提供依据。交通调查的成果直接关系到交通规划方案的合理性、科学性与时效性。

大规模交通调查是一项艰巨而又复杂的系统工程，准备工作必须充分细致，各阶段、各环节必须有机结合，并建立有效的监督、约束机制。纵观国内外的大型调查工作，组织筹备工作需 1 ～ 2 年，而且必须成立市领导牵头的专门交通调查领导小组，下设由各相关委办局组成的办公室，负责调查的组织实施工作。

调查的内容一般包括居民和流动人口出行调查、机动车出行调查、交叉口及路段交通流量观测、停车调查、公共交通调查等。

调查的范围包括：根据城市基础资料状况，结合规划编制要求具体确定调查范围，一般来说应扩展到整个市域范围。

以武汉市 2008 年综合交通调查为例，武汉市综合交通调查内容包括 10 个专项、16 个分项，具体内容如表 3–2 所示。

武汉市综合交通调查拟定调查内容 **表 3–2**

	调查项目名称	调查子项	调查对象
1	人员出行调查	(1) 居民出行调查	常住、暂住或短暂停留的六周岁以上的家庭成员
		(2) 流动人口出行调查	没有武汉市户口的流动人口
2	机动车出行调查	(3) 机动车一日出行调查	所有在武汉市范围内登记牌照的机动车
		(4) 出租车一日出行调查	
3	路段、交叉口交通流量调查	(5) 查核线流量调查	查核线及重要路口、路段道路机动车流量
		(6) 其他路段、路口流量调查	
4	主要道路车速和延误调查	(7) 主要道路车速和延误调查	重要路段的车速与延误
5	出入境交通量调查	(8) 出入境交通量调查	主要对外出入口
6	公交客流调查	(9) 公交客流调查	常规公交抽取一定比例
		(10) 轻轨客流调查	
7	停车设施调查	(11) 停车设施调查	全市域
8	客流吸引点特征调查	(12) 客流吸引点特征调查	重要客流吸引点
9	客货枢纽交通调查	(13) 客运枢纽交通调查	全市土地使用状况
		(14) 货运枢纽交通调查	
10	社会经济及人口与就业岗位调查	(15) 人口调查	人口，以及单位与学校就业、就学岗位
		(16) 就业岗位调查	

3.3.2.3 交通预测模型

城市交通需求预测是进行城市交通规划的前提，准确地把握城市交通需求，对于制定城市交通发展战略，进行城市道路网规划与建设，科学组织管理城市交通具有重要的意义。

城市交通预测模型的构建应把握四个要素。

时间要素：应能满足现状、近期、中远期不同时期和阶段的要求；

空间要素：应能满足中心城（主城区）、市域、都市圈不同地域要求；

功能要素：应能满足公共交通、道路交通、区域交通不同类别的需要；

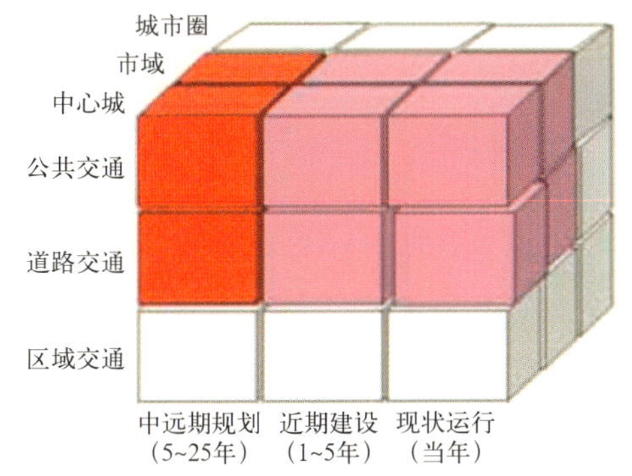

图 3-7　城市交通预测模型体系

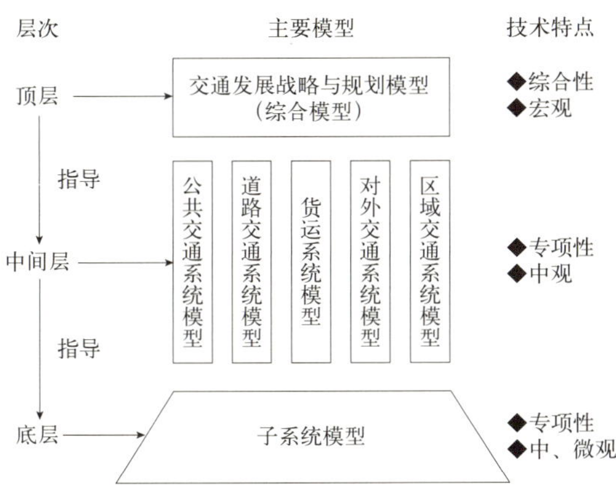

图 3-8　城市交通预测模型体系框架结构

层次要素：宏观、中观和微观不同层次的无缝衔接。

3.3.2.4　交通信息系统

城市综合交通规划信息管理平台充分利用现代计算机技术、信息技术、仿真技术等科学手段，搭建为城市交通规划及决策服务的综合交通信息系统和技术研发平台。城市交通规划信息平台的建设，一方面能够有效整合现有城市交通规划调查等宝贵数据资源，同时也可以为我国城市交通规划设计业务部门提供科学的决策依据，方便管理部门和技术人员对交通规划数据的查询、统计，提高业务开展的工作效率，为实现交通规划业务信息化和自动化提供基础。

交通信息系统整体架构分为数据录入平台、中央数据管理系统、数据应用分析系统和中央数据中心四大部分。

（1）数据录入平台：根据不同的交通调查类型，设计统一的数据录入界面，负责将外场调查人员采集到的居民出行调查表录入到平台，并将录入后的数据和现有历史数据批量上传到数据中心。

（2）中央数据管理系统：负责技术中心的用户管理、权限管理、数据管理，以及日志审计和异常报警等方面的数据和安全等方面任务，对不同类型的数据进行分类、分层管理，自动剔除和纠正异常数据。

（3）数据应用分析系统：基于GIS技术，提供方便简洁的统计条件输入界面，对数据进行单条或多条查询、检索和统计，进行特定数据的分析、各种关键信息的提取，实现不同来源信息数据的融合处理，满足各种不同特定指标的专门处理，以及为交通规划、交通管理等业务决策提供支持。

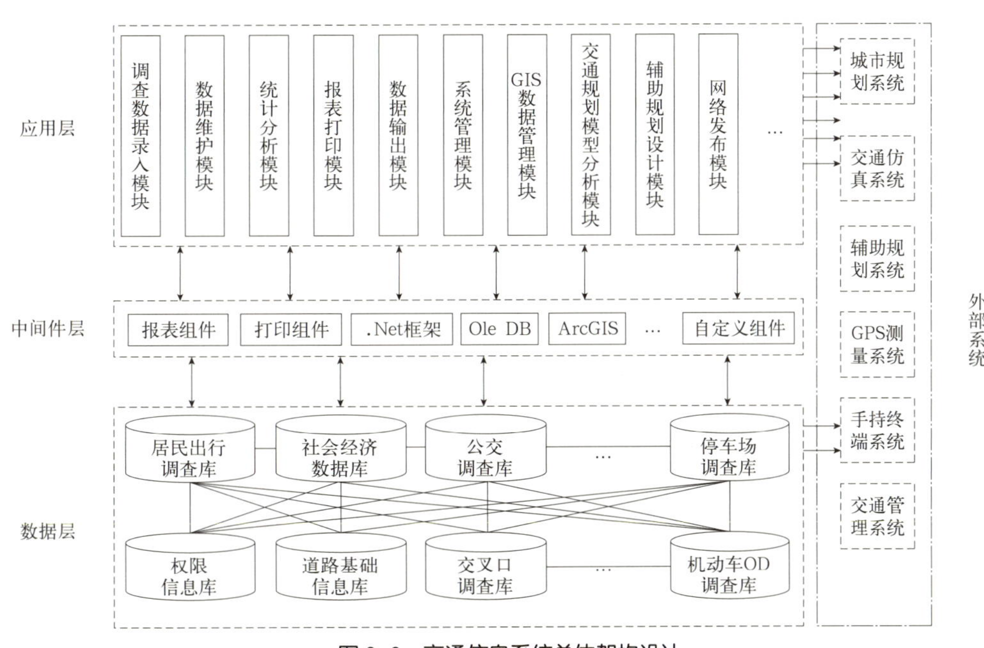

图 3-9　交通信息系统总体架构设计

（4）中央数据中心：集中保存采集录入的调查数据，通过增量、全量、双机热备等方法来保证数据的安全可靠。

3.3.2.5 交通发展政策

城市交通发展政策引导着城市交通的发展方向。近几年，我国城市交通取得了突飞猛进的发展，同时也暴露出了许多问题，普遍出现的城市交通拥堵，几乎已经成了许多城市的不治之症，一直困扰着城市的政府部门和广大市民。导致城市交通拥堵的原因固然有多方面，但城市交通发展政策失衡无疑是重要的原因之一。交通发展政策研究的目的就是通过探寻城市交通的发展规律，为城市交通政策的调整和制定提供理论基础和参考。

1）现有城市交通政策构成

我国现有的城市交通政策分别体现在相关的法律法规、政府文件以及一些发展规划和计划当中，归纳起来大体上包括以下几个方面：

（1）土地政策——决定了城市的建设用地范围，从而决定城市的发展空间和城市交通的发展空间；

（2）城市规划政策——决定了城市的用地布局，从而决定了城市交通与土地利用的关系；

（3）汽车产业政策——决定了城市机动车数量的增长速度，在一定程度上决定了城市的机动化进程；

（4）节能和环保政策——引导着城市交通工具的发展方向，从而影响着城市交通结构的转变；

（5）城市公共交通政策——引导人们交通出行方式的转变，从而促进城市交通结构的转变；

（6）城市交通管理政策——规范城市交通的时空分布，从而决定城市交通的运行秩序；

（7）城市交通科学技术政策——决定着城市交通发展的科技含量及发展方向，其内容涉及上述各个方面。

2）城市交通发展政策要点及分析

城市交通是一个具有明显层次性特征的系统，可以划分为三个层次：交通生成与供给、交通结构（包括交通方式）和交通运行。各项城市交通发展政策针对不同的系统层面，发挥着相应的引导作用。城市交通科技政策则从三个层面同时入手，引导着整个系统的科技发展方向。

（1）城市交通生成与供给政策要点及分析

显著影响城市交通生成与供给层面的政策主要包括土地利用和城市规划建设等方面的法规及文件。相关的政策文本主要有《中华人民共和国土地管理法》、《中华人民共和国土地管理法实施条例》、《划拨用地目录》、《中华人民共和国城乡规划法》、《城市规划编制办法》、《城市黄线管理办法》以及有关的发展计划和规划，这些政策规定了与城市交通相关的资源配置和使用要求，进而影响着城市交通生成与供给的规模和结构。

（2）城市交通结构政策要点及分析

城市交通结构通常是指城市居民交通出行方式的构成，反映了城市居民采用步行、自行车、公共交通、出租车、小汽车等不同交通方式的出行量在居民出行总量中所占的比重。交通结构决定了城市交通资源的需求和分配，是城市交通政策引导和调控的核心。汽车产业政策、节能环保政策、公共交通优先政策等对城市交通结构的演变具有重要影响作用，相关的法律和政策文件主要有《中华人民共和国节约能源法》、《汽车产业发展政策》、《国务院关于印发节能减排综合性工作方案的通知》、《改善中国城市交通与环境问题的建议书》、《建设部关于优先发展城市公共交通的意见》、六部委《关于优先发展城市公共交通的意见》、《关于优先发展城市公共交通若干经济政策的意见》、《城市公共汽电车客运管理办法》以及相关的规划和计划。

（3）城市交通运行政策要点及分析

城市交通运行政策主要是指对城市交通运行进行管理的政策，主要包括城市道路安全管理、城市公共汽（电）车管理、城市轨道交通运营管理、出租车管理几个方面，主要的法规和政策文本包括《中华人民共和国道路交通安全法》、《中华人民共和国道路交通安全法实施条例》、《城市公共汽电车客运管理办法》、《城市轨道交通运营管理办法》、《城市出租汽车管理办法》、《国务院办公厅关于进一步规范出租汽车行业管理有关问题的通知》等文件。

（4）城市交通科学技术发展政策要点及分析

科学技术支撑着整个城市交通系统的发展，是城市交通系统不断创新发展的基本推动力。引导城市交通科技发展的各项科技政策主要体现在《国家中长期科学和技术发展规划纲要（2006—2020年）》、《国家"十一五"科学技术发展规划》、《建设事业"十一五"规划纲要》、《建设事业技术政策纲要》、《建设事业"十一五"重点推广技术领域》等若干政策文件和规划之中。

3）城市交通发展政策体系

我国现行的城市交通发展政策体系如图3-10所示。

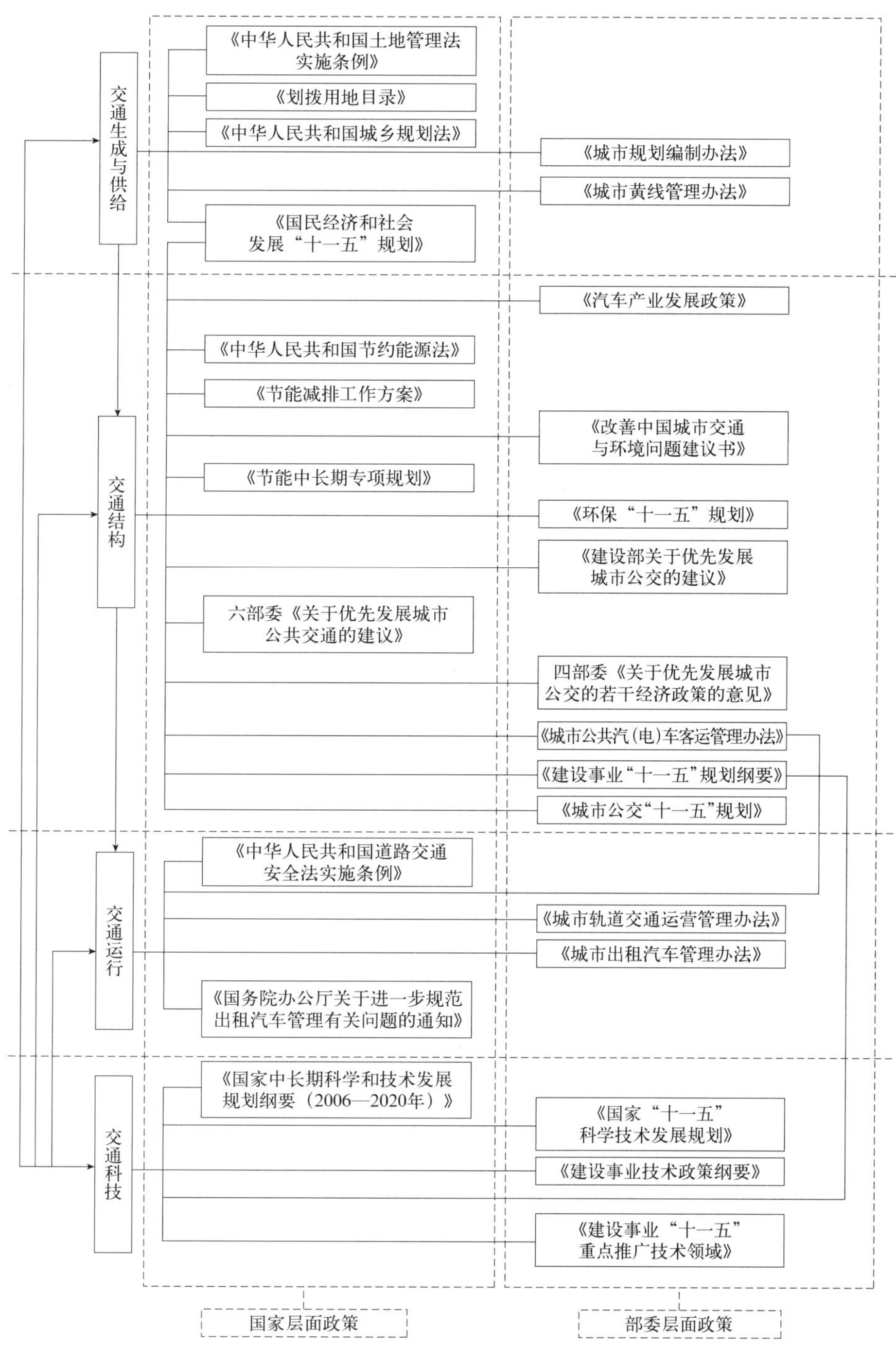

图 3-10　我国现行城市交通发展政策体系

3.3.2.6　交通标准及规范

一是高度重视城市交通规划工作，完善规划编制工作机制和协调机制。

加快推进城市综合交通体系规划的编制工作，完善规划编制的协调机制，建立独立的审查工作机制和制度，整合城市综合交通体系规划与区域交通规划、土地使用规划的衔接关系，加快解决交通规划建设条块分割、功能层次混乱、衔接不畅等问题。

二是重视交通立法，充实完善城市交通规划建设技术法规。

加快交通立法工作，如尽快研究制定"公共交通法"和"停车法"，为公共交通的发展和停车设施的建设提供法律保障。补充、完善城市交通规划建设技术法规，修编、调整落后过时的技术标准，建立技术法规的定期修编制度。

三是加快地方性交通规划法规的研究和制定。

城市规划法律法规体系由法律、法规、部门规章、技术标准及技术规范以及地方规范性文件组成。地方规范性文件作为重要组成部分，对于进一步丰富和完善相关法律法规体系，适应地域性和城市发展阶段的不同要求，推动城市交通规划的科学协调发展无疑将起到非常重要的补充作用。

3.3.3 交通规划实施体系主要内容

交通规划六大实施体系包括：近期建设规划、交通组织规划、交通修建规划、重大设施规划、用地控制规划、交通影响评价。

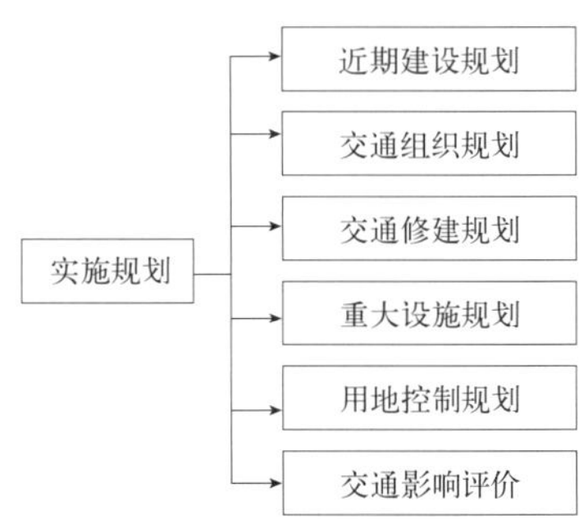

图 3-11 实施规划框架图

3.3.3.1 近期建设规划

近期交通建设规划是城市交通的近期建设计划，规划年限一般为 1 ～ 5 年，主要确定近期交通发展策略和主要对外交通设施、主要道路交通设施布局。它侧重于交通规划的实施性内容，建议单独编制。

3.3.3.2 交通组织规划

交通组织规划是在有限的道路空间上，科学合理地分时、分路、分车种、分流向地使用道路，使道路交通始终处于有序、高效运行状态。

3.3.3.3 交通修建规划

交通修建规划主要包括道路、交叉口、停车设施等交通设施的修建性规划。下面以道路修建性规划为例，说明修建性规划的主要任务和内容。

道路修建性规划的主要任务为：进行道路交通的功能分析与设计方案的交通运行分析，公共交通、行人交通的功能分析、组织和设施总体布置方案，道路、交叉口、出入口的初步方案。

其主要内容如下：

(1) 道路交通、土地利用等资料收集与调查；

(2) 区域路网、公交规划情况以及所规划道路和相交道路功能的说明与分析；

(3) 沿线土地利用对出入交通、公共交通和行人交通的要求分析；

(4) 制订道路交通组织方案、公共交通组织方案、行人交通组织方案；

(5) 确定道路断面、交叉口的通行功能要求及交通管制形式方案；

(6) 未来道路交通量预测与交通运行分析；

(7) 道路路线初步方案设计；

(8) 立体交叉口的初步方案设计；

(9) 平面交叉口几何设计、渠化设计；

(10) 公交及行人设施总体布置方案；

其主要成果为：规划说明书或者研究报告，其中应包括平面图（比例 1：2000）、地形图。

3.3.3.4 重大设施规划

交通规划的实施最后落实到具体交通建设项目的实施。每个交通建设项目从立项、审批到实施要开展众多工作，如经由国家发展和改革委员会审批的重大交通建设项目，要经过项目建议书、可行性研究报告、初步设计、施工图设计、年度投资计划、开工报告等审批手续。如果将重大交通建设项目从规划到实施的工作阶段总结归纳为前期研究阶段、可行性研究阶段和实施阶段，那么交通规划工作贯穿于三个阶段，是这三个阶段的重要组成部分。

重大交通建设项目各个阶段的交通规划工作内容如图 3-12 所示。在项目前期研究阶段，主要完成与相关规划的衔接、论证项目建设的必要性、对项目选址及主要技术标准提出建议。项目可行性研究阶段是对建设项目的必要性、技术可行性、经济合理性和实施可能性进行多方案综合论证，分为预可行性研究和可行性研究两个阶段，由项目建设单位委托设计单位严格按国家和有关部（委）的规定进行编制。

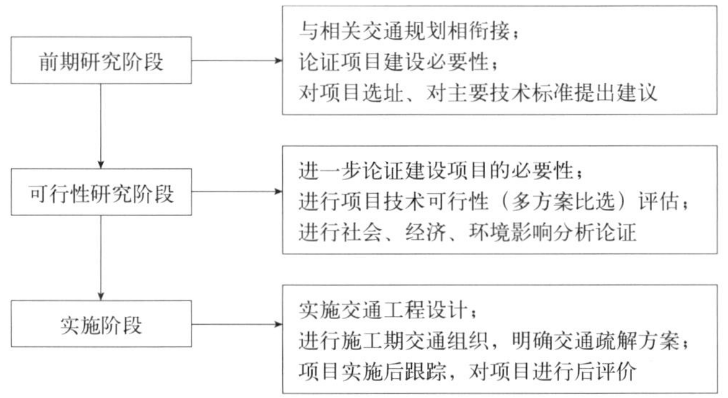

图 3-12 重大交通建设项目实施过程中交通规划参与的工作

3.3.3.5 用地控制规划

用地控制规划是城市交通规划项目服务于城市规划管理的重要方式，是“规划一张图”和“五线”管理的重要组成部分，同时也是保证交通设施建设顺利实施，促进用地开发有序推进，统筹协调交通设施与城市建设关系的重要保障。

交通体系用地控制规划所涉及的方面主要包括城市道路及立交节点用地控制（红线控制）、轨道交通用地控制（含轨道线路、车站、停车场、车辆段、车辆基地等）、公共停车场用地控制、公交场站设施用地控制等。

3.3.3.6 交通影响评价

在修建性详细规划阶段，交通影响评价分两个层面：一是区域开发建设前，开展交通规划咨询工作，对给定的土地性质和开发强度，分析区域的交通需求，提出区域内交通设施建设容量、类型与布局等建议；二是区域用地开发后，对已经完成的用地进行交通影响评价，评价和分析建设项目建成投入使用后，新增的交通需求对周边交通环境产生影响的程度和范围，在满足一定服务水平的条件下提出对策，缓解项目产生的交通流量对周围道路交通的压力，并布置基地出入口、停车设施及进行交通组织与设计。

控制性详细规划阶段主要确定城市土地使用性质和开发强度。该阶段要进行交通需求分析，从交通容量角度提出用地反馈意见，更全面、更具体地反映交通设施布局的要求，落实相关交通设施的布局，实现城市规划与交通规划的融合，促进城市用地布局与交通的协调发展。

在项目建设阶段按照建设项目类型、阶段的不同，交通影响评价可分为选址阶段的交通影响评价、规划方案阶段的交通影响评价和交通设施项目的交通影响评价三类。选址阶段的交通影响评价是指在审批建设（用地）项目选址定点、规划设计条件时进行的交通影响评价，从交通角度论证项目选址是否合适，并在此基础上研究项目合理的建筑规模和性质，提出内外部交通衔接以及相应规划设计条件。规划方案阶段的交通影响评价是指在审批规划（建筑）方案时进行的交通影响评价，主要复核项目规模性质，优化建筑方案平面布局，同时提出基地内部、外部交通改善方案。交通设施项目的交通影响评价是指对大型交通设施项目进行交通预测分析，通过交通流量预测，优化项目规划设计建设方案，提出交通组织、交通工程设计以及交通配套衔接等方面的意见与建议。

3.4 武汉市交通规划编制的管理与协调机制

交通规划要与国民经济社会发展计划和城市总体规划相协调，与城市规划的层次和编制阶段相衔接，建立和完善多层次的城乡一体化交通规划体系。各层次的交通规划要与相应层次的城市规划同步编制、相互协调，同时要建立交通规划与城市土地使用规划之间的反馈机制。

3.4.1 各层次交通规划的编制年限

交通规划各个阶段的目标与任务不同，研究的内容和深度存在差异，研究的期限也有所差别。所以，城市交通规划不能也不应该是单层次的、限定期限的，而应该是分层次的、多期限且连续的，既能考虑长远，又要兼顾当前。

交通发展战略规划具有战略性、宏观性和指导性，应保持充分的弹性，以适应长远发展。其研究期限一般为 20 年，对于重大交通设施甚至要展望到 50 年，如城市轨道交通发展战略等。

城市综合交通体系规划的规划期限，应当与城市总体规划相一致，一般研究期限为 10 ～ 20 年。

交通专项规划在综合规划指导下进行，规划年限应当与综合交通体系规划保持基本一致。对于涉及城市长远发展的交通专项规划，如轨道交通线网规划，应以远景年为规划年限，并考虑近期、中期和远期不同阶段的发展目标和实施要求。对侧重于指导城市近期建设和发展的专项规划，考虑到不同专项规划技术条件、实施周期的不同，可适当调整。

近期规划主要立足于现状，对即将实施建设的交通运输设施项目、时序、规模、资金、初步方案等作出统筹安排，一般研究期限为 3 ～ 5 年。年度交通建设计划应在近期建设规划基础上滚动编制。

控规阶段的交通需求分析、修规阶段的交通规划咨询及交通影响评价的研究年限跟控规、修规的规划年限保持一致。

各层次规划虽然期限不同，但出于交通规划间相互协调、层层延续的要求，在实践中上、下层规划的期限和内容应充分衔接，实现远期、中期、近期的一致性和可持续性。

3.4.2 各层次交通规划的审批程序

城市交通规划的内容和要求不同，可以实行分级组织编制和审批。结合城市总体规划编制的城市交通规划，包括城市交通战略规划、城市综合交通规划、分区交通规划、近期交通建设规划，依照城市总体规划审批程序进行审批，按国家行政建制设立的市，由人民政府负责组织编制，具体工作由城市人民政府建设主管部门（城乡规划主管部门）承担。

结合详细规划编制的交通影响评估和交通组织与设计，按详细规划审批程序进行审批，由城市人民政府建设主管部门（城乡规划主管部门）依据已经批准的城市交通战略规划、城市综合交通规划、交通专项规划、近期交通建设规划提出的规划条件，委托城市交通规划编制部门编制，如表 3–3 所示。

各层次交通规划编制、审查、审批、实施管理机构 表 3–3

类别		编制组织	审查	审批	实施
城市交通发展战略规划（交通发展白皮书）		市人民政府	市人民政府组织专家评审	市人民政府	市规划行政主管部门
城市综合交通体系规划		市人民政府委托市规划行政主管部门组织	市城市规划委员会	市人民政府	市规划行政主管部门
交通专项规划	区域衔接规划	市交通专项规划除有特别规定外，均由市规划行政主管部门组织	市交通专项规划除有特别规定外，均由市规划行政主管部门组织专家评审	市交通专项规划除有特别规定外，均报市政府审批	各专项交通主管部门；没有主管部门的由规划行政主管部门组织实施
	道路系统规划				
	公共交通规划（特别规定）				
	轨道交通规划（特别规定）				
	综合枢纽规划				
	交通管理规划				
	静态交通规划				
	货运系统规划				
	智能交通规划				
	过江交通规划				
次区域（分区）交通规划		区人民政府	区政府、市有关专业部门联合审查	报市政府审批	区人民政府
近期交通建设规划		规划行政主管部门会同建设行政主管部门	相关职能部门联合审查	视项目大小程度，按相关规定审批	建设行政主管部门

1）公共交通规划

城市公共交通是由公共汽车、电车、轨道交通、出租汽车、轮渡等交通方式组成的公共客运交通系统，是重要的城市基础设施，是关系国计民生的社会公益事业。优先发展城市公共交通，是国家作出的重大战略举措，不仅是缓解城市交通拥堵的有效措施，也是改善城市人居环境、促进城市可持续发展的必然要求。为了促进公交优先落到实处，国家陆续出台了《关于优先发展城市公共交通的意见》、《关于优先发展城市公共交通意见的通知》，武汉市也出台了《关于优先发展城市公共交通的实施意见》，在这些意见中将公共交通规划提到了相当高的一个地位，并将其与综合交通体系规划提到同等重要地位。

2007 年 4 月 11 日，国务院法制办公室发出关于公布《城市公共交通条例（草案）（征求意见稿）》公开征求意见的通知，以期通过立法确立相应的法律制度，规范城市公共交通秩序，保障运营安全，维护各方当事人合法权益，依法促进城市健康和可持续发展。

《城市公共交通条例（草案）》对《城市公共交通专项规划》、《城市综合交通体系规划》、《城市轨道交通专项规划》的编制和审批进行了以下规定。

组织编制：市人民政府应当组织编制城市综合交通体系规划和城市公共交通专项规划；建设城市轨道交通的，应当组织编制城市轨道交通专项规划。

编制原则：城市综合交通体系规划和城市公共交通专项规划应当与城市的经济发展、环境保护、防灾减灾和人民生活水平相适应，并保证各种交通方式协调发展。

编制内容：城市公共交通专项规划应当包括各种城市公共交通方式的构成比例和规模、公共交通设施的用地范围、枢纽和场站布局、线路布局及设施配置、公共汽车和电车专用道、无障碍设施配置等。

城市综合交通体系规划应当确定公共交通在城市综合交通体系中的比例和规模、优先发展公共交通的措施、城市交通与区域交通的衔接和优化方案。

城市轨道交通专项规划应当包括：轨道交通建设的远期目标和近期建设任务、投资估算及资金筹集方案、线路走向、站点选址、沿线土地利用及用地规划控制、换乘站、枢纽站建设以及与其他交通方式的衔接方案等。

审批程序：城市综合交通体系规划和城市公共交通专项规划应当纳入城市总体规划，并按照城市总体规划的审批程序一并报批；城市轨道交通专项规划按照国务院规定的审批权限和程序报批。

2）轨道交通规划

城市快速轨道交通（地铁与轻轨）是大城市公共客运交通的骨干，是大众化、大运量、独立专用轨道的城市客运系统，同时又是城市的大型基础工程，所以它在城市建设总体规划中占有十分重要的地位，并且对城市建设起导向作用。所以我国非常重视城市轨道交通规划的编制和审批工作。

城市轨道交通在我国的审批程序相当复杂。这不光是因为轨道交通的建设规划需要经过住房和城乡建设部、国家发展和改革委员会以及国务院其他相关部门依照国家有关文件分别进行审核；而且规划是否能够及时获得批准也要视当时的宏观经济政策和国家投资导向而定；甚至，对于轨道交通的审批，从来就没有一个规范的法律文件，这也导致了不同城市的审批程序很可能大相径庭，其时间周期更无规律可循。

为了规范轨道交通规划的报批程序，国务院在2003年发布的第81号文件——《关于加强城市快速轨道交通建设管理的通知》中对轨道交通的前期准备和审批工作作出了较为明确的规定。其中，明确指出现阶段申报发展地铁的城市应达到下述基本条件：①地方财政一般预算收入在100亿元以上；②国内生产总值达到1000亿元以上；③城区人口在300万以上；④规划线路的客流规模达到单向高峰小时3万人次以上。

轨道交通规划的审批通常分为以下四步。

第一步：依据《城市总体规划》和《综合交通规划》，完成专项《城市轨道交通线网规划》。

审批部门：技术层面上，该规划只需由地方政府组织全国专家进行评审；行政层面上，该规划只需由地方政府审批通过即可。

第二步：依据《城市轨道交通线网规划》编制《城市轨道交通建设规划》，对近期（2015年前）将要实施的轨道交通建设计划进行研究。

审批部门：技术层面上，该规划需要经过两次审查，一次是由国家发展和改革委员会委托其认可的三家咨询公司中的一家（如中国国际工程咨询公司）进行预审，预审通过即意味着在技术层面上获得国家发展和改革委员会的认可；另一次是由住房和城乡建设部委托所在省的建设厅组织的初审，初审通过即意味着在技术层面上获得住房和城乡建设部的认可。行政层面上，《城市轨道交通建设规划》需在预审和初审通过后，由国家发展和改革委员会和住房和城乡建设部共同拟出意见报国务院及国务院主要领导批准。

第三步：根据《城市轨道交通建设规划》提出的线路建设顺序，对拟建线路的必要性、可行性和规模进行论证，编制完成轨道交通线路工程预可行性研究报告。

审批部门：由国家发展和改革委员会委托中国国际工程咨询公司进行审查后上报国务院批准立项。

第四步：对国务院批准立项的线路进行工程可行性研究，形成轨道交通线路工程可行性研究报告。

审批部门：由国家发展和改革委员会委托中国国际工程咨询公司进行审查后上报国务院批准开工。

3.4.3 实施评估与调整更新

我国今后一段时期内仍将处于快速城市化进程中，面对快速变化的外部环境，形成动态循环的规划“制定—实施—调整”良性机制是城市开展新一轮综合性交通规划编制工作前对过去建设得失、未来系统发展方向与体系结构、总体发展战略、新一轮规划编制重点等重要问题达成共识的一个必经阶段，同时也是促进城市交通规划体系自身良性发展、避免重复编制和规划与实际脱节的必要环节、增强规划可实施性、提升规划引导发展能力的必然选择。

3.4.3.1 城市交通规划的评估目标

通过对既有交通规划的评估与分析，应达到三个目标：

（1）评判既有交通规划的实施效果和指导交通系统进一步发展的适应性，分析综合交通规划修编的必要性，同时论证对新一轮城市总体规划适度调整或修编的必要性；

（2）识别当前交通发展面临的关键问题及制约发展的主要障碍，为新一轮城市总体规划和综合交通规划修编明确边界条件、确立修编方向与重点奠定基础；

（3）为新一轮交通发展战略、政策、措施的制定讨论达成一定的共识。

3.4.3.2　城市交通规划评估的内容与方法

结合以上评估目标，将综合交通规划评估工作分为相互联系又各有侧重的三部分内容：实施性评估、适应性评估、协调性评估。

1）实施性评估

交通规划的实施性评估应从交通基础设施建设、交通投资政策、交通发展战略三个方面对规划的执行力度和效果进行评估，总结存在的问题和进一步改进的方向。交通基础设施建设评估是交通投资政策、交通发展战略等宏观政策在交通系统发展中的直接体现，是评估后二者的基础。交通投资政策受交通发展战略的直接引导，不同的发展战略决定了交通投资的力度和影响交通投资的方向。在交通基础设施建设和交通投资与发展政策评估的基础上，对交通发展战略的执行效果进行评估，对执行过程中存在的缺失和不足予以反思，为探寻新一轮交通发展目标和战略奠定基础。

（1）交通基础设施建设评估：包括铁路、对外公路、机场、港口与航道等城市对外交通基础设施的建设水平与规划预期的比较；城市道路网络总体建设水平、规划干道网络建设完成度、支路网络建设水平等指标与规划安排；公交设施总体发展、线网发展水平、公交专用道建设、轨道交通建设安排等内容与规划预期比较；停车规划回顾、设施建设现状与供需缺口分析，以及停车配建标准比较等内容。

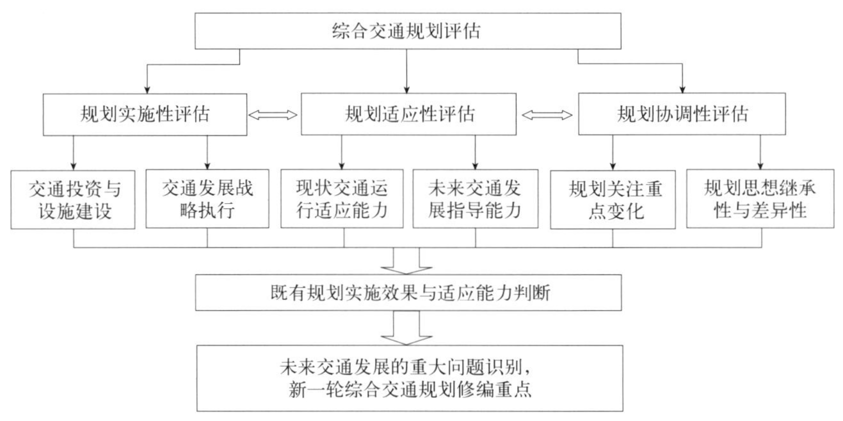

图 3-13　城市交通规划评估框架

（2）交通投资政策评估：回顾相关规划安排中不同类型交通设施投资需求，分析近年来城建总体投资和交通系统投资规模、分布，评估交通投资落实与规划安排之间的差别，反映过去一段时期内交通系统发展的资金投入重点，结合设施建设情况分析各类别交通设施建设、管理投入水平的差异。

（3）交通发展战略评估：结合城市扩张和区域一体化的发展背景，从规划制定、交通基础设施建设、出行服务、市场合作等方面评估交通发展战略的具体推进；考虑以不同交通方式的时间可达性作为评判指标；以及从不同层次的公共交通优先发展指导政策入手，评估公交优先发展战略在过往交通系统建设与投资中的重视程度，可以考虑以公交客运量、公交出行分担率和公交运行速度作为公交优先战略执行效果的检验指标。

2）适应性评估

交通规划适应性评估从满足交通现状需求及未来一段时期交通发展需求两个方面，考察既有规划对交通系统运行的适应性。交通规划适应性评估通过交通规划与城市总体规划等上位规划的配合，交通规划的需求预测与实际交通增长如机动车总量、交通结构的比较，交通规划方案对于城市扩张与城区改造、土地开发量与强度的适应能力，分析交通规划制定的各项战略措施、建设方案是否满足城市规划的总体部署与城市发展要求，检验规划是否能适应城市社会、经济发展需求，起到引导城市空间格局优化的作用。

（1）交通需求外部因素变化评估。

解析交通规划所依托的土地利用设定情景与过去一段时间内城市社会经济、人口与就业、城市空间拓展、空间结构调整、土地开发情况等方面的差异，总结设定情景与现实情况之间的差异范围和强度。主要的对比分析指标有人口总量与空间分布的变化、就业岗位类型总量与空间分布的变化、人均 GDP 及可支配收入的增长、城市功能空间结构的调整及建成区的拓展、土地利用类型及开发强度变化。

（2）交通现状运行的适应性评估。

从机动车拥有、道路交通、公共交通、静态交通以及交通管理等方面，分析各类交通工具使用的增长、各方式交通需求总量增长、交通量空间分布、居民出行指标、出行成本等特征，结合城市人口、经济、土地利用等外部要素变化特征，分析过去一段时期内城市交通需求增长特征，与既有交通规划的交通特征判断和需求定量预测结果进行比较，评估既有交通规划实施到当前阶段对现状交通的适应性。

（3）未来交通发展适应性评估。

这应基于交通需求增长趋势判断以及交通系统发展所处的宏观环境，分析今后一段时期城市交通发展面临的重大问题。分析快速城市化对交通设施建设和运行服务的要求，轨道交通建成后的交通格局调整，区域发展战略实施对内、外部交通系统的衔接要求，重点关注既有交通规划对城市社会经济发展、城市空间拓展及结构调整的适应性和引导发展的能力，评估既有规划提出的交通发展战略、交通规划方案对未来交通发展需求的适应性。

3）协调性评估

协调是科学发展观的核心内容之一，只有协调发展，才能保证全局的、整体的和根本的发展。协调性评估应从交通规划编制的边界条件、交通发展战略以及交通子系统规划方案等方面入手，评估规划的继承性、一致性和差异性，以剖析当前交通问题产生的根源（是规划本身的问题，还是规划管理、实施的问题），为规划的制定、实施和管理机制提出对策。协调性评估应按照两条主线进行：不同空间层次（经济区域或城市群、市域、中心城区、内部分区等）的交通规划协调性和各个交通专项规划间的协调性。

（1）与上位规划之间的协调性：即既有综合交通规划与城市总体规划中交通专线规划、城市群或者区域交通规划等上位规划在交通系统整体发展格局和战略是否具有继承性；轨道交通、铁路客运专线、空港物流、干线公路、交通枢纽等重大交通设施布局、建设标准、建设时间安排等事宜是否具有一致性，并总结产生差异的内、外部原因。

（2）各交通专项规划之间的协调性：即各个交通专项规划之间是否相互支撑、相互配合，各专业规划提出的设施建设是否存在相互抵触，是否为其他专项规划的设施建设留有余地。重点关注公路网规划与城市道路网规划之间在衔接道路布局、等级、规模等方面是够协调；道路网规划与公交规划在公交线网密度、站点设置、公交专用道运行空间、行人过街、换乘枢纽与衔接道路等方面的协调性；地面公交线路规划与轨道规划和建设是否存在重复竞争与服务空白，能否构成互相配合、各有分工的一体化公交服务网络。

3.4.3.3 城市交通规划的及时更新和调整

根据城市交通规划评估结果，综合判断既有规划实施效果与适应能力，及时更新和调整规划内容。在规划更新过程中，应结合交通规划编制相关要求，与体系内其他规划成果做好衔接，对因其调整可能影响到的其他专项规划，应与相关部门做好沟通、协调工作；同时，调整规划审批前，应经过规划管理部门组织召开、由相关部门和专业单位参加的规划审查会。交通规划调整成果批准后，由市规划局会同相关部门、专业单位及时更新备案，并执行更新后的规划成果。

中篇

基础研究篇

第 4 章　交通发展战略研究

4.1　交通发展战略研究体系

4.1.1　交通发展战略研究目的与意义

交通发展战略是指导交通规划、建设和管理的纲领性文献，位于交通规划编制体系中支撑体系的第一项，引领整个规划编制体系项目，是综合交通规划、各专项交通规划及近期建设规划等编制的依据和指导。

城市交通发展战略是在对城市交通发展阶段和条件进行分析评估的基础上，预测未来交通发展的趋势，宏观地把握城市交通发展方向，确定一个时期的交通战略目标，寻求实现这一目标的有效途径和调控模式，选择这一时期交通建设的战略重点和主要对策，实现城市交通系统的健康、可持续发展。

交通发展战略一般在如下情况下需要编制：

(1) 城市总体规划编制或修编时期；

(2) 国家对所在城市、地区制定重要决策时；

(3) 城市发展新时期新形势下；

(4) 重大建设项目即将建设时期。

交通发展战略的编制将确定城市交通发展的方向、目标、策略和措施方案等，制定城市在各个重要发展时期的交通行动方针，对城市交通的规划建设等具有重要指导作用。

4.1.2　交通发展战略研究任务

从交通发展战略在顶层逻辑关系中所处的位置分析，交通发展战略的基本任务至少应该包括四大部分：一是战略定位的分析，二是战略目标的设定，三是战略方案的选择，四是战略实施的途径。

(1) 战略定位是通过分析城市现状交通的优势和劣势以及未来交通发展的机遇和挑战，明确战略研究需要解决的问题，为交通发展战略定一个基调；

(2) 战略目标是在立足现状、展望未来的基础上，提出城市交通发展的期望状态和目标值；

(3) 战略选择是为达到战略目标，选择如何去用最佳的途径、策略和方式来实现，以达到最佳的效果；

(4) 战略实施就是在选择的最佳方案下，用什么具体的行为、技术方法来保证这个效果能够实施。

4.1.3　交通发展战略研究思路与方法

4.1.3.1　研究思路

交通发展战略研究的技术思路会根据研究需要有所差异，其中，问题引导和目标引导在技术路线的确定中起到重要的作用。一方面，在研究中需要充分认识当前面临的问题和挑战，对于当前的发展形势、城市基本特点的充分认识是工作开展的基础，对于未来的发展趋势的把握，是确定合理发展目标的保障之一。另一方面，城市面临的种种前景，决策涉及的种种因素都需要进行取舍，在这样一个复杂的系统中，目标的正确确立将有助于从繁杂中寻找方向，实现技术思路上的化繁为简，保障项目的进行。问题引导和目标引导的协调统一成为

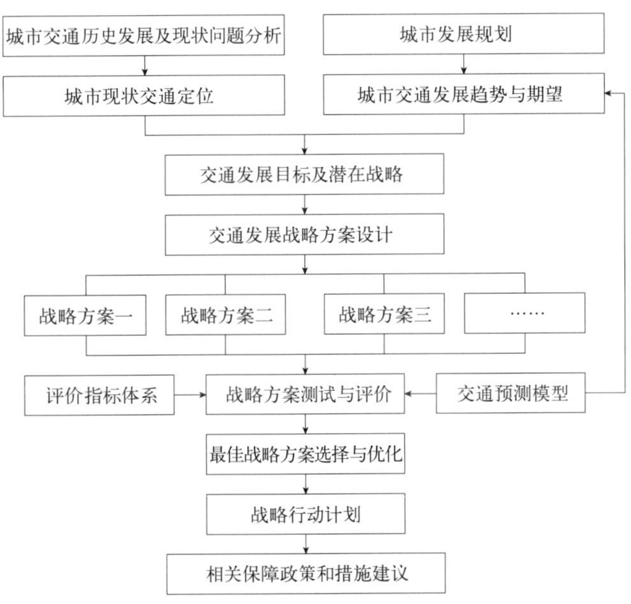

图 4-1　交通发展战略研究基本思路

战略研究技术思路的主要特点，在目标的指导下分析问题，同时在问题分析中认识目标，最终实现问题和目标的协调统一，这成为战略研究过程中的核心技术思路。

交通发展战略研究的总体思路，应在问题引导和目标引导的协调统一下，设计交通发展战略方案，利用交通预测模型，进行战略方案测试与评价，优选最佳战略方案，然后制定战略行动计划，同时提出相关保障政策和措施建议等。

4.1.3.2 研究方法

交通发展战略研究是一个系统工程，研究过程中涉及多种技术方法，一般会运用到定性分析与定量分析相结合、对比分析、层次分析、逻辑推理、综合比选等常规方法，同时还会采用规划领域的区域统筹、无缝衔接、决策导向等方法，各种技术方法的合理运用将有效提升交通战略研究的科学性和严谨性。

1）城市交通现状分析与定位

交通发展战略研究首先要立足现状，了解城市特点、社会经济、人文地理、布局结构等；同时，交通发展战略研究还必须以详细的交通数据为基础，需要开展交通综合调查工作，收集居民出行、机动车出行特征、交叉口和路段交通流量、停车特征、公交客流、货运物流等一系列交通数据，用于现状交通分析和评价。并且交通基础数据还将应用到交通模型的建立，从而对交通战略方案的分析和确定发挥作用。

交通现状分析中，还可参照发达城市的发展历程，对比分析现状交通所处的阶段，明确定位现状交通系统，从而为近期交通的建设重点指明方向。

2）城市交通发展趋势分析

城市交通发展趋势分析应以城市总体规划及其他相关规划为依据，综合考虑未来社会经济、土地利用、交通运输需求、机动车增长等多因素影响，预测未来出行需求状况和交通特征。

交通预测的方法包括趋势分析法、类比法、回归分析法、调查增量法、四阶段法等，预测时应根据数据资料收集情况、研究对象特点、技术条件等综合判断，选择合适的预测方法。

3）交通发展目标

在城市交通现状分析及发展预测的基础上，以城市规划的发展目标和方向为指导，选取具有可比性的城市或地区进行国内外案例分析，总结借鉴经验启示，拟定城市交通发展的战略目标。

交通战略的总体目标一般需要建立一个与城市现代化进程相适应、与区域发展相协调、具有较强区域辐射力，高效、低耗、畅达的多模式一体化综合交通体系，交通发展总体目标的内涵需要用一系列指标体系来表征，其核心指标一般有：

（1）交通建设指标，包括道路面积率、道路网密度、人均道路面积、万人公交车标台数、公交线网密度、自行车路网密度、停车位指标等；

（2）交通运行指标，包括居民出行时间、出行方式、车行速度、道路服务水平、公交服务水平等；

（3）可持续性指标，包括交通事故率、机动车污染物排放量、交通噪声、能源消耗等。

4）交通发展战略

根据城市交通发展的战略目标，运用国内外先进交通规划案例和理念，结合城市特点，设计交通发展战略方案，利用交通预测模型，进行战略方案测试与评价，优选最佳战略方案。

交通发展战略方案设计要具有可比性、针对性、系统性、可实施性，每个战略方案都应包括道路交通、公共交通、交通管理等内容，是一个系统完备、同时重点突出的战略方案。

战略方案比选需要采用定性分析与定量分析相结合的方法，从交通运行水平、社会经济效益、可持续发展等方面建立评价指标体系，运用交通模型，综合评价比选战略方案。

5）战略行动计划

在最佳战略方案的指引下，确立交通战略实施方案，制定各交通专项，包括区域交通、道路交通、公共交通、静态交通、货运物流交通、慢行交通以及交通综合管理等方面的战略行动计划，并且视项目要求列举近期交通建设项目库。

6）相关保障政策及措施建议

由于城市交通发展不仅涉及铁路、公路、航运、航空、城市建设、交通管理、规划土地、城市计划等诸多部门，而且涉及政策法规、资金、土地、环境、社会公平等因素，面对日益变化的社会经济发展新形式，为使城市交通战略得以顺利实施，需要从政策法规、资金筹集、部门协调、技术力量等方面提出保障措施和支撑。

4.1.4 国内外城市交通发展战略案例

他山之石，可以攻玉。学习和借鉴发达国家城市的成功经验，有利于摸索适合自身发展的城市交通发展战略。

4.1.4.1 国外城市交通发展战略研究实践

1. 综合交通枢纽城市代表

1）多方式联运枢纽城市的代表——芝加哥

芝加哥位于美国中西部，地处北美大陆的中心地带，属伊利诺伊州，东临密西根湖，辖区内人口约290万。芝加哥市是美国中部经济、贸易、金融、文化、交通的中心，拥有世界最著名的芝加哥期货交易所，同时也是美国制造业中心。

图 4-2 芝加哥在美国的区位

芝加哥交通运输业发达，交通四通八达，被称为"美国的动脉"，是美国最大的空运中心和铁路枢纽，也是世界上最大的一个内陆港口。早在1825年，芝加哥就可经五大湖和新修的伊利运河与纽约沟通。

1848年，连接大湖区和密西西比水系的伊利诺伊—密歇根运河竣工，进一步加强了芝加哥的水运地位。作为内陆港口，芝加哥与外洋本不相通。20世纪50年代，美加合作开辟圣劳伦斯海道（St.Lawrence Seaway），凿运河，建船闸，投资数亿美元，终于完工，于是，大西洋的万吨海轮可以从加拿大的圣劳伦斯湾直接开到芝加哥。这样芝加哥就成为湖、河、海运之港。大宗货物，如小麦、玉米、木材和铁矿石、石油和煤，都可以经水路到芝加哥集散，此地的工业品也可经水路输出。今天，芝加哥仍然是世界上最大的湖港。

19世纪中叶，芝加哥是全美铁路的枢纽，几十条铁路向各地幅射，虽然近几十年来航空和公路运输崛起，但铁路运输仍然不失其龙头位置，承担着相当繁重的运输任务。芝加哥拥有37条铁路干线，每日约有3.5万节货车往来，年货运量达2300万t之多；同时拥有200个货车站、4个货运港口以及8条城郊铁路通向市中心。

芝加哥又是美国的空中枢纽，拥有3个机场，其中奥黑尔国际机场最重要。奥黑尔国际机场（O'Hare International Airport）位于西北郊，距市中心30km，有地铁相通。它是世界上最繁忙的机场之一，2006年旅客吞吐量已经达到7600万人次；高峰时每20s起降一架飞机；国内外50多家航空公司在此有航线。机场占地28km^2，铺设6条跑道并拥有一个庞大的候机楼，设有精密的导航系统，可保证巨型飞机在各种复杂气象条件下安全起降。根据规划，未来跑道数量将增加到8条。

图 4-3 奥黑尔国际机场布局图

美国最大航空公司之一的联合航空公司（UAL）的总部就设在芝加哥。它拥有500多架飞机，8万多名工作人员，每年运送的旅客超过7400万人次。

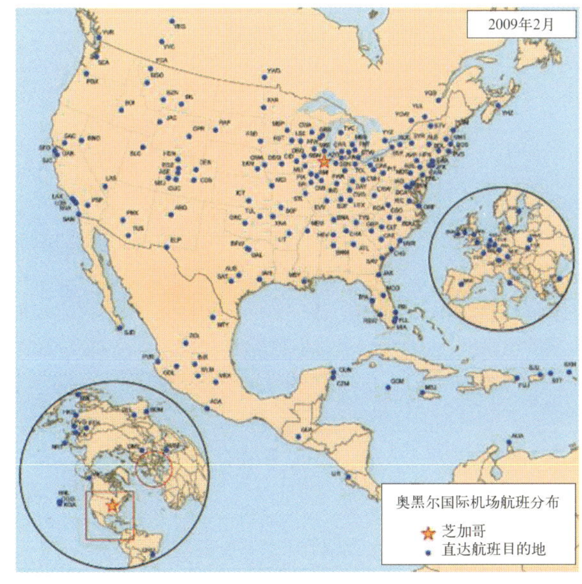

图 4-4 奥黑尔国际机场航班目的地分布图

芝加哥水、陆、空各路交通都比较领先，被称为北美洲的“十字路口”。

2）欧洲门户机场枢纽城市代表——法兰克福

法兰克福位于德国中南部，人口只有 65 万，是德国第一大金融城市和商业城市，也是重要的教育中心。法兰克福更是欧洲重要的交通枢纽，多条高速公路汇聚于此，并且是国内著名的铁路中心，法兰克福机场也是欧洲第二繁忙的机场。

图 4-5　法兰克福在德国及欧洲的区位

法兰克福机场位于法兰克福市中心西南 11km，同时也是 2 条高速公路 A3 和 A5 的交汇处。法兰克福机场庞大无比，是世界上最繁忙的机场之一，连接世界 110 多个国际航线，也是德国重要的门户机场。

图 4-6　法兰克福城市轨道交通与机场联运

法兰克福机场于 1999 年 6 月启用了专为机场轨道线设计的候机楼，从而使法兰克福机场直接与欧洲的高速铁路网和城市地铁相连。该机场的 1 号登机厅底层为火车站，分长途火车站和短途火车站。从这里可以搭乘德国高速铁路列车去德国的其他城市，或者先搭乘城市快车去法兰克福火车总站再转车。同时，机场的两个登机厅之间还有轻型高架轻轨列车相连，方便旅客转机需要，使旅客在机场的任何一个登机大厅转机都能在 20min 内到达。

奠定法兰克福作为欧洲门户机场地位，除了机场硬件设施、便捷的空铁联运服务之外，还有一个重要方面，就是法兰克福位于德国高速公路网络的中心，并且是德国铁路系统的总部。德国是欧洲最先拥有高速公路的国家，其人均每平方公里国土面积所拥有的高速公路比例是欧洲最高的，而德国的小汽车拥有量为每千人 478 辆，在欧洲排名第二（意大利排名第一）。

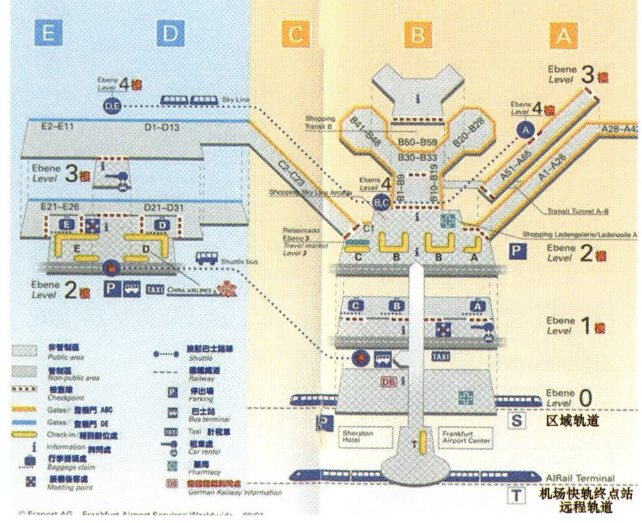

图 4-7　法兰克福机场便捷的空铁联运系统

法兰克福的铁路干线自 19 世纪 40 年代就开始启用，主要车站为位于市中心西边的终点站，它是德国和欧洲大陆最繁忙的车站，铁路线从德国各地汇集于此，直达列车开往周边各国。开往科隆的高速铁路线尤其引人注目，这条线路于 2002 年开通，在世界上创造了于传统铁路线路上以 330km/h 速度行驶的纪录。

法兰克福枢纽有很多方面可供武汉借鉴。例如，充分利用地理区位优势，打造门户枢纽机场；整合国有铁路、地方铁路和城市轨道交通，并且与机场、高速公路充分衔接；建立区域交通协调部门，法兰克福的特别区域机构负责规划公共交通、制定票价、实施公共汽车和区域铁路服务，这样的机构能有效调节国有铁路与地方交通之间的冲突。

3）高度发达的铁路枢纽城市代表——东京

东京位于太平洋西岸，是日本政治、经济和文化活动中心，也是国际金融中心和世界级大都市之一。东京大都市人口超过 3000 万，辐射半径在 100km 以上。

图 4–8　东京区位及大都市区域构成

东京大都市区域构成　　表 4–1

区　域	范　围	面积 / km^2	人口 / 万人
中心城	23 区构成的区部	621	799
东京都	23 区、26 个卫星城、7 个町和 8 个村	2186	1177
东京交通圈	50km 范围交通圈，包括东京都、琦玉县、千叶县和神奈川县大部，茨城县南部	10117	3200
一都三县	东京都、琦玉县、千叶县、神奈川县	13554	3258
首都交通圈	东京都、琦玉县、千叶县、神奈川县、茨城县、栃木县、群马县、山梨县	36879	4090

东京大都市以高度发达的轨道交通系统闻名于世。由地铁系统、私营铁路系统和国有铁路 JR 系统三大系统衔接组成，各系统的线网长度如表 4–2 所示。其中，地铁系统由 12 条线路组成（环线 1 条、放射线 11 条），总长度约 333km。

东京交通圈轨道交通系统构成　　表 4–2

区　域	线网长度 /km			
	国有铁路 JR	私营铁路	地　铁	合　计
区部	408		292	700
东京交通圈	877.2	1085.5	332.6	2305.3

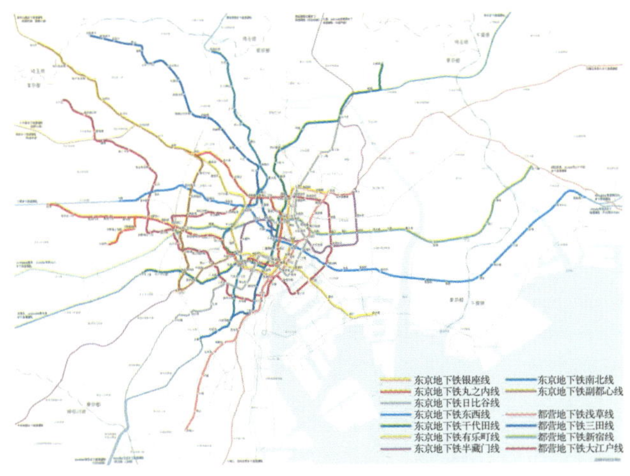

图 4–9　东京的轨道交通线网

东京铁路网的特点是，标准轨道和窄轨铁路都直接穿过市中心，主要采用高架桥的形式。因此，东京市中心就有一个中心车站。不仅国有铁路网横穿市中心，而且还有一条称作 Yamanote 的环形铁路线环绕整个城市，为其他铁路和地铁线提供便利的连接。

东日本铁路公司总共运营东京的 21 条郊区线，铁路总长 1096km。东京的私营铁路公司多达 8 家，共拥有 1142km 的铁路线，比东日本铁路多一点。另外，还有一条通往成田机场、一条通往 Tama 新区的单轨铁路线，以及两条自动化客运线，共 48km。

东京地铁网络自 1927 年开通以来得到了不断地发展，东京地铁具有不同的轨距（1067mm，1372mm，1435mm）、不同的通电方式（输电轨、头顶电线与线性感应）以及不同宽度和高度的车辆。东京地铁有两个主要经营商，分别是首都交通局和高速交通机构，外加一个经营一小段郊区地铁线的私营经营商。高速交通机构的系统比首都交通局的大，共有 8 条线、165 个站、183km 线路。首都交通局有 4 条线，总长 107km。私营郊区地铁公司经营一条线，共 12km 长。两个市内地铁系统在东京提供了纵横交错的地铁线和众多的换乘站。

虽然东京的两个主要地铁经营商各自拥有自己的设施，但地铁系统具有很大的互惠性。“互惠”指的是在地铁轨道上联合运营其他经营商的车辆。首都交通局两条线的一端与私营铁路相连，而另一端与高速交通机构的线路相连；同样，高速交通机构有 6 条线为私营铁路经营商提供互惠服务。互惠安排大大扩大了地铁的覆盖面，旅客可以从外围城镇乘车 60km 直接到达东京地铁中央车站，不需要中途换乘。这种经营模式使东京拥有了一个区域性高速地铁网络，而巴黎、法兰克福等其他城市很久以后才采用这种地铁网络。

东京的经验对武汉而言，以几大火车站为核心打造区域性铁路和多模式枢纽具有重要借鉴意义，武汉需要全面整合国有铁路、城际轨道和城市轨道交通，在线路运营上进行有效对接，在票价管理上协调一致。

2. 中心区多模式交通城市代表

1）轨道交通引导战略——首尔

韩国首都首尔市人口1029万，面积为605km²，属丘陵地形，汉江从城市中心穿过。作为韩国经济的发动机，首尔地区国内生产总值达1300亿美元，占韩国GDP的19%。

图4-10　首尔1999年土地使用规划图

首尔在1965～1970年进行大量的道路建设，5年期间道路长度增加了3.7倍。自1970年后，首尔以平均每年近90km的增幅不断提高道路设施容量以满足不断增加的交通需求。至2004年，首尔的道路长度高达7900km。

为解决城市拓展和经济发展所带来的交通问题，从20世纪70年代中期到80年代中期，首尔开始了第一轮的轨道交通建设，每年建设12km，建成了135km。但公共汽（电）车仍是主要的交通模式，地铁仅分担6%的出行量。从90年代中期以后，首尔开始了第二轮轨道交通建设，每年以24km的速度完成了4条轨道线路的建设。目前首尔轨道线网共8条线路，总长287km，265个车站，3508节车辆，以及城市外围区域57.3km长的国有铁路。

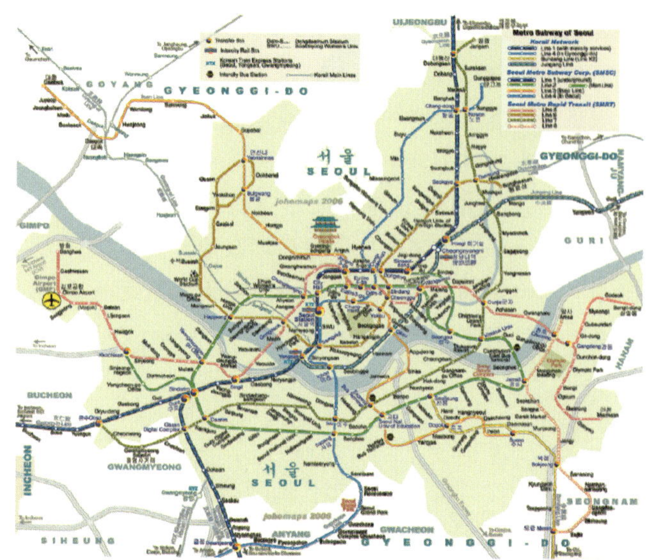

图4-11　2006年首尔轨道交通线网（8条线）

1970～2004年首尔机动车保有量由6万辆增加到278万辆，增加了45倍。

由于20世纪90年代中期以后轨道交通的大规模快速建设，在1996年，轨道交通承担的客流与公共汽（电）车首次持平，改变了公共汽（电）车的绝对主导地位，之后轨道交通分担率持续稳定增加。近10年来，首尔市小汽车和出租车的分担率稳定在20%和10%，轨道和公共汽（电）车共同分担率为70%左右，其中2002年轨道交通分担率为40%，公共汽（电）车为30%，公共汽（电）车下降的分担率几乎全部转移到轨道交通上。

作为汽车产业迅速发展的韩国首都，近30年来，首尔的小汽车需求量增加非常迅猛。首尔的策略是在发展小汽车交通的同时，加快发展由常规公交、轨道交通、出租车等组成的公共交通系统，并且将轨道交通与常规公交发展并重。公交车一度曾是最为广泛使用的交通方式，此后轨道交通成为主要的交通方式。

值得一提的是，首尔从2004年7月开始在前市长李明博倡导下积极推行公交系统的一体化改革，重新整合了公交线路，修建中央公交专用道，引入车载GPS设备，开发新的智能收费卡系统等，其关键在于将管理机构、创新技术、基础设施的建设以及公交的组织和运营融为一体，使其公共交通系统发生了革命性的变化，目前已取得了显著成效，市民满意度不断提高。

首尔与武汉都具有诸多相似点：①江河分割城市；②既要发展汽车产业，又不得不面临小汽车需求迅猛增长的局面；③需要确保公共交通竞争优势和主体地位，不断提升公共交通服务水平。而首尔采取的策略如下：

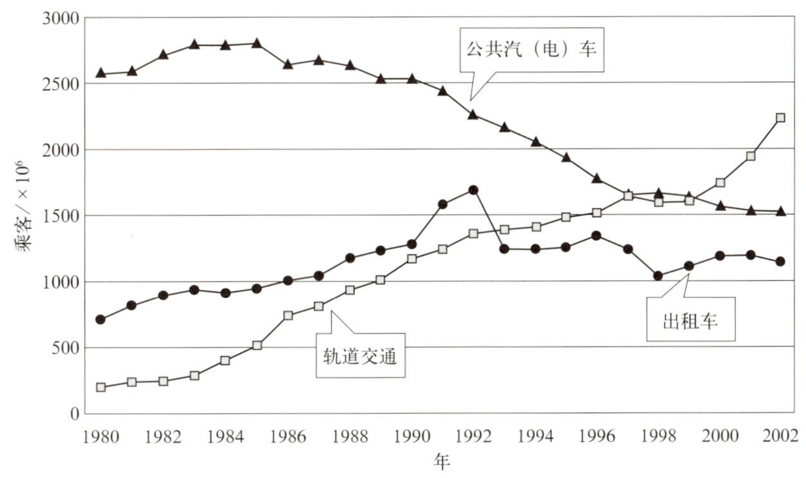

图 4-12　首尔各公共交通模式市场份额变化

（1）在 1965 ～ 1970 年进行大量道路建设，道路长度增加了 3.7 倍。之后以近 90km/ 年的增幅不断提高道路设施容量，至 2004 年道路长度高达 7900km。

（2）从 20 世纪 70 年代中期到 80 年代中期，迅速建成 135km 轨道交通基础网络（12km/ 年）；90 年代中期轨道建设提速，为 24km/ 年，目前总长达到 287km。

这对武汉的启示表现在，在城市快速发展时期，通过以超常规的速度发展城市轨道交通网络，并且整合公交系统的建设、运营与管理，保证稳定可靠的公交服务水准，取得公共交通相对于小汽车交通的竞争优势，奠定公交的主导地位，引导城市交通健康、可持续发展。

2）公共交通主导战略——香港

香港位于中国南部沿海地区，是世界著名的金融中心和国际航运中心之一。香港也是世界著名的公共交通十分发达的城市，通过三次综合交通规划研究，动态协调各种交通模式，优先发展轨道交通，成功抑制了小汽车交通的增长，适应了高密度的城市用地布局，并创造绿色交通模式，使城市保持生机活力。

2004 年，香港人口近 690 万，其中港九主城区人口近 330 万，人口密度达 2.6 万人 /km²，九龙地区人口密度更是高达 4.3 万人 /km²。

香港的轨道交通由两大系统构成，即地铁系统和九广铁路系统。地铁系统主要服务于香港主城区，九广铁路主要服务于郊区。整个地铁系统全长约 87.7km，九广铁路系统运营总长度达到 113km。

香港不仅拥有发达的公交车系统和地铁网络，在小汽车增长方面也进行了有效控制，2004 年中，香港注册机动车拥有量 52.4 万辆，千人拥有机动车仅 78 辆；私家车 38.4 万辆，千人拥有率仅为 56 辆，是世界上小汽

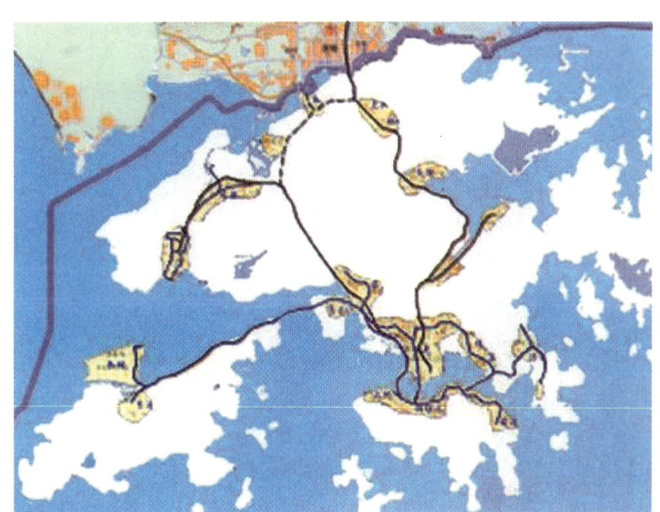

图 4-13　地铁引导下的主城区用地结构与组团式用地布局

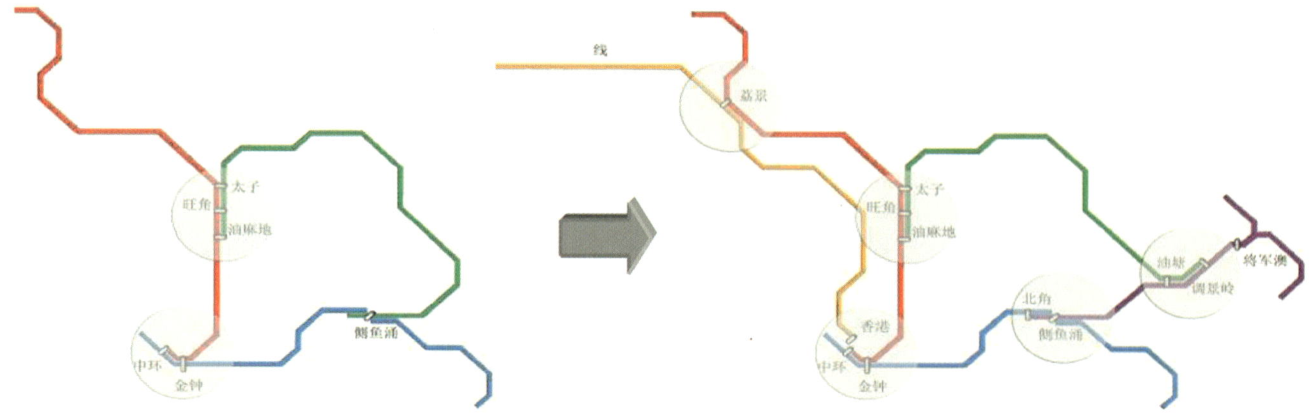

图 4-14　换乘枢纽引导香港地铁网的发展

车拥有率最低的大城市。

但在未来发展中，香港提出了继续发展轨道交通系统，以进一步提高公共交通的吸引力，同时，适时提供道路基础设施建设，以适应未来小汽车增长的需要。香港计划到 2016 年，轨道交通在公共交通系统中承担的客流比重将从 2005 年的 34% 提高到 40% ~ 50%，整个公共交通占机动化出行比重达 90%。

香港特区政府很早就认识到轨道交通和土地利用规划结合发展的重要性，并通过政府对土地强有力的控制，加强轨道交通和土地利用规划协调发展，有意识地提高轨道站点周边用地的开发强度，使轨道沿线用地布局呈现围绕轨道交通站点的簇状形态，这种发展既有利于客流组织，又能满足社会需求并带动较高的经济效益，形成了保证轨道交通的必要客流，使轨道交通呈现出良性发展的态势。

在香港轨道交通一体化发展过程中，轨道交通换乘枢纽发挥了重要作用，换乘枢纽的设置改变了线网结构，引导了线网的发展。

除了在轨道交通内部实现零换乘外，还在各条线路设立转乘站，以方便轨道交通与地面常规公交的换乘。例如，将军澳线，香港地铁营运的七条路线之一，连接香港岛到将军澳新市镇。截至 2004 年，将军澳线共有 7 个车站，当中有 4 个为中转车站，分别为调景岭站、将军澳站、坑口站和宝琳站。在这些中转车站设置专门的接驳公交，大大提高了轨道交通的服务范围和轨道交通利用率。

香港的经验表明，公共交通主导发展形成的城市用地结构和空间布局是紧凑高效的，公共交通主导城市居民的日常生活，促进了大城市向多中心、组团式的“生态型”都市发展。

公共交通主导战略中轨道交通和常规公交均得到了充足的发展。在城市经济欠发达时期，公交车是一种经济便利的交通方式，在一定时期内成为城市交通的主导，创造了高客流的世界纪录。随着城市的不断发展，公交车在支持城市拓展和提高出行的吸引力中显得乏力，多方式组合、协调发展的交通体系是大城市交通发展的必然选择。在此过程中，公交车定位发生转变，轨道交通与常规公交并重的公共交通主导战略日益明显，以共同有效应对小汽车交通增长。

武汉市应充分吸取香港特区政府对土地强有力的控制经验，加强轨道交通和土地利用规划协调发展，有意识地提高轨道站点周边用地的开发强度，利用换乘枢纽的设置引导和改变轨道线网的发展，利用接驳公交线的设置提高轨道交通的服务范围和利用效率，最终促进公共交通一体化发展。

3. 交通与土地利用协调发展城市代表

1）公共交通先导战略——库里蒂巴

库里蒂巴位于巴西南部的沿海地区，是巴拉那州的州府，人口 159 万（2000 年），面积 432km^2；大都市区人口 277 万，面积 15622km^2，是一个中等规模的发展中国家的城市。库里蒂巴是巴西最富裕的城市之一，被誉为世界的“环保之都”，城市交通系统以其高效率与低成本而闻名。

库里蒂巴市目前已形成了较为完善的综合公共交通系统，将不同公共汽车线路在物理上和运营上统一为一个网络。物理上的结合，即将不同的公共汽车线路通过换乘站连接在一起，乘客可以在不同的线路间进行方便地换乘。运营上的结合则是形成了统一的收费系统，换乘免费。

从 20 世纪 70 年代开始，库里蒂巴开始实施沿轴线发展的城市结构设计，城市严格按照 5 条快速交通走廊呈组团式发展。每条轴线被设计成一个“三分”的道路系统，其中一条大道通向城市中心，另一条背离城市，而第三条则是处于以上两者之间的中央大道；中央大道中央有两条严格的公交专用道；大道之间以标准的城市街区隔开。沿轴线发展的结果是城市只有一个相对较小的市中心，城市主要的居住和就业集中在 5 条走廊上，交通走廊上是高密度、高容积的建筑开发，轴线之间则是低密度的城市绿地。

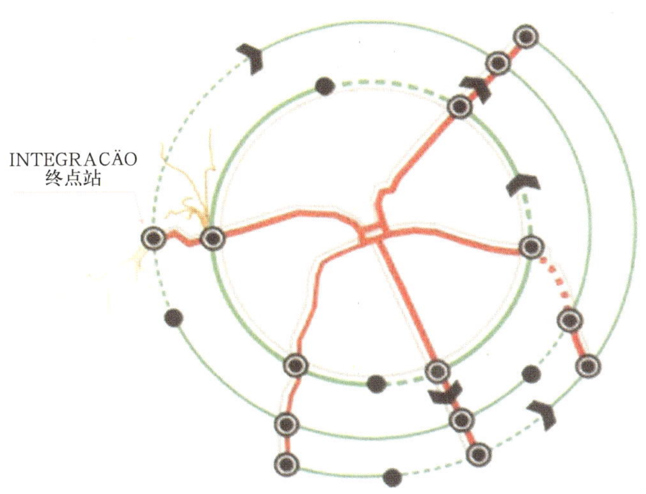

图 4-15　库里蒂巴一体化公共交通网络概念设计

“三元”道路体系（Trinary Road System）是库里蒂巴线性交通走廊的关键所在，把公共交通、道路和土地利用三者有机地结合在一起，是公共交通和土地利用协调发展的典型。

沿轴线发展的高密度建筑群能够提供足够的流量给高频率、大运量的公交系统。交通走廊中快速巴士提供短距离快速公交服务，每站必停；直线巴士提供长距离快速公交服务，只在大的换乘站停车，其行驶路线部分在“三元”道路系统两侧单行道内，部分在其他道路内。

尽管库里蒂巴人口规模不大，人口密度较低，但城市人口主要集中在交通轴线上，城市建设用地也集中在交通轴线两侧一定范围内，其他地区则是绿地和生态保护系统。城市人口和用地的高度集中使得这样一个低密度的城市，公共交通成为城市交通的核心和主导。

库里蒂巴是巴西的经济发达城市，也是巴西私家车人均拥有量最高的城市，平均每 3 ~ 4 人拥有一辆小汽车，每千人小汽车拥有率约 300 辆。但是与类似的城市比较而言，它的小汽车使用较少，人们往往把小汽车停放在家里，而乘巴士上班。

正因为公交系统具有高效、便捷的特征，库里蒂巴综合公共交通系统在城市交通系统中占了相当重要的地位，库里蒂巴 75%的通勤者乘坐公共汽车，这一极高的公交分担率也是库里蒂巴减少交通系统对环境的冲击、实现可持续发展的基础之一。

库里蒂巴的经验表明，公共交通优先发展成功地引导了城市空间的拓展，协调了城市土地使用、道路系统和城市交通之间的关系，增加了城市的可达性和可持续性。

库里蒂巴综合公交系统之所以能取得如此成功，除了公交系统本身固有的特性具有吸引力之外，“一体化的交通规划与城市土地利用规划”起了举足轻重的作用。由于公共交通与城市结构轴线融为一体，而城市结构轴线又是城市发展的骨架，所以公共交通实际上就成为指导城市增长和贯彻总体规划思想的重要工具。在一定程度上，公共交通甚至成了城市结构轴线沿线社会经济发

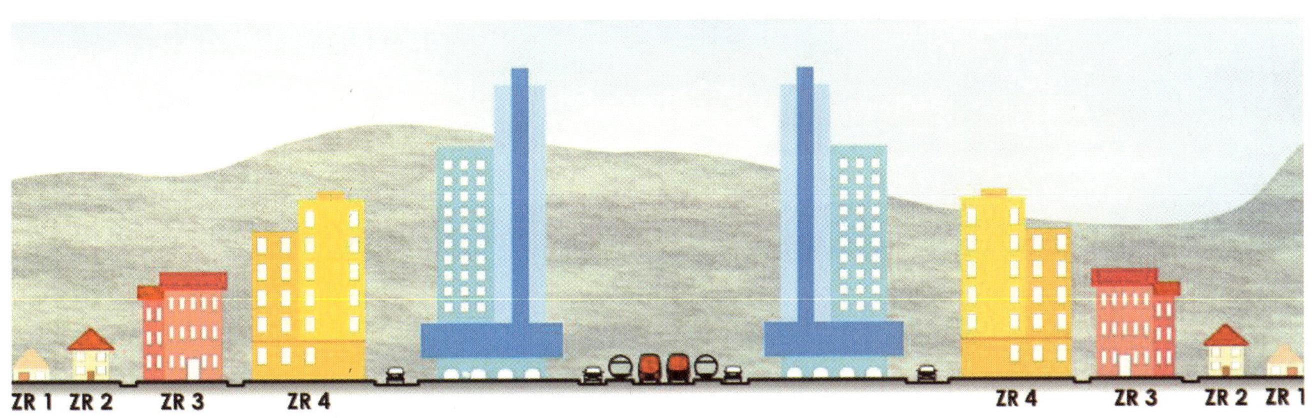

图 4-16　公交干线走廊与土地利用规划（剖面图）

展的催化剂，在各种市政服务设施、商业活动和居住区之间架起了桥梁。

此外，库里蒂巴公交系统成功的运营管理机制包括：公共交通管理机构的自治权利、公私结合的举措、运营与票制系统的分离、灵活的分批分阶段建设措施，相关交通措施也发挥了重要作用，如自行车和步行的优先、严格的停车管制措施、鼓励公共交通的经济政策等。

库里蒂巴的经验对武汉新城的发展很有借鉴意义，在都市区发展区内，推行以公共交通为导向的土地开发模式（TOD），构建以轨道交通为主体的复合交通走廊，依托复合交通走廊发展新城组群，保证公交优先，强调规划布局的系统性和与环境、景观的协调性。

2）交通与土地协调战略——波特兰

波特兰位于美国哥伦比亚河流的南岸，靠近华盛顿州边界，人口53.6万。

50年前波特兰热衷于汽车文化，私家车蔓延。但是到了20世纪60年代，这种完全依赖小汽车的策略明显缺乏可持续性。因此，波特兰开始制定各种政策以使城市更适于居住，其将城市规划与反小汽车依赖文化的交通政策相结合的举动引起了美国规划界的广泛关注，如今也被很多规划专家认为是美国最具可持续发展的政策。

图4-17 对城市发展边界严格控制的新城开发策略

波特兰将亚洲的高密度规划和英国式的花园城市规划相结合，将交通和土地利用规划紧密结合，以创建宜人的城市。其可以应用在武汉的规划理念包括：

（1）强制实施城市发展边界，控制城市蔓延；

（2）局部区域的交通抑制计划；

（3）限制城市中心停车供给；

（4）促进各种公共交通方式之间的协调发展；

（5）在市中心为公共汽（电）车提供优先政策；

（6）应用TOD，在公交站点附近鼓励混合土地利用；

（7）全面应用交通需求管理措施，改善公交服务，对各种交通方式进行整合。

4.1.4.2 国内城市交通发展战略研究实践

国内城市案例分析搜集整理了北京、上海、广州与武汉全方位对比资料，其中社会经济发展代表了城市发展水平，机动车和公共交通相关指标则代表了城市交通发展水平，对外交通量则是枢纽地位的集中体现。表4-3中所列数据可以清晰地反映出武汉与这些城市的差距。从某种程度上说，武汉市2020年力争达到的目标，这些案例城市在现状就已经达到了。案例分析的意义，一方面是借鉴这些城市交通发展的经验，另一方面也是避免走同样的弯路。

1）北京

改革开放以来，北京市交通的发展经历了三个阶段。

第一阶段，改革开放初期，其交通改善的总体对策是“分兵把口、对症下药、全线出击”。期间，在道路建设上主要是挖掘已有设施的潜力，交通管理方面则是以交通组织、信号控制和客、货分流为主。

第二阶段，进入20世纪90年代，交通需求量持续增长，交通需求质量进一步提高，这一阶段的战略思想是“压缩需求，调整结构，改善管理，整顿秩序”。这段时间内，大量市政项目上马，二环路和三环路也通过改造达到快速路标准，轨道交通建设开始推进。管理方面，市中心区面控系统和交通监控设施的完善，使现代化交通管理的水平有了进一步提高。

第三阶段，进入21世纪，北京市提出交通先导政策（坚持城市交通基础设施适度超前、优先发展，充分发挥交通建设对城市改造与拓展的引导和支持作用）、公共交通优先和低票价政策、小汽车交通引导政策和政府主导的交通产业市场化经营政策。目前，北京市轨道交通运营里程已经超过336km，并计划在2015年前达到总长561km的轨道线网规模，近5年来轨道交通年均建设里程40～50km。

2）上海

改革开放来上海的城市交通发展可分为三个阶段。第一阶段，20世纪80年代是“还旧账”的被动式交通建设。第二阶段，90年代开始进入主动式交通建设时期。在这期间，城市快速扩展，坚持以现代化标准建设道桥

国内案例城市主要指标对比 表 4–3

指标		单位	武汉（2009 年）	北京（2009 年）	广州（2009 年）	上海（2009 年）
社会经济发展	市域面积	km^2	8494	16808	7434	6341
	户籍人口	万人	835（1180）	1246	795	1380
	全市生产总值	亿元	4620（14000）	11866	9113	14901
	人均生产总值	元	51136（1 万美元）	68778	88834	77556
机动车	机动车拥有量	万辆	90.7（190 ～ 210）	402	196	243
公共交通	公交车辆数	辆	7421	21700	10400	16300
	万人拥有量	辆 / 万人	8.9	17.4	13.1	11.8
	年公交客运量	亿人次	16.6	51.7	23.5	27.1
	出租车保有量	万辆	1.2	6.7	1.9	4.9
	轨道长度	km	10.2（220）	228	150	355
对外交通量	公路运输	万人次（客运）	14532	9620	43921	2995
		10^4t（货运）	16679	18753	36983	37745
	铁路运输	万人次（客运）	6439	8161	7958	5161
		10^4t（货运）	9839	5534	6360	941
	水路运输	万人次（客运）	—	—	232	89
		10^4t（货运）	7884	—	8377	37983
	航空运输	万人次（客运）	764	6537	4939	2890
		10^4t（货运）	7.1	147.6	68	298
	合计	万人次（客运）	14532	24318	57050	11136
		10^4t（货运）	16679	24434.6	51788	76967

注：资料来源于《2010 年武汉交通发展年度报告》，括号中数字为 2020 年目标值。

设施，交通效率有所提高，机动化程度明显加快，公共交通也转向多元化。第三阶段，21 世纪上海提出公交优先的一体化交通战略，主要内容是，建设多形式的公交系统，建设功能分明、大容量、高效率的道路系统，建设“公交优先”的交通管理系统。

中心聚集的城市空间结构使上海城市交通呈现需求高度集聚、区域间道路资源利用率差异明显的特征，为此，针对不同区域交通供求的不同状况，上海市实施交通区域差别政策。中心区依托大容量轨道交通网络为主的公共交通，完善道路等级配置，控制机动车流量，公交方式与个体机动方式之比为 3：1；外围区以地面公交和轨道交通为主导，加快建设快速路，适度放宽小汽车等个体机动方式的使用，公交方式与个体机动方式之比为 2：1；郊区重点建设高速公路网，鼓励小汽车的拥有和使用，推动城市空间有序扩展，公交方式与个体机动方式之比为 1：1。

3）广州

广州市交通发展同样经历了三个阶段。

第一阶段（1984 ～ 1992 年），广州城市建成区面积膨胀，人口剧增，机动车拥有量直线上升。此阶段为“救火队”模式的交通设施建设，采取的措施有：改造已有道路，引进连续流理论，实施道路收费，实现交通控制与诱导。

第二阶段（1992 ～ 2004 年），广州市相继完成了一轮战略研究和交通实施规划，首次对城市交通问题最复杂的核心地区进行全面的系统规划，提出了道路功能分级体系，实施了内环路交通工程，建立了机动车、公交优先、自行车和行人四大网络系统，及交通组织与管理措施，指导了 10 年来广州的交通设施建设和管理。除了自行车网络系统没有按规划实施外，其他方面基本按规划实施完成。

第三阶段（1995 年以来），广州市加强了交通规划研究，强化道路功能等级研究，加强道路网络改善，确立了中心区层次分明的道路网络框架；建立小汽车、公交车、自行车、行人四大道路网络系统，并对道路公共交通优先网络和自行车、行人系统开展初步（近期）和概念性（远期）规划设计，以期最终将混合平面交通改变为人车分流、快慢分流、各行其道、相互协调的道路网络；提出有效的中心区交通组织和管理措施。

4.1.4.3 经验与启示

本书从当前交通战略研究的几大重点领域，选取了一些国际成功案例进行分析，这些城市与武汉市既定的均衡交通发展战略导向相协调，对武汉市的战略研究具有重要的借鉴意义。

1）对武汉综合交通枢纽地位提升的启示

（1）打破部门和行业壁垒，加强战略合作，强化多式联运。适应区域整合和经济一体化发展趋势，加强区域机场、港口、铁路、公路之间战略合作，形成多式联运，发挥各种运输方式优势，优化综合运输组织，提高综合交通运输整体效率，促进区域交通协调发展。

（2）完善交通衔接，扩展腹地范围。适应运输需求快速增长和枢纽进一步发展要求，在加快空港、海港、铁路、公路建设的同时，改善枢纽交通衔接条件，促进区域交通和城市道路、城市轨道、城市公交的一体化衔接，扩大枢纽吸引辐射范围，扩展经济腹地，为武汉市社会经济发展提供支持和保证。

（3）打造覆盖全国、通达世界主要枢纽机场的航线网络，建设我国中部地区门户机场。随着世界和区域经济一体化联系的加强，航空门户机场地位成为提升城市枢纽地位的关键。与点对点航线不同，经由航空枢纽连接起来的航线网络能够提供更加高效快捷的服务，使航空公司倾向于选择它作为航线目的地，旅客倾向于选择它作为中转港。

2）对中心区多模式交通发展的启示

（1）"空间差异性交通模式"是生态宜居城市的客观要求，确定分区域的合理的交通模式是交通发展战略规划的首要任务。

（2）可持续发展是制定城市交通发展战略和交通规划的最高原则。"多模式一体化交通"是现代大都市可持续发展方向。多模式一体化交通的内涵包括"硬件"和"软件"两个方面，前者指交通系统的一体化，后者指土地利用与交通发展的一体化。

（3）发展以轨道为骨架的公共交通是特大城市交通发展的方向，发达的道路系统是支撑城市运转的基础。

（4）建立绿色交通体系，完善自行车和步行等慢行系统。追求交通与环境的协和、与未来的协和、与社会的协和、与资源的协和，实现社会和经济的可持续发展。

（5）需求管理是城市交通发展各个阶段的必要手段。国内外各城市在交通需求管理方面，有其各自独特的典型措施。例如，洛杉矶的合乘车道、汽车合乘，伦敦的拥挤收费政策、差别化停车费，香港的高额燃油税、牌照费，新加坡的车辆配额系统、道路收费等。

3）对都市发展区新城组群交通与土地协调发展的启示

（1）新城组群轴向拓展必须贯彻公共交通主导思想，按照TOD，以公共交通引导城市发展。根据各个轴向发展程度和客流需求，可相应采用常规公交、BRT和轨道交通等多种公交模式。

（2）严格控制新城组群用地发展边界，以公共交通站点为核心，形成组团式布局结构，并保持一定的开发密度和土地混合利用程度。

（3）在新城组群发展轴与主城边缘结合部，优先设置大型"P+R"换乘设施，鼓励小汽车与公共交通之间的换乘。

4.2 武汉市交通发展战略研究

4.2.1 战略研究历程

从2000年开始，为了引导城市交通发展，切合不同阶段的交通特征和任务，武汉市已经完成了多轮交通发展战略规划，有重点地对不同范围、不同年限的交通发展进行了研究和解答（表4-4）。

（1）1999～2002年，为满足武汉交通建设的需要，武汉市世界银行项目办公室主持开展了交通发展战略研究工作，制定了2002～2020年武汉主城区交通发展战略，以及2002～2007年建设计划，有力地推进了世界银行在武汉交通方面贷款项目的实施。

（2）2004年，配合新一轮城市总体规划修编，武汉市规划局组织国际招标，开展了城市交通发展战略规划。通过该项目，将武汉市交通模型拓展至市域范围，通过多方案测试推荐了城市土地利用与空间布局方案，建立了到2020年系统、全面、涵盖市域、全方位的城市交通战略框架体系，为城市总体规划修编和"十一五"交通规划奠定了坚实基础。

（3）2008年进一步对武汉交通战略进行深化。围绕前述背景和新时期的要求，开展了2008年居民出行调查，

武汉市四轮战略研究工作的区别 **表 4–4**

比较项目	2002 年版战略	2004 年版战略	2008 年版战略	2011 年版战略
工作背景	适应世界银行贷款的交通建设项目需要	为城市总体规划修编和“十一五”交通规划做准备	适应新形势、落实新总规、体现新要求、明确新任务	面临建设国家中心和综合交通枢纽城市、构建“1+6”城市空间新格局、应对机动化快速增长的新要求
研究范围	以主城为主	市域范围	以都市发展区为重点，兼顾武汉城市圈	以都市发展区为重点，兼顾武汉城市圈
研究期限	2002 ～ 2020 年	2004 ～ 2020 年	2007 ～ 2020 年	2011 ～ 2020 年
工作重点	制定主城 2002 ～ 2007 年重点交通建设项目计划	全面建立城市交通战略框架体系，明确到 2020 年各阶段战略重点	做好“回头看”和“向前看”，深化枢纽地位重塑、机动化与交通模式、区域差别化、新城组群功能打造等专项战略，细化近期交通发展规划	深入思考和研究战略对策，明确城市交通发展方向、思路和手段，有效指导近期交通发展和建设

对交通模型进行更新和校核，在已有规划和交通战略实施评价和适应性评价的基础上，吸收与深化调整相结合，以都市发展区为主要研究范围，借鉴国内外城市案例经验，开展了枢纽城市地位的重塑、机动化与交通模式、区域差别化交通、新城组群功能打造等专项研究，通过测试分析，丰富、完善、更新了城市交通战略框架体系，提出了近期一揽子交通实施项目。

(4) 2011 年面对建设国家中心和综合交通枢纽城市、构建“1+6”城市空间新格局、应对机动化快速增长的新要求，积极开展交通发展战略和对策研究，按照城市交通发展战略要求，深入思考和研究提出“六大战略对策，18 项行动措施”，进一步明确城市交通发展方向、思路和手段，科学有力地推进综合交通体系建设，逐步实现城市交通战略总体目标。

4.2.2 2002 年版战略

4.2.2.1 战略内容

(1) 完善了武汉市交通预测模型。

(2) 对基本方案、道路优选方案和公交优选方案进行测试分析，确定了均衡发展交通战略方案。

(3) 对中远期城市交通发展进行了测试分析，提出了发展方向和要求。

(4) 提出了道路、公交、交通管理、车辆增长、环境保护等方面的政策建议。

4.2.2.2 战略方案

(1) 进一步发挥武汉作为全国重要交通枢纽的区位优势，综合考虑社会经济发展、城市土地利用、城市发展方向等多方面因素，建立一个与武汉市现代化进程相适应的、可持续发展的、低耗费高效率的城市综合交通体系。

(2) 以满足人和货物快速、安全、便捷地移动为目标，充分体现“以人为本”的指导思想，实施公交优先的政策措施，建成以快速轨道交通为骨干的现代化城市公交网络，组织良好的行人和自行车系统；适当控制城市机动化发展规模和出行总量；在改善城市交通管理的前提下，完善城市道路网络，减少城市交通环境污染。

4.2.2.3 战略特点

2002 年版战略研究范围以主城为主，重点是制定主城 2002 ～ 2007 年交通建设项目计划。

(1) 特别注重定量分析：武汉交通战略规划的定量分析模型是在全市性交通大调查的基础上，在世界银行专家的直接指导下建立的，综合了国内交通规划模型的优点和武汉的城市特点，因此对于不同方案的定量分析可以作出较合理的比较。

(2) 对不同交通方式采用了变需求的交通分析方法：在总需求不变的前提下，交通规划方案不同，每个小区的交通出行方式就不同，各方式出行总量便会有所区别。特别反映在过江交通上，可以分析不同设施的过江状况。

(3) 以多方案战略比选来确定近期建设项目和世界银行贷款项目：在战略规划过程中，针对近期规划，分别采用了两种发展战略设想进行比较，一是以道路网改善为主，主要考虑提高道路容量缓解交通矛盾；二是以公共交通改善为主，即主要将资金投入到公共交通上，完善线网布局、加快轨道建设、辟建公交专用道等，以解决大部分人的出行；在这两个方案的基础上，通过综合的分析手段，提出优选战略方案，再从中选出世界银行贷款项目。

(4) 优选战略的选择考虑了财政的可承受性和经济效益的可接受性：在整个战略规划的研究过程中，始终将规划方案的投资规模作为重要的依据，以武汉市财政的可承受性为重要基础，确保今后投资的偿还能力。同时在研究过程中，加强了经济效益的分析手段，以经济效益分析来对比不同战略方案的优势，进一步在投资规模和投资方向上指导决策。

（5）始终以整体交通效益的提高和解决大部分人的出行作为研究目标：城市交通效益的提高和改善不是单一的目标，在战略研究中，无论是交通效益的分析，还是经济效益的分析，其研究方法都是考虑整个城市交通系统的综合效益的提高，因此特别重视不同交通系统之间相互的影响。在规划的目标体系上，以解决大部分人的出行为主要研究方向，重视交通投资对低收入人群的公平性，在具体工作上，即始终将公共交通的改善作为研究目标，充分体现政府在交通投资上的合理性。

4.2.3 2004年版战略

4.2.3.1 战略内容

（1）制定了城市土地利用发展战略。

（2）运用交通模型对基于轨道、基于道路和均衡发展三种交通战略方案进行测试分析。

（3）制订了区域交通、道路交通、公共交通、交通管理等专项战略方案。

（4）提出了近期交通战略实施计划。

（5）提出了交通发展战略规划实施保障。

4.2.3.2 战略方案

本次武汉城市交通总体战略方案为："一市三城，各成系统；指状发展，公交支撑；综合方式，强化枢纽；设施先行，功能提升"。

（1）"一市三城，各成系统"。沿袭城市历史发展和滨江特色，形成主城"一市三城"的城市空间发展战略格局，完善三城各自的中心和综合功能，构筑相对独立的交通网络系统，三城通过大运量的快速轨道交通和城市快速干道联系，实现交通系统的一体化。功能完善是"一市三城，各成系统"交通发展战略的关键，体系独立则是其必然结果。

（2）"指状发展，公交支撑"。实施依托主城、轴向拓展的城市指状用地布局形态，以公共交通引导城市发展。促进城市沿东、西、南等主要方向轴向拓展，依靠多极生态绿楔控制其无限制蔓延，用大容量的轨道交通支持主城高强度的土地开发与集约用地，沿城市主要发展轴向（走廊）进行以公交为导向的城市开发，在地铁站点、市郊铁路站点以及其他公交可达性好的节点进行集约型的综合开发，促进城市空间发展与交通系统之间的协调、交通发展与土地利用协调，避免城市摊大饼式地蔓延，实现交通发展与城市发展的可持续性。

（3）"综合方式，强化枢纽"。建立私人交通、常规公交、轨道交通等多方式，快速交通、常速交通、慢行交通等多层次，道路交通、地下交通、空中交通、水上交通等多方位，客运交通、货运交通等多模式，内部交通、对外交通、内外衔接交通等多目的，动态交通、静态交通等多形态的综合交通系统，满足多层次交通需求的需要；以枢纽作为各个交通子系统的锚固点，提高交通运输效率。

（4）"设施先行，功能提升"。一手抓适应，一手抓提高，适度超前，采用交通引导发展模式，以交通设施的建设带动城市土地开发和社会经济发展。以完善设施、强化管理、先进手段，提升既有设施的交通功能。

4.2.3.3 战略特点

2004年版战略研究将武汉市交通模型拓展至市域范围，通过多方案测试推荐了城市土地利用与空间布局方案，建立了到2020年较为全面系统的城市交通战略框架体系，为城市总体规划修编和"十一五"交通规划奠定了坚实基础。

（1）准确定位了武汉市交通发展阶段——低需求、低供给条件下的低水平暂时平衡状态；

（2）进行了土地利用多方案比选和优化论证，分别提出了高密度新城模式、高密度指状发展轴模式、主城集中发展模式；

（3）进行了基于轨道交通、基于道路交通和均衡交通三种备选交通发展战略方案的测试分析；

（4）采用了创新性的方法，包含可持续发展、交通一体化、交通战略概念模型、土地利用与交通整合、区域—走廊评估、战略模型需求预测、国际案例分析，以引导研究、将先进的价值工程技术应用于战略发展与评估等。

4.2.4 2008年版战略

4.2.4.1 战略内容

（1）分析武汉市交通系统现状及未来发展趋势，进行上两轮交通发展战略的适应性评价。

（2）开展了武汉交通枢纽地位重塑、差别化交通发展策略、中心城区交通发展模式及机动车发展规模、新城组群功能打造与交通支撑体系、过江交通等专项研究。

（3）深化武汉城市交通总体战略，制订了区域交通、道路交通、公共交通、交通管理、慢行交通、货运交通等专项战略方案。

(4) 拟定了交通战略实施规划。

4.2.4.2 战略方案

城市交通发展总目标为：充分发挥武汉区位与交通优势，适应城市社会经济发展，引导城市空间结构调整和功能布局优化，实现各种交通方式高效衔接，构建安全便捷、公平有序、低耗高效、舒适环保的综合交通系统，促进区域交通、城乡交通协调发展，将武汉市建设成为全国重要的综合交通枢纽。

(1) 区域交通：全面提升武汉市综合交通枢纽功能与地位，推进空港建设，扩展航运服务，发展航空产业；完善铁路设施，发展多式联运；推进路网建设，调整站场布局，加强有机衔接；打造武汉新港，整合水运资源，改善航道条件。

(2) 道路交通：构筑主城"环网结合、轴向放射"的快速路系统，3 环 +13 射的路网骨架围合滨江活动区、中央活动区与外围组团等主城功能分区，缝合内外各大功能分区，衔接两岸三镇重要枢纽；构建都市发展区 "双快一轨"的复合交通走廊，建成由 13 条高快速路、13 条骨架性城市主干路组成的"双快"干线道路，引导城市空间拓展；形成市域 4 环 +18 射的快速道路骨架，沟通内外交通。

(3) 公共交通：建立以客流枢纽为中心，大容量城市轨道交通为骨架，常规公交为主体，出租车、轮渡等为辅助的多层次、一体化、便捷、有吸引力的多模式现代化公共交通系统。构筑大运量轨道交通系统，形成 8 条线、240km 的网络规模，承担 35% 以上的客运交通量；发展快速公交系统，形成 7 条线、150km 的规模；优化调整常规公交，提高常规公交服务水平；适度发展出租车服务，为乘客提供多元化和个性化的选择。

(4) 静态交通：建立起以配建停车场为主，路外公共停车场为辅，路内停车为必要补充的布局合理、功能完善、管理规范、供需动态平衡的停车规划建设与管理体系；预测 2020 年都市发展区公共停车泊位需求数为 28.4 万，其中主城区 17.3 万；贯彻停车分区差别化的供给策略、收费策略；推进停车产业化进程。

(5) 货运物流交通：完善物流园区、配送中心、货运站场体系；强化道路功能分级，完善货运通道网络；优化货运交通组织，提高运输管理水平；重点建设 5 大物流园区、13 大物流中心。

(6) 慢行交通：构筑步行、自行车的区域和网络，接驳轨道交通、BRT 以及常规公共交通，设置过街设施，打造连续慢行系统；加强行人安全设施的建设，构筑"一区一街"步行系统；合理设置立体过街设施，提高道路通行效率。

(7) 交通综合管理：实施交通需求管理，控制交通出行需求；优化交通系统管理，提升路网交通能力；推行交通管理智能化，提升交通综合管理水平。

(8) 交通实施规划：将武汉交通发展划分为两大战略阶段，即 2009 ~ 2015 年的道路、轨道交通大投入时期，2016 ~ 2020 年的城市交通结构调整建设时期。近期的实施重点在于，提升区域枢纽地位，打造一体化交通体系；完善市域交通系统，打造快速客货运体系；优化道路交通系统，打造"30min"畅通工程。

4.2.4.3 战略特点

2008 年版战略以都市发展区为重点，兼顾武汉城市圈，围绕新一轮总体规划，在新的形势背景下，开展五大专项研究，制定 2008 ~ 2020 年各专项交通发展规划，有力地指导近期交通建设和远期交通发展。五大专项研究是本次战略的最大特点。

1）武汉交通枢纽地位提升研究

以"中部崛起"战略和武汉城市圈建设为契机，通过分析武汉枢纽地位的基础条件和比较优势，提出打造多种运输方式相结合、高效率、多功能、立体化的区域综合交通运输体系，全面提高对外交通辐射能力，重塑武汉面向世界的全国性交通枢纽地位。

2）差别化的交通发展策略研究

不同的土地利用状况需要不同特点的交通模式与之对应，按照城市总规的用地规划，根据功能布局结构特点，分别针对滨江活动区、中央活动区、主城区 15 个综合组团、都市发展区制定差别化的土地利用与交通发展策略。

滨江活动区重点发展绿色交通，构造慢行交通系统，推行低机动车发展方案；中央活动区推行以集约化交通为主的发展模式，重点发展以轨道交通为主导的多方式组合协调的公共交通体系，加强交通综合管理；主城区 15 个综合组团确立轨道或快速公交在组团与市中心之间交通出行的主导地位，并在主城区外围设置"P+R"停车换乘点，鼓励私家车主乘坐公共交通工具进入主城内部；都市发展区规划依托对外交通干线构筑"多轴多心组群式”的城市空间发展格局，交通引导土地利用开发，加强道路停车设施建设。

3）中心城区交通发展模式及机动车发展规模

中心城区是城市土地利用高度化、集约化的区域，也是交通活动最频繁、供需矛盾最大的地方。本专项深入分析了武汉市的交通增长趋势，在计算近远期武汉市道路网络容量情况的基础上，从城市经济可持续发展、城市社会可持续发展、城市资源可持续利用、城市环境可持续发展和城市政策适应性发展五个方面比较，提出2020年武汉市合理交通发展模式，以及不同机动车拥有量情况下的交通发展政策。

根据交通模型综合测试分析，2020年推荐的交通方式结构为：步行方式占26%、自行车方式占15%、私家车占24%、公共交通工具占35%，高峰小时机动车出行比例不超过16%。中心城区必须形成以轨道交通为骨架的综合、多层次公共交通系统，确立公共交通的主导地位，在现状年至2020年，实施渐进的交通管理政策。

4）新城组群交通建设与城市空间拓展协调研究

针对“多轴多心”新城组群空间结构，协调新城组群交通建设与城市空间拓展，按照新城组群与主城间、新城组群间、新城组群内部等方面研究交通建设与城市用地拓展协调发展。

新城组群与主城间交通构建“两快一轨”交通复合走廊，加强轨道／快速公交站点停车设施建设引导停车换乘，通过综合管理手段调节潮汐交通；新城组群间的联系交通可在充分利用外环线和三环线的基础上，采用以私家车为主、常规公交为辅的交通模式；新城组群内部交通应优化干道网络及对外联系通道布局，加大路网密度。

5）过江交通研究

武汉两江三镇的城市格局决定了过江交通是武汉市交通建设的首要问题，城市的快速发展又催生了旺盛的过江交通需求，通过交通需求预测，明确过江通道功能定位，提出了建管并举是解决过江交通问题的根本途径，应对过江交通需求。

预测到2020年，主城跨长江车流量约55～60万pcu／日，市域过江交通需求将达到70～80万pcu／日，过江客运总量为190～200万人次／日。

应对过江交通需求，2020年在市域范围内规划10条过江通道，远景年预留3个过江通道；2020年规划轨道过江通道4条，远景年规划轨道过江通道7条。同时，中心区过江通道还应强化交通需求管理。

4.3 武汉市新时期交通发展战略研究

4.3.1 对新时期武汉交通的理解和认识

1）按照建设国家中心城市要求，武汉交通枢纽功能及辐射能力亟需加强

根据国务院批复的武汉城市总体规划，武汉市是我国中部的中心城市。近年来武汉面临一系列新的历史发展机遇，“中部崛起”、“两型社会”示范区、东湖自主创新示范区、综合交通枢纽试点城市，基于此，湖北省省委省政府提出了将武汉建设成为国家中心城市新的目标和要求，因此武汉市应进一步提升综合交通枢纽功能，拓展城市辐射能力。

2）构建“1+6”城市新格局，需要形成新的交通体系引导城市空间拓展

按照城市总体规划要求，武汉市正抓紧构建“1+6”城市新格局，形成“主城＋新城组群”以及“主城区为核、多轴多心”的城市空间结构，城市新的格局将对交通系统提出新的要求，需要依托主城沿新城组群建设6条交通发展轴，引导城市空间拓展，推进城市空间布局调整，实现主城至新城的跳跃式发展。

3）“两型社会”建设需要，打造低碳、绿色交通环境

按照构建“两型社会”目标，武汉“十二五”规划提出，要着力保障和改善民生，坚持建设资源节约型、环境友好型社会，更加注重以人为本，加快建设人民幸福城市。

根据以上要求，武汉市近期交通建设应进一步坚持以人为本的理念，落实公交优先政策，合理引导私家车增长，加强绿色、慢行交通系统建设，倡导非机动方式出行，转变城市交通出行方式，提高公共交通及慢行交通出行比例，建造良好的交通环境，提高市民生活品质，增强市民幸福感。

4）机动化还将面临跨越式增长，对交通设施承载能力与管理水平提出了更高的挑战

由于近几年武汉市大规模集中开展了快速路及轨道系统的建设，城市交通面临机动车快速增长以及道路施工影响的双重压力，拥堵区域在时空上不断扩散，从一定程度上抑制了部分市民的购车意愿。随着2011年底众多重点交通工程的集中完工，交通环境将有较大的改善，

必然激发市民购车热情，引发机动车的爆发性增长，对城市交通基础设施的承载能力和交通管理水平提出更高的挑战。

4.3.2 武汉当前交通建设的审视与面临的新要求

国际发达城市的交通发展历程显示，城市交通发展大都经历了机动化初期、机动化快速发展期和优化调整期三个阶段，其中快速发展期是交通最为关键和困难的时期，该时期社会经济快速发展，人均 GDP 突破 3000 美元，小汽车进入家庭，小汽车千人拥有量达到 100 辆以上，交通供给水平小于快速增长的交通需求，城市交通拥堵问题成为困扰大城市发展的通病。武汉市近几年快速发展，2010 年人均 GDP 达到 9000 美元，机动车拥有量为 105 万辆，主城小汽车千人拥有量超过 120 辆，武汉市正步入机动化快速发展期。

国际发达城市在机动化快速发展时期均显现出类似的交通问题：一是随着城市的扩张，居民出行距离和时间大幅增加；二是公交服务水平低下，小汽车迅猛发展；三是城市中心区和进出城道路交通堵塞严重；四是中心区停车难问题日益突出。这些问题在武汉市也有不同程度的体现。同期各个城市采取的交通对策主要是，一是调整城市空间结构和用地布局；二是构建完善的交通基础设施体系；三是大力推进公交，特别是轨道交通建设；四是通过政策、经济手段，引导小汽车购买和使用。

目前国内北京、上海等一线城市已经基本建成了规划的交通系统，武汉的城市交通设施规划指标与北京、上海建成规模基本相当，因此，北京、上海等发达城市现状的交通问题，就是武汉市在发展过程中将会遇到的问题，如表 4–5 所示。

北京、上海等城市近年来持续加强了交通基础设施建设，但仍然面临严重的交通问题，相继实施了一系列交通需求管理的政策。北京、上海、广州在发展过程中分别采取了一些需求管理措施，主要如下：

(1) 通过小汽车车牌拍卖、摇号制度，控制、抑制交通需求增长；

(2) 通过财政补贴制度，鼓励市民乘坐公共交通工具，提高公共交通出行比例；

(3) 通过对各类车辆在不同区域采取差别化管理措施，规范交通运行秩序，缓解中心区交通压力；

(4) 通过按尾号限行、公务车封存、错峰上下班等政策减轻高峰时段交通压力。

目前武汉市即将进入城市快速骨架道路系统基本形成，机动车快速发展的关键时期，为了保证武汉市交通长远健康发展，避免步入大城市"拥堵—治理—拥堵"的恶性循环，必须充分借鉴发达城市的交通发展经验，未雨绸缪，从城市空间布局、公共交通发展策略、机动化发展政策、需求管理措施等方面研究制定符合武汉市新时期发展要求的交通战略和建设规划。

4.3.3 新时期交通发展战略及对策

武汉市交通发展战略为：充分发挥武汉市的区位与交通优势，构建以公共交通为主导的综合交通运输体系，引导城市空间结构调整和功能布局优化，实现各种交通方式高效衔接、安全便捷、公平有序、低耗高效、舒适环保；促进区域交通、城乡交通协调发展，将武汉建成为国家级综合交通枢纽城市。

按照城市交通发展战略要求，深入思考和研究，提出"六大战略对策，18 项行动措施"，进一步明确城市交通发展方向、思路和手段，科学有力地推进综合交通体系建设，逐步实现城市交通战略总体目标。

1）战略对策一：提升城市功能，强化内外衔接，打造国家级综合交通枢纽

(1) 航空：推进空港建设，扩展航运服务，发展航空产业，建设辐射全国、面向国际的枢纽门户机场和航

武汉现状和规划期与北京、上海、广州现状城市相关参数对比 表 4–5

	GDP/ 亿元	常住人口 / 万人	车辆 / 万辆	千人拥有量 / 辆 / 千人	快速路（主城）/km	道路总长（主城）/km	轨道长度 /km	公交比例 /%	车速（主城干道）/km/h
武汉（2010）	5366	837	105	125	134	2724	28	24	20.0
武汉（2020）	16000	1180	230	194.9	353	3130	249.7	35	—
北京	12153	1755	480	273.5	280	6247	336	39.3	18
上海	15046	1921	260	135.3	248	4400	430	35	20.1
广州	9113	1034	215	208	198	5497	255	33	18

空物流中心；2020年，形成3800万人次、44万t货物吞吐量的年运输能力。

（2）铁路：继续推进武汉国家铁路网络和城市圈城际铁路建设，增强武汉辐射能力，将武汉建设成为全国四大铁路枢纽、六大客运中心之一；实现中短途客运公交化、1000km范围内"朝发夕归"、2000km"夕发朝至"的运营目标；2020年，形成7700万人次、1.8亿吨货物吞吐量的年运输能力。

（3）水运：全面建设武汉新港，积极推进武汉及上、下游地区岸线的统筹利用，促进区域港口协作与发展，振兴长江水运，将武汉新港建设成为近海直达、远洋喂给的国际性港区；2020年，港口货运吞吐量达到2.16亿吨，集装箱吞吐量超过500万TEU。

（4）公路：规划形成京港澳、沪蓉、沪渝、大广、福银等环形放射式国家干线公路网络，建设由高速公路和一级公路组成的区域干线网络，将武汉建设成为中部地区公路运输中心；2020年等级公路网总里程达到1万km，密度达到130km/（100km^2）；60min覆盖市域，2h覆盖武汉城市圈，4h覆盖500km城市圈。

（5）打造一批以对外交通设施、轨道交通站点为核心的综合交通枢纽，通过枢纽建设加强各种交通方式的整合，增强枢纽的客流喂给和疏散功能，树立枢纽在城市交通体系中的核心地位。通过枢纽建设，实现城市交通内外交互，一体化衔接。

2）战略对策二：坚持土地利用与交通协调发展

（1）贯彻落实TOD,促进土地利用与交通的协调发展。

（2）主城内，加强轨道线路、公交客运走廊沿线用地整合，鼓励围绕轨道站点、公交枢纽进行高强度复合开发，引导居民选择公交方式出行。

（3）都市发展区，构建"双快一轨"交通体系，支撑跳跃式发展策略，促进新城组群建设，实现"1+6"城市空间结构优化，引导中心区人口、产业、功能向外疏解，降低中心区交通需求，缓解中心区交通压力。

3）战略对策三：坚持以人为本，促进公交优先

（1）进一步加快轨道交通建设，自2012年起每年开通一条轨道线路，形成以轨道交通为骨干、各种交通方式有机衔接的公共交通体系；2020年主城轨道站点人口、岗位覆盖率超过50%，公交分担率超过35%，轨道交通占公交的比例超过40%。

（2）积极优化常规公交线网，形成多层次、多模式的立体公交体系，2020年主城区公交站点300m覆盖率达50%以上，500m覆盖率达到90%以上。

（3）从政策、经济、建设、运营、惠民等多个方面倾斜，尽快出台一批促进公共交通系统优先发展和建设的鼓励政策。

（4）以人为本，围绕公交枢纽和轨道站点，成片完善与之衔接的自行车、步行等交通接驳系统，打造"慢行＋公交"的出行模式。

4）战略对策四：加大供给，成体系地构建道路系统仍是现阶段缓解交通拥堵问题的基础

提升交通供给，加快构建快速路系统，加强内、外交通衔接和匹配，进一步促进城市功能整合和高效；2020年，规划主城区道路总里程3130km，路网密度达到7km／km^2，人均道路面积15.3km^2；实现主城至城市圈城市车行时间不超过120min，主城至远城区车行时间不超过60min，二环以内车行时间不超过30min。

5）战略对策五：研究制定合理引导机动车发展的政策措施

近2年，武汉市机动车年均增长率15%～20%，若不加有效引导，预计2020年武汉市机动车保有量将突破300万辆，将大大超过总规提出的230万辆规模，规划的交通基础设施将无法满足日益增长的交通需求。在加速建设城市综合交通体系的同时，借鉴国内外城市经验，需要未雨绸缪，研究制定适合武汉市的机动车发展政策，如类似新加坡、上海的牌照拍卖制度，日本的"购车自备车位"制度，北京的摇号上牌制度等。

6）战略对策六：实施适宜的交通需求管理，强化精细交通

（1）武汉ETC收费系统为实施交通需求管理奠定了技术基础，需要通过ETC收费经济杠杆，进一步动态调节和缓解过江交通矛盾，优化交通流空间布局，适时开展区域拥挤收费政策研究。

（2）尽快制定停车收费中心区高于外围区、路内高于路外等差别化管理政策，进一步均衡交通流，缓解中心区交通矛盾。

（3）逐步推行适宜的如错时上下班、班车校车、合乘制度等需求管理措施，降低需求，提高效率，缓解交通拥堵。

（4）科技主导，加快建设智能交通系统，构建交通信息化综合平台，强化精细交通管理。

4.3.4 战略实施步骤及重点

1）第一阶段“建成体系”（2011 ~ 2015 年）

(1) 继续推进航空、铁路、港口、高速公路建设，基本建成国家级综合交通枢纽城市；

(2) 建成主城至远城区“双快一轨”交通体系，完成城区快速路网建设；

(3) 完成轨道交通骨架网络建设，形成主城区5条轨道线路160km，主城至远城区12条轨道线路168.6km，基本建成武汉城市圈城际铁路网络；

(4) 基本建成交通管理综合信息平台，初步实现城市交通智能管理。

2）第二阶段“优化提升”（2016 ~ 2020 年）

(1) 巩固提升综合交通枢纽地位，把武汉建设成为国家中心城市；

(2) 优化建设都市发展区道路，形成层次分明的主、次、支道路系统；

(3) 继续推进主城轨道交通建设，建成主城区8条轨道线路，总里程达245km；

(4) 建设智能交通信息系统，基本实现城市交通智能管理；

(5) 实施交通需求和政策管理，引领城市健康、可持续发展。

4.3.5 新时期交通发展战略评价

按照新时期交通发展战略规划，武汉市将于2015年基本建立起完备的交通体系，保障城市交通的安全、畅达、有序运行，如表4–6所示。

武汉近期交通规划建设展望　　表4–6

项　目	规　模
快速路	快速路系统将全部形成，道路里程将达到353km
主干道	主干道里程达到422km
次干道	次干道里程达到484km
微循环支路	微循环支路里程达到936km
轨道交通	轨道交通建设总规模达到328km
慢行系统	建成绿道414km，过街立交设施194座
公共停车位	新增公共停车位8.5万个

武汉近期交通规划实施评价：

(1) 主城道路饱和度将由2010年的0.55降低为0.40，主城区路网整体服务水平明显提高。

(2) 车辆行程车速从2010年的20km/h提高至2015年的25km/h，基本可实现二环以内“30min”畅通工程目标。

(3) 公共交通出行比重由2010年的23.5%提高到2017年的33%，轨道交通占公共交通客运比重由2010年初的0.5%提高至35.1%。居民公共交通平均出行时间由现状的51min减少至38min。

(4) 2017年主城区轨道线网密度为0.47km/km^2；覆盖人口230万，岗位176万，约占主城的48%。

以国际标准衡量，武汉市2020年将成为一个中等发达的城市。城市发展水平和人均生活水平都将得到极大提高。从交通来说，则是需要更大运能的交通系统和更高的服务水平，以满足人们日益增长的需求和期望。

通过一系列推荐战略的实施，到2020年，武汉市的综合交通系统将会得到很大改善，整个交通系统的各个主要子系统都可以较好地支持武汉城市发展和武汉居民的出行需求。

4.3.6 新时期交通发展政策措施

武汉市目前尚处于城市大建设、交通大发展时期，属于大力建设交通基础设施阶段。为了更好地应对武汉新时期交通发展的新要求和新形势，促进武汉交通未来的长远健康发展，缓解现阶段武汉交通拥堵问题，近期从机动车保有量、土地利用、公交优先、交通需求管理、慢行交通、交通信息化等方面开展相关交通政策研究。

4.3.6.1 机动车保有量控制政策

机动车保有量的增长与城市社会经济、人口、交通基础设施条件等因素息息相关，通过对近10年来武汉经济、交通、车辆发展规律的统计分析，依据武汉市2020年相关规划指标和发展目标，利用弹性预测法、多元回归法、自然增长率法对2020年机动车保有量规模进行预测分析，并进行测试评价，基于道路交通基础设施条件和生态环境容量承载力，提出把武汉车辆控制在适宜规模内的车辆发展和控制政策。

1. 武汉市机动车保有量增长预测

武汉市自2000年以来，GDP年均增长16.4%，机动车总量年均增长11.5%，其中小客车总量年均增长达到22.8%，高于经济增长，表明了私人机动化发展迅猛。

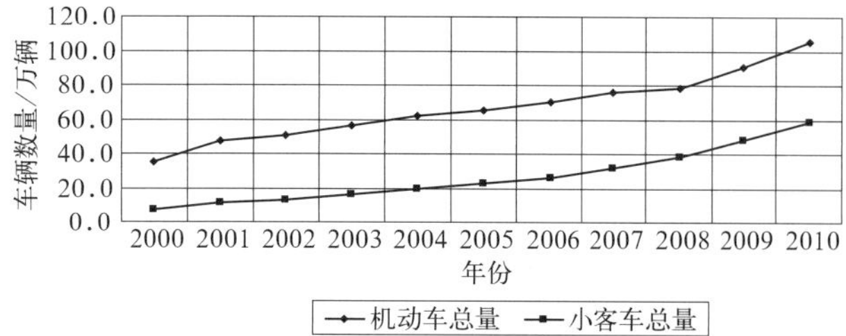

图 4-18 武汉市 2000 ~ 2010 年车辆增长曲线变化图

依据武汉市 2020 年相关规划指标和发展目标，利用弹性预测法、多元回归法、自然增长率法，预测 2015 年、2020 年武汉市机动车保有量将分别达到 188 万辆、333 万辆，如表 4-7 所示。

武汉市 2015 ~ 2020 年机动车保有量预测表 表 4-7

预测目标年	预测方法	机动车保有量／万辆	平均值／万辆
2015 年	弹性系数预测法	175	188
	多元回归模型法	212	
	自然增长率法	181	
		170	
2020 年	弹性系数预测法	359	333
	多元回归模型法	311	
	自然增长率法	312	
		345	

2. 武汉市适宜的车辆规模研究

武汉市规划 2020 年将形成“三环 + 六联 + 十三射”的快速路和层次分明的主、次、支路系统；道路总里程 3130km，路网密度 7.0km/km^2，人均道路面积 15.3km^2，均高于国家规范。根据武汉市交通预测模型测算，2020 年规划道路系统适宜承载的车辆规模在 230 万辆以内。

如果不对车辆加以有效引导和控制，2020 年全市机动车保有量将增长至 333 万辆；基于此发展规模，利用武汉市交通预测模型进行测试分析，城市二环线以内区域路网负荷度将大大超过 0.75 的可接受运行标准，交通高峰期间超过 21% 的道路处于拥挤状态，2020 年全市机动车保有量增长至 333 万辆将给城市交通的正常运行带来很大压力。

为了保障城市交通长远地基本畅通，必须尽早出台相关车辆控制政策，对机动车保有量的快速增长进行有效的引导和控制。

3. 武汉市机动车保有量控制政策

根据武汉市车辆增长预测及适宜的车辆规模分析，建议武汉市近期实施小客车车辆调控和配额管理制度，一是对每年新增小汽车总量控制在 10 万辆以内（全市机关、事业单位不再新增公务用车指标，营运小客车单独配额）；二是采取牌照拍卖制度，拍卖所得用于城市基础设施建设。

现阶段，建议按照每年 10 万辆的限额发放牌照，基本与现状小汽车增长量相当，不会引起车主争抢牌照的状况，即便如此，实施车辆控制政策对武汉市社会经济、汽车产业、居民购车意愿等造成一定影响，必将会引起社会各界广泛的关注和争论。

在武汉市道路系统极大提升、轨道交通大规模建设初期的这个关键时刻，为保证城市交通长远健康地发展，希望能引起各方的关注和高度重视，强力推进该项政策的研究与实施，抑制当前机动车的高速增长，为城市交通出行方式的转型留下充足的时间和空间。

4.3.6.2 土地利用与交通协调发展政策

《武汉城市总体规划（2010—2020 年）》已于 2010 年 3 月通过国务院批准，城市交通应着重从以下两个方面规划和建设，以适应和促进武汉都市发展区“六轴六楔，一城六组群”的城市空间结构布局形态。

1. 总体策略

1）交通系统支撑策略

“一城”即 1 个主城，应优化功能布局，着重发展现代服务业，大力发展轨道交通衔接中心区和各组团中心，建立“环网结合轴向放射”的骨干道路系统，形成以公共交通为主导的综合交通体系，支撑主城集约发展。

“六组群”即 6 个新城组群，应与主城形成跳跃式发展形态，承接主城区人口、功能疏解和新的产业聚集，强调职住平衡和独立成市，大力建设以“双快一轨”交通走廊为支撑的轴向发展空间结构。

2）交通建设协调手段

充分利用 TOD，以公共交通站点，特别是轨道交通站点为中心，鼓励高强度复合开发，通过多种交通方式高效换乘，实现以公共交通为导向的土地利用与交通协调发展。

2. 主城区发展政策

1）优化功能布局

严格控制人口发展规模，鼓励土地复合利用，节约、集约利用土地资源：降低旧城建筑密度、人口密度，疏散中心区人口向外围组团和新城组群聚集；外迁主城区传统工业向四大产业功能区及市域城镇重点拓展区聚集，打造六大千亿板块。

2）鼓励沿轨道站点或公交客运走廊高强度复合开发

(1) 以轨道交通站点为中心，以 500 ~ 800m 为半径、25 ~ 64hm^2 面积为单位，进行整体城市设计。

(2) 根据轨道交通站点的定位和疏散功能，容积率可以为 5.0 ~ 8.0，公共建筑（学校、医院、商业、办公、配套交通设施等）可以为 35% ~ 50%，充分引导职住平衡。

(3) 常规公交线路≥ 10 条，以 300 ~ 500m 垂直距离、9 ~ 25hm^2 面积为单位，进行整体设计；依据站点功能，容积率可以为 4.0 ~ 6.0，公共建筑≥ 30%。

(4) 配套较低的停车泊位，实行较高的停车收费。

3. 新城发展政策

新城组群作为城镇化的重点发展区，承接主城区人口、功能疏解和新的产业聚集，强调职住平衡的区域一体化发展。规划通过"双快一轨"的复合交通走廊，引导城市空间轴向拓展，构建六大新城组群。

重点功能区依托新城轨道网络、城际铁路建设，以轨道交通主要站点为核心和动力，大力发展六大新城组群和城关镇。以新城轨道站点为中心，进行环绕式的成片邻近开发。

(1) 各新城区，应根据新城区轨道线网规划，重新审视区域土地利用规划，并进行优化调整，制定相应的土地利用控制详细规划，充分引导职住平衡，并确保按规划实施。

(2) 依托新城轨道线路节点，加速重点功能区建设，着重轨道接驳系统，特别是 P+R 换乘枢纽建设。轨道站点 500m 范围以外区域，建议通过便捷的慢行交通系统进行接驳，距离较远的大型园区用地可利用环保巴士接驳，有条件区域可实行免费接驳。

(3) 以新城轨道站点为中心，以 800 ~ 1000m 为半径、64 ~ 100hm^2 面积为单位，进行整体城市设计，对区域内住宅和文教、娱乐、卫生、交通等公共基础配套设施进行综合考虑和统一布局。

(4) 依据新城轨道站点定位和疏散功能，项目开发容积率可以为 4.0 ~ 7.0，公共建筑可以为 20% ~ 30%。

(5) 区域内配套较低的停车泊位，实行较高的停车收费。

4.3.6.3 促进公共交通系统优先发展政策

从机制、用地、路权等多方面优先促进公共交通发展。

(1) 加强轨道交通建设的领导和协调，加快推进轨道交通建设，确保 2012 年起每年开通一条轨道线；

(2) 优化公交线网结构，建立 BRT、公交快线等多种公共交通模式；

(3) 鼓励公交枢纽复合开发，加快公交枢纽场站建设；

(4) 公交线路超过 10 条的公交客运走廊，必须设置公交专用道，严格执法，确保公交专用道公交专用权和路口优先权；

(5) 建立统一的公交票制结算体系，整合公交 IC 卡、轨道卡，实行轨道、公交、出租等并网运营，鼓励居民利用公共交通方式出行。

4.3.6.4 差别化的交通需求管理政策

针对城市不同的功能区要采用不同的交通供给方式和管理手段，借助发达国家城市的先进经验，建议武汉市从交通设施建设、过江通道、停车收费、其他辅助性交通需求管理政策等方面进行差别化需求管理。

1. 交通设施建设的差别化管理

按照城市总规的用地规划，根据功能布局结构特点将研究区域划分为四个片区：滨江活动区、中央活动区、主城区居住组团和新城组群。由此分区制定交通规划、建设和管理措施，如表 4–8 所示。

交通设施和管理差别化发展政策　　表 4–8

区域划分	交通设施和管理差别化发展政策
滨江活动区	(1) 重点发展绿色交通，构造慢行交通系统； (2) 采取严格的交通管理措施，控制小汽车的使用； (3) 采用较低的停车泊位配建标准
中央活动区	(1) 交通系统以优化调整为主，实施综合交通管理措施，提升路网交通能力； (2) 推行交通管理科学化、智能化、信息化，提高运行效率； (3) 加强轨道与常规公交无缝衔接、与慢行有效对接、与金融商业亲密连接
主城居住组团	(1) 建设轨道或快速公交联系市中心，注重路网结构优化，加强交通保护和宁静区建设； (2) 确立公共交通在通勤出行中的主导地位； (3) 结合区内轨道及公交站点，设置自行车换乘设施，提升公交和慢行出行比例
新城组群	(1) 建设新城轨道、公交快线、高（快）速路等系统加强与市中心联系； (2) 结合产业园区完善区域道路系统； (3) 结合新城轨道站点建设综合交通枢纽，特别是 P+R 轨道换乘系统，加强新城各种交通方式与轨道交通系统的接驳

2. 过江通道的差别化管理

自 2011 年 7 月 1 日起，武汉市在“六桥一隧”全面启用ETC，对通过桥梁和隧道的车辆按次征收通行费。“六桥一隧”指长江二桥、白沙洲大桥、晴川桥、月湖桥、长丰桥、天兴洲大桥和长江隧道，即将建成的二七长江大桥也纳入了 ETC 收费范围。

近期通过经济杠杆调节桥梁、隧道承载的过江量，远期寻求收费政策的突破，扩大 ETC 系统覆盖面，在交通拥堵区域实行差别化收费制度，按照高峰高收费、平峰低收费、中心区高收费、外围区低收费的原则，调整交通流分布，确保中心城区的交通基本顺畅。

3. 停车收费的差别化管理

通过出台差别化停车收费价格政策整顿停车秩序，引导车辆更多地停到路外和地下，提高路外停车场利用率，可促进公共停车场的建设，有利于缓解交通拥堵状况，如表 4–9 所示。

4. 其他辅助性交通需求管理政策

1）错时上下班（占早高峰出行总量的 52.7%）

行政机关及企、事业单位上班时间调整为：8：30 ～ 17：00；

私营企业及其他单位上班时间调整为：9：30 ～ 18：00。

2）错时上下学（占早高峰出行总量的 19.2%）

建议各个学校根据课时安排及学习进度推行错时上下学制度，具体办法可与教育主管部门协商后制定。

3）班车、校车制度

专题研究鼓励班车、校车制度发展的政策，建议从税务减免、评优评先、业绩考核等多方面制定鼓励政策。

4）合乘制度

专题研究鼓励小汽车合乘制度发展的政策；建议从过江桥梁ETC 收费、交通拥挤收费等方面进行优惠（2 人合乘，费用减少 15%；4 人以上合乘，费用减少 40%），有条件的地方设置合乘专用车道等多方面制定优惠鼓励政策。

5）公车限制制度

机关单位公务用车配置严格按照国家相关规定执行。到 2015 年，武汉市各级党政机关、事业单位不再新增公务用车指标，并严格公务车使用管理。

4.3.6.5 促进慢行交通系统发展政策

（1）都市发展区：落实编制完成的绿道系统规划，以“1 ～ 2 年基本建成、3 年全部到位、4 ～ 5 年成熟完善”为目标，尽快推进绿道系统建设；适时启动武汉城市圈、湖北省绿道系统规划和建设工作。

（2）主城区，新、改建红线宽度 15 ～ 20m 道路，慢行空间应≥ 50%；30 ～ 40m 道路≥ 40%，原则上应与机动车道硬隔离；40m 以上道路≥ 30%，应与机动车道分离设置；鼓励居民步行、自行车出行。

（3）轨道站点 500m 范围，原则上均应设置连续的慢行交通系统，并确保与公交系统衔接良好。

（4）轨道站点、公交枢纽、商业中心、中大型居住区等居民活动密集区域，均应设置免费自行车租赁点。

（5）明确电动自行车归口为非机动车管理，并按非机动车交通行驶规定通行，加大对行驶在机动车道或乱穿道路等电动车违章行为的处罚力度。

停车收费差别化管理政策 **表 4–9**

范围	对象	武汉（建议值）		北京	上海	广州
核心区	路内停车	二环以内	第 1h ≥ 10 元 /h，第 2h 起≥ 10 元 /0.5h	第 1h10 元 /h，第 2h 起 15 元 /h	第 1h15 元 /h，第 2h 起 10 元 /0.5h	5 元 /0.5h
	路外地面停车		≥ 8 元 /h	8 元 /h	—	
	地下停车		≥ 6 元 /h	6 元 /h	—	
中心区	路内停车	二环～三环	第 1h ≥ 6 元 /h，第 2h 起≥ 10 元 /h	第 1h6 元 /h，第 2h 起 9 元 /h	第 1h10 元 /h，第 2h 起 6 元 /0.5h	4 元 /0.5h
	路外地面停车		≥ 5 元 /h	5 元 /h	—	
	地下停车		≥ 3 元 /h	5 元 /h	—	
外围区	路内停车	三环外	第 1h ≥ 4 元 /h，第 2h 起≥ 5 元 /h	第 1h2 元 /h，第 2h 起 3 元 /h	第 1h7 元 /h，第 2h 起 4 元 /0.5h	2 元 /0.5h
	路外地面停车		≥ 2 元 /h	2 元 /h		
	地下停车		≥ 1 元 /h	2 元 /h		

4.3.6.6 交通信息化和精细交通管理政策

（1）建立武汉市交通信息系统，整合交通行业各部门的基础数据，汇集和发布城市交通信息，跟踪研究城市交通热点和瓶颈问题，为市政府决策提供依据。

（2）加强道路交通管理设施建设，规范信号灯、标志、标线和标牌的使用，推进路口渠化、机非隔离、行人二次过街等提高通行效率和保障行人安全的设计。

（3）完善规范路边停车标识、标牌系统建设，强化停车管理，促进路外公共停车场建设，着手研究购车自备车位制度。

（4）采用先进的仿真分析手段，测试单双号、单行道、路口禁左、公交专用道、货车限行等管理措施的实施效果，优化区域交通组织，缓解交通矛盾。

（5）严格文明执法，加强对行人、非机动车驾驶员乱闯红灯、乱穿道路等不文明行为的管理，加强对机动车驾驶员乱闯红灯、违章停车、交通肇事逃逸等违法行为的处罚。

第5章 综合交通调查方法与实践

综合交通调查是城市交通规划建设的一项重要基础性工作，通过调查可以得到准确的交通数据信息，从而总结城市交通运行的规律、发现城市交通问题、建立交通数据库和交通预测模型，为城市交通规划、交通设施建设、交通控制与管理、交通安全以及辅助交通决策提供依据。

5.1 综合交通调查体系

5.1.1 交通调查目的

综合交通调查的目的可概括为以下五点：

（1）了解城市交通现状。分析城市交通的现状，为交通状况评估服务。

（2）分析未来交通需求。包括交通总量以及交通流量、流向，从而为制订规划方案提供必要信息，为交通网络和用地布局规划服务。

（3）便于交通管理和控制。为制定交通安全管理和交通控制提供信息，以改进交通管理，提高安全率，减少延误，为交通管理和规划服务。

（4）制定交通规划。这是开展大规模城市交通调查的主要目的，并可为后续的调查和交通政策评价提供必要的基础，为城市综合交通规划服务。

（5）编制总体规划。在区位分析、城市性质分析、用地评定、城镇体系规划、用地布局规划、综合交通系统规划、绿地景观系统规划、工程系统规划等多个方面均与交通体系分析相关，必须进行系统调查，为城市规划服务。

5.1.2 调查体系构成

综合交通调查是一项系统工程，需要调用大量的人力、物力、资源、技术、设备等，涉及的方面也非常广泛，因此，对于综合交通调查有必要建立专门的调查体系。

综合交通调查内容众多，可以概况为以下四大项：社会经济调查、出行特征调查、流量特征调查、其他专项调查。图5–1为城市综合交通调查的体系框架。

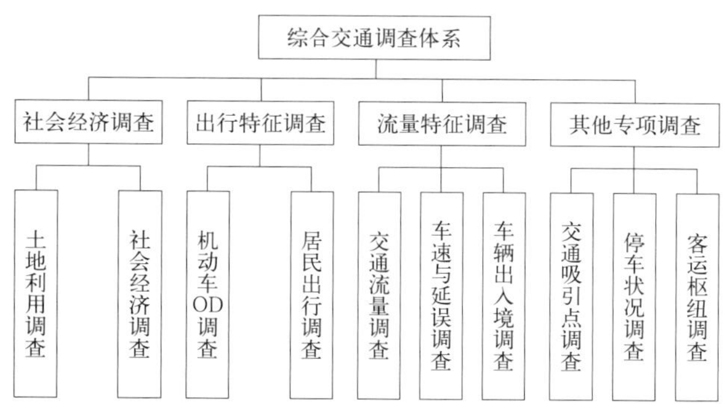

图5–1 综合交通调查体系

5.1.3 调查的周期与时间

交通调查要根据调查的目的和内容，以适时的周期和时间进行。城市交通状况不仅随着季节、月份的不同而变化，即使在一日之内，也会随着时间的不同而有明显变化。

调查日最好选在气候稳定的时期，由于大规模的调查难以频繁地进行，一般在大规模的调查期间内反复进行小规模的调查。

为了便于比较研究，调查通常选在一年的同一时期。

借鉴其他城市的调查经验，根据不同的调查内容，武汉市把调查周期分为两类：

第一类为综合交通大调查，一般每10年进行一次，内容涵盖调查的众多方面；

第二类为小样本交通调查，包括交通流量调查、车速与延误调查、车辆出入境调查等，此类调查每年都要进行；还包括社会经济调查、居民出行调查、交通吸引点调查、停车状况调查和客运枢纽调查等专项调查，根据项目需要和交通基础资料要求进行。

5.2 调查的内容及方法

5.2.1 调查内容

5.2.1.1 社会经济调查

城市的布局与形态、功能区结构与人口分布等要素与交通问题息息相关。城市经济的增长和城市建设开发强度的变化会导致城市交通分布与交通出行特征发生相应变化，为此需要掌握城市土地利用与社会经济状况，为城市交通规划、建设等提供科学依据。

社会经济调查主要包括城市社会经济、人口、就业岗位、土地利用方面的基础资料。社会经济调查一般与城市的居民出行调查结合进行，主要包括以下三方面内容：

(1) 现状及历年经济指标、人口数量及结构、城市道路网与车辆构成情况、公共交通状况等。

(2) 全市及主城分区指标，包括用地面积、人口、就业岗位等。

(3) 按交通小区收集的现状与规划资料，主要包括就业岗位、各类不同性质用地的面积等。

5.2.1.2 出行特征调查

出行特征调查是以交通的起讫点（产生源和吸引源）之间的关系来调查交通主体的移动规律，是针对交通发生的根本原因，从本质上掌握交通现象的一种调查。

出行特征调查是城市综合交通调查最重要的内容，它为制定城市综合交通规划和交通发展战略提供基础资料，主要包括车辆出行特征和居民出行特征调查。机动车出行调查包括车辆种类、数量、出行分布、出行次数、出行时间、装载情况、车辆停放等特征，居民出行调查主要包括居民出行次数、出行方式和目的、出行时间和空间分布规律等出行特征。

出行特征调查一般先对调查区域进行分区，需要将交通调查的空间范围划分为若干个交通小区，交通小区是研究交通生成、分布的基本空间单位，以便于对交通出行的起讫点分布进行分析。

调查同时需要综合考虑不同城市规模，确定出行特征调查的抽样率，并借鉴国内城市开展调查的经验及城市调查的延续性。例如，武汉市2008年居民出行调查的调查抽样率为1.5%，调查样本量为37500户，约12.0万人。分区抽样时，主城区抽样率略高，为2%左右，远城区抽样率约为1%，如表5–1所示。

不同规模城市抽样率 表5–1

城市人口（万）	<50	50～100	100～200	>200
抽样率/%	5	4	3.5	3

为保证调查质量，一般表格回收率要求达到98%以上，调查表格合格率达到96%以上，同时根据实际调查情况要采取以下措施对调查的质量进行控制。

(1) 自检：调查人员自己检查已回收表格。

(2) 互检：调查人员之间相互检查已回收的表格。

(3) 统检：调查负责人员对所有回收的调查表格进行复核。

(4) 抽检：对调查表格按5%的比例进行抽查，合格率应不低于96%，凡达不到要求的一律返工重新调查。

5.2.1.3 流量特征调查

交通流量特征调查是综合交通调查体系的重要组成部分，主要分为交通流量调查、车速与延误调查和车辆出入境调查。

(1) 交通流量调查是全面分析、评价城市交通现状，分析城市交通特征的基本依据，对校核OD调查成果，预测城区交通特征的变化趋势和交通需求量，编制城市未来交通发展规划，制定城市交通政策和交通管理方案均具有重要作用。交通流量调查的内容主要包括机动车流量观测和人流量观测，机动车流量观测根据调查点位的不同分为路口观测和路段观测。大多数人工计数是统计工作日内早高峰和晚高峰期间1～2h的交通量，典型的统计周期是早晨7～9点，下午4～6点，统计的时间间隔一般最好取15min。公路的通行能力的调查采用5min为统计时间间隔，因为15min的时间间隔不足以建立高峰小时系数（PHF）。在市区，通常统计一个星期一的早高峰小时和一个星期五的晚高峰小时，就足以显示出高峰流量。

(2) 车速与延误调查用于评价现状道路的服务水平，为交通模型的建立提供基础数据。调查的主要内容为城市主要的主干道、次干道机动车行程车速和典型路口的延误调查。车速调查主要采用试验车跟车法，试验车车型为1.8L以下的小汽车。调查人员使用秒表记录所调查路段的行驶时间，每个路段在高峰与平峰两个时段各观测两个来回，取其平均值。调查范围主要集中于中心区和次中心区，根据不同城市的实际情况可以进行适当的扩展。

(3) 车辆出入境调查主要是为了了解出入境车辆的

数量与结构，弥补市区车辆出行调查未能包括的外地来武汉车辆情况，一般是在每个进、出口通道设置一个调查点，对进、出口的车辆进行24h流量观测，调查分车籍、车型统计。调查过程中应对项目组人员进行事前调查培训、事中巡视、事后检查等保障工作，确保调查工作顺利完成。

5.2.1.4 其他专项调查

专项调查一般是根据城市具体调查目标而设定的调查，包括交通吸引点调查、停车状况调查、客运枢纽调查及其他调查项目。

吸引点指的是能吸引人员和货物到达进行活动的任何单位或地点。项目交通预测一般分为出行生成、方式划分、出行分布和交通分配四个步骤，其中出行生成是最基本的一步，而各类用地的交通发生吸引率则是预测交通出行量的最关键指标。吸引点调查即是分类调查、整理分析各类交通吸引点的发生吸引率指标，以反映出城市各种用地情况，从而准确估算出不同性质项目产生和吸引的交通量。

城市停车调查是为了系统了解城市现有的停车设施的供应状况，从多个方面评价现有停车场的状况，找出主要矛盾与症结。它的内容主要包括公共停车场和配建停车场供给情况调查和车辆停放特征调查，如停车泊位面积以及停放车的车型、数量、停放时间、停放目的等特征，为了解停车现状、制定停车规划提供基础数据。

城市交通枢纽调查的目的是为了掌握城市客货运输的现状及流动规律，为制定交通枢纽规划、枢纽衔接方案提供科学依据。调查内容分为客运枢纽调查和货运枢纽调查，一般包括枢纽的功能定位、规模大小、运能运量、客货流特征、集疏运情况等。

5.2.2 调查方法

5.2.2.1 传统调查方法

传统调查方法是目前交通调查采用的最普遍方法，其调查方法一般如表5–2所示。

各种交通调查的方法　　表5–2

交通调查内容		调查方法
社会经济调查	土地利用调查	统计部门收集
	社会经济调查	统计部门收集
出行特征调查	机动车OD调查	路边询问
	居民出行调查	抽样家访询问
流量特征调查	交通流量调查	路旁人工观测
	车速与延误调查	跟车调查
	车辆出入境调查	人工填表
其他专项调查	交通吸引点调查	抽样问卷
	停车状况调查	抽样问卷
	客运枢纽调查	抽样问卷

传统的人工调查方法调查周期长、效率低，而且要投入较多的人力和财力；同时，由于调查较多采用问询的调查方法，调查数据的准确性难以得到保证。目前，国内外城市正在考虑逐步改进现状交通调查的方法、手段和机制，以使调查的方法更加方便，调查的效率更加快捷，调查的交通数据更加准确。

5.2.2.2 新方法与新技术

1. 交通调查新方法

社会的发展和人民生活水平的提高，将会对人们的交通生活提出更高的要求，交通调查必须适应这种新要求。

（1）应对短期交通问题对策的调查方法：对短期交通问题，如有自行车停车问题、地区交通问题、公共交通的票价和运行间隔问题等，都需要不同于既有交通调查的方法。

（2）节省时间和费用的调查方法：以往的调查费时、费工，需要巨额资金，需要新的快速、工耗低、费用低廉的调查方法。

（3）基于个人出行意识的调查：既有的居民出行调查和机动车OD调查，尽管采用了抽样调查的方法，并且样本也很小，但是对市域和都市圈而言，调查量却是巨大的。因此，基于人们出行意识的交通调查，如新路或轻轨建成以后利用与否，票价提高之后利用与否等意识调查将越发获得应用。

（4）交通调查的自动、动态、时序化：现代交通科学技术将给人们提供自动、动态、时序化的交通调查方法，改变以往的调查方法，同时实现省时、省工、实时。

2. 交通调查新技术

随着智能交通技术的发展，对交通调查提出了新的要求，也为交通调查提供了先进的技术。展望未来的交通调查技术，主要有以下内容。

（1）利用移动通信设备的调查：随着手机用户的普及，可以实时动态地把握人们的出行时间和空间信息，因此最近几年利用手机进行交通调查的研究已经开始，并且成为很有发展前途的交通调查方法。利用全球定位系统

(GPS) 也可以获得出行者的时间和空间信息，将在机动车 OD 调查方面发挥重要作用。

(2) 图文并茂型交通量调查：随着图像处理技术的实用化，其在交通调查方面的利用将越发被人们重视和利用。例如，日本阪神高速道路公司首先研制成功了利用图像处理装置进行交通事故多发地点的调查。同时，利用被称为 AVI (Automatic Vehicle Identification) 的车辆牌照识别装置进行个别车辆的行驶路径跟踪，这对车辆的动态路径和动态 OD 的获取，以及行驶时间的预测起到了非常重要的作用。

(3) 基于无线传输的交通量调查：随着通信技术、网络技术的发展，利用无线通信网络的交通调查技术和设备将会获得发展。远程交通微波传感器 (Remote Traffic Microwave Sensor，RTMS) 设备就是基于该技术的交通调查设备。从 2002 年开始，北京市在二、三环的 130 多个断面安装了 RTMS 设备，将调查的设备通过 CDPD 网传输到指挥中心，以备实时交通管理和控制使用。无线传输主要包括光电式、雷达式、磁力式、感应环式和超声波式等方法。

5.3 武汉市交通调查历程与数据应用

5.3.1 交通调查的历程

武汉市分别于 1987 年、1998 年和 2008 年开展了三次综合交通大调查，其间也陆续进行了小样本调查。尤其是 2005 年以后，随着城市社会经济和城市建设的迅速发展，城市化水平的不断提高，机动车拥有量的快速增长，每年都对道路交通流量、道路车速等进行小样本调查。

5.3.1.1 1998 ~ 2008 年

1998 年武汉市进行了大规模的城区综合交通调查，调查内容主要分为居民出行调查、车辆出行调查、吸引点调查、出入境车辆调查、道路交通流量观测、行程车速调查、社会经济与土地利用调查、就业岗位调查、停车特征调查、货物运输调查 10 项调查，并于 1999 年 3 月完成数据处理与分析工作，同月通过了国内专家评审。1999 年，为验证和修订 1998 年城区交通调查中的一些数据，又进行了一些小样本调查；同年 11 月，进行了武汉市公交客流调查，初步建立了适应武汉市交通现状和未来发展趋势的交通预测模型。1998 年的城区综合交通调查成果对武汉市近年来交通建设决策发挥了重要作用。

5.3.1.2 2008 年至今

由于城市经济和城市建设的快速发展，为及时掌握城市快速发展中的交通现状，2008 年武汉市开展了第三次综合交通大调查，包括居民出行调查、机动车出行调查、交通流量调查、主要道路车速和延误调查、进出口交通流量调查等十余专项内容。调查抽样问卷包括全市 13 个行政区、126 个街道、27 个乡镇的 37500 户、约 12 万居民的一日出行情况，收集了 100 余万条居民出行第一手信息，印制了调查表格 30 万张、交通小区图 2000 多张、宣传海报 2000 余张，动用市、区、街、社区各级调查人员 10 余万人次，一线技术人员近 30 人，调查实施和数据录入工作历时 3 个多月。

在大调查的基础上，在 2010 年完成了包括机动车出行调查、交通流量调查、主要道路车速和延误调查、进出口交通流量调查、客流吸引点特征调查等 6 项内容的小样本调查。同时，进一步更新了交通模型数据。

5.3.2 调查数据的应用

经过逐年交通调查项目的开展以及调查经验的积累，武汉市已基本形成综合交通调查体系，主要包括四大方面的内容：社会经济调查、出行特征调查、流量特征调查、其他专项调查。

根据调查的特点与要求，武汉市综合交通调查成果主要服务于以下几方面：交通发展年度报告、交通项目规划建设、武汉市信息系统、模型构建与维护。

5.3.2.1 编制交通发展年度报告

武汉市交通发展年度报告（简称年报）作为“客观记录、科学评价、系统总结”城市年度交通发展的基础性研究成果，从 2004 年首次编制以来，已经完成了 8 次年报的编制工作。年报全面记载了武汉市交通发展的历史和现状，为武汉市交通规划建设发展提供了参考，搭建了武汉市各部门关于城市交通发展的信息共享和信息交流的基础数据平台，已经成为外界全面了解武汉市交通的一个重要途径，并受到武汉市社会各界的广泛关注。

5.3.2.2 编制城市交通发展规划

交通调查数据主要以调查数据和相关资料为基础，切实反映城市综合交通体系的现状特征和存在的问题。现状交通分析应包括城市概况、城市经济与产业、城市空间结构与土地使用、城市交通需求、城市对外交通、城市道路交通、公共交通、步行、自行车交通、城市停车、交通管理、交通信息化等众多内容，归纳城市交通存在的关键问题及其症结，分析交通发展内、外部制约因素，评价城市交通与经济、资源、环境、城市建设的协调关系，为政府及各职能部门制定城市交通政策、规划、建设、管理决策提供定量分析和评价依据。

近几年来，交通调查已越来越受到重视。交通调查及其资料已成为必不可少的内容，为城市总体规划、交通规划、道路网规划、停车规划、公交地铁规划等提供了参考。例如，交通调查中的经济调查和居民出行大调查等，成为武汉市交通发展战略制定不可或缺的基础依据；人口与岗位调查、客流 OD 调查等有效地指导了武汉市轨道线网规划；区域路段和过江流量调查对过江桥梁预测发挥了积极的作用；全市范围路段和交叉口的流量调查、车速与延误调查在治理城市交通拥堵、近期重大项目的施工期交通组织中都发挥了重要的作用。

5.3.2.3 服务武汉市交通信息系统

武汉市交通信息系统由一个平台和四个系统组成。一个平台是指武汉市交通信息展示平台，交通信息展示平台为运行分析成果展示及研究分析提供了基础平台，包括前台展示、GIS 展示、三维动画展示和后台信息管理与发布三个子系统；四个系统分别是交通基础数据系统、数据接入采集系统、交通分析系统和交通评价系统。

其中，基础数据系统的数据内容涵盖交通运行分析涉及的道路网、交通流、公交、地铁、长途客运、出租运行以及居民出行等多类信息资源，数据的来源非常广泛，有交通委员会、交通管理局、城市管理局、地铁与公交运营单位，也包括统计局、公安局以及规划局内部的规划院、勘测院、交通院等单位。该系统中包含了众多的交通信息数据，是构成武汉市交通信息系统的重要基础。

因此，交通调查有效地支撑了交通信息系统的构建，调查数据对于建立基于地理信息系统技术的交通信息系统，保证决策科学化和出行智能化起到了决定性的作用。

5.3.2.4 构建与维护交通预测模型

基于 1998 年综合交通调查成果，武汉市建立了交通模型，并广泛地应用于武汉市交通规划实践中，取得了良好的效果。应用的项目由早期的研究型项目，如 2002 年开展的世界银行贷款项目交通战略研究、2004 年开展的武汉市交通发展战略研究等，逐渐向规划型项目如 2004 年开展的武汉市综合交通规划、武汉市轨道线网规划，以及实施型项目如武汉市轨道建设规划、武汉市内环线综合整治规划、武汉市二环线建设规划等扩展，应用范围也越来越广泛。

2000 ～ 2002 年，随着武汉市世界银行贷款的交通建设项目工作的开展和深入，根据世界银行咨询专家的意见，武汉市又进行了一些补充交通调查，对模型工作进行了进一步的完善，加强了车辆模型与客流模型之间的衔接，增强了模型的敏感性，同时统一调整车辆与客流调查方面基础数据，并修改了车辆增长的预测，修正的模型已应用于武汉市交通发展战略的研究工作。

2003 年，通过与 ATKINS 合作，进一步扩大了武汉市车辆模型的研究范围，用于武汉市交通发展战略交通与土地专题研究工作。但该模型由于偏重于宏观性，在具体路段和交叉口流量预测精度方面仍存在不稳定性，再加上近年来道路交通预测大多集中于主城范围，因此 2003 年建立的“市域”模型并未得到推广和应用，相反，2002 年世界银行所采用和优化的主城车辆模型一直沿用至今。

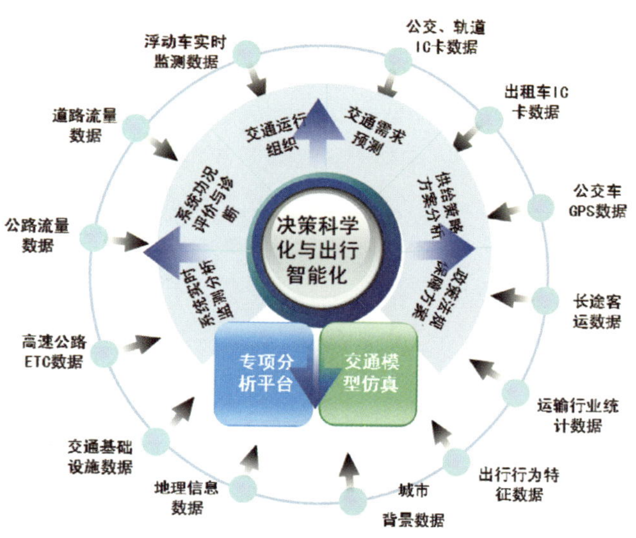

图 5-2　武汉市交通信息系统的数据模型架构

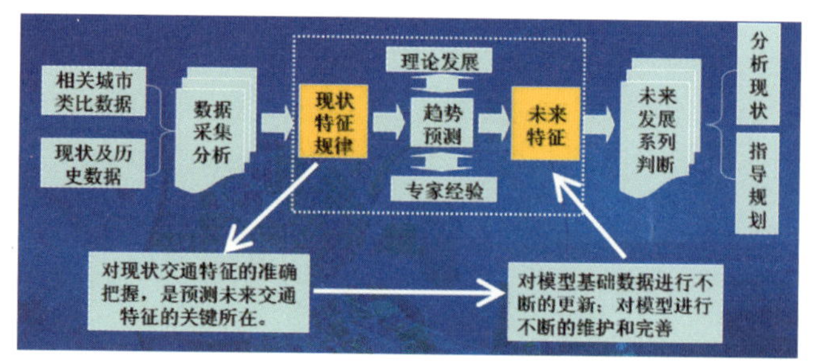

图 5-3　交通调查与模型预测的关系

2008 年，根据交通调查资料，对武汉市市域模型进行了更新，小区从 422 个增加到 712 个，模型范围也扩大到整个武汉市域范围。

模型的改进和完善是一项长期的工作，需要根据城市交通特征的变化作相应的调整。城市的一些交通特征具有相对的稳定性，因而从现状调查所得到的特征（规律）经过模型的描述可以用来指导未来的预测，但是模型所揭示的特征或规律并不能全部适用于将来，因此对于那些不断发展变化的部分规律，需要根据交通特征的变化对模型进行检验和修正；同样，模型的应用（预测）也随着城市社会经济、土地利用和交通网络的发展而变化，因此对于预测结果的分析也应注意各种预测基础的变化。

5.4 2008 年武汉市居民出行调查成果

2008 年居民出行调查首次将调查范围扩展到全市域，与 1998 年居民出行调查的主城范围相比，面积由 500km^2 扩展到 8494km^2，调查规模由 2.35 万户增加到 3.75 万户，作为交通调查基本单元的交通小区，由 195 个增加到 712 个。

调查范围的扩大一方面可以提高调查数据口径的兼容性和可扩展性，既可与原调查范围数据进行对比，又便于与全市统计口径的数据保持一致，提高了数据的可得性和易得性；另一方面，适应了城乡一体化发展的需要，将交通调查研究的触角延伸到广大的远城区乡村，关注其交通出行的需求和愿望。

2008 年居民出行入户抽样调查了全市 13 个行政区、126 个街道、27 个乡镇的 37500 户、约 12 万居民的一日出行情况，抽样率为 1.5%，如表 5–3 所示。

不同城市的居民出行调查抽样率情况　　表 5–3

城　市	广州	上海	北京	杭州	武汉
调查时间	2005 年	2004 年	2005 年	2005 年	1998 年
抽样率	3.0%	0.5%	1.5%	2.0%	1.5%

样本在各调查区域的分布：7 个中心城区共抽取 27350 户，占总调查户的 72.9%，抽样率约 2%；6 个远城区共抽取 8200 户，占总调查户的 21.9%，抽样率约 1%；武汉经济技术开发区抽取 750 户，占总调查户的 2.0%；在校大学生（集体户）样本 1200 户（每户包含 4 名在校大学生），占总调查户的 3.2%。

2008 年武汉市居民出行调查获得了丰富的调查成果，准确地反映了当前武汉市的交通特征。

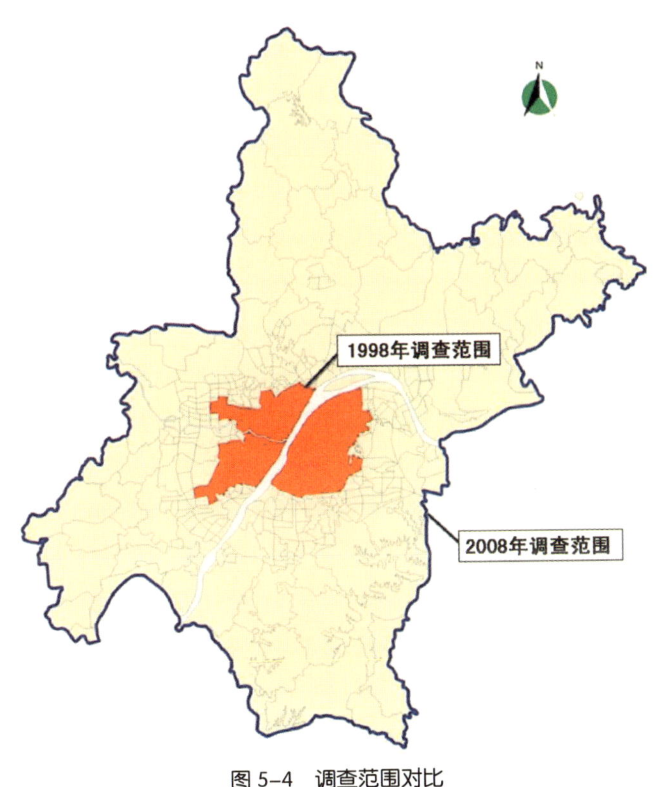

图 5–4　调查范围对比

图 5–5　调查行政区划

5.4.1 居民出行次数逐步增加

出行次数是反映市民出行频率的主要指标，也是决定城市交通出行总量的主要因素。2008 年居民出行调查显示，武汉全市（不含 6 岁以下）人均日出行次数为 2.38 次／日，其中主城区 2.32 次／日，较 1998 年的 1.98 次／日增长了 20%，同期全市生产总值由 1998 年的 1016 亿元（人均 13957 元）增加到 2007 年的 3141.5 亿元（人均 35500 元），增加 2 倍，城市人均可支配收入由 1998 年的 5912 元增加到 2007 年的 14357 元，增加 1.4 倍。

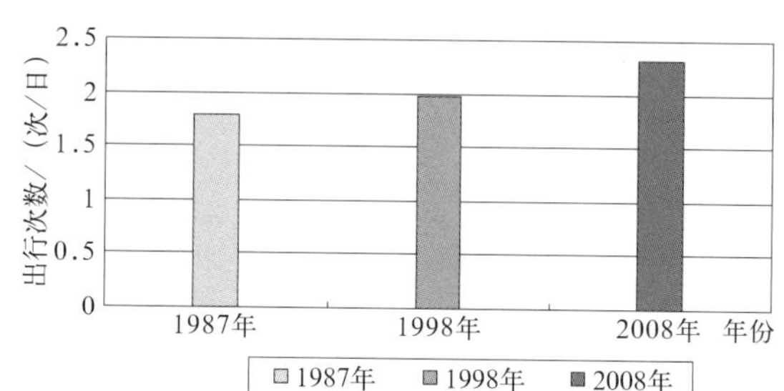

图 5–6 武汉市主城区人均出行次数变化图

从居民出行率的国内外城市横向比较来看，国内城市出行率明显低于悉尼等国外城市。与国内城市相比，武汉市出行率历史变化趋势与广州、上海等城市基本一致，出行率高于上海，低于北京和广州。

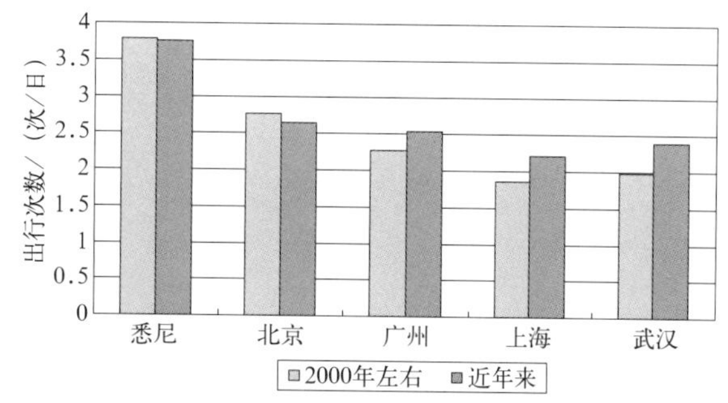

图 5–7 国内外城市居民出行率比较

居民出行次数变化总趋势是随着收入增加而增加，表明随着城市经济实力的增强和居民生活水平的提高，居民各种潜在的出行需求在逐步释放。这也与国内上海、广州等大城市的居民出行频率的变化趋势基本一致。出行次数的增长必然带来出行总量的增加，对交通设施的供应水平也提出了更高要求，也对交通规划研究和政府决策提出了新的要求和挑战。

从出行率与经济收入关系来看，出行次数的变化总趋势是随着收入增加而增加的，但出行次数并不是随着收入简单地增加或减少，如表 5–4 所示。

国内外城市居民出行率比较　　表 5–4

城　市	调查年份	人均生产总值／美元	平均出行次数／（次／日）
悉尼	2006	39000	3.75
广州	2005	8500	2.54
上海	2004	6661	2.21
南京	2007	5938	2.79
北京	2005	5457	2.64
武汉	2008	4700	2.38
长沙	2007	4463	2.33

在武汉市的居民出行调查中，低收入人群中有一类出行次数较高，如远城区的无收入人群、主城区开发区的 0.6 ～ 1 万元收入人群；当收入增长到一定层次后，该部分人群的出行次数略有降低；开发区的出行次数与主城区类似，但在 5 ～ 10 万元收入层次出现波谷。

5.4.2 机动化出行比重稳步提高

机动化是城市交通发展不可阻挡的趋势，也是衡量大城市交通现代化程度的重要指标之一。2008 年武汉市居民选择公交、客车等机动化方式出行的比例在稳步上升，由 1998 年的 31.6% 提高到 41.7%，而机动车总量从 1998 年的 28.4 万辆增加到 2008 年的 78.1 万辆，总量增加近 1.75 倍，其中私人客车从 1998 年的 1.0 万辆

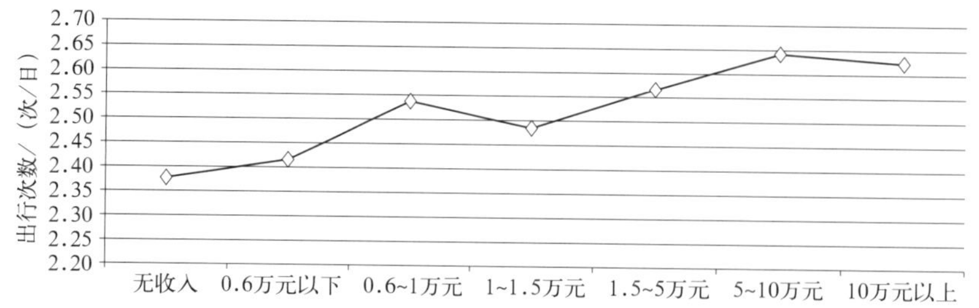

图 5–8 出行次数与收入关系图

增加到2008年的30.8万辆，增加近29倍，居民对出行的快速化、机动化需求持续上升，居民出行方式结构发生了很大变化，城市面临的交通拥堵和能源环境压力日趋严重，需要不断探索在市民日益增长机动化需求与交通环境容量方面的平衡机制与策略。

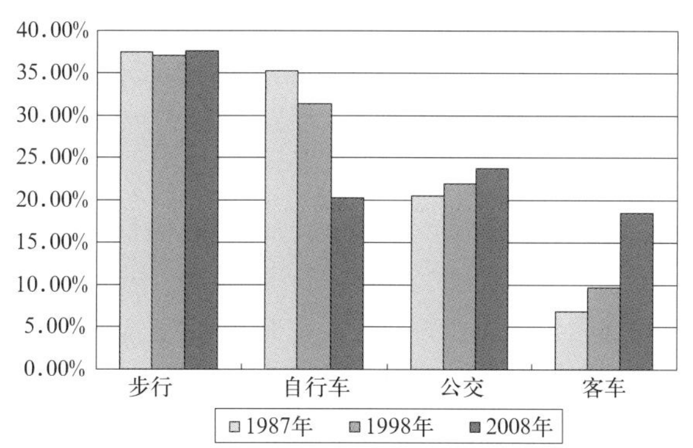

图 5-9 武汉市居民出行结构图

从国内外城市居民出行方式类比分析来看，武汉市步行方式在所有城市中最高，机动化方式在国内相比较城市中最低，这与武汉市机动化发展水平在类比城市中最低有着紧密关系。

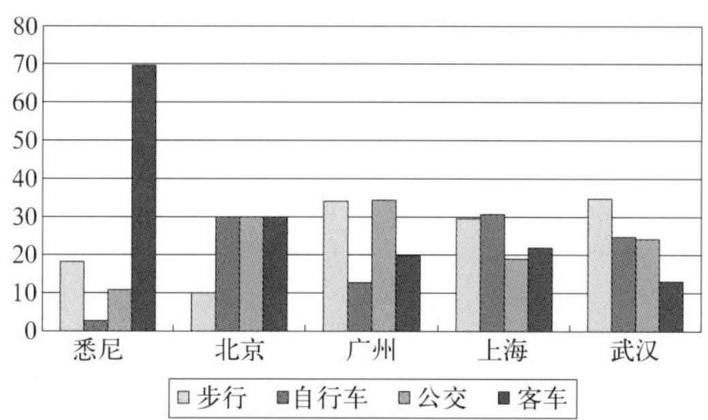

图 5-10 机动车出行比例变化图

同时，可以发现，非机动化方式在武汉市民日常出行中仍占据着突出地位，占58%以上，其中步行方式所占比例最高，达到了33.6%，且始终处于上升趋势，而自行车出行方式比例一直呈大幅下降趋势，较1998年下降了17%。公交方式结构比例缓慢上升，达到了23.8%，较1998年微升1.9%，表明公共交通的吸引力在稳步上升。如何合理地引导步行、自行车以及公共交通等绿色交通方式的发展，建设节约型、环保型的可持续交通，也是武汉城市圈两型社会建设面临的重要课题之一。

5.4.3 出行目的结构发生变化

出行目的反映了市民出行的原因构成。从居民出行目的来看，仍以上班、上学等刚性通勤出行为主，二者比例接近60%，除此之外，商务出行也占较大比重，达到20%以上。与1998年的历史数据变化来看，刚性通勤出行比重整体呈下降趋势，弹性出行中公务、业务和商务类出行比例显著上升，也反映了随着社会经济发展，商务往来日益频繁，城市经济活力日益提高。

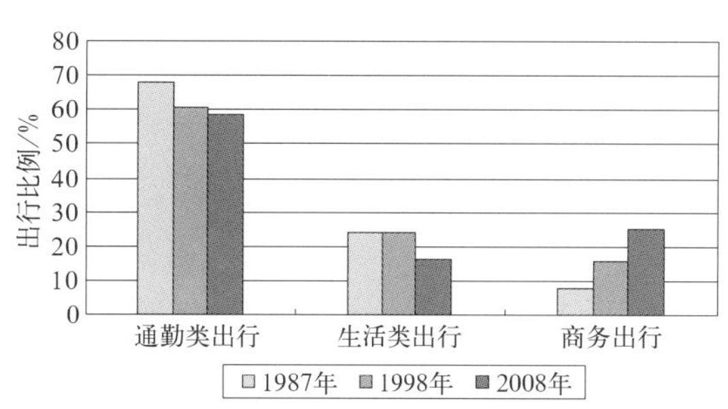

图 5-11 武汉市居民出行目的变化图

从武汉市与国内外城市对比分析来看，通勤出行比例在国内城市大致相当（除北京以外），但生活类出行以及工作类出行则有显著差异。在经济较为发达的悉尼，生活类出行远远高于其他类别的出行。

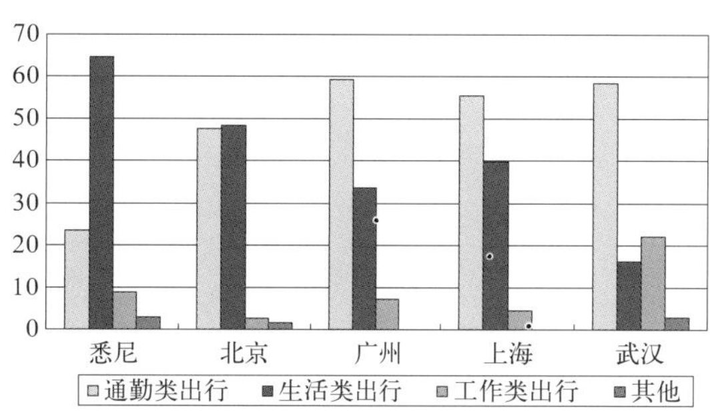

图 5-12 国内城市居民出行目的比较

5.4.4 居民出行时间、距离增大

居民出行时耗反映居民在交通出行中所花费的时间和成本。本次调查中，调查居民平均每次出行耗时28.1min，这主要是因为步行出行比例较高，且步行花费的时间一般相对较短。居民每天平均用于交通的时间约为77min，较1998年的62min增加15min，表明随着城市空间规模的扩大，市民用于交通的出行距离和出行

时间也在增加。其中，步行方式一次出行的平均时间为16.6min，自行车为21.3min，公交方式为53.9min，客车方式为31.0min。

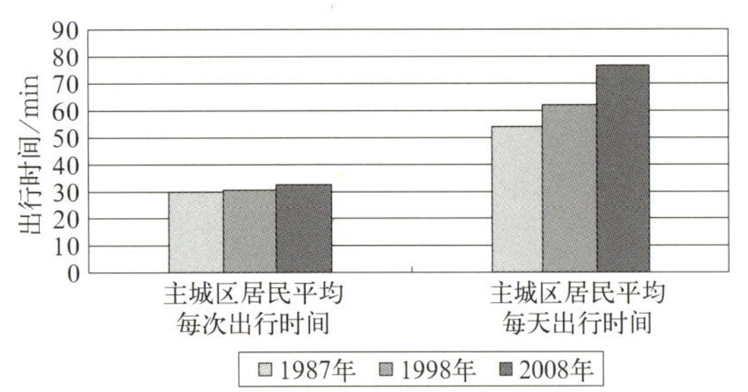

图5-13 武汉市主城区居民出行时间图

主城以内，居民出行一次耗时30min以内的占74.5%，83%以上的居民出行时间不超过45min，出行时间在1h以内的所占比例为93%；而在远城区，居民出行一次耗时30min以内、45min以内以及1h以内比例分别达到87.4%、91.3%和95.4%，表明远城区大多数市民的出行时间和距离均较主城区短。出行时间（距离）的长短，是决定交通设施服务对象和建设方案的重要因素之一。

5.4.5 中心城区集聚出行明显

从居民出行空间分布来看，出行分布以主城为主，主城内部7个行政区（含开发区）出行量占全市出行总量的比例为75%。6个远城区中，除东西湖区、江夏区与主城联系较多之外，其余4个远城区的区内出行比例达到了94%以上，尤其是新洲区、汉南区的区外出行比例仅1%左右，与其他区域往来很少，表明远城区的工作与经济活动主要集中在区域内部，同时也说明主城对远城区的辐射力和吸引力相对较小。在城乡一体化的发展进程中，交通的引导是一个非常重要的方面，交通建设的重点仍需要以主城区为主，并逐步由主城区向远城区过渡延伸。

从区间出行来看，江岸区、江汉区间出行量最大，其次是武昌区与洪山区之间，另外硚口区与江汉区、江岸区之间出行量也相对较大。在出行空间分布中，公共交通方式在跨江出行中占较大比例，正在建设的轨道交通2号线将在市民的过江出行中发挥重要作用。

初步的调查结果表明，随着社会经济的快速发展，武汉市居民出行次数在逐步增加，机动化出行呈现较为明显的增长趋势，公共交通出行比重稳步上升，自行车比重显著降低，居民出行时耗随着城市空间的拓展也在增长，同时，通勤出行仍占据主导地位，但比重在逐步降低，而弹性出行中的业务经营和娱乐休闲类出行则处于不断增长态势，这些居民出行特征的变化对新时期的交通规划工作提出了新的要求和挑战。

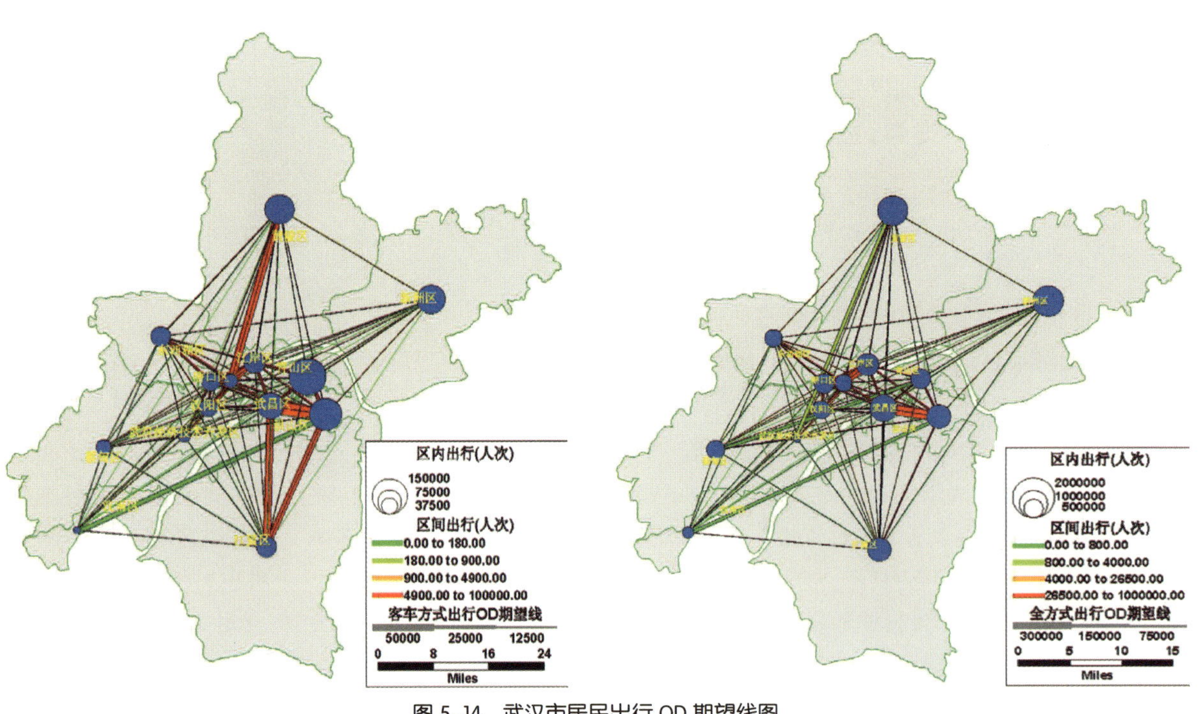

图5-14 武汉市居民出行OD期望线图

第 6 章　交通模型建立与应用

交通预测模型就是用数学的方法提供数据和图形来描述不同条件下的交通系统状况，即交通状况同诸有关因素之间的定量描述。对于合理的交通规划项目，模型的作用是不可替代的，有了交通预测模型才能使规划的定量分析成为可能。交通模型是我们探索把握交通发展客观规律、从感性认识走向理性认识的一把钥匙。

6.1　交通模型体系

城市交通模型以城市综合交通系统为研究对象，以数字形式描述交通系统运行机理及运行效果，主要分为宏观、中观和微观模型。三类模型的研究内容、原理、精度不同，分别适用于不同类型、不同层次的规划项目，涉及交通规划、交通战略与政策、交通管理与控制、交通组织与优化等各个方面。

6.1.1　模型构建原则

交通模型基本功能包括交通需求、供应、服务水平的分析、预测和评价，其应用范围相当广泛，主要应用于宏观层面的交通战略规划、城市和交通发展政策制定，中观层面的交通网络规划、工程立项，以及微观层面的新建项目交通影响分析等。交通规划模型应用具有以下几项功能特性。

（1）层次性：为了适应交通规划项目的多样性，需要对模型进行合理分层，不仅要对整体的交通政策和规划研究提供数据支持，也要能够为中观层次的区域模型、微观层面的仿真模型提供背景交通需求量，此外根据项目拓展需要，提供相应数据接口给特殊子模型，如拥堵收费模型等。

（2）综合性：交通系统是一个庞大的系统，其涵盖众多子系统，且每个子系统存在着密切的联系。因此，模型应将车流模型与客流模型统一起来，模型分析涵盖道路系统（小汽车、自行车、摩托车、出租车、公交车）、轨道系统（地铁、轻轨以及城际铁路等）。交通特性分析包括全日、高峰时段与平峰时段分析。

（3）长期性：交通模型的功能并非仅仅着重于短期交通行为变化，主要侧重于城市交通发展趋势研究。通过长期社会经济发展、土地利用发展水平的研究分析，能够合理预测未来年交通需求状况，反映交通行为可能产生的改变及影响。

（4）政策性：模型应该能够分析具体性交通政策对城市交通的影响，如公共交通费用、出租车费用、停车费用调整、停车管制措施、交通管制措施等对城市交通的影响。

6.1.2　交通模型层次

随着城市的发展，主城区与远城区、城市圈的联系日益加强，原有模型的研究范围已不能满足交通规划研究的需要。因此，模型随着城市的拓展，研究范围应逐步扩大。同时，在模型的设计与标定过程中，考虑交通模型不同应用层次、不用应用对象，需要采用分层次的建模方法。通常交通模型层次体系由几个关键部分组成。

（1）宏观交通模型：宏观交通模型主要用于城市交通战略发展规划、交通政策影响评估、道路设施规划、综合交通规划方面的趋势研究；宏观交通模型在对应组团预测、交通性走廊分析等方面具有显著优势。宏观交通预测模型的核心是四阶段预测模型，研究范围一般为城市市域范围，属于战略级交通模型。

（2）中观交通模型：以宏观模型为依托，重点分析区域交通需求特征。区域交通模型的研究对象为市区内的特定区域，中观模型的特点在于交通分区和网络更为详细。模型主要用于区域交通组织和评价、区域土地开发规模控制、临时交通管制、停车分析、公交换乘分析、局部线路优化等研究。目前，中观交通模型主要应用于区域交通影响评价，即利用区域模型的仿真结果，评价地区土地开发强度的可行性，从而引导区域土地开发和交通的协调发展。

（3）微观仿真模型：微观仿真模型以车辆、自行车、行人为研究对象，集成信号配时、检测器等交通管理与控制信息，用于交通组织分析、ITS应用效果评价、信号配时优化、交通设施改造方案评价、交通安全分析等。

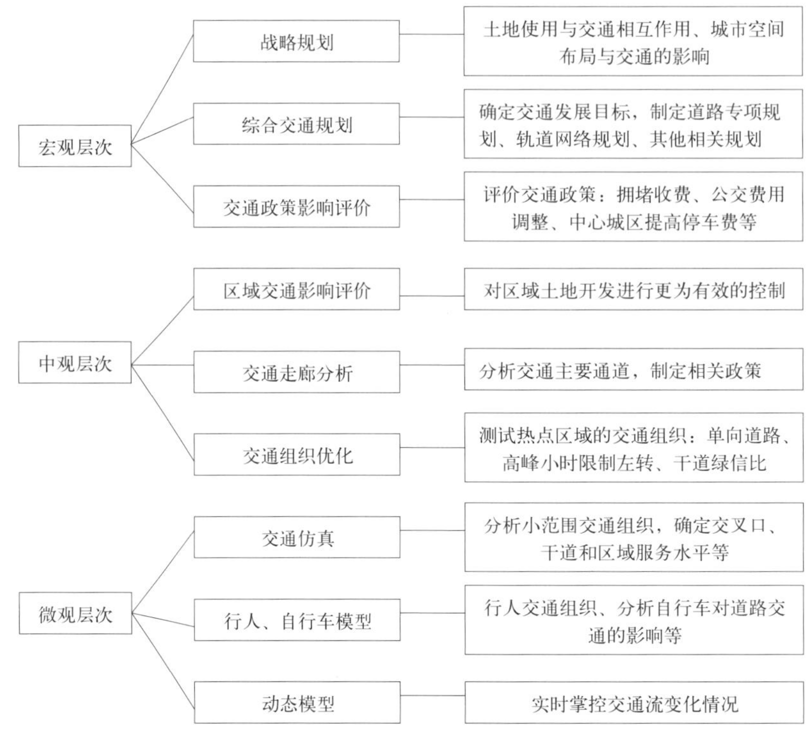

图 6-1　交通模型体系

对于第一层次的市域宏观交通模型而言，市域交通模型属于宏观战略性交通模型，用于分析市域范围内各行政区域之间以及新城与中心城区之间的交通需求与供给关系。宏观交通模型的目标是在不同人口、就业岗位分布情况下，对交通规划方案进行测试，使交通供给满足未来需求。模型的结果是行政区之间各方式的出行需求以及相应的交通规划方案。宏观交通模型的特点是研究范围覆盖整个市域，适用于不同地域特征，重点分析各组团之间的交换量。模型体现了交通与土地利用的交互过程，既适用于现状，又适用于未来年土地使用性质发生较大变化的情况，能够适应快速城市化、快速机动化的影响，适用于居住与就业的平衡分析。宏观交通模型在交通模型体系中处于第一层次，在交通总量上对中观模型和微观模型起到控制作用。

市区和区域交通模型属于中观交通模型，是在宏观交通模型的基础上细化交通小区、道路网络等，采用传统的四阶段原理和出行活动链原理，重点研究市区和区域的交通需求，属于精细型的交通模型。中观交通模型主要用于区域交通影响评价、区域交通组织与评价、区域土地开发规模控制、临时交通管制、停车分析、局部线路优化等研究。中观交通模型在交通模型体系中处于第二层次，在交通总量（如区域OD、主要道路交通流量等）上是受宏观交通模型控制的。

宏观、中观、微观交通模型相比而言，在空间、时间上存在以下不同：

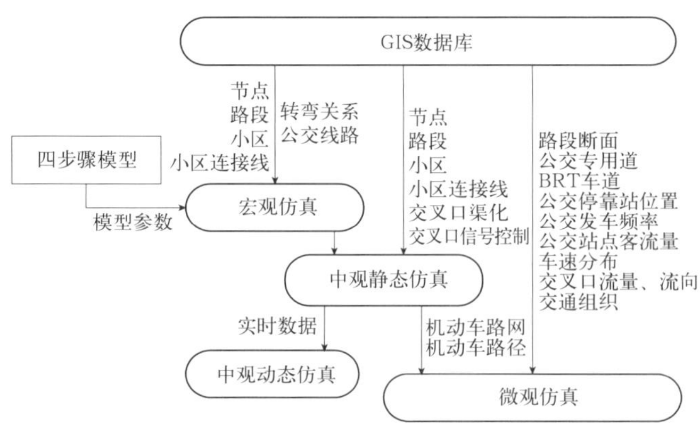

图 6-2　宏观、中观、微观仿真对比图

(1) 从空间上，宏观模型可以对整个区域的主要道路网进行建模分析，多用于战略级分析；中观模型可以对某个局部区域进行详细、高精度建模——细化了交叉口的渠化与信号控制，进而支持交通规划或交通工程项目应用；微观模型更进一步细化到若干个交叉口范围，对每个车道进行了参数设置，从而能进行一些细部的分析。

(2) 在时间上，宏观仿真模型以一天或高峰小时为尺度，中观仿真模型的建立以更小的时间为尺度（如每小时、每15min乃至每分钟），而微观仿真模型则可以精细到以秒为单位（如每秒、每0.1s）。

目前，北京、上海、深圳、杭州等城市已经实现分层次的宏观、中观、微观交通模型体系，从而能够更广泛、更确切地描述交通网络的各种交通现象，更加科学、客观地对城市交通运行进行评价和预测，提高交通规划、管理和决策水平和效率。

6.2 宏观交通模型

6.2.1 模型建立的理论基础

宏观交通模型是以一定的交通规划方法作为理论指导，建立相应的预测方法和模型。国内外的交通规划理论可以归结为以下四种。

1）土地使用决定交通系统的理论与方法

该理论认为城市用地形态及其功能布局直接决定了人和物的出行需求。预测的自变量是城市的土地使用。传统的四步骤法即是该理论指导下的预测方法。

2）客运系统支持城市发展的理论与方法

该理论强调客运系统的相对独立性，认为客运供应网络能够决定城市发展形态、方向及居民出行强度。该理论指导的客流预测方法，是以客运系统供应能力为自变量来计算未来出行量。

3）生态环境决定交通系统的理论与方法

这种理论从人类生存环境的角度来考察交通功能，模型试图建立环境与交通的函数关系，预测中把环境质量放在重要甚至首要地位。

4）个人行为决定交通需求的理论与方法

该理论重视个人社会和经济方面的行为，规划以个人而非交通小区为单位进行。

上述四种理论方法中，第一种理论是发展最为成熟的一门理论。由该理论指导的四步骤预测技术得到广泛采用，预测方法日臻完善。四步骤法模型，即出行生成模型、交通分布模型、方式划分模型和交通分配模型，每一阶段都需要进行调查、模型建立和校核三个步骤。

6.2.2 模型建立的基本流程

6.2.2.1 生成模型

生成模型是通过分析影响交通出行的若干土地使用因素（人口、岗位、出行特征等），寻求交通出行量与土地使用之间的相关关系的一种数学模型，在可操作的情况下，尽量细致地反映出不同用地特征下的交通出行变化；一般而言，有交叉分类法、回归分析法和离散选择法几类。

交叉分类法：交叉分类法是根据一定的社会经济特点将一个城区的人口划分为若干类型。然后，经验地估计每种类型的家庭或出行者的平均出行率，由此产生的出行率表，可用于预测该研究区的出行产生量。

回归分析模型：普遍采用两种回归分析模型。第一种，使用以交通小区为标准的集计数据，将每个家庭的平均出行量作为因变量，小区特征属性的平均值作为说明变量（自变量）。第二种，使用以单个的家庭或出行者为标准的非集计数据，以每个家庭或出行者的出行量作为因变量，家庭和出行者的特征属性作为说明变量（自变量）。

离散选择法：离散选择法是使用非集计的家庭或单个出行者的数据估算他们的出行概率。再将所得的结论集计起来即为预测的出行产生量。

交叉分类法是最常用的一种方法，通常模型具有以下计算表达式：

$$T_i=\sum_{c=1} r_c q_{ci}$$

式中：T_i——i 区出行的产生量（或吸引量）；

r_c——c 类交叉分类的平均产生率或吸引率；

q_{ci}——i 区 c 类交叉分类的参数变量。

6.2.2.2 分布模型

出行分布是指交通分区之间的出行交换。分布预测即对各交通小区之间及各交通小区内部的出行量进行预测。常用的出行分布模型有增长系数模型、重力模型和机会模型等。

增长系数法：是通过对现有的矩阵乘以系数实现的（增长系数由未来的出行产生量除以出行现状的产生量计算得出）。在无法获悉路网交通小区间距离、出行时间或综合费用等信息时，常常使用该方法。

重力模型：主要的原理——两个地区之间的空间交流量与出行产生量／吸引量的乘积成正比，与两地之间的交通阻抗成反比。该模型需要流量矩阵、阻抗矩阵（反映交通小区间的距离、时间或出行费用等），还有估算的未来出行产生量和吸引量。重力模型较清楚地表达了空间交流量与交通小区间阻抗的相互关系。

调校重力模型：根据基准年的路网状况估算阻抗函数的参数，从而尽可能使重力模型与基准年产生量／吸引量、基准年的出行距离分布相接近。

三维比例的出行分布模型：将考虑更多一维的约束条件。该模型，调整一组交通小区的出行产生量／吸引量，使该组小区的产生量／吸引量之和等于用户指定的数值。它可以分别应用于增长系数模型和重力模型中。

乌尔希斯重力分布模型的模型形式为

$$T_{ij}=P_iA_jF(t_{ij})/\sum_{j=1}[A_jF(t_{ij})]$$

式中：T_{ij}——i 区到 j 区出行量；

P_i——i 区发生量；

A_j——j 区的吸引量；

t_{ij}——i 区到 j 区的出行阻抗；

$F\{t_{ij}\}$——交通阻抗函数，通常有 $t_{ij}-\alpha$ 和 $e-\beta t_{ij}$ 等形式，其中 α、β 为待定参数。

出行阻抗 t_{ij} 可以采用区间距离、时间或由时间和费用构成的综合出行成本，目前模型一般采用由时间和费用构成的综合出行成本作为出行阻抗。

6.2.2.3 方式划分模型

交通方式划分就是预测人在移动时所使用的交通方式，确定各种交通方式市场占有率。交通使用者（出行者）对出行方式的选择，综合起来主要有两种因素：

1）出行者个人因素

出行者个人因素包括出行目的、出行者特征（年龄、收入等）。不同出行目的有不同的出行方式选择，可对不同目的（六种）分别建立方式划分模型。年龄、收入及其他个人因素等对出行方式的影响比较复杂，难以在模型中进行模拟，在模型中仅考虑家庭是否有车对出行行为的影响。

2）交通供应设施水平

交通供应设施水平可以用各种方式的出行阻抗来综合表示。供应设施水平高，交通阻抗小；反之，则交通阻抗大。交通阻抗 R_{ijk} 反映的是交通使用者在选择交通方式上所考虑的各种因素及其重要性。初步考虑每一方式的出行阻抗由该方式的出行时间和出行费用组成。其形式为

$$R_{ijk}=\alpha T_{ijk}+\beta F_{ijk}=T_{ijk}+\gamma F_{ijk}$$

式中：R_{ijk}——i 区至 j 区选用 k 种交通方式的出行阻抗；

T_{ijk}——i 区至 j 区选用 k 种交通方式的出行时间；

F_{ijk}——i 区至 j 区选用 k 种交通方式的出行费用；

α、β、γ——时间和费用系数，$\gamma=\beta/\alpha$。

其他相关因素可以归结到上述时间与费用两种因素。例如，交通政策因素——大力发展公交可以体现到路网公交出行时间 T_{ijk} 缩短（轨道交通建设，公共交通服务水平提高），经济水平提高——β 降低（时间／费用价值比提高），等等。

方式划分模型一般可以采用回归模型、交叉分类法、Logit 模型。

回归模型：用于预测集计的方式分担率。一般地，回归模型用于预测一种出行方式的出行率和出行数量。该模型建立出行比率（或出行量）与出行者社会经济特性、各种可选择方式特性之间建立统计关系。

交叉分类法：根据出行者的特征（如收入或小汽车拥有量）或各种运输方式的特性（如出行时间或相对的出行时间），也可以根据各种运输方式的综合效用，即包含社会—经济特性，计算每一类的平均分担率。

Logit 模型：将出行决策者（个人、家庭等）选择一种出行方式的概率表述为各种运输方式的效用值分式。Logit 模型调校，影响方式划分的因素包括各种出行方式的特性和出行者个人的属性。

由于 Logit 模型较能反映政策变量（如方式服务水平与社会经济发展条件）对方式选择的影响，因此方式划分采用分层 Logit 模型进行构建。一般而言，方式划分模型将居民出行分为步行、自行车、小客车、出租车、公交五种方式。

6.2.2.4 分配模型

交通分配是将出行量转化为交通量的运算过程，其结果是交通预测模型中能直接应用的一部分。在已知全部的出行起点和终点的情况下，便可利用分配模型在路网上得出交通流量，以及其他相关交通运行数据。这些成果往往是人们进行交通预测所需要的成果，是进行交通分析和方案评价所需要的指标，从这一方面来说，交通分配模型是交通预测模型中最关键的一部分。

1）交通分配的算法

交通分配是将出行量转化为道路交通量的运算过

程，其结果是交通预测模型中能直接应用的一部分。在已知全部的出行起点和终点的情况下，便可利用机动车分配模型在路网上得出各路段和路口的交通流量，同时还可以得到行程车速和交通延误的数值，并计算得出道路的 v/c。这些成果往往是人们进行交通预测所需要的最后成果，是进行交通分析和方案评价所需要的指标，从这一方面来说，交通分配模型是交通预测模型中最关键的一部分。常用的交通分配算法有最短路径法、多路径概率分配法、容量限制—增量分配法、平衡分配法等。

2）*路阻和延误函数*

确定了交通分配算法后，在路网上对 OD 矩阵进行分配时首先需要计算路径的阻抗，即路阻。路阻如果综合考虑时间、距离、费用等阻抗，我们称为“综合阻抗”。由于时间阻抗最为常用，我们将距离阻抗和费用阻抗按一定的当量折算成为时间阻抗，由于可认为距离阻抗和费用阻抗在一个路段上是常数，不随流量的变化而变化，所以我们在时间延误函数后加上两个固定项，就变成综合阻抗函数。

目前国际通行的延误函数有 BPR 函数、Akcelic 函数，部分较早的模型仍然采用基于自行车延误的道路延误函数，目前采用比较多的是 BPR 函数，但是国际上认为更合适的是 Akcelic 函数。

6.3 中观交通模型

6.3.1 中观交通模型的功能作用

中观交通模型以宏观交通预测模型为基础，研究对象为市区内的特定区域，交通分区和网络更为详细；主要用于区域交通预测分析及评价，交通组织优化、公交线路优化等。中观仿真模型主要用于项目级仿真以及为发布平台提供数据补充，是一种准动态仿真，仿真时间主要为近期。当前主流的三套 simulation—based DTA 系统是 DynaMIT（MIT）、DynaSmart（Maryland University）、Dynameq（INRO Corp）。

有效的动态交通流分配模型是进行机动车交通仿真的基础和关键，可靠的交通仿真模型需要特定的动态交通流分配算法，提出中观的准动态的交通流分配关键技术，解决以往宏观交通仿真模型不能描述排队长度和延误等详细交通状态指标，以及微观交通仿真模型不能描述 OD 对交通系统产生的影响的问题。另外，由于静态的交通分配无法满足准确性要求，而实时动态分配所需数据量宏大，对硬件设备和交通基础环境要求苛刻，准动态的中观层面交通流分配技术能够兼顾两个角度的需求，有效地达到系统预期目标。

中观仿真模型较宏观仿真模型更为细化，除了主、次干道和主要支路以外，还包括次要支路。中观仿真模型中的交叉口均需要考虑其渠化及交通控制方法，对于信号控制交叉口，还需要考虑其信号配时方案。

中观模型的几大特点如下：

（1）从路网角度来说，中观仿真涵盖了模型范围内的所有通车道路，包括几米宽的小路；

（2）从交通小区来说，中观仿真基本以每个地块为独立的交通小区；

（3）从小区连接线来说，通过实地走访和对比地形图，将所有的交通小区内通车出入口均设置了连接线；

（4）从路阻函数来说，考虑了路段和节点不同的交通阻抗，路段阻抗按照实地调查结果，采用自定义函数的形式进行计算，节点阻抗采用 HCM2000 标准进行计算。

中观仿真系统的作用体现在以下三个方面：

（1）对中观范围内交通进行离线状态即静态的道路网规划，如对某条道路进行交通整治、大型的交通影响分析（TIA）等；

（2）对中观范围内的交通进行动态的估计，生成模型计算数据，具体作用是根据部分检测器流量信息进行 OD 反推，进而动态估计所有路段的流量信息；

（3）分析中观模型范围内拥堵路段的原因，从而达到对交通进行疏导管控的目的。

中观仿真模型可用于各种项目级的仿真，如道路设施规划、道路整治、区域交通影响评价、交通组织优化等，包括但不限于以下方面。

（1）土地利用层面：土地利用调整评估、多个建筑组成的区域交通影响分析。

（2）建设层面：道路网规划、道路建设计划、道路整治评估、交通影响分析。

（3）交通流组织层面：区域单行系统、禁左等管理措施、道路断面优化及交叉口渠化优化、施工交通组织及评估。

6.3.2 中观交通模型的构建

与宏观模型和微观模型相比，中观模型最突出的特色是能够很好地体现时变的路网运行状态，从分析影响城市路网运行的因素人手。时变的交通需求是造成路网运行状态变化最根本的原因。交通需求的时变性，导致了分配到路网中所产生的路段流量的时变性，影响到出行者的路径选择，从而对路网运行状态造成影响。此外，对于任何一个仿真模型而言，其所追求的最终目的都是使得仿真效果与实际路网运行状况相吻合，因此需要开展模型参数标定工作。与上述分析相对应，中观仿真建模的关键问题是动态 OD 估计、动态交通分配和动态交通流参数标定。

（1）动态 OD 估计。真实路网中，出行需求并非固定不变，而是正呈现出一种随时间变化的特性。准确的动态 OD 需求信息是确保中观模型有效性的关键因素之一。一般而言，动态 OD 需求信息主要是通过时变的路段流量反推动态 OD 矩阵，是交通分配的逆过程，因此称为动态 OD 反推。从模型的输入角度分析，影响 OD 估计效果的主要因素包括种子 OD 的获取和实测流量路段的选取。种子 OD 数据是提高 OD 估计效率和精度的重要数据，一般来源于调查或宏观模型。路段实测流量数据是开展 OD 反推最基本的数据要素，一般通过实测交通调查或由检测器数据得到。鉴于人工调查工作量、经费以及检测器数据分布有限等实际问题，难以获得路网中所有路段的流量信息，因此需要确定一定比例的有代表性的路段作为提供实测流量的路段。为了保证 OD 估计的准确性，实测流量路段的条数占路网路段条数的比例至少不低于 10%；在此基础上，挑选哪些路段作为提供实测流量的路段是影响 OD 反推结果精确性的关键因素，其基本筛选原则为：①易获得交通流数据的路段，包括安装有检测器设备的路段、有历史交通流调查数据的路段；②路网中道路等级较高、连通功能强的路段，如高速公路、快速路、主干路；若有一些路段是次干道或支路，但是其在路网中的连通功能较强，也需要选为实测流量调查路段；③所选取的路段需在路网中呈现均匀分布特性，避免所选取的实测路段集中在路网中的某些局部区域，造成 OD 反推结果的偏差。

（2）动态交通分配。动态交通分配是在交通供给状况以及交通需求状况均为已知的条件下，将时变的交通出行合理地分配到不同的路径上，以降低个人的出行费用或系统总费用。它能够反映当前出行者的选择行为受过去出行者行为的影响。在本书所介绍的三类中观仿真模型中，一般都提供了多种动态交通分配模型，用户可以根据仿真需求来选择不同的交通分配方式。这是因为真实路网中包含多种交通出行方式，如对于私家车而言，部分私家车上、下班的路径选择主要是依据个人日常出行经验，不受其他信息的干扰；部分基于私家车的出行者会受交通信息的影响而改变出行路径；公交车是按照固定线路运行的。因此，为了再现实际路网的运行情况，需要确定其对应的动态交通分配的方式以及与该分配方式对应的需求比例。

（3）动态交通流参数标定。交通流参数标定是中观模型充分反映路网交通流演变特性的前提保障之一。在交通流模型中，三个重要交通流参数是交通量、速度和密度。对于不同特性的道路，这三个参数呈现的关系也有差异，因此，需要针对不同道路对其参数之间的特性进行标定。在众多交通流模型中，以 Greenshields、Greenberg、Van Aerde 等提出的交通流模型最为经典。在 Integration 中使用的是 Van Aerde 提出的四参数单一结构模型（Calibrated Single—Regime Model）。所要标定的四个参数分别是最大通行能力、自由流速度、最大通行能力下的速度和阻塞密度。

中观交通仿真模型的参数标定和有效性检验：仿真模型的标定是以现场观测数据为输入，检验输出结果是否与实际的观测结果相吻合。只有经过标定并通过有效性检验的仿真模型，才能够保证仿真得到的结果接近真实状况，即模型的标定和有效性检验保证了仿真模型具备足够的精确程度。在中观层次上，参数标定主要是确定不同功能路段（高速公路、城市快速路、主干道、次干道、支路等）的速度—流量—密度曲线，以及根据实际的路段动态交通量进行动态 OD 矩阵的反推。将其余未使用的现场观测数据输入仿真程序，并将计算结果与相应的观测结果进行比较，若误差可以接受，则仿真程序可用。

6.4 微观交通模型

6.4.1 微观仿真模型构成

微观仿真模型以车辆、自行车、行人为研究对象，集成信号配时、检测器等交通管理与控制信息，用于交通组织分析、ITS 应用效果评价、信号配时优化、交通设施改造方案评价、交通安全分析等。

微观交通仿真模型（Microscopic Traffic Simulation

Models）非常细致地描述系统交通实体和它们之间相互作用。微观水平的车道变换不仅涉及当前车道中本车对前车的跟车定律，而且涉及目标车道的假定前车和后跟车的跟车定律，还有精细的驾驶员决策行为模拟，整个车道变换的操纵过程也能被模拟出来。微观交通仿真模型特别适合于在计算机上精确再现路网上的实际交通状况，它基本上由两大部分组成：一部分是路网几何形状的精确描述，包括信号灯、检测器、可变信息标志等交通设施；另外一部分是每辆车动态交通行为的精确模拟，这种模拟要考虑驾驶员的行为并根据车型加以区分。

Smartest 研究报告曾对国际上 58 种微观交通仿真软件进行了调查，其中较有影响的如 Paramics、Aimsun2、Vissim、Corsim、Integration、Mitsim、Dracula、Dynasmart、Hutsim、Tranaims、Thoreau 等。在这些模型中，Dynasmart、Mitsim、Transims、Thoreau 主要在美国的大学和研究机构中内部使用，还没有商业化；Integration 用户主要局限在北美；Dracula 商业化的时间不长，用户较少；Hutsim 主要是为信号控制开发的，用户较少，其界面不太理想；Corsim 和 Contram 开发的年代较早，主要应用于信号控制的仿真，对 ITS 模拟的支持有限。

新一代微观交通仿真软件 Paramics（英国）、Aimsun2（西班牙）、Vissim（德国）对 ITS 模拟均提供了程度不同的潜在支持，但是总的来说，它们对此的支持力度都比较弱。在 Aimsun2 中，通过动态链接库（DLL）ITS 被作为外部程序与 Getram/Aimsun 通信来实现模拟和评价。在 Vissim 中，通过其自带的宏语言 VAP 实现对自定义交通控制策略的模拟和评价。不过 Aimsun2 和 Vissim 对用户开放的接口数量和功能都存在相当的局限性。经研究，在目前已有商业化的微观交通仿真软件中，Paramics 对 ITS 模拟和评价提供了最有力的潜在支持，但 Paramics 基本模块并不提供这一支持，而需要通过其 API 函数进行二次开发实现。

目前武汉市微观仿真模型由车辆仿真模型和行人仿真模型构成，分别以德国 PTV 公司 Vissim 软件和英国 Legion 公司交通规划软件 Legion（雷金斯）为软件基础平台。

6.4.2 车辆微观仿真模型

车辆微观仿真模型主要用来通过分析在车道类型、交通组成、交通信号控制、停让控制等众多条件下的交通运行情况，具有分析、评价、优化交通网络、设计方案比较等功能，是分析许多微观交通问题的有效工具。

1）城市道路、交叉口、路网系统上的应用

城市道路和交叉口的交通流均可以应用 Vissim 进行模拟。通过模拟，再现路段交通流的运行情况，直观地反映车流的密集程度、拥挤状况、排队状况等；用于无信号控制交叉口、信号灯控制交叉口和立交设施的方案设计、评价、比选和优化，评估绿波系统及区域交通面控系统的可行性及有效性；对路网系统如轨道网络系统、公交网络系统以及混合路网系统进行运行模拟，从中可以系统而细致地看出路网整体以及局部路段或交叉口存在的问题，为路网的进一步改造及规划提供技术支持和依据。

2）在城市交通影响评价中的应用

大型建设项目进行交通影响分析（TIA）越来越受到交通工程专家和规划管理部门的重视。如何定量、直观地分析项目建成前后周围路网的交通运行情况是 TIA 中的核心问题。武汉市利用微观车辆仿真模型再现建设项目周边交通运行状况，预测项目开发引发交通量对城市道路交通的影响。微观车辆仿真模型主要应用于大型公建项目、交通敏感地带车辆模拟分析，从而确定项目开发容许规模，平面优化布局方案及车辆流线组织等。

目前，我国部分城市先后引进了 Vissim 系统，分别应用于公路及城市立交系统、城市道路及交叉口综合改善方案的设计、评价与优化等方面，取得了较好的应用效果。

6.4.3 行人微观仿真模型

近年来，随着和谐社会的建设，作为交通的主体，行人受到了越来越多的关注。一方面，人们的出行也变得更加频繁和多样化；另一方面，基础设施（如地铁车站、换乘枢纽、购物中心等）的建设规模越来越大，每天吸引大量的行人集散，如何保障行人交通舒适和安全是我们面临的一个重要问题。

为进一步把握行人微观交通特征，通过对行人行为进行建模和仿真分析再现行人运动规律，提升科学决策水平，目前在北京、上海、广州、深圳等多个城市的奥运和亚运场馆、世博场馆以及大型地铁换乘车站、综合交通枢纽的规划设计以及应急预案制订过程中，行人微观仿真模型得到广泛应用。

6.5 武汉市交通模型的构建

6.5.1 发展历程回顾

从1987年武汉市第一次居民出行调查到目前的宏观交通预测模型体系，武汉市宏观交通模型的发展经历了三个阶段：起步阶段、发展阶段、完善阶段。

1）起步阶段（1987 ~ 1998 年）

武汉市1987年进行了一次大规模的居民出行和机动车出行调查，并以此为基础于1992年建立武汉市交通预测模型。1992年建立的交通预测模型第一次使武汉市交通规划的定量分析成为可能，并对定性分析所得到的概念进行量化界定，对由定性分析得出的结论进行测试检验。1992年建立了武汉市交通预测模型，对武汉市的城市交通建设和交通政策的制定发挥了重要的作用，并将交通模型及预测引入武汉城市交通管理规划工作当中，为后期的工作奠定了坚实的基础。

2）发展阶段（1998 ~ 2008 年）

在1998～1999年综合交通调查及公交客流调查的基础上，建立了初步完善的武汉市交通预测模型。2001～2002年，通过世界银行贷款的武汉交通建设项目，与世界银行专家合作完成了车辆模型与客流模型之间的衔接，增强了模型的敏感性。2003～2004年，通过武汉交通发展战略规划国际招标项目，与阿特金斯合作将模型扩展到都市发展区范围。2005年，结合2004年居民出行调查及查核线交通特征调查，与MVA合作，更新了客流预测模型。2007年，结合轨道线网修编国际合作项目，模型得到进一步优化和调整。本轮模型广泛应用于武汉市轨道网络规划、道路网络规划、城市重大基础设施建设研究等，为武汉市城市的发展做出了重大的贡献。

3）完善阶段（2008 年至今）

随着武汉市经济的高速发展，城市化和机动化进程的加快，居民的出行特征发生了显著变化，原有的模型结构已经不能够适应城市快速发展的要求。因此，武汉市于2008年进行了迄今为止最大规模的综合交通调查，掌握了武汉市居民出行和现状交通特征数据。在此基础上，建立了新一轮宏观交通预测模型。

6.5.2 宏观预测模型

与国内许多大城市的模型结构类似，武汉市的模型由客流模型和车辆模型组成，即模型是在人员出行调查和车辆出行调查的基础上分别建立的；但与其他城市不同的是，车辆模型与客流模型之间的相互联系更为紧密，如由人员出行方式划分所得的客车（泛指客车、出租车、摩托车等，下同）方式总量，决定了车辆生成总量，等等。

6.5.2.1 客流模型

客流模型的结构包括三部分，主要考虑以下三类人员出行：

①常住人口（居民）出行。

②流动人口出行，包括住在居民家中和不住在居民家中（如工地、宾馆、饭店等）的外来暂住人口的出行。

③特殊生成点人员出行，指通过对外交通设施（如车站、港口、机场等）当日进出武汉市的人员出行。

（1）居民出行模型采用传统的四步骤法建立。四步骤预测方法将客流交通预测分为四个阶段来进行，而在此之前，每一阶段都应建立起相应的预测模型（即四阶段模型），用以模拟现状出行状况并预测未来的出行需求。四阶段模型即：

出行生成模型（Generation）——出行发生的频率；

出行分布模型（Distribution）——出行在城市空间的分布；

方式划分模型（Split）——出行使用的交通工具；

分配模型（Assignment）——流量在网络系统中的分布。

对于每一阶段模型的建立，都可分为调查数据→建立模型→校核模型三个步骤来进行。模型建立的基本思路如图6–3所示。

对于市区内的居民出行，根据居民出行调查的基础数据，可分别建立生成、分布、方式划分模型，并分别进行校核。

（2）流动人口、特殊生成点人员的出行生成及方式结构，是通过其人口规模和公交客流调查、居民出行调查中得出的非常住人员的公交出行量，并以车辆出行调查中的客车出行量作为人员客车方式出行总量的控制指标，推算其出行特征参数（如出行次数、各方式出行比重）的合理性；其中，特殊生成点人员的出行量是依据武汉市各客运枢纽站的客运量折算而得。

（3）流动人口的出行分布，可先依据居民出行OD分布规律，在居民出行OD矩阵的基础上按照各方式出行量进行扩充。特殊生成点人员的出行分布和方式划分，则按照各特殊点抽样调查的分布规律和方式划分进行。

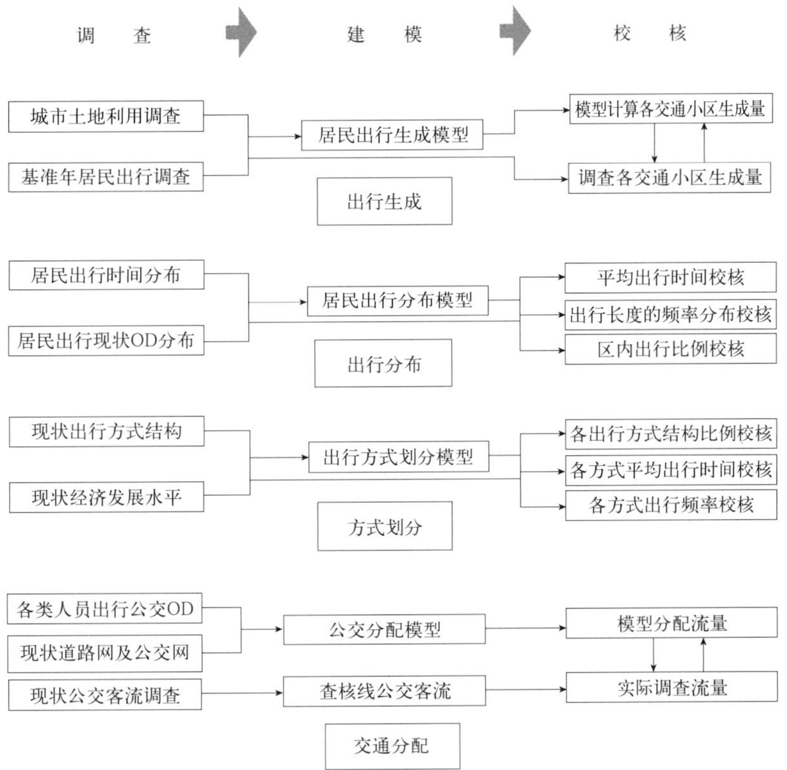

图 6-3 客流预测模型建立思路图

(4) 上述三类人员合并后的公交 OD 分布矩阵，应根据公交客流调查数据进行校核。

还需说明的是：

(1) 上述三类模型在分别得到各方式 OD 分布量（或出行量）后，需对每一方式的三类人员出行进行汇总，然后再进行各方式 OD 的客流分配，客车方式 OD 总量应与车辆出行调查的数据相匹配。

(2) 客流预测模型采用后方式划分模型。

(3) 客流分配模型中采用的是最优战略法。

6.5.2.2 车辆模型

车辆模型的结构包括三部分，即

(1) 市内车辆出行。

(2) 进、出口车辆的出行。

(3) 特殊生成点车辆出行，指通过对外交通设施（如车站、港口、机场等）当日进、出武汉市的车辆出行。

由于各类车辆出行的特征不同，因此其建立方法也不同：

(1) 市内车辆出行模型也采用传统的四步骤法建立，由于客车、货车模型是分别建立的，因此与居民出行模型相比，没有方式划分这一阶段，实际上只有出行生成、出行分布、出行分配三个阶段。

(2) 进、出口车辆出行模型：根据进、出口外地车辆 OD 调查和进、出口历年流量观测资料，模型采用增长率法建立。

(3) 特殊生成点车辆出行：客车出行模型依据人员特殊点方式划分模型得到的客车方式的日出行人次，将其转化为车次。特殊点货车出行则单独建立模型。

(4) 将各类客车、货车 OD 合并，再进行车辆 OD 的分配，同时自行车、公交车也参与车辆的分配过程。车辆分配模型采用平衡分配法。

6.5.2.3 模型建立思路

武汉市宏观交通预测模型按照传统四步骤法建立。

1. 出行生成模型

出行生成模型包括出行产生模型和出行吸引模型两块。

出行产生模型：该模型用于反映不同区域、不同家庭、不同年龄、不同出行目的居民出行强度特征。武汉市采用交叉分类法。

出行吸引模型：反映交通出行量与土地使用之间的相关关系，主要建立吸引量与用地岗位的关系，一般采用交叉分类法或回归分析法。

根据武汉城区现状车辆出行特征，考虑社会经济发

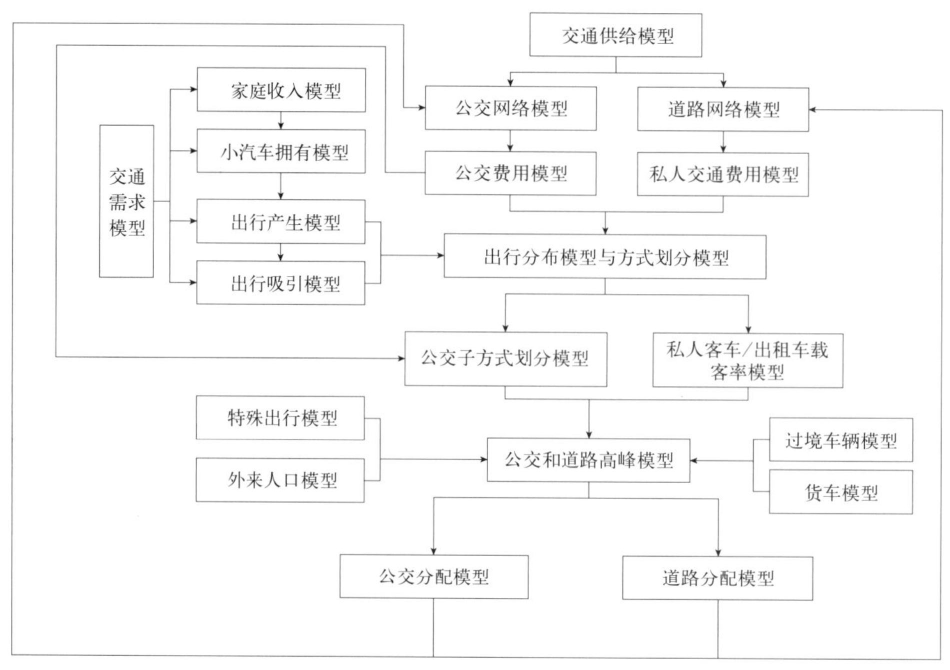

图 6-4　武汉市宏观模型框架结构图

展、车辆拥有水平、土地利用聚类分析，确定各类出行者交通发生、吸引率。交叉分类原则如下。

（1）出行者类别 1——片区。出行者在不同地区的有不同出行特性，为此将出行者按所在地域分成 17 个片区，即 17 个模型地带：①核心区（汉口、汉阳、武昌）；②中心区（汉口、汉阳、武昌）；③外围区（汉口、汉阳、武昌）；④新城组群（汉口、汉阳、武昌）；⑤其他远城区（汉口、汉阳、武昌）；⑥科教区；⑦风景区。

（2）出行者类别 2——不同用地类型。现状调查共分 12 种用地类型：①住宅；②工业；③文教；④办公；⑤商业；⑥服务业；⑦文体场所；⑧文化场所；⑨医疗卫生；⑩交通；⑪农村；⑫其他。

（3）出行目的。模型中的出行目的考虑了出行是否与家有关。武汉市模型中居民出行目的分为以下 6 大类：①基于家的上班（HB_WORK）；②基于家的上中小学（HB_SCH）；③基于家的上大学（HB_UN）；④基于家的购物（HB_SHOP）；⑤基于家的其他出行（HB_OT）；⑥非基于家的出行（NHB）。

（4）出行者年龄结构。出行者年龄结构分为 6 ~ 18 岁、19 ~ 59 岁、60 岁以上三个类别。

（5）车辆拥有情况。车辆拥有情况即家庭有无私人汽车，在模型中将家庭拥有小汽车、拥有单位小汽车且用于工作以外的出行的家庭定义为有车家庭。

2. 出行分布模型

用于建立各交通分区间出行起讫点分布，出行起讫点分布采用广泛使用的双约束重力模型。武汉市分布模型是采用目前应用较为广泛的乌尔希斯重力分布模型。出行阻抗 t_{ij} 采用的是由时间和费用构成的综合出行成本。

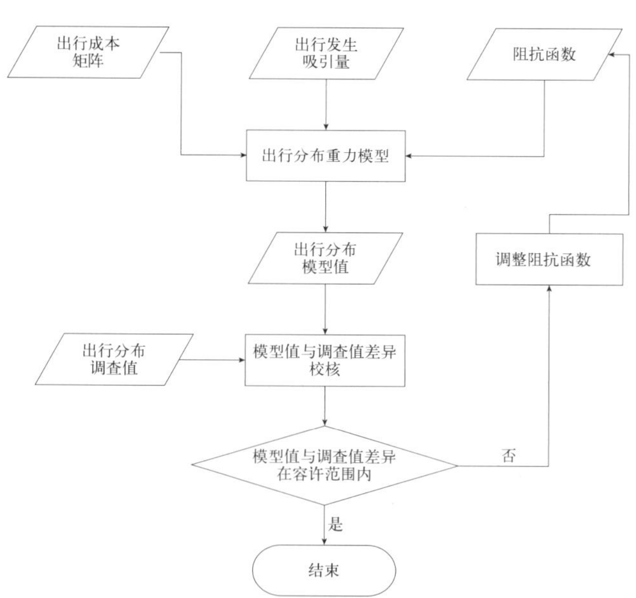

图 6-5　出行分布模型阻抗函数标定流程图

出行分布模型的建立主要包括两部分工作：阻抗矩阵的生成、阻抗函数的标定。分布模型按（有车户）／（无车户）两类群体和 6 类出行目的分别展开，不同分布模型之间的区别在于阻抗函数的选取。因此，分布模型的建立需要生成 9 种阻抗矩阵，并分别标定阻抗函数。

不同目的的出行，有车家庭、无车家庭的出行，其分布规律是不一样的。例如，基于家的上班出行与基于家的购物出行，其平均出行时间及出行分布的差异就很大。因此，在建立居民出行分布模型中，应针对不同的出行目的、家庭是否有车分别建立各自的分布模型。结合在居民出行生成模型中出行目的的划分，武汉市居民出行分布模型由以下 9 类分布模型构成：

（1）基于家的有车家庭工作；

（2）基于家的无车家庭工作；

（3）基于家的上中小学；

（4）基于家的上大学；

（5）基于家的有车家庭购物；

（6）基于家的无车家庭购物；

（7）基于家的有车家庭其他；

（8）基于家的无车家庭其他；

（9）非基于家。

出行阻抗包括了距离、时间、费用等阻抗的计算。

（1）距离／时间阻抗。

出行距离阻抗反映的出行的空间概念，没有考虑不同出行方式出行的特征—速度，同时也没有考虑不同出行方式比例随距离变化的影响。在模型中采用单位矩阵在路网中进行分配，从而得到出行距离阻抗矩阵与出行时间矩阵。

（2）费用阻抗。

费用阻抗即采用不同出行方式的出行在一次出行中所产生的费用。其中，自行车主要考虑停车费用，小汽车费用主要为油耗、日常维护费用及停车费用，出租车费用阻抗采用武汉市出租车运营票价，公共交通工具为平均公交票价乘以换乘系数。

（3）广义时间阻抗。

广义时间矩阵综合考虑出行的时空分布特征与各种交通方式随距离变化的影响，并将时间价值引入模型当中，从而将出行时间与费用结合起来，构成模型标定的综合阻抗矩阵。阻抗矩阵的计算步骤如下。

计算各种方式的时间、距离矩阵；

根据出行距离矩阵计算分方式费用矩阵，并根据时间价值将费用转换成时间，从而得到分方式的广义时间矩阵；

根据居民出行调查数据库资料，统计分目的、分地带出行方式结构矩阵，即 9 类目的、4 种方式 17×17 地带方式结构矩阵。

根据分方式广义时间矩阵、分目的方式结构矩阵，计算分目的广义时间矩阵。

3. 方式划分模型

交通方式划分就是预测人在移动时所使用的交通方式，确定各种交通方式占有率。方式划分模型用于建立出行方式特征与个人出行因素、交通供应设施水平的相互关系。武汉市在方式划分中，先划分步行方式（根据步行方式占全方式的比例与其出行时间的关系），再采用 Logit 竞争模型对自行车、小客车、出租车、公交车四种方式展开竞争。

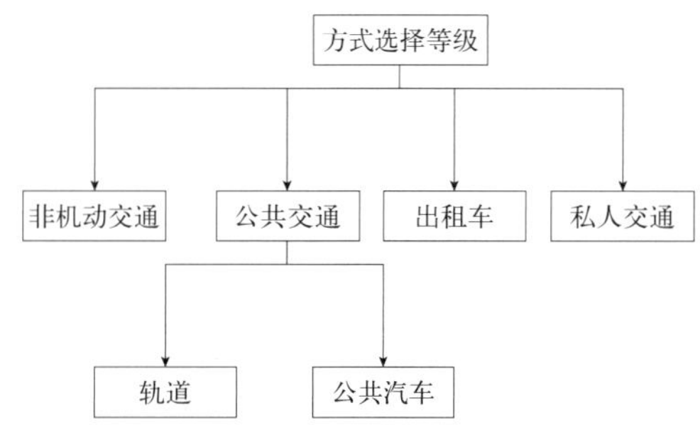

图 6-6　方式划分模型流程图

Logit 模型是一种概率竞争模型。模型的函数形式表达为

$$P_m=\frac{\exp(U_m)}{\sum\exp(U_i)}$$

主模式划分

$P_{trn}=\exp(U_{trn})/[\exp(U_{bus})+\exp(U_{trn})+\exp(\text{taxi})+\exp(\text{auto})]$

$P_{bike}=\exp(\text{bike})/[\exp(U_{bus})+\exp(U_{trn})+\exp(\text{taxi})+\exp(\text{auto})]$

$P_{taxi}=\exp(U_{taxi})/[\exp(U_{bus})+\exp(U_{trn})+\exp(\text{taxi})+\exp(\text{auto})]$

$P_{auto}=\exp(U_{auto})/[\exp(U_{bus})+\exp(U_{trn})+\exp(\text{taxi})+\exp(\text{auto})]$

$U_{bus}=(a\cdot\text{IVT}+b\cdot\text{OVT}+c\cdot\text{fare}+d\cdot\text{District})/N$

$U_{rail}=(a\cdot\text{IVT}+b\cdot\text{OVT}+c\cdot\text{fare}+d\cdot\text{District}+C_{trn})/N$

$U_{bike}=b\cdot T_{bike}$

$U_{taxi}=a\cdot\text{IVT}+c\cdot\text{fare}+d\cdot\text{District}+C_{taxi}$

$U_{auto}=a\cdot\text{IVT}+b\cdot\text{OVT}+c\cdot\text{fare}+C_{auto}$

辅助模式划分：

$P_{bus}=\exp(U_{bus})/[\exp(U_{bus})+\exp(U_{rail})]$

P_{rail}=exp（U_{rail}）/［exp（U_{bus}）+exp（U_{rail}）］

式中：P_m——选择交通方式 m 的比例；

U_m——交通方式 m 的效用函数；

IVT——车内时间；

OVT——车外时间；

fare——费用；

District——区域变量；

C_{xxx}——模式常数；

a、b、c、d——模型常数。

其中，费用成本主要包括以下几种：自行车方式、公交方式、出租车方式和私家车方式，如表 6-1 所示。

Hbw_caravail——有车家庭基于家的上班方式校核 **表 6-1**

过　江	目标值	初始模型数据	最终模型数据	误　差
自行车	0.0	0.0	0.0	0.00%
私家车	66.2	42.9	65.7	-0.78%
出租车	18.8	31.6	18.8	-0.17%
公交车	15.0	25.6	15.6	3.62%
合　计	100.0	100.0	100.0	—

4. 公交分配模型

公交分配模型包括公交分配模型与轨道子模型，分配方法采用最优战略法。

武汉市客流分配模型是在加拿大交通规划软件 EMME/2 的基础上建立的。该软件提供了先进的客流分配方法，称为“最优战略法”，该方法实质上是一种基于最优路径选择思想的算法。所谓最优路径选择，即出行者所选择的路径以网络出行总时间（包括步行到站时间、上车时间、候车时间、行车时间、下车时间、离站至目的地时间）最小为目标。

最优战略法具有以下特点：

（1）采用加权的综合时间度量，综合考虑了乘客步行、候车、上下车、乘车、票价等多个因素。

（2）采用多条线路概率计算，按乘客综合时间的最少原则选择可乘线路，按线路行车间隔等因素决定线路的优先级别。

（3）允许公交车辆与道路车流量相互作用，以更准确地反映实际流量。

（4）公交站点上的上、下客与车辆进、出站的情况差别很大，可以区别大型集散点。

（5）使用者可以根据需要加入更多因素，使乘客对公交线路的选择更加符合实际。

在 EMME/2 中，客流分配模型建立实质上是一个对其内置的几个客流分配参数进行标定的过程。这一过程是以现状公交网、公交 OD 矩阵为基础，通过对分配参数的反复迭代调整，最终使公交分配结果与客流调查结果（主要是查核线上客流）相吻合而逐步实现的。因此，必须首先在 EMME/2 上建立公交网络并确定公交 OD 矩阵。

5. 道路分配模型

将分车种 OD 结果利用机动车分配模型在路网上进行分配得出各路段和路口的交通流量，以及其他相关指标，武汉市采用的是平衡分配法，平衡分配法是基于以下原理进行的。

每位出行者都要寻找适合他出行的最短路径；当某一路径由于所经路段上的流量增加而导致行程时间加长时，就会有一部分出行者去寻找新的最短路，而产生路径之间的流量转移，当所有出行者都选择最短路径时，流量的转移就停止，此时所有出行者得到的出行时间最短，路网系统的总出行时间也达到最小，出行者与路网系统之间达到平衡。

确定了交通分配算法后，在路网上对 OD 矩阵进行分配时首先需要计算路径的阻抗，即路阻。武汉市的路

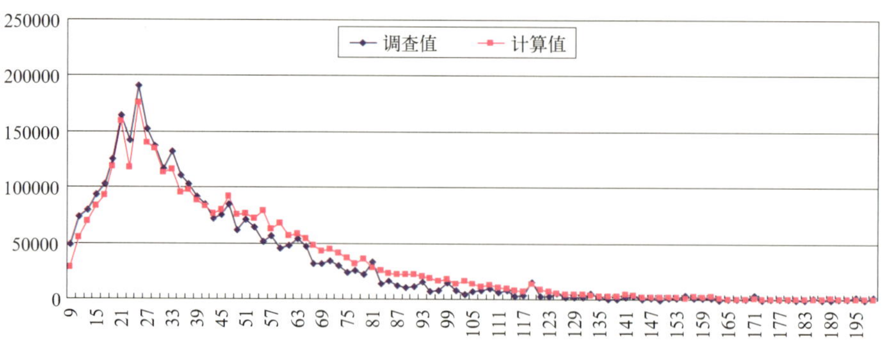

图 6-7　无车家庭上班出行分布阻抗函数标定

阻综合考虑了时间、距离、费用等阻抗，我们称为“综合阻抗”。由于时间阻抗最为常用，我们将距离阻抗和费用阻抗按一定的当量折算成为时间阻抗，由于可认为距离阻抗和费用阻抗在一个路段上是常数，不随流量的变化而变化，所以我们在时间延误函数后加上两个固定项，就变成综合阻抗函数。

道路上机动车延误函数经过多轮更新调整，目前采用的函数的形式是 Akcelic 函数。延误由两部分组成，第一部分是路段延误，第二部分是路口延误。

$$T=t_0+0.25T_f\{(v/c-1)+[(v/c-1)^2+8J_a(v/c-1)/(T_fQ)]^{0.5}+(1/60)5C(1-g/C)^2/\{1-[\min(1,v/c)g/C\}$$

式中：t_0——最大车速时间；

J_a——参数，不同道路等级数据不同；

T_f——时间段；

C——路口信号周期；

g——该路段的绿灯时长。

6.5.2.4 其他辅助模型

武汉市宏观交通模型在发展过程中通过不断完善，形成了如图6-7所示的框架结构。在生成模型、分布模型、方式划分模型、交通分配模型的基础上，细化生成8个辅助子模型：网络与费用模型、家庭收入模型、小汽车拥有模型、高峰模型、出入口模型、集散点模型、流动人口模型、货车模型。

（1）网络与费用模型：其中网络包括交通小区区划，道路公交网络编码；费用模型及建立分车种、分区域收费系统，并应用广义时间将实际时间与费用进行统一，建立统一的费用模型。

（2）家庭收入模型：通过职业、年龄、性别等变量预测各交通小区家庭收入特征，从而为小汽车拥有模型、出行产生模型等提供数据支撑。

（3）小汽车拥有模型：小汽车拥有模型包括车辆总量预测模型和交通小区有车家庭预测，其中总量预测模型既根据车辆发展政策、经济发展水平及历史发展规律预测车辆未来年发展规模；交通小区有车家庭预测及根据收入、公交可达性、停车收费、停车位供应、年龄等参数预测不同交通小区有车家庭比例。

（4）高峰模型：高峰时段模型俗称第五阶段。高峰时段模型主要用于确定分目的、分群体、分方式的交通需求特征，以某一时段运行状态下的车辆规模作为时段分布的计算依据。通常采用高峰小时系数法。

（5）出入口模型：反映外围主要出、入口与城市内部的联系。

（6）集散点模型：建立客流集散点与各交通小区的关系。

（7）流动人口模型：包括流动人口总量预测，流动人口分布预测、方式结构划分等。

（8）货车模型：建立货车与货源发生点与吸引点的关系。

6.5.3 中观交通模型

6.5.3.1 建立武汉市中观模型的意义

交通中、微观模型是在中、微观层面上对时变的交通状况进行模拟分析，从而能更广泛、更确切地描述交通网络上的各种交通现象，并在此基础上更科学、更客观地对城市交通运行进行评价和预测，可以成为提高交通规划、管理和决策效率的重要手段。

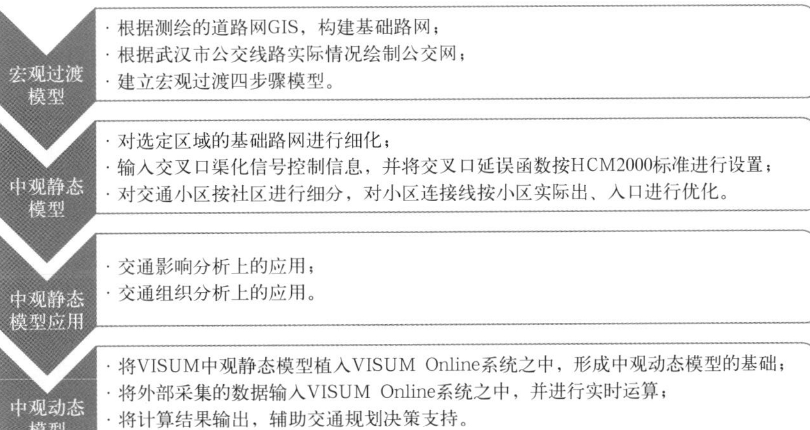

图 6-8 中观模型建模技术路线

参照国内外大城市的发展和管理经验，将武汉市单一模型（宏观交通模型）向多层次模型体系转化，建立符合武汉市实际情况的路网评价与分析预测的中观模型，为微观模型的扩展提供精细化的OD和路径数据，实现分层次的宏观、中观、微观交通模型体系尤为迫切和必要。

所谓中观模型是在宏观模型的基础上进行细化，再导入实时检测数据，通过交通分配及各种交通OD矩阵修正技术，实时计算得到交通状态分布的动态仿真模型。

由于目前国内实时数据的接入存在一定的问题，因此北京、上海、深圳等地均采用一种细化的静态模型作为中观层次的交通模型，我们一般将称作中观静态模型。

（1）建立中观静态模型可以为领导决策提供精细化的定量分析依据；

（2）建立中观静态模型可以为城市各类交通项目提供定量分析；

（3）建立中观静态模型可以为微观模型提供基础OD及路径流量数据；

（4）建立中观静态模型可以为后续的中观动态模型提供基础构架。

6.5.3.2 中观建模技术路线

6.5.3.3 中观静态模型与宏观模型联系

宏观模型是中观静态模型的基础和前提，宏观模型的道路网是中观静态模型道路体系的基本骨架，宏观模型的分配结果是中观静态模型的重要依据。

中观静态模型在继承宏观模型四步骤过程的基础上，通过对一些道路网基本属性以及函数的细化，达到提高仿真模型精度的效果，中观静态模型在主要节点上的分配结果要服从宏观模型。

在宏观交通模型中，道路网一般只包括主要道路，中观静态模型要包含建模范围的所有道路。

在宏观交通模型中，平面交叉口通常以带转向的节点表示，没有考虑交叉口的渠化设计、拓扑结构以及信号控制，而中观静态模型必须考虑这些重要信息。将上述信息增加到已有的宏观路网中，包括交叉口进口直行车道、专用左转车道、专用右转车道数量，若交叉口是信号控制交叉口，还包括各个相位的信号时间。

在宏观交通模型中，交通小区的划分一般范围比较大，便于控制查核线数据，而中观静态模型须将交通小区进行细化，使分配更精细化。

由此，在建立上述宏观过渡模型的基础上，建立区域中观静态模型需要进行下述细化。

（1）整体路网：补充次干道、支路；

（2）局部节点：补充交叉口渠化、信号控制信息；

（3）交通小区：细化拆分交通小区到社区级；

（4）小区连接线：尽可能按照小区实际主要开口进行布设；

（5）交通分配模型：考虑交叉口延误的HCM2000公式作为VISUM交通分配时交通延误的计算方法，按均衡模型进行分配。

6.5.3.4 中观静态模型应用

中观模型可用于各种项目级的仿真，如道路设施规划、道路整治、区域交通影响评价、交通组织优化等，包括且不限于以下方面。

1）土地利用层面

土地利用调整评估、多个建筑组成的区域交通影响分析。

2）建设层面

道路网规划、道路建设计划、道路整治评估、交通影响分析。

3）交通流组织层面

区域单行系统、禁左等管理措施、道路断面优化及交叉口渠化优化、施工交通组织及评估。

6.5.4 微观仿真模型

6.5.4.1 车辆仿真模型

武汉市车辆仿真模型以德国PTV公司开发的微观交通流仿真软件系统Vissim为依托，用于交通系统的各种运行分析，在交通影响评价中得到了广泛的应用。

而对城市道路改造、路口渠化设计、控制方法、信号配时及公交专用道等城市交通急需解决问题的评价分析，则需要微观交通仿真技术来实现。微观交通仿真通过建立交通系统的数学模型来分析复杂的交通现象，是一项重现交通流时空变化的交通分析技术。通过微观交通仿真，可以分析现状交通运行状况，研究规划中的交通系统行为，对于交通系统中的某些危险情况或灾难性后果，新交通技术和设想的测试等诸多应用领域，微观交通仿真都是很有效的研究手段。

6.5.4.2 行人仿真模型

武汉市引进了Legion公司开发的城市微观行人交通规划软件。以此为平台，对公共人员密集、场地条件相对复杂的区域内的步行人流进行模拟研究，通过设施承载力、人流密度、人流方向、服务水平、空间使用率等各种指标的分析，来引导和调整规划设计、评价设计方案、优化平面布局、规划组织方案、测试疏散预案、进行敏感性分析等，以便为项目的建设、运营和管理提供有效决策。

武汉市行人仿真模型目前处于起步阶段，目前主要在轨道换乘站，开展行人仿真技术系统培训学习，逐步开展行人微观交通仿真技术应用研究。

（1）建模数据收集及分析处理。完成建模基础数据的调查收集与处理分析工作。

（2）初步建模与分析。在数据调研及分析处理完成的基础上，利用Legion平台，构建三类仿真测试方案，对车站日常运营、紧急疏散进行仿真测试，对测试结果进行分析，并提出优化建议，形成初步优化方案并进行汇报，听取各部门意见，对初步方案进行针对性的调整，形成成果方案。

（3）成果方案测试。对成果方案进行仿真测试，针对不足进行修改，形成最终优化方案。

通过总结案例研究经验，建立武汉市大型交通枢纽微观仿真技术模型和评价指标体系，编制行人仿真模型开发与应用技术研究报告，并对成果进行推广应用，以辅助地铁车站的设计、运营决策和组织管理。最终建立以下行人仿真模型框架结构体系。

（1）行人模型基础数据库：包括设施布局图、客流组织方案及车辆运营计划、客流需求数据、行人交通特性数据；

（2）车站建模体系：包括基础设施清图、行人交通流特性参数标定、客流需求数据及运营数据导入、行人行走空间模块设置、乘客出行链路设置、仿真模型精度校验；

（3）方案测试分析与评价：主要以场所布局、通道几何参数、设施面积、换乘步行距离、交通流线组织、运营调度方案、服务人员数量、标志设置、瓶颈交通方式换乘量等作为测试内容，利用Legion平台，对车站行人交通组织及设施规划、运营方案及应急预案等进行测试及评价；

（4）设计方案优化：依托方案测试分析与评价，对方案的设施设计、运营组织、客流流线组织、应急疏散预案进行优化设计。

6.6 武汉市交通模型的应用

武汉市交通模型的建立至今已有12年，并且一直在不断地更新和完善，武汉市交通模型在城市土地利用、交通战略研究、城市轨道网络规划、交通建设项目时序、大型项目可行性研究及经济评价方面发挥了显著作用，为武汉市的城市建设、交通发展和决策提供了不可或缺的定量支撑依据。

6.6.1 交通发展战略

在交通发展战略的选择研究中，交通预测数据和结论为武汉未来20～30年用地发展模式的选择、用地与交通系统的相互协调提供了重要的基础依据。

在现状分析的基础上，根据武汉市人口和就业发展趋势，提出未来城市三种可能的用地发展方案：主城集中式（圈层式发展），高密度指状发展轴，高密度新城，如表6–2所示。采用总体规划确定的同一个交通系统进行分析评价，通过区域走廊法、价值工程法综合分析，交通拥挤情况、出行时间与距离、轨道交通利用率、可达性、灵活性、人均用地标准、成本、安全性、公平性、可靠性等指标，最终确定了适合武汉市发展的“主城集中式＋中密度指状轴”的用地发展模式，主城可容纳的人口为550万、发展轴向约340万，如表6–3所示。

土地利用情景方案　　表6–2

编号	情景名称	人　口（万）				
		总量	主城区	发展轴	非发展轴	外部区域
1	主城集中式	1200	650	180	60	310
2	高密度指状发展轴	1200	500	320	70	310
3	高密度新城	1200	450	320	120	310

各种土地利用方案的评价（定量）　　表6–3

项　目	主城集中式	指状发展轴	高密度新城
中心区拥挤程度（v/c>1.2的路段长度百分比）/%	59	53	51
高峰时段机动车出行总时间/（万车·小时）	590	700	720
高峰时段机动车总车里程/（万车·公里）	11900	13000	14000
人均用地标准/（m^2/人）	80	103	116
轨道交通利用率（客运周转量，单位为百万人·公里）	75	55	50
可达性（到达工作地点的平均时间，单位为分钟）	56	66	71

图 6-9 轨道交通走廊客流分析

交通方案交通指标对比 表 6-4

内 容	基于轨道交通	基于道路交通	均衡方案
中心区拥挤状况			
支路运行车速／（km/h）	17.0	15.7	16.5
主要道路运行车速／(km/h)	21.8	17.4	21.4
车 · 公里	51643	58923	53922
车 · 小时	2809	3483	3031
车速（km/h）	18.4	16.9	17.8
v/c>1.2 的次要道路的比率	13.2%	18.2%	15.3%
v/c>1.2 的主要道路的比率	23.2%	17.6%	18.3%
研究区域相关指标			
车 · 公里	103583	116488	107241
车 · 小时	5741	6866	6085
车速／（km/h）	18.0	17.0	17.6

研究表明，土地利用和交通之间要相互补充，相互支持。建立一种比较集约型的城市用地发展模式，最大限度地减少出行需求，同时发挥公共交通对城市发展的引导作用，用大容量的轨道交通支持主城高强度的土地开发与集约用地，沿城市主要发展轴向（走廊）进行以公交为导向的城市开发，在地铁站点、市郊铁路站点以及其他公交可达性好的节点进行集约型的综合开发，促进城市空间发展与交通系统之间的协调、交通发展与土地利用之间的协调，避免城市摊大饼式地无限制蔓延，实现交通发展与城市发展可持续性。

6.6.2 综合交通体系规划

在 2009 年完成的综合交通体系规划中，结合交通预测结果和其他相关指标，运用安全性、社会可接受性、公平性、投资效益、可达性、满足多种交通需求、实施的难易程度、环境影响／可持续性、财政承受能力／成本、支持城市发展等价值指标进行综合评价，优选交通方案，其中的交通评价指标如表 6-4 所示。

虽然基于轨道交通的方案具有明显的交通优势，但在规划期内，财政方面不可承受，可实施性也受到限制，对于远景来说，轨道方案是最合适的，而均衡交通方案对规划期（远期）来说是较合适的，而道路方案与轨道方案相比可持续性差，基于道路的方案对于低小汽车拥有率而言是可以满足要求的，因此基本上我们可以把它看做是近期方案。

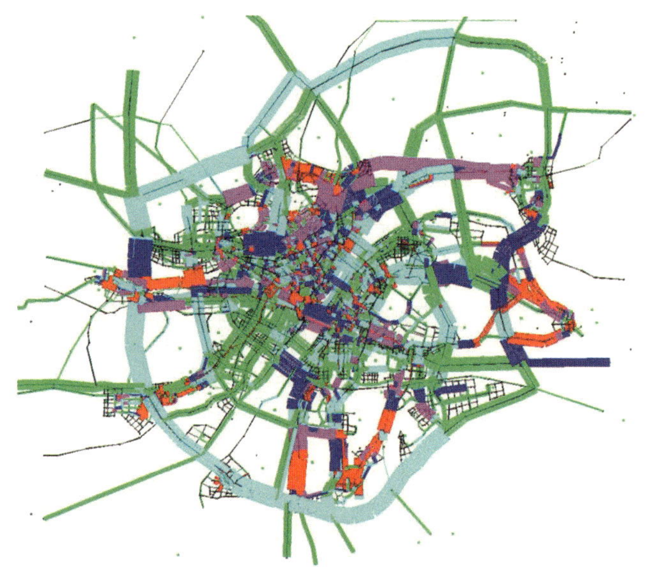

图 6-10 规划方案运行评价

6.6.3 交通专项规划

交通专项规划包含了区域衔接规划、道路系统规划、公共交通规划、轨道交通规划、综合枢纽规划、过江交通规划等内容，本节将选取部分介绍。

6.6.3.1 道路系统规划

按照武汉市总体规划二环线位于主城中心区与外围组团之间，是总体规划确定的“三环十射”快速路系统的重要组成部分，全线长 52km。为确保二环线与其他城市道路系统的良好衔接，通过二环线的建设带动整个主城道路系统的功能提升，通过交通预测模型的结论，对环线的规划方案、建设时序等方面提出了具体的要求，规划设计紧密结合各段的交通特征，做到因地制宜、因势利导。

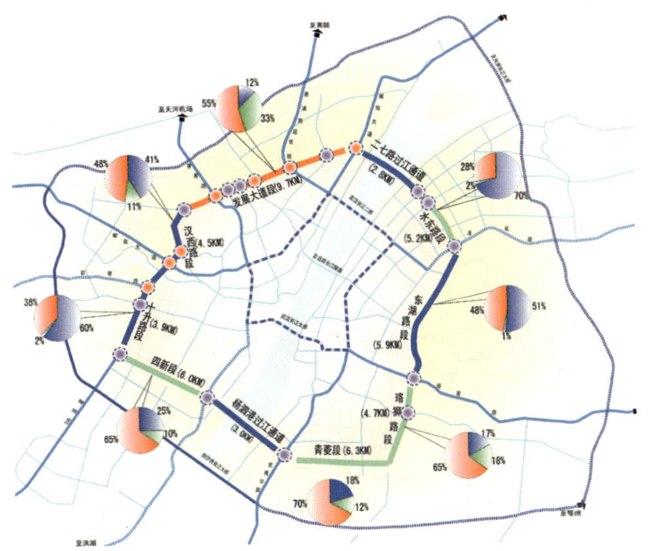

图 6-11　二环线分段交通流量组成

交通预测表明，二环线建成后主城约 29% 的交通量将利用其出行，10 条对外放射线路均与其连通；二环线交通流量中约有 64% 为三镇内部出行，90% 来自中心区，二环线建成后对疏散中心区交通流量、缓解中心区交通矛盾作用显著，在建设规划中应注重辅路和连通匝道的设置，以保证与所在区域道路系统的良好衔接；二环线在形式上是个环，但实际上并非全线都以环线交通功能为主，每段特征各不相同，与其在道路系统中所处位置密切相关。

图 6-12　2020 年二环线流量吸引范围

6.6.3.2　公共交通规划

为实现公交优先发展战略，需要将常规公交线路与快速轨道线路衔接起来，形成以轨道交通为骨干，常规公交为主体，多种交通方式协调发展，建立层次完善、协调配合的城市综合公共交通体系。围绕轨道交通的线路布设，优化调整常规公交线路是做好换乘衔接、发挥轨道优势的首要环节，从而以形成两者优势互补，减少恶性竞争，以最低的资源占用、最少的成本投入，获取最大的社会经济效益。与常规公交线网的衔接主要包括公交线网优化、公交枢纽布设和中途停靠站优化。公交线路的调整和公交枢纽布设需要从公交全网规划的角度系统考虑，交通衔接规划重在提出衔接需求和调整建议；对于一般车站，中途停靠站的优化是衔接规划的重点。

根据交通预测，对公交线路进行调整，围绕地铁调整公交线路和公交场站，确立地铁在城市客运系统结构中的骨干地位；以放射状组织与地铁主要站点（交通枢纽或重要站点）衔接的公交线路，强化常规公交对地铁的客流喂给和疏散功能；调疏与地铁走向平行具有客流竞争的公交线网，增加与地铁垂直具有客流喂给作用的线路，有利于常规公交与轨道交通的双赢；在地铁压力大的区段保留适当规模的平行线路起分流作用，且车站适当加密，为乘客提供多种选择和服务。优先保留历史较长而载客率较高的公交线路，尽量减少对居民出行习惯的影响。出于对设施改造成本的考虑，优先保留电车线路；通过在外围地铁站，尤其是末端站增设接驳的中、小巴公交线路，和区域客流集散能力；在外围地铁站，尤其是末端站，根据客流需求走向，增设以地铁车站为起终点的中、小巴常规公交线路，方便较远的居民乘坐地铁出行，增强地铁的向外辐射能力。

图 6-13　上一轮建设规划 3 条轨道线与常规公交网络关系图

轨道线网方案突出交通一体化衔接，强化综合换乘枢纽建设。都市发展区共规划布局 7 个大型综合枢纽、

40多个市内客运集散枢纽以及大量的外围小汽车停车换乘中心和自行车、公交接驳换乘中心，充分发挥轨道交通的主导作用。

6.6.3.3 轨道交通规划

为充分发挥已建项目的功能，提高轨道交通的规模效益，满足客流需求，引导城市轴向拓展、缓解过江交通压力、缓解中心区交通矛盾，必须构建以轨道交通为主体的多模式一体化交通体系，形成以轨道交通为骨架，提升城市综合交通枢纽功能，增强城市辐射能力，提升公交竞争力，引导其他交通方式向公共交通转移，提高公共交通出行方式比重，优化城市居民出行交通结构，强化公交主体地位，实现城市可持续发展。

2009年武汉市交通规划设计研究院组织了武汉市轨道交通线网修编工作，通过客流预测，确定了武汉市远景规划12条线路，线网总长540km、设站344座、过江通道7条，主城线网规模340km，过江通道6条。设3条市域线、9条市区线。经过预测与方案的不断修正，最终方案较好地引导了六大新城组群的发展，巩固了武汉市重大交通枢纽和大型客流集散点，可实施性好，充分保障近期建设线路的顺利实施，预测远景年日客流量达到1280万人次，整体负荷强度达到2.37万人次/（公里·日）。

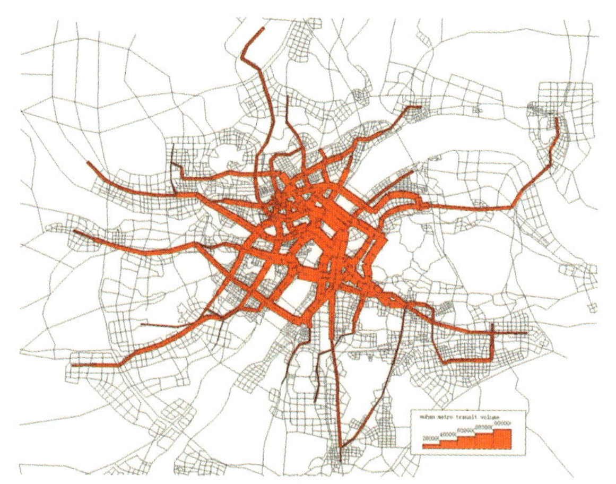

图6-14 远景年线网客流预测图（全日）

6.6.3.4 过江交通规划

武汉市“两江分割，三镇鼎立”的城市结构，决定了过江交通历来是城市交通的首要问题。《武汉市城市总体规划（2010—2020年）》在都市发展区范围内规划预留了16座机动车、7座轨道过江通道，成为过江通道建设的法定指导文件。为落实总体规划，引导过江通道建设合理有序推进，缓解日益突出的过江交通问题，武汉市于2010年编制了《武汉市过江通道规划》。为保障规划的科学性及合理性，与城市建设和发展相互促进、相互协调，满足过江交通需求，规划引入了交通预测模型，对过江客流规模及构成、过江通道规模、区位、建设时序及建设后实施效果等进行了详细论证与分析。

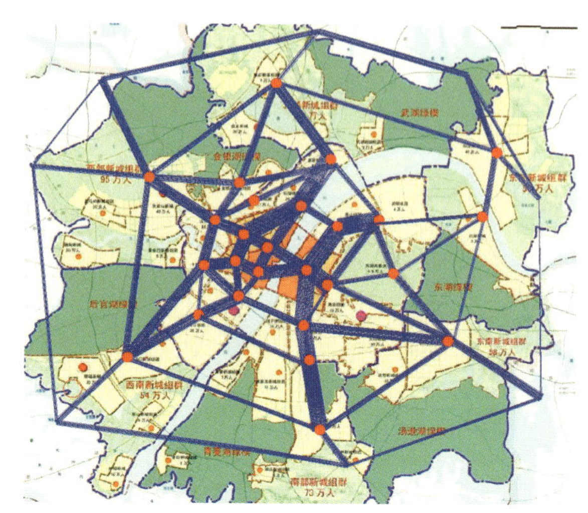

图6-15 2020年车流分布期望线图

交通预测表明，2015年，武汉市将形成“十桥一隧三轨”的过江通道格局，总过江客流量208万人次/日，其中公共交通承担总客流的65%，客车承担35%。2020年，将形成“十桥一隧一通道四轨道”的过江通道格局，总过江客流量达到310万人次/日，其中公共交通承担总客流的67%，客车承担总客流的33%。远景年过江客流总量将达538万人次，公共交通承担客流总量388万人次，约为总客流的72%，需建设7座轨道过江通道；机动车承担客流量约为总过江客流量的28%，遵循“满足需求，应控尽控”的原则，控制预留17座机动车过江通道。

图6-16 杨泗港大桥有无对比分析图

6.6.4 交通组织规划

近年来武汉市城市交通建设投资占 GDP 总量的 6% ~ 8%，大量道路工程以及地铁均在同步施工，对城市交通产生了较大的干扰。为保证城市交通的正常运行，武汉市对重大项目开展了施工期交通组织。

以二环线的建设为例，通过交通流量预测，认为如果采用满堂式支架的建设方式，现有二环线全线只能保证双向 4 车道通行，不仅会导致施工路段严重拥堵，而且还会加剧汉口中心区交通拥堵，对城市交通影响较大，所以此方案弊端很大。

若采用钢箱梁建设方式，局部困难地段采用满堂式支架的建设方式，则在大部分路段可以保证双向 6 车道通行，局部 4 车道通行。方案对汉口中心区交通影响较小，施工路段主要是复兴村—竹叶山段比较拥堵，建议在此方案基础上采取必要的分流限行措施加以改善。

图 6-17　施工期间全线 4 车道与未施工情形下对比图

因此，二环线汉口段进行施工围挡时，应在保证行人和非机动车通行空间后，尽量提供双向 6 车道的机动车道；局部受限路段，只能提供双向 4 车道的机动车道时，则应做好道路分流及交通管制措施，从而将道路施工对城市交通造成的影响降低到最低程度，如表 6-5 和表 6-6 所示。同时，提出了可以分流的道路，振兴路—后襄河路—马场路、唐蔡路—江大路、兴业路、红旗渠路、常青一路、淮海路、汉西二路，提出了必须在二环线施工前完成的项目，拆除振兴路—常青路口、青年路—后襄河路口的花坛，设置信号灯，并且与相邻路口同步控制；清理唐蔡路—江大路一线的占道停车和非交通占道。

限制货运措施实施后交通方案流量对比　　表 6-5

分　段	高峰流量 /（pcu/h）	服务水平变化
汉西段（江汉二桥—长丰大道）	3563	D–C
发展大道西段（长丰大道—常青路）	4048	D–D
发展大道中段（常青路—姑嫂树路）	3853	F–F
发展大道东段（姑嫂树路—金桥大道）	5384	F–F
二七段（金桥大道—二七大桥）	2513	D–D

小汽车单双号管制措施实施后交通方案流量对比　　表 6-6

分　段	高峰流量 /（pcu/h）	服务水平变化
汉西段（江汉二桥—长丰大道）	3043	D–C
发展大道西段（长丰大道—常青路）	3096	D–C
发展大道中段（常青路—姑嫂树路）	2947	F–E
发展大道东段（姑嫂树路—金桥大道）	4118	F–D
二七段（金桥大道—二七大桥）	1868	D–B

6.6.5 交通修建规划

2003 年武汉市交通规划设计研究院引进了国际上广泛应用的微观交通仿真软件 Vissim，并且成立了微观交通仿真工作室，结合武汉市交通特性对模型参数进行了全面校核，在二环线建设、城市副中心建设、过江通道建设等多项重大交通工程项目中进行了成功应用，以平均延误、平均速度、平均排队长度等效率评价指标，以及客观逼真的三维仿真视频为重大项目的决策提供了科学依据。

图 6-18　文化宫路口交通仿真

通过微观仿真软件的分析，实现了道路几何设计方案评价分析及优化设计、交通组织与管理方案评价分析及优化设计、公交线路及站点布设评价分析及优化设计、停车场及进出口设置方案评价分析及优化设计、信号灯控制方案评价分析及优化设计、信号灯感应控制、线性控制方案设计、道路交通安全分析、新交通技术和新设想的测试。

在道路交通建设项目中，对武汉市青岛路过江隧道汉口岸交通疏解、武汉市二七路过江通道汉口岸交通疏解、武汉市首义广场下穿通道施工期间交通组织、武汉市岳家嘴路口立体交通方案比选、武汉市徐东路口渠化设计等项目进行了仿真；在城市用地开发项目中，如理工大学—东湖宾馆段设计方案、青山城市副中心交通工程设计、武汉市中驰江南春城项目地块交通组织仿真分析、水游城交通组织等多个项目中得到了应用。

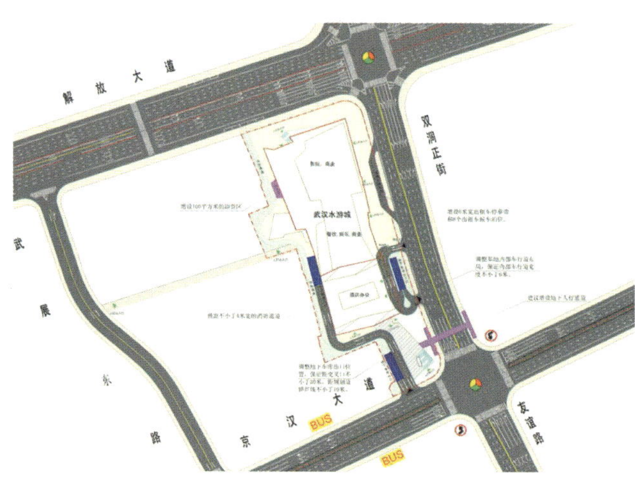

图 6-19　水游城项目交通仿真

6.6.6　重大设施规划

武汉市采用英国 Legions（雷金斯）行人仿真软件，用于城市交通枢纽、地铁车站、比赛场馆、机场、楼宇和大型活动场所等公共人员密集、场地条件相对复杂的区域内的步行人流模拟，通过设施承载力、人流密度、人流方向、服务水平、空间使用率等各种指标的直观分析，来引导和调整规划设计、评价设计方案、优化平面布局、规划组织方案、测试疏散预案、进行敏感性分析等。

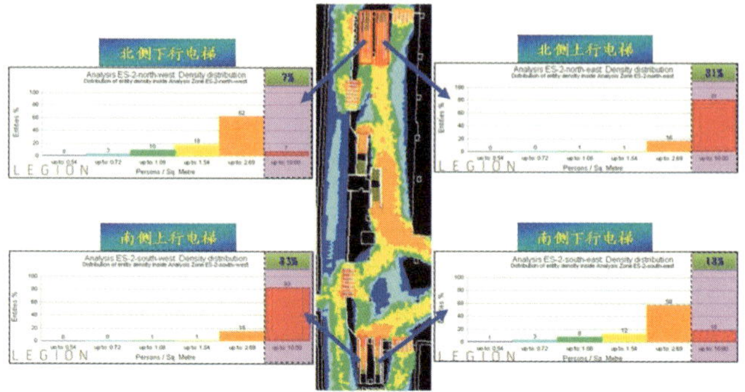

图 6-20　地铁站点人流密集区域仿真分析

例如，在进行地铁车站规划时，通过对地铁站点的人流进行分析，可以发现大于 D 级服务水平（1.54 人 /m^2）的区域主要集中在楼梯、电梯周边以及站厅层交织区，还可以分析得到上行电梯密度较高，E 级以下服务水平（>2.69 人 /m^2）占 80% 以上，客流压力较大，存在安全隐患。

图 6-21　循礼门换乘站仿真展示

第 7 章　综合交通信息系统

7.1　系统构建的目的与意义

7.1.1　系统构建的目的

综合交通信息系统是指系统地采集和汇集道路交通、公共交通、对外交通等多种交通方式的信息资源，通过数据过滤、数据融合、数据挖掘、仿真模型等技术手段，对交通信息进行处理、分析和预测，实现面向政府综合交通管理决策支持，面向公众的交通综合信息服务功能，而形成的信息系统框架的总称。

综合交通信息系统是智能交通系统的重要组成部分，是交通信息化、智能化发展的基础和重点。交通信息系统为一体化的城市交通发展战略提供支撑和保障，其核心理念是“交通信息一体化”，核心价值是“交通信息资源整合与综合应用”。

综合交通信息系统的目标是整合交通行业各部门的基础数据，实时反映城市交通整体运行指标如拥堵频率、拥堵时间长度、拥堵空间范围、路网可靠性等；汇集和发布城市交通信息，向政府各交通相关部门发送如季度、年度城市交通发展报告等专业分析数据；为其他交通相关部门预留接口，向管理部门提供更专业的交通数据支撑。

7.1.2　系统构建的作用

7.1.2.1　促进城市的信息化全面发展

按照我国以信息化带动工业化、以信息化推动现代化的战略决策，城市信息化的发展已经被提到一个重要的战略高度。而伴随着新一轮区域经济的发展，城市的发展也需要将城市信息化作为城市发展的重要目标。交通信息化作为城市发展的重要部分，也是城市信息系统发展不可缺少的一环。综合交通信息系统的构建，正是城市交通信息化的体现。综合交通信息系统在整合交通信息资源的基础上，有利于促进城市基础信息资源的开发利用，提高信息服务集约化水平，减少重复投资，促进物质和能源的节省和有效使用，达到综合利用的功效。

7.1.2.2　支撑交通规划建设管理决策

近年来城市机动化快速发展、城市交通建设突飞猛进，“拥堵问题”成为一个城市发展不可避免的问题和难题。在排堵保畅的决策过程中，管理者需要对交通信息全面掌握，实时获得交通资料，以便有效决策。传统的交通数据和信息单靠一个部门或少数几个部门的积累和分析，管理者难以作出全面的判断。一些交通管理部门往往从部门的角度考虑问题，提出的交通建设方案和交通管理措施带有一定的片面性，而综合交通管理部门因缺乏足够的交通综合信息支撑和定量分析，面临难以决策或决策拖延的弊端。

综合交通信息系统的构建，为城市交通规划建设管理提供了新的机遇。通过综合交通信息系统，管理者既可以对现有的交通系统进行合理地调控，最佳地利用交通系统的时间和空间资源，挖掘城市交通的潜能，提高道路交通系统的安全性、通行能力，提高突发事件的应急处理能力，降低交通引起的环境污染。同时也能依靠综合交通信息系统累积的大量数据，对已经实施的重大交通政策和将要建设的交通项目进行预评估，定量分析交通措施实施效果、资金的投入效率等，从而避免盲目投资，提高投入资金的使用效率。

7.1.2.3　提高专业交通规划研究水平

大规模的城市基础设施建设时期，如何使投入的大量资金高效地发挥交通功能和作用，需要科学的手段和方法。综合交通信息系统可以实现对城市交通运行状况的全时段监测，在累计现状数据的基础上，从宏观、中观等角度分析现状交通系统存在的问题，同时对已有交通预测模型数据进行校核，使交通预测模型更加准确可靠，交通分析预测成果更加丰富，表现手法更加直观形象，提高数据分析的可读性，从而为交通建设工程方案的制订提供更好的辅助决策依据。

综合交通信息系统的建立本身就是一个多部门合作的过程，为了整合各部门的系统资源，需要集合各专业部门的智慧，建立统一的数据标准和数据结构，在整合资源的过程中，可以相互了解各系统的功能与缺陷，取长补短，提高交通规划的整体水平。

7.1.2.4 提供全面交通综合信息服务

城市综合交通信息系统除了服务于政府决策及交通研究外，最重要的功能就是通过交通信息资源的整合，形成综合性的交通信息内容，支持面向社会的交通综合信息服务。交通信息使用者在获得交通信息服务时，希望获得的交通信息内容是完整的，即覆盖范围是全面的，信息内容是一致的，时间上是同步的，标志、标识是统一的。例如，对一个驾车出行者来说，他不仅需要了解行驶途中的交通拥挤信息，还要了解交通事故和道路施工信息、停车场的信息，以及周边的加油站、其他服务设施的信息，从而体现良好的信息服务质量，而传统单独运行的交通信息服务系统是无法满足此要求的，没有综合信息系统平台的支撑，各个系统功能难以拓展。因而，迫切需要将分散在各行业的实时交通信息进行汇集和整合，提供完整的、一致的、准确的综合性交通信息服务，并能得到持续的、可靠的信息、技术和服务保障。

综合交通信息系统，将各部分数据进行整合处理，从而能够为公众提供全面、实时、个性化的交通信息服务。通过综合交通信息服务可以为驾驶人员提供出行前的网站查询、电话查询等方式的交通信息服务；通过交通信息系统，车辆可以避开拥挤或阻塞的道路，减少拥挤的时间，提高通行效率；出行者能了解公交／地铁的到站信息，交通换乘信息，交通拥挤状况信息等，来选择出发时刻、交通方式、交通路径，从而改善交通状况。

在交通流信息采集和监测设备方面，重点从交通综合数据中心、交通基础设施管理、客货运输、综合交通、交通信息服务、安全与紧急救援等领域，为城市智能交通系统发展的规划与实施提供保障；同时，与交通管理、城市公共交通管理等领域的应用系统相衔接，促进城市交通运输方式的优化升级。实现交通出行相关信息的采集、汇总和处理，借助互联网、交通广播等媒介，完成车辆求助、乘车出行、信息服务等功能模块建设，为政府管理提供决策支持，为出行者提供较为完善的出行信息服务。

7.1.2.5 形成交通信息产业经济效益

智能交通系统是将先进的信息技术、通信技术、传感技术、控制技术以及计算机技术等有效地集成运用于整个交通运输管理体系，而建立起的一种在大范围内、全方位发挥作用的以及实时、准确、高效的综合的运输和管理系统。由此可见，智能交通系统的发展涉及电子、通信、计算机、汽车制造业等众多行业，智能交通系统的发展必然会培育、带动一个新型经济产业的发展。根据国内外智能交通发展经验，综合交通信息系统是智能交通系统的发展趋势，以交通信息整合与挖掘为目标，构建交通信息产业链是当前发达国家开展智能交通系统活动的主流方向。

通过综合交通信息系统的建设，开发一系列交通流信息采集和监测设备、地理信息系统、卫星定位系统、车载导航系统、手机交通信息服务系统等，将促进交通信息设备的制造、交通信息软件、硬件和系统集成、交通信息消费等交通信息产业的形成。

7.2 国内外交通信息系统建设与应用

7.2.1 国外交通信息系统应用

7.2.1.1 美国

在交通运输领域，美国开展了大量的信息化先导项目研究，取得了令人瞩目的成就。在美国75个最大的都市区中，有50个实行了以自动化的形式来监视城市道路和高速公路的运行，建立了及时预报事故的交通管理中心；城市交通信号和高速公路匝道信号控制广泛采用，有效地提高了道路通行能力，改善了服务水平；大量的交通信息可为社会公众方便查询；电子收费系统的服务覆盖了70%以上现有收费道路；公共交通安装了卫星通信计算机调度系统，为出行者提供了更准确的公交车辆运行信息等更有效、更安全的公共交通服务；车载电子装置大大增强了人们处理紧急事态、召唤紧急救援的能力，同时增强了车辆的引导功能；物流信息技术的迅速发展和应用，推动了货运业向现代物流产业的发展。

美国对交通信息采集、处理、分析、发布系统的研究开展较早，在各个城市道路和高速公路上有广泛应用。它综合利用交通信息系统、通信网络、定位系统和智能化交通分析与选线系统，使交通参与者变被动为主动，使出行者对即将面对的交通环境有足够的了解，并据此作出正确的选择，从而改善交通拥堵，最大限度地提高路网的通行能力。美国在系统建设中，一方面大量采用先进的微波检测、视频检测等技术，提高所采集信息的质量及精度，丰富信息采集手段及信息来源；另一方面更加强调各个信息采集子系统的协同工作及不同来源信息之间的融合。此外，在信息处理方面大力推广当前数字信号处理、图像处理、视频处理、语音处理、数据挖掘、人工智能等领域的前沿成果，充分实现信息的深度发掘、集成和应用，提高交通指挥、管理和服务的水平，使交通系统的信息采集、分析处理和利用能力上升到了新的层次。

以洛杉矶市为例，城区现拥有快速路 880km，城区街道 25000km，交叉路口 86000 个（其中信号灯控制路口有 4300 个），人口 960 万，机动车保有量 629 万辆。洛杉矶动态交通流信息采集、分析处理、发布系统实现了以下功能。

(1) 先进的地理信息平台：交通管理的所有信息均建立在该平台上，能够处理、查询、分析、显示各种静态与动态交通信息。

(2) 交通信息采集与处理系统：包括实时数据检测、数据校验、数据融合。

(3) 基于地理信息系统的 web 信息发布系统：发布的内容包括交通拥堵信息、突发事件（交通事故、道路关闭等）、视频监控图像。

该系统体系完整，从智能化的信息采集、处理，到智能化的信号控制和信息发布已建立起完整的城市交通管理体系，是一种一体化的交通管理解决方案。整个系统以地理信息系统为基础，所有相关交通信息都显示在管理中心大屏幕或车载诱导终端上（为了保证大屏幕的显示质量，必须要为其单独设计界面的颜色）。交通信息服务的渠道和对象广泛，通过管理中心（交警、公交、货运等）交通信息板、广播电台、网络、车载终端等各种渠道，为交通管理者和消费者（公交运输、货运、个人）提供全方位的交通信息服务。该系统的视频与信息系统已经集成，可以直接从信息系统调用相关路口的视频图像。对于有关异常事件的处理，可将有问题的视频图像自动弹出来，以提示指挥中心的工作人员；并且其诱导系统采用两级控制，即指挥中心和支队。

基础设施健全，共享性强。信息采集与发送采用路边设备，双工通信，是完全对等的信息模式。该系统总体框架由三部分组成，即信息采集、信息处理与分析、信息发布。系统的数据流可叙述如下：从动态交通流信息采集子系统采集上来的数据通过有线或无线通信网络上传到指挥中心，经过处理、分析子系统后，发送到数据总线上，显示、发布子系统根据要显示、发布的内容，从数据总线上取得所需要的数据，按照需求定义的方式发布。对于交通流数据的处理方式有：①对历史数据的处理，将一年的数据打印出来并将数据存入磁带，然后清理硬盘；②一般统计日流量、按季度统计交通流量、统计年平均流量及每日高峰时段流量。上述数据还要取四年的均值。美国也定期公布高峰期流量对比报表，为了更加精确地统计高峰期时段流量，他们的经验做法是，要求人数大于 100 人的公司向交通部门报告上、下班时间。系统根据不同需求对采集的各种信息进行科学分析和综合应用，不断提高服务水平和科学决策能力。系统安全性强，洛杉矶市交通控制中心网络域内网、外网都有物理隔断，以此来保证系统安全。

7.2.1.2 欧洲

1994 年，欧盟宣布了欧洲“信息社会”计划；2000 年，提出“信息社会就业战略”建议，要求各级行政机构和企业尽可能广泛采用信息新技术。同年 3 月，提出了未来 10 年发展新战略，要求通过普及互联网、放宽电子商务政策，以发展电子商务、加快高技术特别是信息技术的开发与应用，创建“电子欧洲”。欧盟在建设通信与信息化社会的总任务中，纳入了交通信息技术研究与应用，一期以保证交通运行安全为主，二期则更多地转移到交通信息化上，通过信息化和其他辅助项目的开发来达到交通高效、安全、环保的目的。在高速公路和城市交通的信息化管理中，运用了许多先进的技术手段，如智能交通诱导系统、应急通信系统、隧道安全监控系统、全球定位系统、地理信息系统、交通网络控制系统、交通信息发布查询系统等，为交通管理提供了有效可靠的技术保证，为道路使用者提供了优质的服务。在欧盟 1994 ～ 1998 Telematics 应用计划（欧盟建设信息化社会计划）中，从四个方面对交通运输提出了目标：一是为公众提供各种信息，提供路线引导和事故报告；二是为车辆提供自动定位、最佳路线选择和进行信息交换的服务；三是为公共交通系统提供实时准确的信息服务、乘车智能卡；四是为交通管理提供自适应交通信号、自动收费、环境监测和事故自动检测服务等。

7.2.1.3 日本

1995 年，日本制定了《推进高度信息化与通信社会基本方针》，并依此确定了《道路、交通、车辆领域信息化实施方针》，加强了道路、交通、车辆等公共领域的信息化。其开发领域涉及 9 个方面，即高级导航系统、电子自动收费系统、安全驾驶辅助系统、最优交通管理系统、高效道路管理系统、公共交通支援系统、商用车管理系统、行人辅助支持系统、紧急事务车辆控制系统。"21 世纪交通管理系统 UTMS21" 是日本交通信息化的主要组成部分，由 8 个子系统组成：先进的车辆信息系统、公交优先系统、车辆运行管理系统、动态路线诱导系统、紧急救援与公众安全系统、环境保护管理系统、安全驾驶支持系统、智能图像处理系统。同时还先后制定了 "智能道路计划" 和 "先进安全型汽车计划"，目的是综合应用电子信息技术，实现交通信息体系的多元化，提高道路交通的安全性、畅通性。

7.2.2 国内交通信息系统应用

7.2.2.1 北京

北京市的交通信息系统由北京市交通研究中心研究并发布，系统建设涉及政府、交通管理局（简称交管局）、交通委员会（简称交委）及规划局等部门。系统的总体设计目标是整合与 ITS 相关的各部门的公共信息资源；对多来源渠道的交通相关信息进行集成、数据融合和综合管理，实现部门间信息资源的共享；为政府决策提供基础支持。

北京市从 2003 年开始启动浮动车系统研究，2007 年建成交通信息系统一期工程，重点为满足 2008 年奥运会需要；二期工程 2010 年完成，对一期信息平台进行进一步的建设和完善。北京市交通信息系统主要有三个方面的功能和应用：交通系统实时监测、系统评价和趋势分析、规划管理决策支持。

1）路网系统实时监测

路网系统实时监测主要是在奥运会期间对道路网速度每日进行报送；奥运会以后每日对早、晚高峰路网速度进行报送，对开展 "每周少开一次车" 限行措施后交通运行评价情况的周报和月报发布，同时对历年累积数据进行研究分析。

2）系统评价和趋势分析

(1) 交通拥堵和治理措施。

其主要功能有分阶段交通拥堵治理措施实施效果评价、全市交通拥堵演变规律分析、拥堵点段识别和疏堵工程计划、需求管理政策实施效果分析、年度交通运行报告和我国大城市交通拥堵状况对比分析等。

(2) 公共交通运行（含轨道交通）。

其包括对 2007 年公交改革实施效果评估、公交和轨道客流量分析评价及公交快线网规划研究与快速通勤走廊的公交客流分析等。

(3) 出租车行业运行。

对出租车车次发生、吸引分布和出租车运营发展趋势进行分析，对出租车运行及调度的调整提供数据支撑。

3）规划管理决策支持

在规划管理决策支持方面分为宏观规划战略决策与区域交通规划和大型事件交通组织。其主要应用有北京交通发展纲要、东部发展带方案分析、新机场交通方案论证、奥运交通组织与分析、轨道客流预测和首体演唱会交通诱导组织、五棵松场馆人流集散组织方案等。

图 7-1 北京市交通运行智能化分析平台界面

北京市交通信息系统功能强大，服务对象全面，特别是在一些大型活动（如奥运会）组织方案设计与交通信息发布等方面取得了广泛应用。而且北京市交通信息系统采用自主开发方式进行，拥有多项国家专利。但由于受到管理体制的限制，北京市交通信息系统未接入交管部门数据，交管部门建有独立的交通信息管理系统，存在系统并行的情况。

7.2.2.2 上海

上海市智能交通系统研究始于 20 世纪 80 年代初，2002 年，在科技部的支持下开展了 "上海市智能交通系统应用试点示范工程" 项目，从系统、技术、管理和运行等多个方面进行了深入研究和全面规划。在工程的实施范围内，交通流数据和视频监视信息的采集达到了高架道路全部覆盖，地面主、次干道基本覆盖；信息诱导发布做到高架道路全部覆盖、地面道路部分覆盖；实现了高架和地面道路的交通运行状况交通流原始数据和其他相关信息在存储共享平台上的汇集共享和交换，取得了显著的社会经济效益。

为了整体推进上海市交通信息化的发展，改变交通信息系统按照行业或各部门各自为政、信息资源重复采集与低水平利用的现象，从2006年起，上海市开始构造并建设“上海市交通综合信息平台”，该平台是汇集上海市交通信息资源、实现跨行业交通信息资源整合、为各相关部门和社会公众进行交通组织管理、综合信息服务提供基础信息支持的交通综合信息集成系统。

此后，又建立了上海市的交通信息系统，由上海市交通信息中心研究并发布。交通信息系统将2010年前认定为智能交通的开始阶段，主要以交通信息资源的整合和综合应用为主导，以2010年世博会为契机，以交通综合信息平台建设为核心，将交通信息化作为基础设施建设的一部分，扩大交通信息采集手段和范围，提高交通信息处理和应用能力，实现跨部门的信息共享，开展交通综合信息服务应用，初步建成上海市交通综合信息体系框架。

在上海市交通综合信息体系的总体构架中，包括交通综合信息平台、交通信息采集、综合交通决策支持和交通综合信息服务四个方面，简称“一个平台，三个系统”。

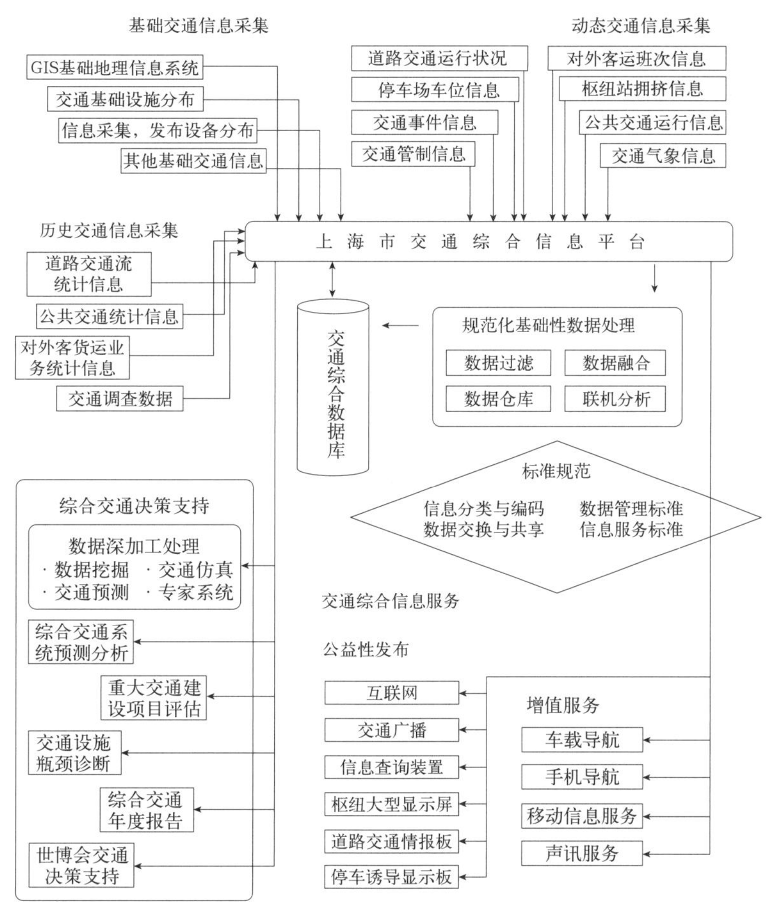

图7-2 上海市交通综合信息体系框架

上海市与国内其他城市不同，成立了专门机构——上海交通信息中心来完成交通综合信息体系框架的构建，而不是由政府明确某一职能部门为系统建设运行维护单位。同时，由于其独立性，系统运行为全口径数据，而非单独或部分职能部门数据。在2010年“上海世博会”期间，上海市交通综合信息体系为保障城市交通提供了良好的服务。

7.2.2.3 广州

广州市被科技部确定为全国10个智能交通系统的示范城市之一，目前对智能交通系统的建设与应用已初见成效，尤其是在交通管理、交通控制及信息化程度方面进行了大力开发及建设。但受到管理体制的限制，交通规划、交通管理、交通基础设施建设、交通运营管理、通信、信息化建设等分属不同的管理部门（如公安局、交委、建委等)，且都建有各自独立的交通信息管理系统，因此根据各部门职能划分，广州市的交通信息系统建设情况可从以下三大平台来阐述。

交通管理综合信息平台由广州市交警承建，目前已建成智能交通指挥中心，其智能交通管理指挥系统中主要的智能交通系统应用系统有闭路电视监控系统、电子警察系统、SCATS 交通信号控制系统、交通接出警系统、内环路监控系统、移动执法系统、事故处理系统等。

智能交通系统共用信息平台由广州市交委承建，目前该平台建立了与出租车综合管理服务系统和联网售票等系统的连接，初步实现了“羊城通”等交通数据的收集、融合、处理及多种方式发布，具备道路拥堵趋势分析、公交线路行车速度分析、出租车辆分布变化、线路优选、行车诱导、客运票务查询等信息服务功能。

广州市已经建成政府信息网络交换平台，政府各部门分别建立了局域或广域网络，全市 12 个区、县级市和经济技术开发区都建立了信息网络、网站。但其中仍存在各部门信息共享程度较低以及信息采集、整理、加工不规范，业务沟通难等问题。

目前广州市信息系统的建设虽然尚处在初级阶段，随着近几年的快速发展，已建设了不少应用系统，如智能交通管理系统、先进的公交信息系统、先进的交通信息发布系统等，但是缺乏一个完善的建设体系或成熟的商业机制来规范、引导这些系统的建设，导致各系统相对独立，未形成统一的接口规范和标准。

7.2.2.4 深圳

深圳市交通信息系统全称为深圳市城市交通仿真系统，是深圳市智能交通系统的重要组成部分和核心工程，一期工程是 2004 年深圳市政府投资计划项目，历时 28 个月，由深圳市规划局负责组织实施，最终形成了“一个网络、四个平台”的一体化体系结构，覆盖范围为深圳市经济特区。目前正在组织实施覆盖全深圳市的二期工程。“一个平台”即交通共用信息平台，“八大系统”包括交通信息采集系统、交通控制系统、网格化机动车识别综合应用系统、干线交通诱导系统、停车诱导系统、交通事件系统、智能交通违章管理系统、闭路电视监控系统。

深圳市城市交通仿真系统由深圳市政府协调，深圳市规划局主办，深圳市城市交通规划研究中心组织研究并发布，整合了规划局、公安局与交通局原有交通数据库。系统面向 3 大类用户，提供 8 个核心功能模块，共计 60 个功能点。

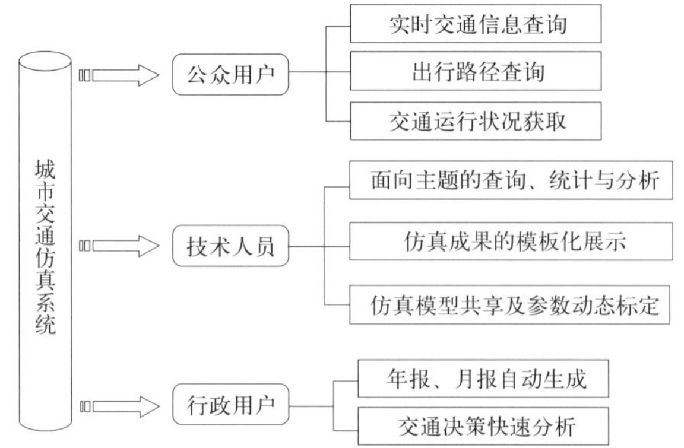

图 7-3 深圳市城市交通仿真系统主要功能

1）实时交通信息查询

通过网站、PDP、移动终端设备查看深圳特区范围内的交通拥挤地图，查询路段名称、里程、实时车速等数据，便于公众及时了解交通运行状况，特别是交通拥堵路段。

2）出行路径查询

查询任意两节点间路径：最短时间、最短距离、最短历史时间，帮助出行者选择最佳出行路径、提高出行质量，有效避开当前拥堵路段，防止拥堵区域扩散。

3）面向主题的查询、统计与分析

分 5min、15min、1h、特征时段等多粒度的数据查询功能，支持时间、空间、路段、交通参数等数千种查询条件组合；丰富的图表生成功能，包括流量、车速等交通指标的时变、周变，可以对动态交通数据进行管理和维护，使不同部门的交通业务使用相同分析源，保证业务分析和决策的协调性。

4）交通运行状况报表自动生成

评估城市主要交通走廊运行状况，提高交通改善和交通管理的针对性，为出行者提供路径选择的参考。

5）交通决策快速分析

加强交通综合治理、排堵保畅的针对性，全面评估重大项目建设效益；提高交通决策质量、增强政府服务能力；通过拥堵路段，识别拥堵区域和交通热点。

7.3 武汉市交通信息系统构建

武汉市作为中部地区的中心城市，在“中部崛起”及区域经济的发展中占据重要地位，城市的发展需要将城市信息化作为城市发展的重要目标。武汉市在地理信息系统方面的建设已经处于国内领先地位。

交通系统能够整合武汉市交通行业各部门基础数据，

实时反映城市交通整体运行指标，如拥堵频率、拥堵时间长度、拥堵空间范围、路网可靠性等；汇集和发布城市交通信息，向政府各交通相关部门发送如季度、年度城市交通发展报告等专业分析数据；为武汉市其他交通相关部门预留接口，向管理部门提供更专业的交通数据支撑。

同时，跟踪研究城市交通热点和瓶颈问题，如过江交通问题、施工期交通问题等；在城市交通发展的重大问题上为市政府决策提供依据，如交通政策影响分析等；通过交通信息系统的建设，搭建全市交通行业沟通平台，形成拥堵协商机制。

7.3.1 系统框架

武汉市综合交通信息系统由"一个平台，四个系统"组成。"平台"即指综合交通信息展示平台，"四个系统"分别是交通基础数据系统、数据接入采集系统、交通分析系统和交通评价系统。在武汉市综合交通信息系统建设进程中，综合交通信息平台是交通信息化、智能化的核心和枢纽。综合交通信息系统的建设是以综合交通信息平台为纽带，实现交通信息采集、交通综合信息处理、综合交通决策支持服务和综合交通信息服务功能。

1）基础数据系统

基础数据系统的数据内容涵盖交通运行分析涉及的道路交通流、公交、地铁、出租运行以及居民出行等多类信息资源；数据的来源部分较为广泛，包括交委、交管局、城管局、地铁与公交运营单位、统计局、公安局以及规划局内部的规划院、勘测院、交通院等单位。

2）数据接入采集系统

对于实时交通运行分析来讲，仅有基础数据系统是不够的，还需要将对城市各交通部门数据进行采集与接入，主要依托市交委、交管局等各类交通行业数据的接入，同时辅以自行采集的查核线交通调查数据。

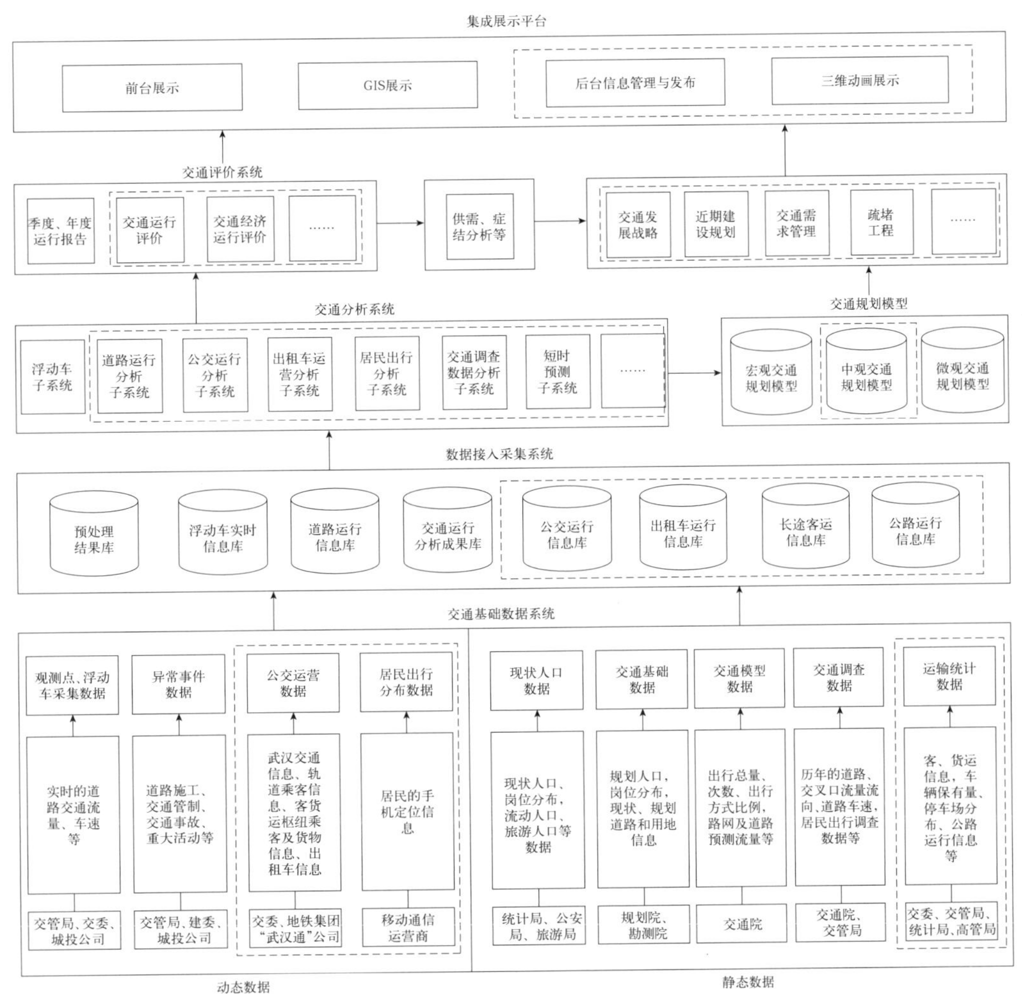

图 7-4 武汉市交通信息系统框架

注：高管局全称为高速公路管理局。

3）交通分析系统

交通分析系统将对各类交通基础数据进行处理转换，从海量数据中挖掘出能为交通运行评价和规划所用的信息，同时为提供数据的其他部门提供信息反馈服务。交通分析系统功能十分强大，如浮动车系统和道路运行系统可以得到道路拥堵频率、拥堵时间长度、拥堵空间范围等道路指标；出租车与公交运行系统可以得到客流分析、站点换乘及公交运行效率等指标。

4）交通评价系统

对交通行业数据进行基础分析后的数据，可以通过交通评价系统进行汇总、整理与评价，这是为城市交通规划与决策提供的直接参考依据，同时评价结果也能为其他部门的交通运营与管理提供数据支撑。

5）集成展示平台

对交通运行与交通评价情况实时、直观地利用平台进行展示，使得交通运行评价更为直观。交通信息展示平台包括前台智能交通系统展示、三维动画展示和后台信息管理与发布三个子系统。

从系统的角度来看，交通规划建设和管理工作是一个不断循环进步的过程，如图 7–5 所示。整个工作流程可分为“运行监测—评估诊断—预测预警—规划建设管理”四个步骤，并且不断循环。其中，任何一个环节都对系统的发展具有重要作用，尤其是实现系统的良性循环。

随着时代的进步，信息化技术的快速发展为交通系统建设提供了新机遇。现代信息技术，尤其是互联网技术，能够实时、准确地获得大量交通系统运行数据，从而为准确掌握交通系统运行状态提供了手段。同时，随着对系统运行状态掌握得更加精细、准确、及时，为系统症结的分析、进行交通发展预测预警也提供了数据支持，提高其准确性和及时性，最终实现科学化、精细化的交通规划管理决策，促进交通系统的良性循环发展。

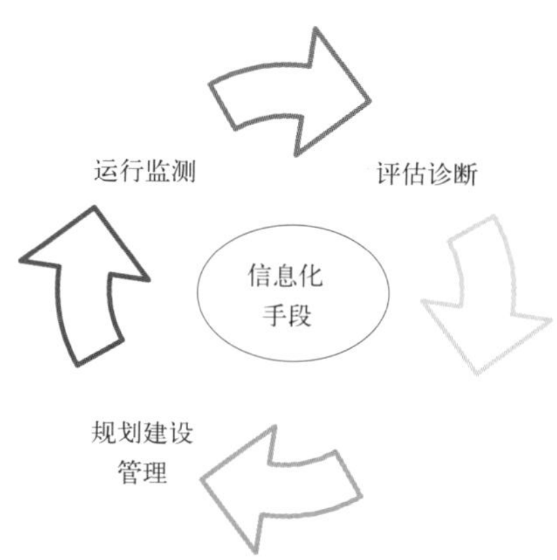

图 7–5　交通系统规划建设循环体系

可以看出，对交通系统运行状况的掌握是整个系统良性运转的前提，利用信息化技术加强对交通系统运行状况掌握能力是交通行业信息化建设的最佳切入点。

7.3.1.1　总体架构

基于上述系统设计思路，综合交通信息系统建设的核心就是通过各种渠道采集交通系统运行特征数据，通过运行监测、评估、预警和仿真分析等应用手段的建设，实现对交通系统运行状态的掌握，进而实现评估、预测等功能，全面支持规划建设管理决策工作。具体的系统架构如图 7–6 所示。

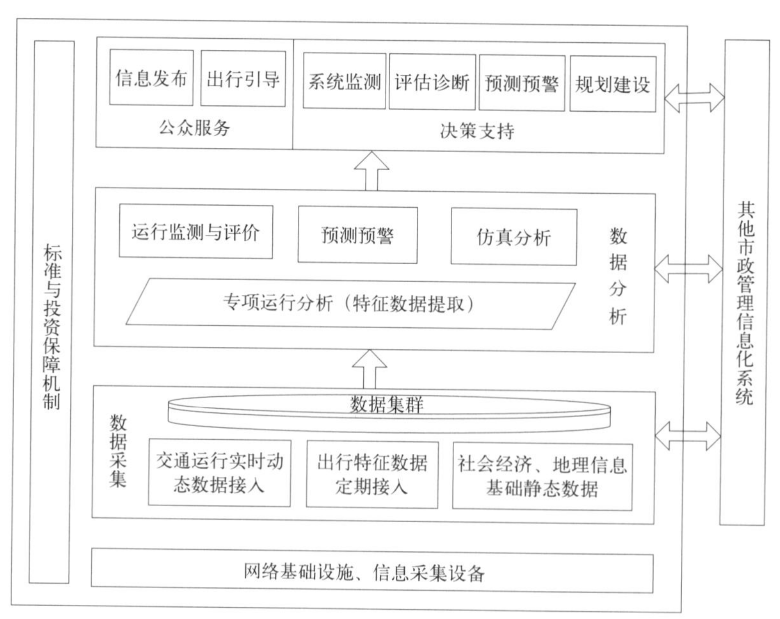

图 7–6　系统总体框架图

系统整体架构可分为四个层面，即数据采集、数据分析、应用功能（含决策支持和公众服务）、保障环境（含网络环境、管理机制）。

数据采集是整个系统的基石。数据采集的规模越大，系统实现的功能越多，因此，在系统建设过程中，首要任务就是不断完善数据采集手段和能力，保障系统能够获得覆盖范围更广、数据质量更高的基础数据资源，为后续的分析和应用提供来源。另外，系统应用功能是数据采集的目的体现，数据采集的内容、类型和规模等均应由应用功能制约。建设过程中应该根据功能需求、数据分析的方案有目的地采集数据，实现集约化发展。

数据分析是整个系统的核心，也是系统建设的重点和难点，更是系统先进性的体现之处。数据分析目的就是充分利用计算机技术和现代信息设备的能力，实现自动化、便捷化地从海量数据资源中提取出系统应用所需要的数据或者结果。

决策支持和公众服务是系统功能的最终体现，但两者功能表现方式和作用不同，在系统建设中需要区别对待。决策支持的需求更加复杂和迫切，且需要和日常工作业务相结合，带有宏观影响性，需要优先考虑。公众服务需要系统具有高度稳定性和正确性，需要更加慎重和重视人文精神。

保障体系和网络环境是系统建设的保障和条件。在系统建设中应通过沟通、协调等方式，处理好各方关系，为系统建设保驾护航。

同时，作为交通领域的信息化应用系统之一，系统需要留足和外部系统的接口。

7.3.1.2 逻辑框架

在系统总体架构的基础上，对各层面内容进行深化，得出系统逻辑框架，如图7–7所示。为了支撑系统应用，系统还需要接入两个重要的外部已有系统，即综合地理信息系统、交通仿真平台。

7.3.2 系统构建

从系统建设角度来看，建设的内容主要分为五个方面，包括：数据接入系统、数据集群、交通运行分析、交通拥堵监测和评价系统、集成展示平台。

7.3.2.1 数据接入系统

1. 建设目标

搭建数据传输网络，根据系统功能需求，对武汉市各种基础数据进行采集与接入，数据来源包括GPS定位数据、检测器数据、公共交通电子收费数据等实时数据，交通调查、机动车保有量、地理信息等静态数据。

数据采集建设应遵循以下基本原则：

(1) 强调数据采集的可行性，逐步完善数据资源。

(2) 强调数据资源的可控性，尤其是关键性数据资源，如用于模型校核的关键出入点检测器数据采集。

(3) 强调使用新技术和新方法获得交通系统特征数据，如基于GPS定位信息的浮动车数据采集，以及基于手机定位的居民出行数据采集等。

2. 数据源

为满足掌握交通规划建设工作需求，系统建设过程中至少需要获取的基础数据，如表7–1所示。

不同数据的内容构成与提供机构 表7–1

交通研究数据系统		内容构成	提供机构
静态数据	现状人口数据	现状人口、岗位分布、流动人口、旅游人口等数据	统计局、民政局、公安局、旅游局
	交通基础数据	规划人口、岗位分布，现状道路、规划道路、用地信息	规划院、勘测院
	交通模型数据	出行总量、次数、出行方式比例，路网及道路预测流量等	交通院
	交通调查数据	历年的道路、交叉口流量流向、道路车速，居民出行调查数据，进出口道路及交通流量数据	交通院、交委、交管局、高管局
	运输统计数据	客、货运量与分布信息，车辆保有量、车型信息、车辆位置信息、停车场分布等	交委、交管局、统计局
	地理信息数据	道路红线、道路矢量图、各种用地图层等	勘测院、交通院
动态数据库	观测点、浮动车采集数据	实时的道路交通流量、车速、交通视频信息，区域交通噪声、尾气等	交管局、交委、城投公司、交通院
	居民出行分布数据	居民出行手机定位信息	移动通信运营商
	异常事件数据	项目建设信息，道路施工、交通管制、交通事故、重大活动信息等	交管局、城管局、建委、城投公司
	交通运营数据	"武汉通"一卡通乘客信息、公交出行信息、轨道乘客信息、客运枢纽乘客信息、出租车乘客信息	交委、交管局、公交集团、地铁集团、武汉通公司

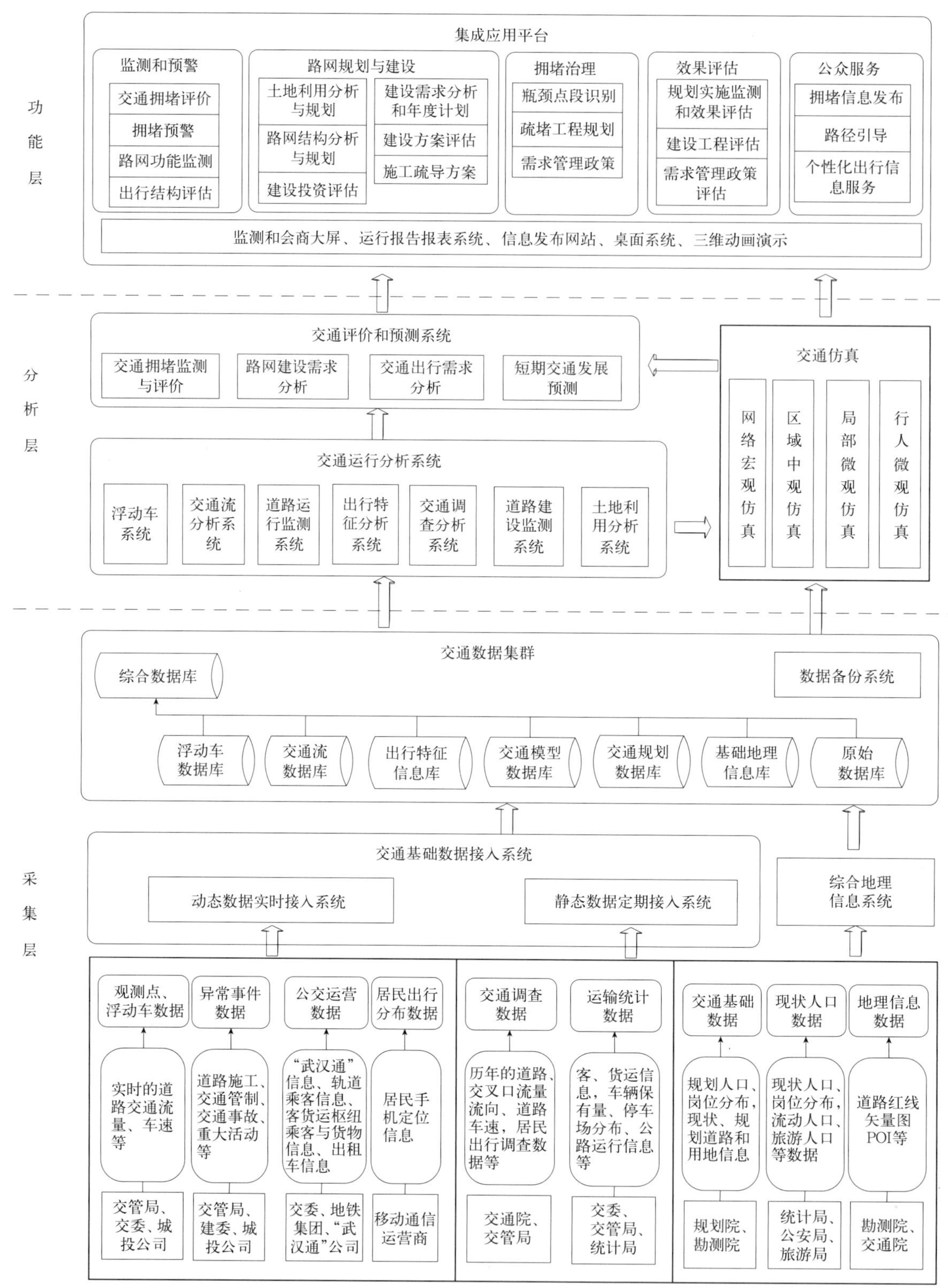

图 7–7　系统逻辑框架

3. 交通流数据采集

针对查核线交通流调查数据连续采集能力的不足，选择查核线中的关键节点，部署交通流数据采集设备。

一方面实现对查核线关键点交通流数据的连续采集，包括流量、速度和占有率。另一方面，通过自动采集设备，对每年度的查核线交通调查数据进行校核比对，提高调查数据的准确性。

考虑到交通流采集设备投资较大，将采用逐步建设的方式部署，由中心城区向外扩展，逐渐实现对查核线、进出市域交通流量的实时监测。

4. 建设内容

根据数据来源不同，数据接入采用两种方式，即实时数据接入和统计数据接入。

1）实时数据接入

主要负责实时动态数据的传输，如GPS数据、检测器数据、交通报警数据、IC卡电子收费数据、公交运营调度数据、ETC数据等。

实时数据安全性要求高，数据量大，主要采用专线方式接入数据，数据传输方式分为"实到实发"和"定期发送"两种，传输规则根据数据应用需求设计。

应针对每一个数据源设立数据接入系统，系统功能包括：数据通信、数据校验、数据解析和分发，以及传输监测。

2）统计数据接入

主要负责传输更新周期较长或不固定的数据，如交通调查数据、客货运输统计信息、地理信息等。

统计数据往往具有数据量小、内容变化大、传输频率不固定等特点，因此，主要采用客户端桌面系统输入的方式进行数据传输，且需要针对不同类型数据建立不同的数据传输桌面系统，如调查数据输入系统、客货运输信息系统、地理信息更新维护系统。

7.3.2.2 数据集群

1. 建设目标

规划建设数据资源库和配套的防灾备份系统、数据字典，实现武汉市交通行业数据的集中存储和防灾管理。

达到如下应用目标：

(1) 满足常态化应用需求，365×24h无故障运行；

(2) TB级数据处理无迟滞；

(3) 解决多种应用衍生交错产生的数据死锁、系统崩溃问题；

(4) 数据存储、数据库计算、服务端访问可通过简单的硬件扩容和软件部署来增加存储、计算和并发访问能力。

2. 建设内容

数据规划内容包括数据库结构设计、数据防灾备份机制设计、数据字典等。

1）数据库结构

采用分层、分库管理方式，首先根据数据来源的不同将数据分为原始库、中间库和综合库三个层次。

(1) 原始库主要保存接入的原始数据，数据少量在线存储，主要采用离线存储方式。

(2) 中间库主要保存各种运行分析处理过程中或处理后的数据，各专项分析系统主要调用该部分数据，数据基本采用在线存储方式，同时采用离线备份。该部分数据最为重要。

(3) 综合库主要保存各种运行分析后的综合结果数据，需要全部在线备份。系统最终的集成应用主要调用该部分数据。

在每一层数据库中，需要根据数据内容的不同，分别设计各数据库，如速度库、流量库、公交流量库、出租车运量库、基础设施库等。

2）数据防灾备份机制

对实时系统应采用双机热备、故障转移方式保存数据，保障实时系统调用数据的稳定性。

对整个信息系统的数据资源应采用异地备份存储的方式保存数据，数据存储频率为"每日增量更新、每月全备份"。

3）数据字典

对所有数据库均应建立数据字典系统，并建立数据更新登记记录，以便于数据的追溯和使用。

3. 数据库技术选型

交通信息系统数据量大而且应用需求灵活，因此，应采用大规模且便于使用的数据库系统，如SQL server或Oracle，并且应该具备支持多用户并发访问的功能模块。

7.3.2.3 交通运行分析系统

1. 建设目标

接入浮动车GPS数据和交通流量数据，以及其他相关数据，实现对系统运行的专项分析。近期主要进行浮动车运行分析。

2. 浮动车运行分析系统

利用在道路上行驶车辆回传的定位数据（主要是GPS数据），通过数据挖掘和分析实现对道路车流运行速度的采集，进而实现对路网交通流速度的采集和实时监测，同时也为综合运行分析和交通仿真提供路网速度运行特征数据。

浮动车系统是通过交通流中一定比例的安装有定位和无线通信的普通车辆与交通处理中心间的实时数据连接，并构建一套完整的网络，基于地理信息技术、计算机技术、网络技术的集成系统。浮动车系统主要由作为浮动车的车辆和信息处理中心构成。作为一种移动检测器，浮动车均装有车载定位设备（最常见的是GPS），通过无线传输，浮动车把时间、位置、速度、方向等车辆信息传输给交通处理中心系统。浮动车处理中心系统将实时大量浮动车观测信息进行地图匹配，计算路段旅行速度、时间、拥堵水平等数据。

浮动车系统主要包括数据接入与采集模块，数据预处理模块，浮动车数据集成处理以及成果展示模块。它的逻辑示意图如图7–8所示。

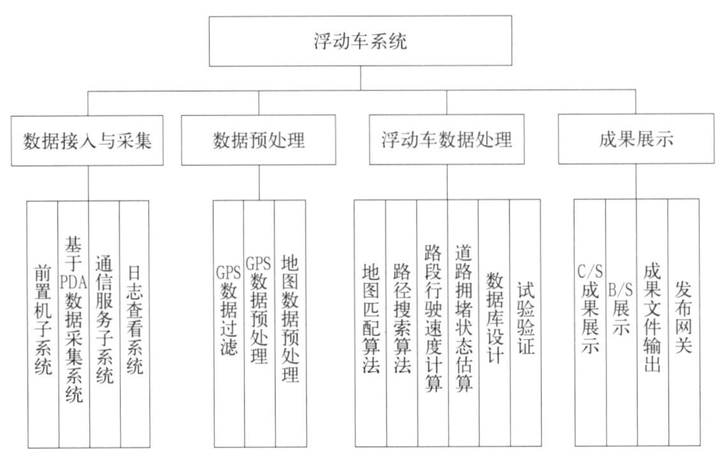

图7–8 浮动车系统逻辑框架图

数据预处理部分主要是地图数据整理与加工，根据出租车的运营状态、服务状态、GPS定位状态以及所处的覆盖范围，对同一辆车的位置数据进行过滤、粗加工等数据预处理，为地图匹配做好数据准备。

浮动车数据集成处理子系统作为数据处理的核心部分，基于当前提出的匹配算法，进行基于路段的行驶速度、旅行时间、拥堵参数的计算，并计算实时交通状况图，且进行存储。

成果展示部分展示当前的实时交通状况图，可采用速度和拥堵等不同方式进行展示。并可根据给定时间、给定区域甚至给定路段、给定时间间隔的综合查询进行交通状况的内容展示，用图表和文件方式为交通规划提供数据支持。另外，还可以展示实时交通信息、车辆实时位置等。

3. 交通流量采集系统

接入实时采集的交通流量数据，以及定期调查获得查核线交通流数据，实现对道路交通流特征的分析和特征参数的提炼。

主要建设内容如下：

（1）流量数据预处理模块：实现对两种数据结果的相互比对、校核；对收集过程中遗漏的数据进行补齐；以两个数据源为核心，实现对城市路网交通流量数据的扩展推算。

（2）交通流演变趋势分析模块：实时监测检测点的交通流数据情况，监测流量、速度和占有率的演变趋势，并形成日均流量、方向不均衡系数等统计指标。

（3）交通流特征参数提炼模块：基于长期监测的历史数据，根据交通流关系模型推算交通流特征参数指标。

7.3.2.4 交通拥堵监测和评价系统

1. 建设目标

综合应用路网车速和流量监测数据，结合城市交通拥堵评价指标体系和阈值，实现对城市交通拥堵的评价和分析，包括拥堵程度、拥堵范围和持续时间等，从而实现对城市交通拥堵水平的定量化和全方位描述，以及拥堵发展演变规律的深入分析，为政府和市民正确认识城市交通拥堵水平及其特点、管理者针对性地制定和实施拥堵治理措施、及时评价措施实施效果和改进提供依据。

建设内容包括：

（1）交通拥堵评价指标体系研究；

（2）交通拥堵评判阈值确认；

（3）交通拥堵分析系统开发。

2. 拥堵评价指标体系

拥堵评价子系统依托的评价指数如下。

（1）道路网交通拥堵指数

道路网交通拥堵指数是评价路网拥堵程度的综合指

标。该指标值的大小代表不同的交通运行状态和拥堵程度，值越大表明评价时段内的道路运行状态越差，拥堵越严重；反之，则运行状态越好，拥堵程度越轻。

（2）道路网各拥堵级别里程比例

道路网各拥堵级别里程比例是指各等级道路和路网处于不同交通拥堵等级状态下的里程比例，该指标能够表现交通拥堵在空间上的覆盖范围和演化趋势。通过统计各个拥堵等级的影响范围，评价拥堵在空间上的覆盖范围。

（3）分时段道路网拥堵级别

分时段道路网拥堵级别是指一日内道路网所处交通拥堵等级的演变及其相应的持续时间，该指标能够从时间的角度表现交通拥堵的演化趋势。

（4）重点拥堵点段数量和分布

重点拥堵点段数量和分布是指一定区域范围内，常发性严重交通拥堵点段的数量及其空间分布状态。该指标的获取将有助于交通部门掌握城市交通系统的薄弱环节，并以此为基础，科学制订疏堵预案与措施。

3. 系统建设

系统建设具体功能模块如下。

1）拥堵评价指标的计算

该模块为拥堵评价子系统的核心模块。以道路运行分析子系统中的浮动车实时路况计算结果作为拥堵评价的基础数据源，计算各指标项并入库。该模块将每个指标的计算封装为控件，以便自行调用。

2）拥堵评价指标结果管理

该模块用于管理拥堵评价指标结果。

各指标项以时间、空间维度予以组织：时间维度包括年、月、周、日、分钟（时间段可选）；空间维度则包括整体、快速路网、主干道网、次干道及支路网等，为这些道路、路网设定等级并配备相应的拥堵等级和权重。

指标管理包括对某一指标根据时间、空间的查询，对选定的指标结果可通过改变配置参数进行重新计算，对选择的指标结果可以自定义导出。

3）拥堵演变监测和趋势分析

可以对任意一条道路或一个区域实时评价其拥堵水平，并结合历史数据，监测相应拥堵指数的演变情况和发展趋势。

7.3.2.5 集成应用平台

1. 建设目标

接入应用子系统的核心功能和主要结果数据，以服务领导决策、服务规划建设工作为指向，建设集成化的决策信息展示平台，能够以生动的展示形式、便捷的应用操作实现决策信息的提供和展示。

近期建设内容主要是监测和会商大屏、交通运行报告系统。

2. 监测和会商大屏系统

针对交通运行监测和拥堵会商的工作要求，建设一个电子化会议室，配置大屏幕显示设备，实现交通运行状态的实时展示。

信息展示的内容如下。

（1）实时路况：主要通过路网实时数据，及其他日相同时段对比数据，反映路网实时运行状态及短时趋势。

显示内容包括路网实况、区域实况、走廊实况。

显示方式以 GIS 地图和图表两种方式为主。

（2）定期统计：分为日、周、月统计，以及不定期统计。能够按照周、月的统计日期在系统中预制，便于快速进行统计，同时预制国庆节、劳动节、中秋节、暑假等特殊假日，至少能够支持两个相同级别统计周期数据的对比。

显示内容包括高峰拥堵指数、各等级道路和主要干道的平均速度和拥堵级别、区域高峰拥堵指数等。

3. 交通运行报告系统

开发集成报表工具，实现月度、年度运行报告的自动化编制、查阅。

1）报表管理模块

该模块负责与报表集成，根据需要通过各分析子系统的特征或指标值的管理模块从各专题分析库中获取已生成的各项指标，根据最终用户在报表内容和报表格式两方面的要求，制作专业的报表。

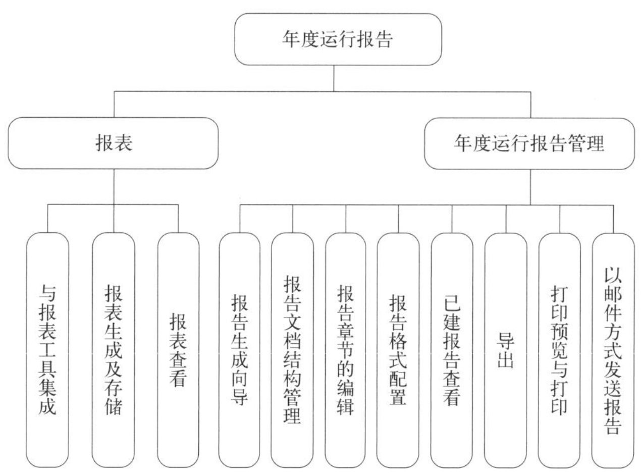

图 7-9 年度运行报告模块图

其功能应包括拆分、分组、过滤、排序（自动排序和定制排序）、转置、示警、图表转换等。

2）运行报告管理

运行报告以报表为基础，配合人工分析和总结而形成。在模块中将分年度、月度对报告进行管理，包括新建的运行报告，可查看历史的运行报告，集成报告的导出、打印、邮件等功能。

其中，为新建运行报告设计报告生成向导，包括报告的名称、年份、编制单位、新章节的生成（章节含嵌套）、报告格式的选择，对于每一章的内容编辑则是集成编辑工具，同时可以选择插入报表。对于新建的报告可以随时保存以便下次继续进行格式配置或内容编写。在对报告的章节进行编写时配备文档结构图（树形结构），章节的编辑在文档结构图部分进行。

可以对选中的报告进行导出、发送邮件等操作，对于选中的报告或报告的部分章节可以选择打印操作，配备打印预览功能。

7.3.3 系统应用

7.3.3.1 服务政府决策

综合交通信息系统可以实现交通系统内在规律的定量化分析和动态跟踪，并能够采用更加科学高效的方式分析、制定各种交通发展规划战略、管理措施和建设方案等，在其支持下，政府管理部门的决策将更加精细、科学，并且反应速度更快，从而提高政府的决策能力和服务水平。

1. 拥堵治理

政府在掌握交通综合信息的前提下，才能综合分析拥堵频率、拥堵时间长度、拥堵空间范围、路网可靠性等。根据系统对城市拥堵路段作出的准确判断，就能针对性地规划疏堵工程以及相应的交通管理政策。

2. 交通规划与建设

综合交通信息系统的运行保证了各类交通数据的时效性、准确性，大大缩短了交通研究的周期与投入，实现数据的即时分析评价功能，更加全面地掌握城市交通运行现状、居民出行特征，为交通规划、建设和管理部门长期提供更为专业的数据支撑，为政府部门制定交通规划、建设、运营、管理等措施提供研究基础。

3. 效果评估

利用综合交通信息系统累积的大量数据，对已经实施的重大交通政策和将要建设的交通项目进行评估，定量分析交通措施实施效果、资金的投入效率等，从而避免盲目投资，提高资金投入的使用效率。

7.3.3.2 服务部门管理

综合交通信息系统能实现基于多方面、定量化、动态评价的系统监测，使得政府管理部门能够快速掌握交通系统运行状态，及时应对或预警各种交通事件，提高管理部门对交通系统的掌控能力；另外，将通过信息化手段定量监测公共交通、出租车等多种客货运输系统运行状态和服务水平，使得管理机构能够定量考核各项工作，如疏堵工作实施效果、道路建设效果、客货运输服务效果等，提高政府部门对企业、对实施工作的监管能力。

1. 服务于监测和预警

综合交通信息系统能实现城市交通系统整体状态、各专项系统运行状态、区域或主要道路等各级状态的实时监测，并以周报、季报等方式及时报告各级主管部门，对交通拥堵状况进行评价，进行特殊情况下的交通预警、交通引导和突发事故处理。

2. 服务于管理与运营

交通信息基础数据经过系统的综合处理后，可以向各交通管理部门反馈交通分析评价数据，如公交主管部门可得到全市公交客流分布情况，为公交线网优化、公交发展政策制定提供依据；交管部门可全面掌握城市交通拥堵演变特征，拥堵点的时空分布，为制定合理的交通管理措施提供支撑；实时更新的交通基础数据可反馈于城市规划与城市交通规划，调节城市用地布局，制定交通建设计划，提升规划管理水平。

7.3.3.3 服务规划研究

目前武汉市面临大规模的城市基础设施建设，如何使投入的大量资金高效地发挥交通功能和作用，需要科学的手段和方法。武汉市已经建立的基于EMME/3的交通预测模型，可以实现对各种交通工程方案的有无测试分析，从而模拟出交通工程方案建成后所能达到的交通效果。而综合交通信息系统可以实现对全市交通运行状况的全时段监测，在累计现状数据的基础上，从宏观、中观等角度分析现状交通系统存在的问题，同时对已有交通预测模型数据进行校核，使交通预测模型更加准确可靠，交通分析预测成果更加丰富，表现手法更加直观形象，提高数据分析的可读性，从而为提高规划研究技术水平提供更好的基础。

7.3.3.4 服务公众信息

围绕综合交通信息系统中的公众出行信息需求形成

交通信息共享，可逐步建立政府交通及位置信息资源社会化开发利用机制，开放相关信息资源，引导企业创新技术手段，开展“绿色出行信息服务工程”，向各类出行者提供个性化、高层次的出行信息服务，包括实时路况、拥堵信息、出行路径选择、交通工具选择、停车诱导等，有利于个人出行者避开拥堵时段和区域，均衡道路交通流分布，减轻道路交通压力，也能促进交通及位置信息服务的产业化、社会化发展，增加社会、经济效益。

下篇

规划实践篇

第 8 章　综合交通体系规划

城市综合交通体系规划是城市总体规划的重要组成部分，是政府实施城市综合交通体系建设，调控交通资源，倡导绿色交通、引导区域交通、城市对外交通、市区交通协调发展，统筹城市交通各子系统关系，支撑城市经济与社会发展的战略性专项规划，是编制城市交通设施单项规划、客货运系统组织规划、近期交通规划、局部地区交通改善规划等专业规划的依据。

为了规范城市综合交通体系规划编制工作，2010 年 2 月住房和城乡建设部印发了《城市综合交通体系规划编制办法》（以下简称《办法》），明确了城市综合交通体系规划的定位及作用，规定了编制的基本要求、主要编制内容、规划成果组成，以及编制管理与审查制度。2010 年 5 月，住房和城乡建设部在《办法》基础上，又制定了《城市综合交通体系规划编制导则》（以下简称《导则》），进一步明确了城市综合交通体系规划编制的目的、原则、主要内容、技术要点及编制程序，以及规划成果形式和要求。

城市综合交通体系规划编制工作一般可划分为现状调研、专题研究、纲要成果、规划成果四个阶段，其中纲要成果编制应与城市总体规划纲要成果编制相衔接，规划成果编制应与城市总体规划成果编制相衔接。现状调研阶段要求通过多种方式收集城市经济社会发展的现状和规划资料，听取相关部门规划设想和建议；分析城市发展中存在的主要交通问题；根据规划需要开展相应的交通调查。专题研究阶段要求在现状调研基础上，对影响城市综合交通体系发展的重大问题组织开展专题研究，一般应包括交通发展趋势、城市交通发展战略与政策、重大交通基础设施布局等。纲要成果阶段要求重点评价和分析城市综合交通体系现状存在的主要问题；论证城市综合交通发展趋势和需求、交通发展战略和交通资源配置策略，提出城市综合交通体系框架；确定城市综合交通体系总体发展目标和交通各子系统规划目标；提出城市综合交通体系的布局原则。规划成果阶段要求确定城市综合交通发展战略、政策和保障措施；确定城市交通设施布局方案、控制性规划指标和强制性内容；提出对城市交通各子系统规划的指导性技术要求；提出近期规划的策略与方案。

城市综合交通体系规划的主要工作内容包括交通发展战略研究、综合交通体系组织、对外交通系统规划、城市道路系统规划、公共交通系统规划、步行与自行车系统规划、客运枢纽规划、城市停车系统规划、货运系统规划、交通管理与交通信息化规划、近期规划、规划实施保障措施 12 个方面。

目前，武汉市也已经基本完成了《武汉市综合交通体系规划（2011—2020 年）》编制工作。

8.1　规划背景及概况

8.1.1　工作背景及过程

近年来，在国家“中部崛起”战略的指引下，武汉迎来了新的发展机遇，以产业结构调整和城市综合竞争力提升为着力点，区域一体化发展势头良好、城市化进程明显加快、城市经济实力不断增强，城市基础设施建设速度不断加快。当前武汉市正处于城市化和机动车快速发展的关键时期，城市交通面临着前所未有的重大机遇和严峻挑战：一方面，建设两型社会及中部崛起的区域发展与竞争战略把提升交通功能的要求摆在重要位置，经济快速增长为交通发展建设提供了有力保障，历年建设积累了比较坚实的运输条件基础；另一方面，城市化和人口规模的扩展、交通需求的高速增长，对交通基础设施提出新的要求，机动化发展进一步加速，对优先发展公共交通和出行方式结构优化提出了严峻挑战，中心区交通矛盾、内外交通衔接矛盾将更加突出。未来一段时期将是武汉交通适应新要求、发生深层次变革的关键时期，制定合理的交通发展战略和综合交通规划以引导城市交通良性发展势在必行。

按照住房和城乡建设部的批复，武汉市开展了新一轮城市总体规划修编工作，《武汉市综合交通规划（2009—2020）》（以下简称《综合交通规划》）作为《武汉城市总体规划（2010—2020）》（以下简称《总规》）的一个重要组成部分，在《总规》修编过程中已经多次征求过市内相关部门意见，并结合《总规》国家14部委审查意见和要求，相应作了修改完善，并形成了最终报告。近期为了配合武汉市轨道交通建设规划的顺利开展，作了新一轮的修改和完善，2009年上报政府批准。

2010年，按照相关要求，武汉市开展了《武汉市综合交通体系规划（2011—2020年）》编制工作，重点在前期武汉市综合交通规划工作成果基础上，结合当前武汉市交通所处新时期和面临的新任务，对武汉市交通现状、问题和特征进一步深入剖析，对相关上位规划进行全面理解，对城市交通发展的趋势、战略和目标充分认识和提炼，补充了对城市综合交通体系组织的专题研究，并对城市对外交通、道路交通、公共交通、慢行交通、客运枢纽、停车系统、货运系统、交通信息化与管理、近期规划、规划实施保障措施等规划方案进行了优化和调整。

8.1.2 规划的主要任务

（1）适应“中部崛起”和武汉城市圈发展的新要求，加强区域交通一体化建设，拓展城市综合交通枢纽辐射能力；

（2）落实新一轮城市总体规划，支撑新城组群的发展和主城功能布局优化，建立都市发展区的合理的道路交通体系；

（3）坚持公交优先，明确发展措施，建立多层次、多模式的立体公交体系；

（4）构筑一体化交通枢纽体系，明确枢纽建设框架、布局及重点建设项目；

（5）切实体现以人为本的理念，建设和谐的绿色交通体系和适宜的步行交通系统；

（6）倡导交通信息化，努力提升管理科技水平，实现城市交通智能管理。

8.1.3 规划原则

1）贯彻科学发展观，建设和谐的绿色交通体系

坚持以人为本，综合考虑城市的经济社会发展、空间布局、产业布局，贯彻全面、协调、可持续的科学发展观，落实“五个统筹”的发展思想，合理规划城市综合交通系统，实现交通与环境和谐、交通与未来和谐、交通与社会和谐、交通与资源和谐。

2）适应城市发展的新要求，构筑一体化综合交通体系

适应“中部崛起”、建设“两型社会”、武汉城市圈发展的新要求，实现区域交通一体化；统筹城乡发展，实现城乡交通一体化发展；协调各种交通系统，实现各种交通系统内部一体化、各种交通系统衔接一体化发展。

3）立足节能和节约用地，发展“节约型”城市交通体系

以城市中心区土地集约性利用、高强度开发为前提，鼓励公共交通优先，发展面向公交的集约用地模式，实现交通发展与城市发展的双赢。

4）遵循交通发展多元化原则，发展多模式的交通运输体系

交通是一项复杂的系统工程，运输需求众多，客货方式多元，建立多模式的交通结构，明确各种交通方式的地位和作用，是实现客、货运各个系统协调发展的基础。积极发展公共交通，建立以公交为主导，小汽车、出租车、辅助公交、自行车协调发展的多元化的客运系统，实现公共交通与小汽车交通协调共生，发展社会与专业相结合、多式联运的货运系统，是交通发展社会化、多元化的必然要求和趋势。

8.1.4 规划方法和技术路线

本次规划采用定性分析与定量测算相结合的方法，在分析城市及交通现状、发展的基础上，综合考虑社会经济、土地利用、交通运输需求、机动车增长等多因素影响，预测未来出行需求状况和交通特征，以城市远期交通发展战略为指导，制订近期交通发展建设方案，经过方案比选和优化，制订推荐方案，拟定各个专项交通发展方案及近期重要交通建设项目，借助交通预测模型等手段进行规划方案分析评价，确保规划方案能够适应各个规划期城市社会经济发展的需要。规划技术路线如图8–1所示。

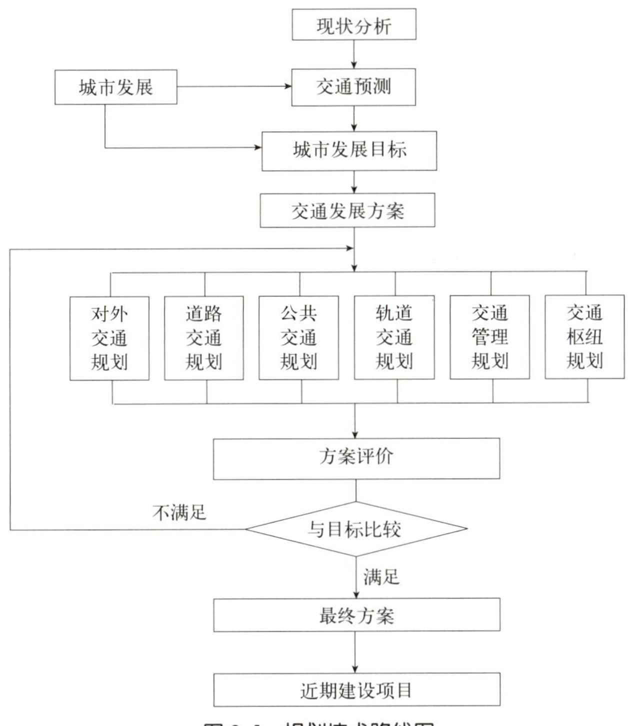

图 8-1 规划技术路线图

图 8-2 规划研究范围图

8.1.5 规划范围和年限

项目规划研究范围为武汉市全市域 8494km²；重点研究范围为都市发展区，考虑的背景范围为武汉城市圈及全国。规划研究年限与城市总体规划保持一致，为 2020 年，基准年为 2010 年。

8.2 城市交通现状及主要问题

8.2.1 城市基本情况

武汉是湖北省省会，国家历史文化名城，我国中部地区的中心城市，全国重要的工业基地、科教基地和交通通信枢纽；地处中国腹地，位于长江和汉水交汇处，距北京、天津、上海、香港、重庆、西安等特大城市的距离都在 1200km 左右，在全国格局中具有地理、区位、交通、市场等方面的比较优势，是中国经济地理的中心。

2010 年，全市地区生产总值超过 5500 亿元，人均生产总值达 6.6 万元（约 10000 美元）。全市户籍人口达到 835.55 万，其中 7 个主城区人口为 477.9 万，全市从业人员数为 468.6 万。近年来，机动化发展速度迅猛，目前，全市机动车保有量已超过 100 万辆，千人机动车拥有量指标达 120 辆，其中私人小客车总量达 52 万辆，近 10 年来年均增长率超过 20%。伴随社会经济、人口和机动化的快速增长，武汉市交通拥堵问题日益严重，已经引起了社会各界的广泛关注，在市委市政府的部署下，仅 2009 ~ 2010 年 2 年间就投入超过 860 亿元用于城市交通基础设施建设，占全市 GDP 总量比例高达 8.8%。

当前武汉城镇化率为 64.3%，城市建成区规模达 450.77km²，在全国特大城市中位列第 8，位于天津、南京、重庆之后，高于成都、杭州。近 10 年来，城市用地迅速拓展，圈层式功能格局逐步明晰，但在城市经济发展阶段性特征以及区级经济为主导的运行机制等诸多因素影

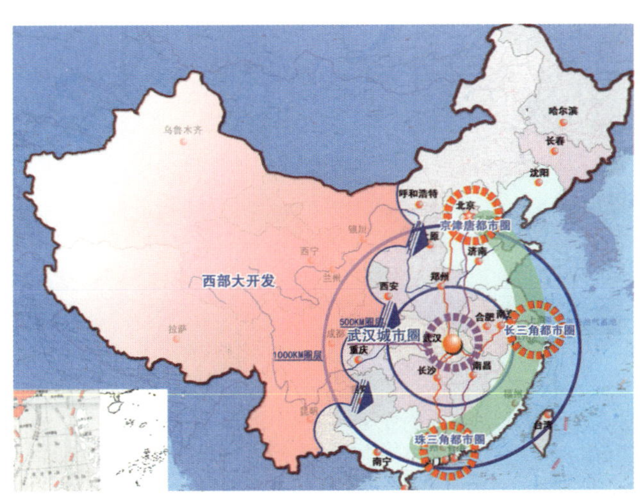

图 8-3 武汉在中国的地理区位图

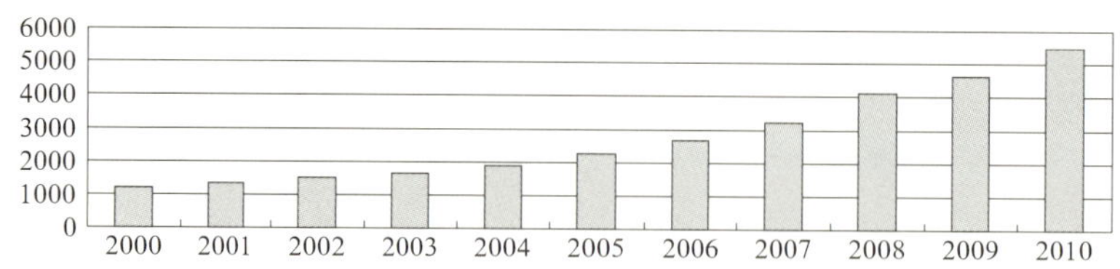

图 8-4 武汉市 2000 ~ 2010 年 GDP 总量增长变化图

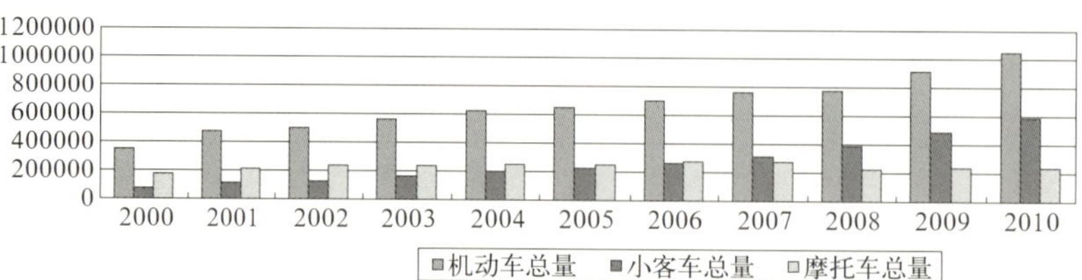

图 8-5 武汉市 2000 ~ 2010 年机动车总量增长变化图

响下，城市空间发展主要集中在紧贴主城区的黄陂南部、金银湖、后官湖、汤逊湖等地区，未能实现上一轮《总规》确定的“主城区＋卫星城”的空间发展格局，规划控制的农业生态用地逐渐消减，城市空间拓展呈现蔓延态势，城市空间结构有待进一步调整优化。

图 8-7 武汉火车站

8.2.2 城市交通现状

近几年，武汉城市交通建设在对外交通、城区道路交通、公共交通、交通管理等各方面取得显著成就，但依然存在交通设施供给不足、交通拥堵时空扩散、公交服务水平不高、施工期交通影响较大、交通管理粗放等问题。

图 8-8 武昌火车站

8.2.2.1 综合交通枢纽地位显著提升

其主要表现在四个方面：一是航空，天河机场第二航站楼和国际航站楼投入使用，2010 年客运吞吐量突破 1200 万人次，成为全国 12 大航空港之一；二是铁路，建成武广高铁、合武客运专线，陆续新建、改造形成三大火车站，标志着武汉进入“高铁时代”，武汉站每日开行班次超过 80 对，已实现公交化运营，日

图 8-6 天河机场 T2 航站楼

图 8-9 汉口火车站

最大发送客流量达 5.5 万人次；三是水运，全面启动武汉新港建设，2010 年吞吐量为 1.0378 亿 t，集装箱达到 65 万标箱；四是公路，武汉境内国家规划的高速公路全部建成，并建成 7 条高速出口路，市域高速公路里程达 550km。

8.2.2.2 骨架道路系统初具规模

按照 2011 年辛亥革命百年庆典活动的要求，武汉市主城区计划在 2011 年建成快速路 224km，达到 2020 年规划总里程 353km 的 63%。其中，已经建成的快速路系统重点工程有长江隧道、天兴洲大桥、三环线、江城大道、阅马场隧道等，总里程达 134km；正在建设的快速路系统重点工程有二七长江大桥、武汉大道、二环线、白沙洲大道、中北路延长线、国博大道、沙湖大桥等，在建总里程约 90km，均计划在 2011 年 10 月前完工，为辛亥百年庆典献礼。

8.2.2.3 轨道交通建设全面提速

武汉已经逐步建立起由线网规划、建设规划、用地控制规划、站点综合规划、修建性详细规划等构成的轨道交通规划编制体系，为全市轨道交通建设提供了规划保障。

其中，轨道 1 号线（28km）于 2010 年 7 月 29 日全线投入运营，客流量逐渐攀升，日均客流量由 2005 年的约 2 万人次增加至目前的约 18 万人次，轨道交通长距离、快速、准点、大运量的优势显现；轨道 2 号线、4 号线一期工程正在全力推进，至 2012 年形成 70km“工”字形轨道骨架；轨道 4 号线二期以及 3 号线、6 号线、8 号线正在开展前期工作，部分站点已开工建设。

8.2.2.4 惠民交通设施齐头并进

在大力建设城市综合交通枢纽、道路、轨道等交通系统的同时，逐步加强惠民交通设施建设。2010 年，市政府已将缓解城市停车难问题纳入政府承诺的 10 件实事之一，计划新增 1 万个公共停车泊位，其中部分公共停车场已经开工建设。2010 年开工建设 63 座人行立体过街设施，目前已经建成 32 座，现状人行立体过街设施总量达 95 座；主城区已设置了 1118 个自行车免费租赁点，投放公共自行车总量达 5 万辆。

图 8-10 武汉市主城区 2011 年规划路网图

8.2.3 存在的主要问题

8.2.3.1 综合交通枢纽的衔接能力仍需加强

应对全面实现国家综合交通枢纽城市的目标，目前枢纽的辐射能力和配套设施还存在一定欠缺，主要体现在以下几个方面：

（1）航空港与主城衔接不足。航空港与主城的衔接通道高峰期拥堵严重，缺乏快速大运量公交的接驳，至主城部分地区车行时间超过 1h。

（2）铁路枢纽疏解能力有待提高。三大铁路枢纽的衔接轨道尚未建成，常规公交等配套设施和服务有待优化，无法全面发挥三大火车站的枢纽功能。

（3）城市综合交通枢纽优势尚未彰显。目前由于城市轨道系统尚未完善，航空、铁路和公路客运资源缺乏有效的衔接和整合，综合枢纽的辐射能力不强。

8.2.3.2 城市化进程加快，道路系统建设相对滞后

（1）快速路系统尚不完善：武汉已建成快速路系统仅占 2020 年规划目标的 38%，与北京、上海、广州等一线城市已经基本建成的快速路系统相比，还有较大差距。主城区规划的三条快速路环线，仅外围的三环线建成通车，围绕主城滨江活动区的一环线还未完全按快速路标准建成，有待改造提升；串联主城区中央活动区周边各居住组团的二环线还未形成，目前汉口段和武昌段正在开工建设，汉阳段建设相对滞后；规划连接城市环线的 13 条放射线仅建成 6 条，还有 7 条未建；快速路系统总体上尚不完善，无法充分发挥快速路网络的效能。

（2）区域路网结构性问题突出：受江河、山体、湖泊、高校、单位大院、铁路等分隔，路网布局先天不足，断（堵）头路多，尤以武昌地区最为突出。

（3）微循环支路系统欠缺：快速干道、主干道、次干道、支路的长度比为 1：3：3：5，与规划的 1：2：3：7 相比，支路严重不足，影响了路网整体效益的发挥。

8.2.3.3 公共交通转型时期，出行结构调整任务艰巨

（1）轨道交通建设力度不够，“十一五”期间年均建成轨道通车里程仅 4km，相比北京、上海、广州同期的轨道建设速度大大落后，如表 8–1 所示。

武汉市“十一五”期间轨道交通建成里程与国内主要城市对比表　　表 8–1

序号	城市	2010 年轨道里程 /km	“十一五”期间轨道年均建设规模 /km
1	北京	336	39
2	上海	430	60
3	广州	255	36
4	武汉	28	4

（2）常规公交运营组织和管理相对落后，线路层次单一，主要表现在服务水平低，线路重复系数高、站点车辆排长龙等问题比较突出，智能调度管理有待改进，缺乏 BRT、有轨电车、轻轨、地铁等长距离、大运量、快速化的公共交通方式。

（3）设施水平有待进一步提升，主要为公交专用道缺乏有效管理，使用效果不佳，系统性不够，缺乏公交换乘枢纽。

8.2.3.4 交通排堵保畅形势仍然严峻

（1）城区道路交通高负荷运行的时间和空间持续扩大，交通拥堵迅速扩散，高峰流量大于 5000 辆的路口从 2005 年的 55 个增加到 2010 年的 74 个，拥堵时间逐渐加长。

（2）交通管理主要是依靠人工粗放式管理，管控方式较为落后，交通管理及引导设施有待完善，信息化建设相对滞后，缺乏有效的统筹整合，对行人及非机动车的管理还需加强。

（3）重大项目施工加大了交通组织难度，当前武汉处于交通设施大建设大发展时期，一批重点项目在主城中心区开工建设，交通组织与管理面临更大挑战。

8.3 城市交通发展总体趋势

8.3.1 交通需求成倍增长，交通压力日益显现

现状武汉市人均日出行次数约 2.41 次，预测 2020 年人均日出行次数达 2.5 次，远景年达 2.7 次；规划区域内人员出行总量将由现状的 1650 万人次 / 日增加到 2822 万人次 / 日，远景年上升到 4420 万人次 / 日以上。交通出行总量的大幅度增长，将对基础设施容量提出更高的要求，依靠单一的地面交通系统难以满足交通需求的快速增长，如表 8–2 所示。

预测 2020 年武汉市居民出行总量汇总表　　表 8–2

年　度		2009 年	2020 年	远景年
人口规模／万人	全市人口	836	1180	1600
	主城人口	478	502	590
	都市发展区出行人口	560	841	1183
	流动人口	120	240	350
出行强度／（次／日）	都市发展区平均出行率	2.4	2.5	2.7
	流动人口出行率	2.5	3.0	3.5
常住人口出行总量／（万人次／日）		1350	2102	3195
流动人口出行总量／（万人次／日）		300	720	1225
都市发展区出行总量／（万人次／日）		1650	2822	4420

对外交通方面，到 2020 年，武汉对外客运和货运量分别较现状增长 167%、195%，其中，航空客运和货运将分别增长约 400% 和 600%，进、出口交通流量将从目前的 19 万辆／日增加到 2020 年的约 50 万辆／日，年均增长率为 12.5%。交通出行总量将成倍增加，对基础设施的容量提出了更高的要求。

8.3.2　社会经济的持续快速增长，促进机动化发展趋势加速

根据预测，2020 年武汉市 GDP 总量将由现在的 5500 亿元增长至 1.8 万亿元，机动车拥有量也将由现状的 100 万辆增长至 190 ～ 250 万辆。未来 15 年将是武汉市小汽车进入家庭的关键时期，只有尽快确立以公共交通为主导的交通方式结构，才能够实现城市交通的可持续发展。

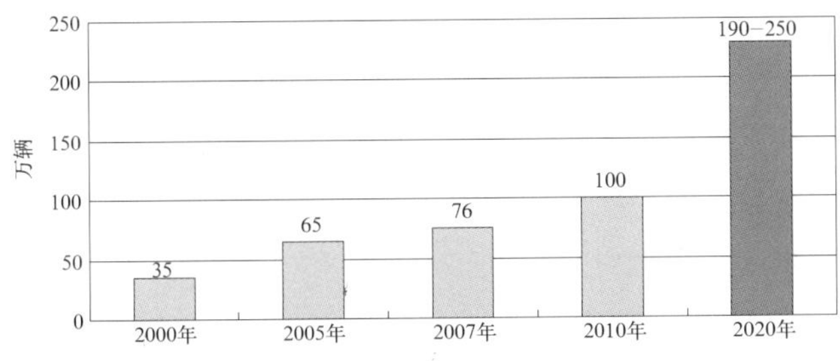

图 8–11　武汉市机动车拥有量增长趋势图

8.3.3　中心区过江通道持续高负荷运行，过江通道仍是交通建设的重点

三镇鼎立、两岸均衡发展的城市格局导致跨江交通矛盾一直是武汉市交通的首要问题。预计到 2020 年，跨江流量将增加至 65 万辆／日，是现状 32 万辆且过江流量的 2 倍。

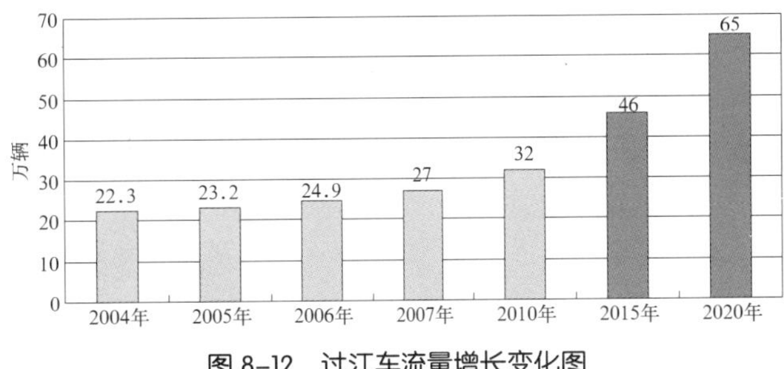

图 8–12　过江车流量增长变化图

8.3.4　区域一体化发展要求进一步加强内、外交通衔接，特别是放射线快速路需要加快建设

武汉作为全国重要的综合交通枢纽，具有承东启西、沟通南北的战略地位，有 4 条国有铁路线、4 条国道、16 条省道、数条水路及 158 条航线、2 条高速公路在武汉交汇。在全国铁路运输系统中，武汉是四大全国性枢纽之一，国家投资兴建的北京—广州、上海—成都两条快速铁路线将在武汉交汇，与现有的京广、京九、汉渝、武九联成一体；在全国航空运输体系中，武汉机场是全国六大区域性枢纽机场之一，有 10 家航空公司参与营运。

随着武汉城市圈联系的日益密切和九省通衢优势的增强，主城外围新城组群的快速发展，进、出城交通量增加较快，日均交通量从 1998 年的 10 万辆增加到 2009 年的 16 万辆，进、出口交通压力不断增加。

目前，武汉市对外高速出口路已基本建成，三环线以外高（快）速路在建、已建规模已达规划目标的 85%；然而，三环线主城内快速路已建约 134km，仅达到规划总规模的 38%，特别是二环和三环之间的放射线建设相对滞后。因此，必须加快主城放射线建设，构筑快速、高效、便捷、大容量的客运交通衔接系统，引导城市轴向拓展，增强辐射能力。

8.3.5　众多大项目建设引发施工期交通困难，短期内交通拥堵加剧

未来几年，武汉市将进入交通建设高峰期，轨道、立交、道路等交通设施将陆续开工建设，具体如下。

（1）轨道：轨道交通 2 号线、4 号线一期站点全面开工建设，3 号线、6 号线、8 号线逐步启动建设，轨道单线施工周期为 3 ～ 5 年，站点施工平均围挡 20 个月以上。

（2）道路：20 多项重点道路、二环线、宝丰路高架、

图 8-13 武汉市高（快）速路现状路网图

沿江高速路、建设大道延长线、郭琴路、拦江堤、滨江大道、四新南北路、雄楚大街综合整治、复兴路、青化路、武青四干道等。

（3）立交：新建快速路沿线将有众多立交工程项目，这些项目施工周期长，且主要分布在中心区交通拥堵最为严重的路口或区域，占用道路资源多，施工期间必将对城市交通产生较大影响，需要做好建设项目统筹，合理组织施工期交通，排堵保畅的任务十分艰巨。

8.4 城市交通发展目标

武汉市城市交通发展总体战略是，充分发挥武汉的区位与交通优势，构建以公共交通为主导的综合交通运输体系，引导城市空间结构调整和功能布局优化，实现各种交通方式高效衔接、安全便捷、公平有序、低耗高效、舒适环保；促进区域交通、城乡交通协调发展，将武汉建成为国家级综合交通枢纽城市。

按照交通发展总体战略要求，为了更好地指导城市交通建设，促进“两型社会”建设，为人、车出行提供高水平交通服务，制定 2020 年城市交通发展目标如下。

（1）充分发挥武汉区位与交通优势，适应城市社会经济发展需要，引导城市空间结构调整和功能布局优化，实现各种交通方式高效衔接，构建安全便捷、公平有序、低耗高效、舒适环保的综合交通系统，促进区域交通、城乡交通协调发展，将武汉建设成为国家级综合交通枢纽城市。

①巩固和提升武汉作为全国交通枢纽的地位，构筑设施发达、联系便捷的空、铁、水、公对外交通系统，建立1000km范围内城市以航空和铁路为主的交通运输格局。

②打造武汉与相邻省会城市，以高速公路为主体的4h交通圈。

③促进"1+8"武汉城市圈的发展，交通先行，发展以高速公路和城际轨道交通为支撑的城市圈交通系统，打造2h交通圈。

（2）加强轨道建设，完善城乡客运体系，确立公共交通主导地位。都市发展区95%居民公交出行时间不超过50min，公共交通方式出行比例大于35%，轨道及快速公交承担公交比例不低于30%。

（3）完善市域公路网络，优化都市发展区道路系统，打造"30—60—120"道路交通运行系统。主城至城市圈城市车行时间不超过120min，主城至新城区车行时间不超过60min，二环以内车行时间不超过30min。

（4）提高交通系统效能，创建良好交通秩序。科学制订交通组织方案，优化交通流运行质量，最大限度地提高路网的通行能力和效率，中心城区干道机动车平均行程车速不低于30km/h，确保交通事故死亡率不大于8人/万车/年。

8.5 综合交通规划方案

8.5.1 提升城市功能，强化内外衔接，打造国家综合交通枢纽城市

8.5.1.1 航空

推进空港建设，积极培育和发展国内、国际航线，扩展航运服务，发展航空产业，将天河机场建设成为辐射全国、面向国际的枢纽门户机场和航空物流中心；至2020年，形成3800万人次/年、44万t/年吞吐量的能力。远景考虑第二民用机场选址规划研究问题。

提高天河机场进、出场道路疏散能力，将现有机场路改造达到高速公路标准，建设天河机场与福银高速公路的快速联络线，新建机场第二高速通道。

8.5.1.2 铁路

继续推进武汉国家铁路网络和城市圈城际铁路建设，增强武汉辐射能力，将武汉建设成为全国四大铁路枢纽、六大客运中心之一；规划至2020年，形成以京广客运专线、沪汉蓉快速客运通道、武九客运专线以及既有京广线、武九线和武康线为骨架的铁路运输网络，衔接北京、西安、重庆（成都）、广州、南昌（福州）、上海6个方向的特大型铁路枢纽格局，开通武汉联系区域性中心城市以及黄石、黄冈、咸宁、孝感、潜江、天门6个武汉城市圈重要城市的城际列车，实现中短途客运公交化、1000km范围内"朝发夕归"、2000km"夕发朝至"运营目标；2020年，形成7700万人次、1.8亿t货物吞吐量的年运输能力。

铁路客运系统形成三个主要客运站（武汉站、汉口站、武昌站）的格局，新建武汉站、改扩建汉口站、改造武昌站，城际铁路引入流芳站，远景配合第三过江通道预留新汉阳站。铁路解编系统按"一主（武汉北）两辅（武昌南、武昌东）"的布局，新建武汉北编组站，预留武昌南编组站扩建条件，保留武昌东编组站，调整江岸西编组站功能。新建吴家山集装箱中心站、滠口货场、大花岭货场，扩建舵落口货场，规划建设新店、沌阳等综合性货场。与长江水运相结合，预留建设集装箱第二中心站条件，逐步将主城区二环线以内货场外迁。适时迁改武汉枢纽北环线，建设至军山、金口等地区的铁路专用线。

8.5.1.3 公路

2020年，规划形成由京港澳、沪蓉、沪渝、大广、福银5条国道主干线和外环高速公路组成的环形放射式国家干线公路网络；建设由高速公路和一级公路组成的区域干线网络，建成武英、武麻、汉孝、汉蔡、武监、青郑、武鄂、硚孝8条高速出口公路和新港高速公路；根据远景发展需要，研究在市域预留军山—袁家湾、武湖—武钢过江通道，结合新港高速公路，预留双柳—华容的过长通道；新建、改建106、107、316、318四条国道武汉段及黄土、黄孝、阳福等一级公路，将武汉建设成为中部地区公路运输中心；进一步优化和完善二级及以上公路组成主要承担市域内各城镇、产业发展区、对外交通枢纽、风景区交通联系的市域干线建设，以及三级、四级公路组成主要服务于一般乡镇之间、村镇之间交通联系，同时起到市域干线连通道功能的村镇道路建设；至2020年等级公路网总里程达到1万km以上，密度达到130km/(100km^2)；实现车行时间1h覆盖市域，2h覆盖武汉城市圈，4h覆盖500km周边重点城市的运营目标。

8.5.1.4 水运

整合武汉城市圈港口岸线资源，全面建设武汉新港，

积极推进武汉及上、下游地区岸线的统筹利用，促进区域港口协作与发展，振兴长江水运，逐步提高长江运输量，将武汉新港建设成为近海直达、远洋喂给以及以集装箱、汽车滚装、大宗散货运输为主的国际性枢纽港区;2020 年，港口货运吞吐量达到 2.165 亿吨，集装箱吞吐量超过 500 万标箱。

合理布局港区功能，建成以阳逻、青山、汉阳、北湖、金口五大港区为主的现代化港口，远景预留中湾、金水、新纱帽、邓南和汪家铺 5 个港区。集装箱运输主要安排在阳逻和杨泗港区，煤炭转运安排在林四房港区，件杂货安排在汉阳、青山、金口等港区，金属矿石运输安排在武钢工业港、北湖港区，钢材运输安排在北湖港区、阳逻港区，石油化工危险品运输安排在青山、阳逻、白浒山和林四房港区，矿建材料运输安排在青山、永安堂等港区，商品汽车运输安排在沌口、军山港区，客运以武汉客运港为主。结合武汉新港的规划和建设，适时研究外迁杨泗港，进行用地调整，发展港口服务和商贸物流功能。整治长江干线、汉江国家高等级航道和金水、倒水等重要支流航道。

8.5.1.5 枢纽

结合铁路、公路、城际铁路、城市轨道、地面公交系统布局，构建一体化的客运枢纽，实现各种交通方式之间的有机衔接。至 2020 年，规划青山、武昌、汉口、新荣村、吴家山、古田、永安堂、汉阳、青菱、关山和天河机场等 11 座对外客运主枢纽和都市发展区内的各种交通方式有效换乘的客运枢纽 59 个。

结合铁路、水运、公路、航空设施布局，构建交通一体化的货运枢纽，积极发展物流产业。2020 年建成横店、刘店、舵落口、蔡甸、郭徐岭、军山、关山、张家湾、郑店、阳逻、北湖 11 个货运主枢纽。

图 8-14　武汉市主要对外客货运枢纽规划布局图

8.5.1.6 管道

积极发展石油、天然气等管道运输，加强对现有管线的保护与控制，控制天然气“西气东输”二线、“川气东送”线等长输管道及配套设施用地，建设武汉长输管道管理中心。

8.5.2 加大供给，构建层次分明、结构合理的道路交通系统

8.5.2.1 都市发展区道路交通系统

根据都市发展区“1+6”城市用地空间布局，构建“双快一轨”的复合交通走廊，引导城市空间拓展。2020 年，建成由 18 条高（快）速路、13 条骨架性城市主干道组成的“双快”干线道路。建设城市轨道和城际铁路，强化大运量快速公共交通在复合交通走廊中的骨干地位。

东部新城组群复合交通走廊由轨道交通 10 号线、12 号线、江北快速路、武英高速公路、汉施公路、武鄂高速公路、临江大道、青化路等组成，东南新城组群复合交通走廊由轨道交通 2 号线及其支线、高新一路、高新二路、老武黄公路等组成，南部新城组群由轨道交通 5 号线、7 号线、8 号线、9 号线、武咸城际铁路、青郑高速公路、武纸路、107 国道、武金公路、文化大道等组成，西南新城组群复合交通走廊由轨道交通 10 号线、武潜城际铁路、武监高速公路、318 国道、江城大道等组成，西部新城组群复合交通走廊由轨道交通 1 号线、11 号线、汉蔡高速公路、老汉沙公路、硚孝高速公路、107 国道等组成，北部新城组群复合交通走廊由轨道交通 2 号线、3 号线、7 号线、8 号线、汉孝城际铁路、机场路、机场二通道、岱黄高速公路、解放大道与福银高速联络线、盘龙大道等组成。

规划控制城市四环线。加强盘龙大道、楚天大道、九通路、青东路等骨干性主干路建设，强化都市区各新城组群之间的横向交通联系。预留武湖—武钢过江通道、白玉山—花山连通道。

新城及新城组团的道路网络以“方格网”式布局为主，规划道路广场面积率为 15% ～ 20%，路网密度为 6 ～ 7km/km^2，其中干道网密度 2.5 ～ 3km/km^2。地方性主干道与城市快速干道相交设置互通式立交，立交间距为 3 ～ 5km；与骨架性主干道相交设置全互通或部分互通式立交，立交间距为 1.5 ～ 3km，如表 8-3 所示。

8.5.2.2 主城区道路交通系统

1）城市快速干道系统

依据城市总体规划提出的“两江三镇、多轴多心”的主城区城市空间结构和公共中心体系布局，主城区规划形成“三环六联十三射”的快速干道系统格局（“三环、十三射”为规划快速干道；“六联”为 6 条快速联络线，即建设标准低于快速干道，但沿线不设红绿灯控制的主干道）。

（1）“三环”

一环路：围绕三镇滨江活动区布置，主要为城市的商业娱乐、历史文化、观光旅游、会议信息、创意咨询、高尚居住等以生活性服务为主的城市功能提供快速客运交通服务；由解放大道、武胜路、江汉一桥、长江大桥、武珞路、中南路、中北路、徐东路和长江二桥组成，全长约 28km。

二环路：布置在城市中央活动区外围，串联主城区各主要居住组团，为面向区域的金融会展、商务办公、贸易咨询、商业服务等功能区提供快速客货运交通服务，同时承担中心区过江交通功能，减少车辆穿越滨江活动区。由发展大道、汉西路、知音桥、十升路、墨水湖北路、鹦鹉洲长江大桥、雄楚大街、珞狮南路、珞狮北路、东湖路、罗家港路和二七路长江大桥、二七路组成，全长约 48km。

三环路：紧邻主城区边缘设置，为联系主城各大组团外围及客货运枢纽的快速干道，同时承担主城内部货运主通道和进出主城交通集散功能，减少主城区直穿车流。环线全长约 90km。

（2）“十三射”

①沿江大道——汉施公路至阳逻、郸城或经武麻高速、武合高速至合肥（麻城）；②解放大道——汉十高速至十堰、银川；③黄浦大街——金桥大道——岱黄公路至前川；④宝丰路——常青路——机场路至天河机场；⑤解放大道——107 国道接京珠高速、武荆高速至北京、重庆；⑥墨水湖北路——汉蔡高速公路至蔡甸、天门；⑦十升路——318 国道接沪蓉高速公路至宜昌、成都；⑧拦江堤大道——汉洪高速至洪湖；⑨中山路——武咸路——青郑高速接京珠高速至广州、珠海；⑩珞狮南路——野芷路——武纸路至纸坊，在宁港与沪蓉高速相接；⑪雄楚大道——关山路——东方大道至鄂州或经三环路接沪蓉高速，至南京、上海；⑫中北路延长线——武鄂高速至鄂州；⑬友谊大道——三环路。

（3）“六联”

①长江隧道—沙湖大桥，分别连接快速干道解放大道和中北路；②东湖隧道—喻家湖路，分别连接快速干

各新城组群干线道路规划一览表 表 8–3

发展轴向	新城组群干线名称	等　级	备　注
东部新城组群	汉施公路	快速干道	与主城沿江大道在三环路平安铺立交相接，联系汉口东部与武湖组团、阳逻新城
	武英（麻）高速公路	高（快）速路	与主城沿江大道在三环路平安铺立交相接，联系汉口东部与武湖组团
	武鄂高速公路	高（快）速路	与主城中北路延长线在三环路平安铺立交相接，接三环路白马立交，联系武昌北部与化工新城
	青化路	骨架性主干道	与主城王青公路相接，联系武昌北部与化工新城、左岭
	临江大道东沿线	骨架性主干道	与主城临江大道相接，联系武昌北部与化工新城、左岭
东南新城组群	老武黄公路	骨架性主干道	与主城珞瑜路相接，与三环路接于老武黄立交，联系武昌与豹澥新城
	东方大道	快速干道	与主城雄楚大街在三环线庙山立交相接，联系武昌与豹澥新城
南部新城组群	文化路	骨架性主干道	与主城丁字桥路相接，联系武昌与纸坊新城
	武纸公路	快速干道	与主城珞狮南路在三环路野芷立交相接，联系武昌与纸坊新城
	107 国道江夏段	骨架性主干道	与主城武咸路在三环路青菱立交相接，联系武昌与黄家湖、郑店新城组团
	青郑高速公路	高（快）速路	与主城武咸路在三环路青菱立交相接，联系武昌与黄家湖、郑店新城组团
	武金堤路	骨架性主干路	与主城临江大道相接，联系武昌与青菱湖、金口新城组团
西南新城组群	汉洪高速公路	高（快）速路	与主城拦江堤大道在三环路鹦鹉立交相接，联系汉阳与军山新城组团、纱帽新城
	梅子路南延长线	骨架性主干道	与主城梅子路相接，联系汉阳与武汉经济开发区、常福新城
	318 国道汉阳段	快速干道	与主城十升路在三环路汪家铺立交相接，联系汉阳与武汉经济开发区、常福新城
西部新城组群	老汉沙公路—汉蔡高速公路	高（快）速路	接三环路孟家铺立交，联系汉阳西部与蔡甸新城，西接京珠高速公路
	老汉莎公路	骨架性主干道	与主城汉阳大道相接，与三环路接于孟家铺立交，联系汉阳西部与蔡甸新城
	郭琴路延长线	骨架性主干道	与主城郭琴路在三环路米粮山立交相接，联系汉阳西部与蔡甸新城
	慈惠大道	骨架性主干道	与主城汉丹路相接，联系汉口西部与吴家山新城、走马岭新城组团
	107 国道东西湖段	快速干道	与主城解放大道在三环路额头湾立交相接，联系汉口西部与吴家山新城、走马岭新城组团
	硚孝高速路	高速路	与主城长丰大道相接，联系汉口西部与吴家山金银湖组团
北部新城组群	古田二路延长线	骨架性主干道	与主城古田二路在三环路新墩立交相接，联系汉口西部与金银湖组团、盘龙新城和天河机场
	机场高速路	快速干道	与主城常青路在三环路常青立交相接，联系汉口北部与盘龙新城、天河机场
	盘龙大道	骨架性主干道	与主城塔子湖东路在三环路盘龙立交相接，联系汉口北部与盘龙新城、横店组团、前川新城
	岱黄高速路	高（快）速路	与主城金桥大道在三环路三金潭立交相接，联系汉口东部与盘龙新城、前川新城
	汉十公路	高（快）速路	与主城解放大道在三环路谌家矶立交相接，联系汉口东部与滠口、横店新城组团

道罗家港路和快捷路珞喻路；③武珞路—珞喻路，分别连接快速干道中南路和三环路；④琴台大道，分别连接快速干道长江大桥和三环路；⑤宝丰路—硚口路—月湖桥—江城大道，分别连接快速干道常青路和三环路；⑥杨泗港过江通道及长江两岸延伸线（建设标准为快速干道），分别连接快速干道龙阳大道和珞狮南路。

2）三镇区域路网

武汉市受江河分割，三镇鼎立发展，汉口、汉阳、武昌各镇内部需要形成相对独立完善和自成体系的道路系统。现根据三镇内部道路网络不同的交通特征和问题，优化调整后形成规划路网具体如下。

（1）汉口地区由于交通流量集中于中心城区，导致中心区道路拥堵严重，同时受铁路分割，后湖组团、古田、堪家矶地区与中心城区联系不足，进、出城不畅。规划增加汉口东部谌家矶至武湖、沿江大道至武麻高速、武英高速、北部塔子湖东路至盘龙大道、古田四路至金

图 8-15　都市发展区 2020 年道路网络规划图

银湖、古田二路至天河机场，西部长丰大道至张柏路的出、入城连通道；打通建设大道延长线、新华西路、塔子湖西路、中一路、三眼桥北路、建设渠路、古田四路 7 条穿京广铁路、汉丹铁路的连通路，强化南北向道路建设；完善古田、后湖、谌家矶等地区的次干道、支路网，改善汉口旧城的道路条件；规划形成垂江和顺江方向的“十二纵八横”的区域路网布局（含快速干道）。

（2）汉阳地区道路系统基础条件薄弱，同时龙阳大道承担进出城通道和城市干道双重功能，且缺乏分流通道，导致道路流量较大，重点路段较为拥堵。规划增加南部至黄陵、大集方向的出口路，在枫树组团北部预留至东西湖九支沟、武昌青菱地区的主要连通道，结合四新地区建设，着重完善和打通垂江和顺江方向干道系统，规划形成“五纵八横”的区域路网布局（含快速干道）。

（3）武昌地区受江河、湖泊、大院分割，路网呈 T 字形布局，存在先天不足的劣势，导致武珞路、中山路沿线以及老城区拥堵严重，同时南湖地区因受铁路阻隔，进、出通道严重不足。规划重点完善垂江道路系统，延伸八一路至关山二路，增加武昌中心区与流芳地区的连通路；改善环东湖风景区、杨春湖及武汉站地区、南湖地区交通条件，提高武昌地区的道路通达性；规划形成“十六纵十横”的区域路网布局（含快速干道）。

3）规划路网技术指标

至 2020 年，主城区规划道路总长约 3130km，道路

图 8-16　主城区 2020 年道路网络规划图

网密度为 7km/km^2，道路面积率为 18.3%，人均道路面积 15.3m^2，各级道路技术指标具体如表 8-4 所示。

武汉市主城区规划路网技术指标汇总表　　　表 8-4

类　别	长 度	面 积	路网密度
	km	km^2	km/km^2
快速干道（含快捷路）	353	17.7	0.8
主干道	387	17.0	0.9
次干道	590	20.7	1.3
支　路	1800	27.0	4.0
合　计	3130	82.4	7.0

在控规编制过程中，结合用地特征，增加支路里程；三镇将结合重点区域建设和项目开发积极推进微循环支路建设，进一步优化道路网结构。

8.5.3　建设高效、便捷、多模式、多层次的公共交通系统

武汉市将形成以轨道枢纽为中心、大容量城市轨道交通为骨架，常规公交为主体、出租车为辅助、轮渡等方式为补充的多模式、多层次、高效率以及“便、捷、舒、廉”的极具竞争力的城市公共交通系统。近中期，持续改善常规公交服务，加快建设轨道交通，优化常规公交网络，使公交对比私家车保持相当程度的竞争力，武汉公交出行分担率达到 25% ~ 30%，其中轨道交通占公共交通的比重达到 25% 以上。中远期进入轨道交通高速建设阶段，整合常规公交与轨道交通，形成以轨道交通为骨干的公共交通系统，公交出行分担率达到 35%，其中轨道出行比例占公交方式的比重达到 35% ~ 40%。远景年公交出行方式比重达到 40% ~ 45%，轨道方式出行占公交的比重达到 50% ~ 55%。

8.5.3.1 轨道交通系统

至 2020 年，规划建设城市轨道交通线网总里程约 450.6km，其中都市发展区轨道交通线路 282km，包含计划建成的轨道交通 1 号线、2 号线、3 号线、4 号线、5 号线一期、6 号线一期、7 号线一期和 8 号线一期工程，线网长度 244.7km，以及视城市发展需要，建设 5 号线二期、6 号线二期和 10 号线一期工程。建成古田、常青等 5 座车辆基地和硚口、堤角等 14 座车场。新城轨道线路 12 条共计 168.6km，其中至东西湖区 2 条线路 14km、至新洲区 1 条线路 29.8km、至黄陂区 2 条线路 21.1km、至东湖高新区 2 条线路 23.3km、至蔡甸区 2 条线路 26.1km、至汉南区 1 条线路 28.3km、至江夏区 2 条线路 26km。

远景至 2050 年，城郊轨道线网总规模为 1286km，其中市域范围内城际铁路总长 410km，城市轨道 22 条线总长 876km。城市轨道按功能可分为市域快线、市区线、市郊线三个层次，其中 3 条市域快线总长 206km，设站 88 座，平均站间距 2.34km，运营速度 50 ~ 60km/h，快速联系城市 CBD、副中心、新城组群中心以及重大对外客运枢纽；9 条市区线总长 350km，设站 261 座，平均站间距约 1.34km，运营速度 30 ~ 40km/h，主要功能是加密轨道线网，适应主城交通需求；10 条市郊线总长 320km，设站 116 座，平均站间距约 2.76km，运营速度大于 45km/h，主要功能是加强新城与主城交通联系，促进新城发展。

8.5.3.2 快速公交系统

快速公交（BRT）是轨道交通系统的补充，是公共交通系统的重要组成部分。根据武汉市轨道交通 60min 穿城、30min 到达中心城的总体目标，轨道交通的功能是覆盖城市重点功能区和主要客运走廊，其站间距和空间布局不可能像常规公交网那么密集，因此对于规划范围覆盖不到的次级客运走廊和空白地区，快速公交可分别起到客运骨架线和对轨道交通的补充、延伸的作用。至 2020 年，规划 BRT 线网方案由 8 条线路构成，总长 195km，设站 168 座，线网结构分为骨架型、补充型和过渡型三类，其中骨架型线路 3 条，分别为 BRT1 号线、BRT2 号线和 BRT4 号线；过渡型线路 2 条，分别为 BRT5 号线和 BRT8 号线；补充型线路 3 条，分别为 BRT3 号线、BRT6 号线和 BRT7 号线，如表 8–5 所示。

2020 年主城区轨道交通线网和快速公交线网总密度达 0.59km/km^2，轨道及快速公交覆盖人口 394 万，岗位 252 万个，人口岗位覆盖率达 49.5%；公共交通客运总量为 1500 万人次 / 日，其中轨道承担 38%，快速公交承担 12%，主城轨道交通及快速公交分担率达到 55% 以上。

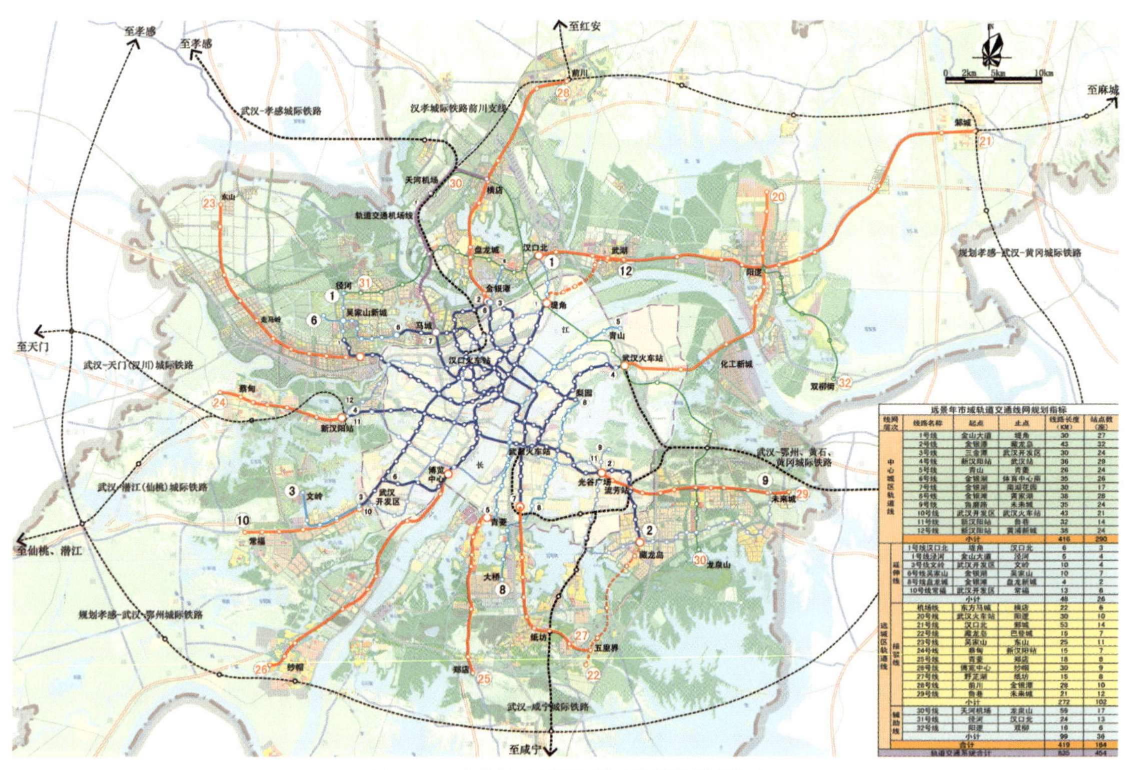

远景年市域轨道交通线网规划指标

线网层次		线路名称	起点	止点	线路长度（KM）	站点数（座）
中心城区轨道线		1号线	金山大道	堤角	30	27
		2号线	金银潭	藏龙岛	43	32
		3号线	三金潭	武汉开发区	30	24
		4号线	新汉阳站	武汉站	36	29
		5号线	青山	青菱	26	24
		6号线	金银湖	体育中心南	35	26
		7号线	金银湖	南湖花园	30	17
		8号线	金银潭	黄家湖	38	28
		9号线	鲁磨路	未来城	35	24
		10号线	武汉开发区	武汉火车站	43	21
		11号线	新汉阳站	鲁巷	32	14
		12号线	新汉阳站	黄浦新城	38	24
		小计			416	290
远城区轨道线	延伸线	1号线汉口北	堤角	汉口北	6	3
		1号线泾河	金山大道	泾河	5	4
		3号线文岭	武汉开发区	文岭	10	4
		6号线吴家山	金银湖	吴家山	10	7
		8号线盘龙城	金银潭	盘龙新城	4	2
		10号线常福	武汉开发区	常福	13	6
		小计			48	26
	骨架线	机场线	东方马城	横店	22	6
		20号线	武汉火车站	阳逻	30	10
		21号线	汉口北	邾城	53	14
		22号线	藏龙岛	巴登城	15	7
		23号线	吴家山	东山	25	11
		24号线	蔡甸	新汉阳站	15	7
		25号线	青菱	郑店	18	8
		26号线	博览中心	纱帽	30	9
		27号线	野芷湖	纸坊	15	8
		28号线	前川	金银潭	28	10
		29号线	鲁巷	未来城	21	12
		小计			272	102
	辅助线	30号线	天河机场	龙泉山	59	17
		31号线	径河	汉口北	24	13
		32号线	阳逻	双柳	16	6
		小计			99	36
		合计			419	164
轨道交通系统合计					835	454

图 8–17　远景年城郊轨道交通线网规划图

2020 年规划 BRT 线路走向一览表　　　　表 8–5

线路名称	起　点	讫　点	线路长度 /km	站点数 / 座
BRT1 号线	梨园	盘龙城	25	19
BRT2 号线	陶家岭	鲁巷	27	20
BRT3 号线	武昌火车站（东广场）	庙山	24	26
BRT4 号线	汉口火车站（南广场）	军山	29	19
BRT5 号线	汉口火车站（南广场）	蔡甸	29	25
BRT6 号线	凤凰山	白玉山	23	25
BRT7 号线	武汉体育中心	常福	17	14
BRT8 号线	汉口火车站（北广场）	武湖	21	20
合　计			195	168

8.5.3.3　常规公交系统

结合轨道交通建设和城市用地发展，优化调整常规公交线网布局。公交线路按快线、普线、支线三级布置。快线采用 BRT、大站快车或公交专用道的形式，提供高速度的服务，主要服务于城市地区间的交通，沟通各城市大型客流集散中心；普线采用中等站距提供方便的服务，沟通三镇内部各客流集散中心；支线系统以服务于区域内交通出行，线路深入各小区、组团，主要服务于小区域的客流集散。

至 2020 年，主城区规划常规公交线网密度达 3.5km/km^2，公交重复系数控制在 3.0 以下，换乘系数提高至 1.40。其中，公交场站按保养场、停车场、枢纽站及首末站四类规划控制用地，主城区布局保养场 12 座、大型公交枢纽站 12 座、中小型枢纽站 24 座、公交首末站及停车场 94 座，公交场站设施应与新区开发和旧城更新同步建设。

8.5.3.4　其他公交系统

1）出租车系统

合理控制出租车规模，完善出租车服务设施，规划至 2020 年，出租汽车发展规模应控制在 2.5 万辆以内；结合机场、火车站、公路客运站、商业区、公交枢纽站、大型居住区等设施布局，合理设置武汉火车站、武昌火车站、汉口火车站、天河机场、范湖、关山客运站、新荣村客运站等 10 个出租车大型营业站，鲁巷广场、武汉广场、古琴台等 23 个中型营业站，后湖、滨江苑、阅马场、梨园、武汉动物园、铁桥村等 60 余座小型营业站。根据交通需求和管理要求，结合公交站点布局，适度设置出租汽车招手停靠站点。

2）轮渡规划

适应城市客运交通发展，促进轮渡由客运型向集旅游观光、休闲娱乐、客运交通于一体方向发展。保留过

图 8–18　武汉市 2020 年 BRT 线网规划图

江汽渡功能，为城市过江交通提供应急交通保障。

重点从以下三个方面加以完善和优化：水陆衔接——完善公共汽（电）车与轮渡换乘枢纽，规划建设中华路、南岸嘴、武汉客运港、月亮港等换乘首末站、枢纽站，加强配套道路建设和配套公交站点布置，强化水陆交通联系。过江轮渡——武汉关至中华路航线，通过对软、硬件的投入，改造成与江滩、江汉路、汉阳南岸嘴景观相匹配的航线；港一至曾家巷、黄鹤楼至集家嘴、黄鹤楼至晴川航线，配备 200 ～ 300 客位的全封闭、高速客轮，同时对码头、闸口、坡道及趸船进行适应性改造，以提高轮渡的吸引力。水上游览——开辟两江四岸游览航线，以粤汉码头为中心，辅以南岸嘴、汉阳门、月湖、硚口路、东风公园等码头，开通两江四岸水上旅游观光、娱乐休闲航线；根据道路交通发展状况，适时开通沿长江、汉江、大型湖泊水上快速客运交通航线，缓解陆上交通压力，为居民出行提供新的出行通道。

8.5.4 构建现代化物流体系，建设匹配的物流运输网络

发展武汉现代物流业是落实“中部崛起”发展战略的重要举措。充分发挥武汉市位于国家中部地区南北物流通道和长江物流通道交叉点的优势和地位，营造有利于现代物流业发展的政策环境，构建现代化的物流信息平台系统，形成快速便捷的多式联运通道。实现全市范围内“门到门”的物流终端直达配送圈，武汉市至周边城市 2h 快速经济圈，到中部各省会和中心城市的 6h 分拨经济圈，以及武汉至全国 1000km 左右范围重点城市的 12h 分拨中转配送服务圈，发展面向世界重点地区的国际物流服务辐射圈。

8.5.4.1 现代物流体系

武汉现代物流体系结构总体布局为：依托综合交通枢纽功能，在主城区外围临近高速公路出入口、铁道枢纽站、港埠港区、航空港处，建设服务于区域间物流的功能齐全的综合型物流园区；依托 5 大产业聚集区、6 大优势行业及十多条重点产业链中的骨干企业，在毗邻开发区、产业聚集区及大型专业市场处建设主要服务于制造业大型企业的综合型和专业型物流中心；在主城区内繁华地域外，靠近大型商贸设施和大型市场，以及制造业大企业处，建设主要面向制造企业或者商贸企业，服务于同城终端直达配送，兼顾区域内物流配送的物流配送中心。重点建设 5 大物流园区、13 大物流中心，具体如表 8–6 和表 8–7 所示。

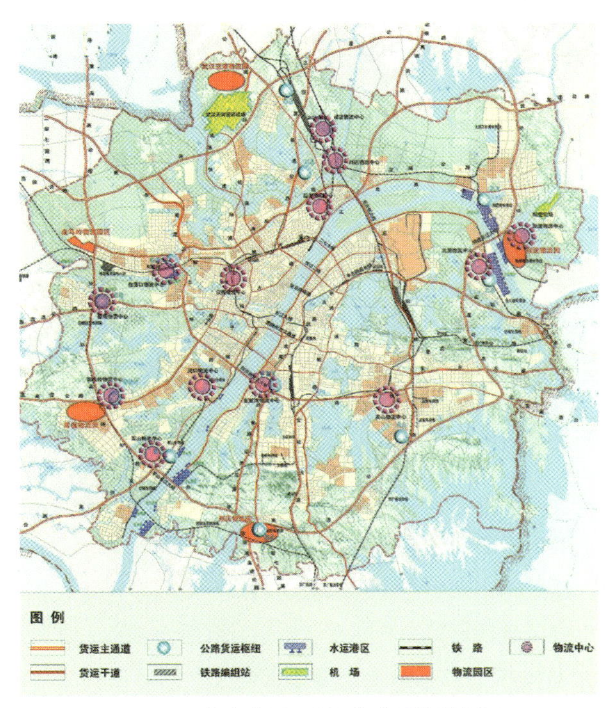

图 8–19 都市发展区货运物流系统规划图

武汉市国际 / 区域物流园区一览表 表 8–6

序号	名 称	功 能	选 址	服务方向	用地布局 /hm²
1	阳逻物流园区	依托阳逻深水良港，以集装箱转运为主体、有多式联运功能，集交易展示、流通加工、仓储库存、保税物流、商贸金融、信息交流六大服务功能于一体的商贸物流基地	位于阳逻开发区，临近外环高速公路、武英高速公路	东西南北	450
2	郑店物流园区	依托武昌南环铁路货运枢纽站，京珠、沪蓉高速公路、107 国道、武汉南环线，以交通货场区、仓储等综合服务为主	江夏区郑店街	南、北	100
3	常福物流园区	依托外环高速公路、汉宜公路连接点，临近长江航线及铁路专用线，主要面向武汉经济技术开发区及汉阳地区制造业基地	毗邻武汉经济技术开发区（武汉出口加工区）	西南	66.3
4	走马岭保税物流园区	依托武汉自由保税区和集装箱货运枢纽站，发展和建设水运—铁路—公路集装箱物流的中转、联运枢纽	东西湖走马岭	东南西北	350
5	武汉空港物流园区	依托天河国际机场和临空经济产业开发区，发展以国际航空物流为主的物流增值服务	天河机场东部	东南西北	200

武汉市物流中心一览表　　表 8–7

序号	名　称	功　能	选　址	服务方向	用地布局 /hm²
1	刘店物流中心	公路货运站；依托岱黄高速公路和汉十高速公路，发展生产资料和产业及仓储、运输等物流服务	黄陂刘店	北	12
2	军山物流中心	依托军山水运港、汉洪高速公路和外环高速公路，重点发展农产品、产业配套等物流功能	蔡甸区东南部军山街	西南	15
3	关山物流园区	武黄高速公路入口，临近京珠高速公路、京九铁路，发展光电子、生物技术和医药产业及仓储、运输等物流服务	武汉光谷中心区	东南	33.4
4	张家湾货运中心	依托三环线、青郑高速公路，发展公路集装箱运输、仓储等功能	白沙洲、洪山区张家湾	南	27.2
5	郑店物流中心	依托外环、京港澳高速公路、京广铁路干线和长江航线，发展建材、农副产品、光电子产品及医药等现代物流服务	纸坊以南，外环南环附近	南、北	16
6	北湖物流中心	依托外环高速公路、"长江黄金水道"，发展钢铁、石化工业生产资料及生活资料的集散运输及配送	位于化工新城	东、西	12
7	蔡甸物流中心	公路货运站，发展生产资料和产业及仓储、运输等物流服务	汉阳蔡甸区	西	14.9
8	郭徐岭物流中心	公路、水运货运站，发展生产资料和产业及仓储、运输等物流服务	沌口经济开发区西侧	西、南	21.9
9	横店物流中心	依托铁路、公路、水路多式联运，及市内配送	黄陂横店，天河机场和阳逻港快速通道的中间	东、北	27
10	沌口物流中心	依托"长江黄金水道"、沌口专用铁路线，发展汽车和机电工业生产资料及生活资料的集散运输及配送	沌口开发区	东、西	65
11	舵落口物流中心	发展生产资料和产业及仓储、运输等物流服务	三环与 107 国道交叉口	南、北	55
12	汉西物流中心	发展装饰建材及日用品等物流服务	汉口西部（汉西火车站附近）	南、北	15
13	后湖物流中心	依托三环线、京九铁路，发展生产资料和产业及仓储、运输等物流服务	汉口后湖地区	北	12

8.5.4.2　物流运输网络

建立一个布局合理、功能明确以及高效率、低成本的武汉物流运输网络来支持武汉城市社会经济发展，提升武汉交通枢纽地位。主要是通过二环线、三环线、四环线以及重要放射线道路，建立战略性货运路网，连接主要干线公路和物流节点以及铁路车站、机场和港口等，引进货运标志来识别战略性路网。具体分为以下两个方面。

1）建立战略性货运路网

城区货运交通网络主要分为城市内部货运、城市过境货运两个方面。协调城区道路的使用主体，解决好城市内部货运；过境货运通过中环线或外环线组织。战略性货运网络连接主要干线公路和物流节点以及铁路车站、机场和港口等；提高港口、机场和铁路车场的可达性；限制货车使用货运走廊邻近的或平行的道路（必要的本地进出除外）；在重要的战略性货运通道上设置货运车道，该车道货车优先于客车；引进货运标志来识别战略性路网；在战略性通道上要考虑超高、超宽、超重车辆的通行需要。

2）实施城市货运交通限制区政策

近期，货车通行限制区的范围为长江二桥、黄浦路、发展大道、汉西路、江汉二桥、龙阳大道、长江三桥、武咸公路、楚雄大道、珞狮路、八一路、东湖一路、中北路、徐东路围合的区域。中远期货车通行限制区范围拓展至二环线。限制区内白天限制货车驶入，城市进、出货运在环路附近完成，在解决好货运车辆停放问题的基础上，市区内白天货运交通主要由小型货运车辆转运，晚间开辟大型货车通道。

8.5.5　推进停车场建设，构建合理的城市停车供给结构

适应城市机动化发展要求，提供与停车需求相匹配的停车设施，实现城市静态交通与动态交通的平衡。以政府引导，停车产业化发展为方向，建成以配建停车场为主，路外公共停车场为辅，路面停车场为补充，布局合理，

规模适当，体现区域差别化的停车设施与运营体系。

8.5.5.1 停车需求预测

根据城市总体规划确定的相关发展目标和指标（车辆、人口等），2020 年城市停车总需求泊位约 281 万个，其中配建停车泊位需求 240 个、公共停车泊位需求 30 万个（其中主城区需求约 18 万个），路内停车泊位约 11 万个。配建停车泊位以严格执行建筑物停车配建标准予以满足；公共停车场根据城市功能和用地布局，进行合理的规划预留和建设；路内停车泊位综合道路功能、交通运行状况、区域停车供需情况的因素，动态优化和调整，保持一定的合理水平。其中，公共停车泊位需求分区域预测数值如表 8–8 所示。

2020 年都市发展区公共停车泊位需求　　表 8–8

区域	汉口	汉阳	武昌	合计	比例
内环以内	15000	4100	12350	31450	10.5%
内二环间	30950	9250	31160	71360	23.8%
二、三环间	31420	13770	32000	77190	25.7%
三环以外	48800	25700	45500	120000	40.0%
合计	126170	52820	121010	300000	100.0%

8.5.5.2 停车规划方案

1）配建停车泊位

建筑物配建停车场是社会停车设施的主体，具有出行终端（自备车位）停车和兼顾车辆出行过程社会停车的双重功能，也是整个交通系统不可缺少的一个重要组成部分。一般说来，配建停车泊位应占总数的 85%左右，因此制定合适的配建停车标准非常重要。规划建筑物配建停车泊位指标具体如表 8–9 所示。

2）公共停车泊位

根据主城区 18.0 万个的公共停车泊位需求，结合城市用地空间布局、交通发展策略以及现状停车问题地段的分布，按照公共停车场规模适中，停车泊位就近、分散、方便的设置原则，主城共规划控制公共停车场 620 余处，单个停车场规模 200 ~ 400 个泊位。规划实施后，主城区公共停车场 300m 半径覆盖率将达到 60%以上，基本能够满足公共停车需求。

3）路内停车泊位

路内停车泊位是城市停车设施的必要补充，主要服务于短时停车，根据主城区停车泊位需求预测，规划在主城区设置总计不超过 7.0 万个路内停车泊位。同时要求，应根据未来各道路交通运行的具体状况，

各类建筑物配建停车泊位指标　　表 8–9

序号	建筑类别		计量单位	机动车		备　注
				二环线内	二环线外	
1	住宅	别墅、独立式住宅	停车泊位 / 每户	—	2.0	
		商品房	停车泊位 /100m² 建筑面积	0.7	0.9	
		酒店式公寓	停车泊位 / 每户	0.8	1.0	
		经济适用房	停车泊位 / 每户	0.3	0.4	
		廉租房	停车泊位 / 每户	0.2	0.2	
		限价安置商品房	停车泊位 / 每户	0.4	0.6	
2	商业	一类	停车泊位 /100m² 建筑面积	0.6	0.8	指综合性商场、购物中心等
		二类		1.0	1.5	指大型超市、批发市场等
		三类		0.3	0.4	居住区级的商业中心
3	办公	行政办公	停车泊位 /100m² 建筑面积	1.0	1.2	
		其他办公		0.8	1.0	
		会议中心	停车泊位 /100 座	5.0	8.0	
4	酒店宾馆	五星级及以上	停车泊位 / 客房	0.8	1.0	
		三或四星级		0.5	0.7	
		其他酒店		0.3	0.4	指经济型酒店、一般招待所

续表

<table>
<tr><th rowspan="2">序号</th><th rowspan="2" colspan="2">建筑类别</th><th rowspan="2">计量单位</th><th colspan="4">机动车</th><th rowspan="2">备　注</th></tr>
<tr><th colspan="2">二环线内</th><th colspan="2">二环线外</th></tr>
<tr><td rowspan="2">5</td><td rowspan="2">餐饮娱乐</td><td>大型</td><td rowspan="2">停车泊位 /100m^2 建筑面积</td><td colspan="2">2.0</td><td colspan="2">2.5</td><td>餐饮指建筑面积 ≥ 5000m^2，娱乐指建筑面积 ≥ 3000m^2</td></tr>
<tr><td>一般</td><td colspan="2">1.5</td><td colspan="2">2.0</td><td>餐饮指建筑面积 < 5000m^2，娱乐指建筑面积 < 3000m^2</td></tr>
<tr><td rowspan="2">6</td><td rowspan="2">医疗</td><td>综合、专科医院</td><td>停车泊位 /100m^2 建筑面积</td><td colspan="2">1.0</td><td colspan="2">1.2</td><td>—</td></tr>
<tr><td>疗养院</td><td>停车泊位 /100m^2 建筑面积</td><td colspan="2">0.4</td><td colspan="2">0.5</td><td>—</td></tr>
<tr><td rowspan="2">7</td><td rowspan="2">体育场馆</td><td>一类</td><td rowspan="2">停车泊位 /100 座</td><td colspan="2">4.0</td><td colspan="2">4.5</td><td>指座位数 ≥ 15000 的体育场，座位数 ≥ 4000 的体育馆</td></tr>
<tr><td>二类</td><td colspan="2">3.0</td><td colspan="2">3.5</td><td>指座位数 <15000 的体育场，座位数 <4000 的体育馆</td></tr>
<tr><td rowspan="4">8</td><td rowspan="4">文娱</td><td>电影院</td><td>停车泊位 /100 座</td><td colspan="2">5.0</td><td colspan="2">5.0</td><td>—</td></tr>
<tr><td>剧院</td><td>停车泊位 /100 座</td><td colspan="2">10.0</td><td colspan="2">10.0</td><td>—</td></tr>
<tr><td>博物馆、图书馆</td><td>停车泊位 /100m^2 建筑面积</td><td colspan="2">0.4</td><td colspan="2">0.8</td><td>—</td></tr>
<tr><td>展览馆</td><td>停车泊位 /100m^2 建筑面积</td><td colspan="2">0.6</td><td colspan="2">0.8</td><td>—</td></tr>
<tr><td rowspan="2">9</td><td rowspan="2">公园</td><td>综合公园、主题公园</td><td rowspan="2">停车泊位 /10000m^2 占地面积</td><td colspan="2">6.0</td><td colspan="2">12.0</td><td>—</td></tr>
<tr><td>一般性公园</td><td colspan="2">1.0</td><td colspan="2">4.0</td><td>—</td></tr>
<tr><td rowspan="4">10</td><td rowspan="4">交通</td><td>火车站</td><td rowspan="4">停车泊位 / 高峰日 100 旅客</td><td colspan="4">2.5</td><td>—</td></tr>
<tr><td>汽车站</td><td colspan="4">2.5</td><td>—</td></tr>
<tr><td>客运码头</td><td colspan="4">2.2</td><td>—</td></tr>
<tr><td>客运机场</td><td colspan="4">5.0</td><td>—</td></tr>
<tr><td rowspan="6">11</td><td rowspan="6">教育</td><td>—</td><td rowspan="5">教工，停车泊位 /100 人；学生接送，停车泊位 / 班</td><td>教工</td><td>学生接送</td><td>教工</td><td>学生接送</td><td rowspan="5">校址范围内至少设 2 个校车停车泊位</td></tr>
<tr><td>幼儿园</td><td>12</td><td>1.5</td><td>15</td><td>1.5</td></tr>
<tr><td>小学</td><td>12</td><td>1.3</td><td>15</td><td>1.3</td></tr>
<tr><td>中学</td><td>12</td><td>1.0</td><td>15</td><td>1.0</td></tr>
<tr><td>大专院校</td><td>25</td><td>—</td><td>30</td><td>—</td></tr>
<tr><td>培训机构</td><td>停车泊位 /100m^2 建筑面积</td><td colspan="2">1.0</td><td colspan="2">1.5</td><td>—</td></tr>
<tr><td>12</td><td colspan="2">工业、仓储</td><td>停车泊位 /100m^2 建筑面积</td><td colspan="2">0.2</td><td colspan="2">0.4</td><td>—</td></tr>
</table>

注：①表中指标为最低控制值；
②综合性建筑配建停车泊位指标按各类性质和规模分别计算；
③三星级及以上酒店、大型餐饮娱乐设施、剧院、博物馆、图书馆、展览馆按每 1000m^2 建筑面积配建一个旅游巴士停车泊位；
④远城区的城镇区域建筑物配建停车场可参照表中二环线内停车泊位指标控制值，其他区域可参照二环线外停车泊位指标控制值。

结合区域停车供需情况，适时动态地调整路内停车泊位的分布。

8.5.6 以人为本，打造和谐舒适的慢行交通网络

慢行交通系统的总体规划目标是完善主城区慢行交通网络，创造良好的慢行环境，与快速机动化交通系统和谐共生，相互补充，共同构建方便、快捷、安全、舒适的城市交通运输体系，满足市民日益增长的交通需求，同时倡导绿色、健康、环保、可持续的交通发展理念，服务于武汉市“两型社会”建设。其主要包括步行交通系统、自行车交通系统和公共自行车系统三个方面。

8.5.6.1 步行交通系统

步行交通系统分为以下三类：一是宁静步行系统，主要为居民提供便捷、舒适的步行道，鼓励其利用支路步行、锻炼、休憩、娱乐；服务于商业、历史名街，通过为游人提供便捷、美观的步行道，鼓励购物、饮食、观光等休闲活动。二是轨道站周边步行系统，连通轨道

站与商业慢行核、社区慢行核、枢纽慢行核等，以接驳轨道交通为主，向轨道交通输送大量人流，保证其便利性与可达性。三是步行过街设施，根据不同的道路等级、行人类型、道路条件，选取合理的布局形式和间距要求。结合过街环境（位于路段还是交叉口、有无绿波改善可能、可否结合商业或轨道交通）决定其设施选型。

主城区至2020年规划形成577条宁静步行道，总里程约445km，其中生活步行道481条，约359km；休闲步行道96条，约86km；岛际安宁过街352处。

近期2015年结合轨道线路建设，规划建设与轨道交通站点衔接良好的步行道292条，其中商业型廊道72条，社区型廊道160条，枢纽型廊道22条，连通型廊道38条。

近期2015年结合重大项目施工需要和主要干道交通运行状况，主城区规划形成人行立交总计194座，其中现有62座，新建132座。

8.5.6.2 自行车交通系统

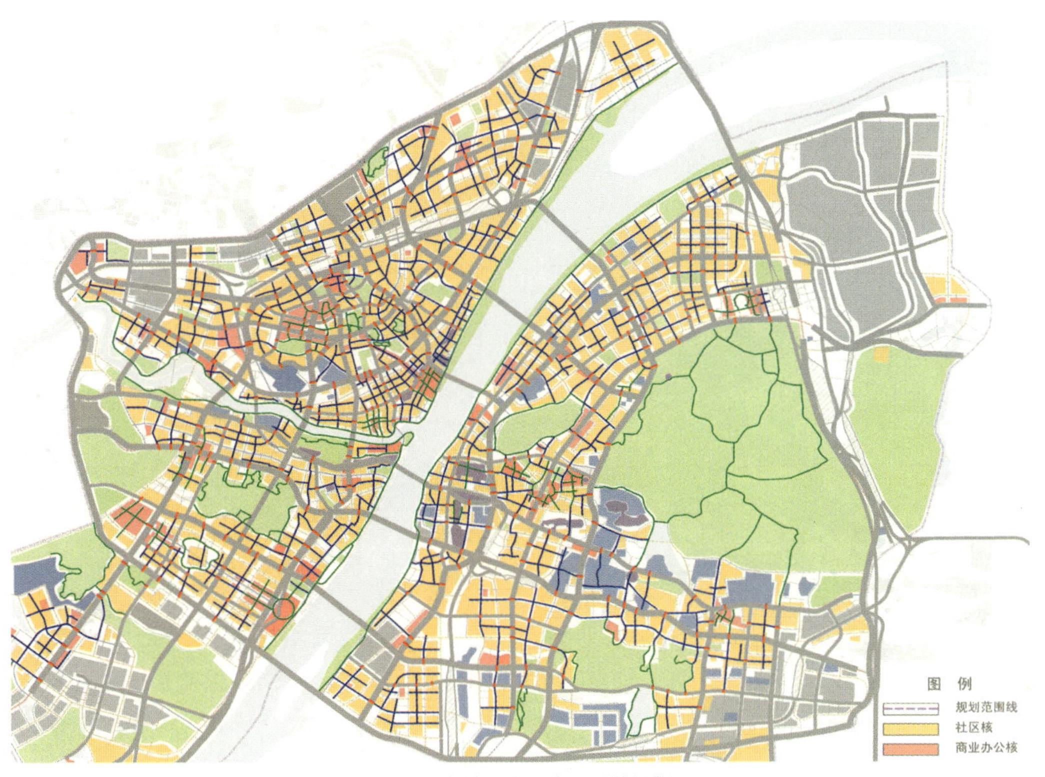

图8-20 主城区步行交通系统规划图

结合自行车功能定位、地形条件和气候特征，将武汉市主城区自行车道路按功能及重要性规划为自行车廊道、自行车通道、自行车休闲道三级。按照“岛间连通、岛内畅达、换乘接驳”的总体原则，形成“主次搭配、级配分明、结构合理”的自行车道网络系统。

至2020年，规划在主城区形成“30条廊道、92条通道、16条休闲道”的自行车道网络。其中，自行车廊道为“15纵、15横”，共30条，总长275.6km，密度为0.41km/km²；自行车通道总长366.1km，密度为0.54km/km²；自行车休闲道总长210.7km。

8.5.6.3 公共自行车系统

在规划完善的自行车通道网络基础上，合理布局公共自行车系统，按照“分类布局、平衡规模、灵活调整、总量控制”的布局思路和原则，先期将1100个点共5万辆公共自行车布设于各主要居住区、商业区和行政区，规划至2015年，逐渐使主城区公共自行车服务系统租赁点达到2000～2750个，基本覆盖主城区各主要公交枢纽和站点、公共建筑、居住区、游憩区、校园及行政办公区。

8.5.7 构建交通信息化平台，加强需求管理和精细交通

通过交通组织与管理，充分发挥综合交通系统的效率和功能，保障交通系统的稳定可靠和交通参与者的安

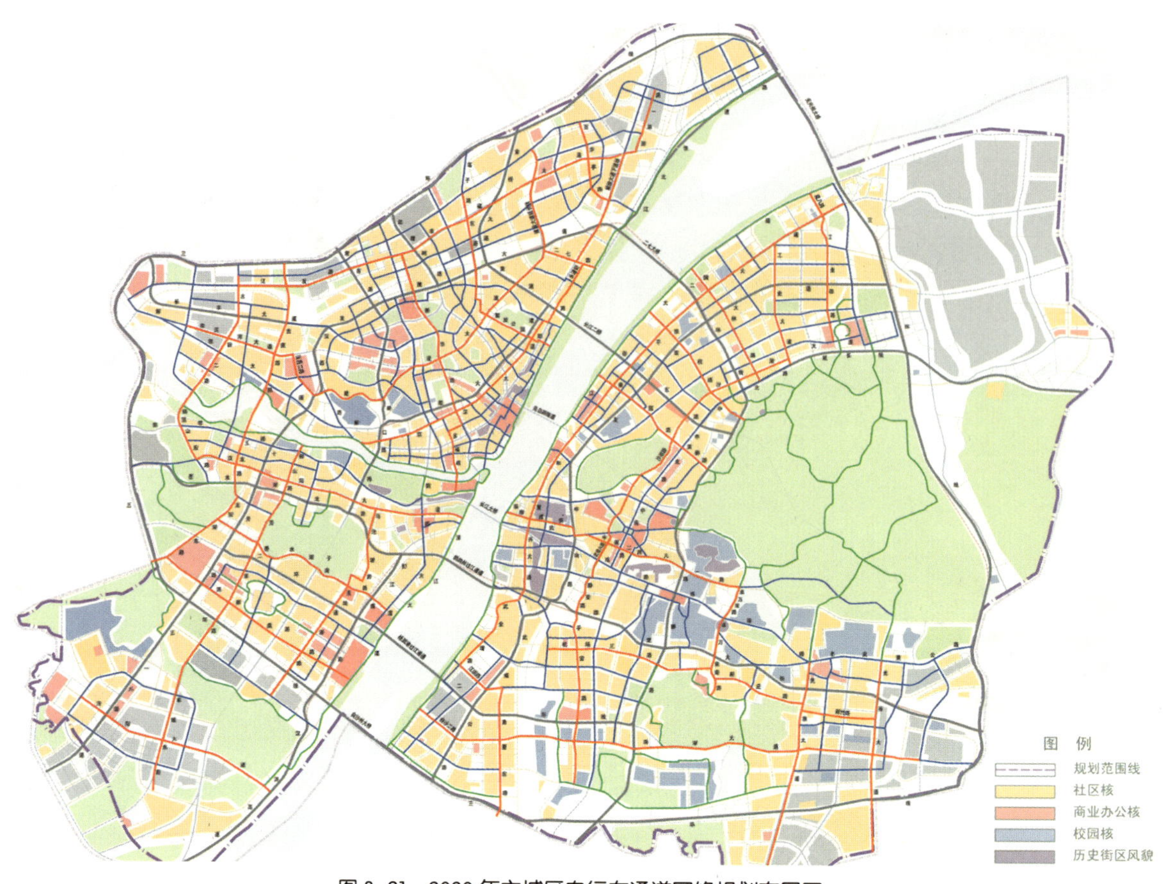

图 8-21　2020 年主城区自行车通道网络规划布局图

全，促进交通系统运行的“安全、畅通、有序”，全面实现城市交通智能管理。

8.5.7.1　智能交通管理

智能交通系统涉及对道路、交通流、公共交通、信息网络、物流及货运交通的有效管理。因此，智能交通系统硬件和软件系统的建设是实施整个交通管理策略的一项重要的支持工具，而不仅仅是支持某一种特定的交通方式。在计算机数据系统的支配下，微处理技术的快速进步以及更加现代化的数据通信系统将能够显著加强武汉市交通系统的安全及运行效率，且能部署并服务于一系列的交通管理目标。

目前武汉市政府十分重视智能交通系统建设，已经建成主城区区域信号灯控制系统，并正在通过整合各部门交通信息资源，构建由政府主导的综合交通信息平台，旨在实现拥堵识别及对策分析、交通运行政策分析、公交运营数据分析、交通行业信息互通、实时交通信息发布等信息化功能，以进一步提升武汉市交通智能化水平，达到辅助政府决策、服务规划管理、服务交通规划研究、服务社会公众的目标。

8.5.7.2　交通需求管理

从交通供需相对关系上看，道路设施的供给能力是有限的，城市道路交通供需矛盾是城市交通拥挤的直接原因。解决城市交通问题，必须在进行适当规模的道路交通设施建设和综合实施道路交通管理措施的基础上，分阶段、分区域实施相应的交通需求管理措施，调控交通总量，缓解城市交通矛盾。

1）继续实施现有需求管理措施

目前武昌和汉口中心区限制货车进入、长江大桥全天禁止货车通行、长江大桥小客车按车牌尾数单双号通行、错时上下班、分区厂休日等措施，起到了调节交通需求总量的效果。特别是前两项措施，强制性较强，对中心区交通有一定的疏解作用，同时对开发商投资方向、调整中心区土地利用性质起到了积极的引导作用。建议继续使用上述措施，并监测、评价其效果，以确保其长期效果不会影响经济进一步发展。

对武汉这种综合功能的城市，考虑上、下班时间的进一步错开以及实行错时上下学、班车校车、鼓励合乘等制度，将有助于进一步缓解交通拥挤状况。随着信息

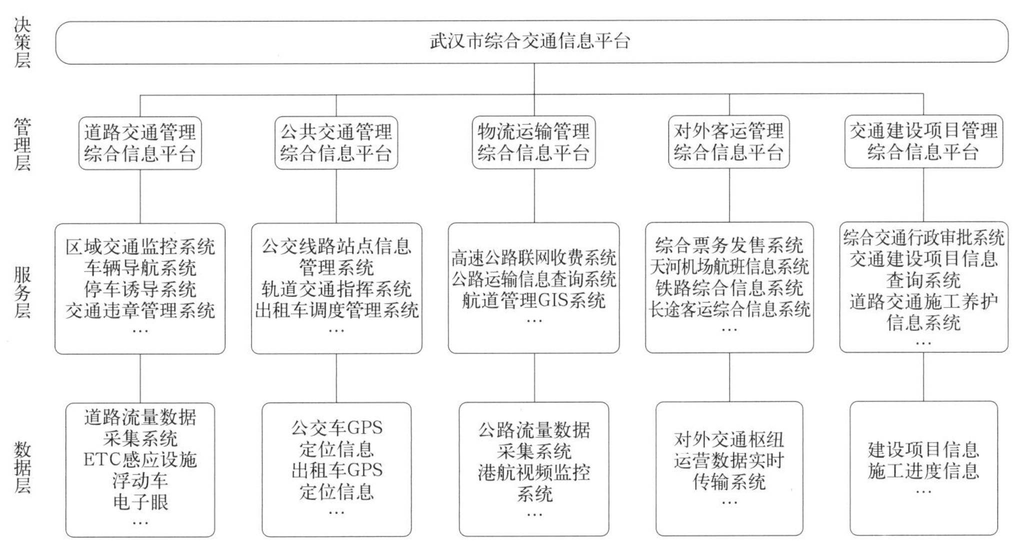

图 8-22　武汉市交通信息化系统框架

化发展，充分利用先进技术实行远程办公、弹性工作制也是行之有效的方法。

2）加强土地利用和交通规划的结合

健康的土地利用和出行方式结构，是与需求管理目标一致的更为根本的战略性和支撑性举措。加强城市土地利用规划和交通规划的结合，以交通引导城市土地综合开发，减少因布局不合理带来的长距离出行；鼓励以公交而非小汽车为导向的土地开发，引导健康的出行方式结构；提供具有吸引力及可承受的公共交通系统，吸引更多居民选择公共交通出行方式；对于短距离出行，提供良好的道路设施，鼓励步行交通及自行车交通。

在交通系统支撑策略上，"1 个主城"应优化功能布局，着重发展现代服务业，大力发展轨道交通衔接中心区和各组团中心，建立"环网结合轴向放射"的骨干道路系统，形成以公共交通为主导的综合交通体系，支撑主城集约发展；"6 个新城组群"应与主城形成跳跃式发展形态，承接主城区人口、功能疏解和新的产业聚集，强调职住平衡和独立成市，大力建设以"双快一轨"交通走廊为支撑的轴向发展空间结构。

在交通建设协调措施上，应充分利用 TOD 模式，以公共交通站点，特别是轨道交通站点为中心，鼓励高强度复合开发，通过多种交通方式高效换乘，实现以公共交通为导向的土地利用与交通协调发展。主城区，结合轨道交通规划，可在王家墩、杨春湖、四新、金银潭等新开发地区建设 TOD 新城；在二七、堤角、古田、鲁巷、青山、南湖等旧城改造或居住组团区域充分发挥轨道交通站点辐射能力，加强接驳系统的建设；在主城开发成熟区及轨道交通走廊，鼓励以轨道交通站点为中心的地上、地下空间复合开发。新城区，引导职住平衡，鼓励沿新城轨道站点进行重点功能区建设和环绕式邻近开发，具体为：依托新城轨道网络、城际铁路建设，以轨道交通主要站点为核心和动力，大力发展六大新城组群和城关镇；以新城轨道一般站点为中心，以适宜的范围、开发强度、开发性质、交通配套的要求和标准进行环绕式的成片邻近开发。

3）合理引导和控制机动车的发展规模

机动车保有量的增长与城市社会经济、人口、交通基础设施条件等因素息息相关，按照近 10 年来的机动车发展趋势，如果不对车辆加以有效引导和控制，2020 年全市机动车保有量将会大大突破城市总体规划提出的适宜的发展规模，即 190 ～ 250 万辆，届时将会给城市交通和生态环境带来较大压力和负面影响。

在武汉市道路系统极大提升、轨道交通大规模建设初期的这个关键时刻，为保证城市交通长远健康地发展，应尽快启动机动车引导和控制政策的研究，并结合未来机动车发展和交通运行状况，适时予以实施，以有效抑制当前机动车的高速增长，为城市交通出行方式的转型留下充足的时间和空间。

4）积极采取差别化的交通管理措施

这主要包含有交通设施建设差别化、过江通道收费差别化、停车收费差别化三个方面。

交通设施建设差别化管理措施主要分为四个方面：一是在滨江活动区重点发展绿色交通，构造慢行交通系统；采取严格的交通管理措施，控制小汽车的使用；采用较低的停车泊位配建标准等。二是在中央活动区交通系统以优化调整为主，实施综合交通管理措施，提升路网交通能力；推行交通管理科学化、智能化、信息化，提高运行效率；加强轨道与常规公交无缝衔接、与慢行有效对接、与金融商业亲密连接。三是在主城居住组团建设轨道或快速公交联系市中心，注重路网结构优化，加强交通保护和宁静区建设；确立公共交通在通勤出行中的主导地位；结合区内轨道及公交站点，设置自行车换乘设施，提升公交和慢行出行比例。四是在新城组群重点建设新城轨道、公交快线、高（快）速路等系统加强与市中心联系；结合产业园区完善区域道路系统；结合新城轨道站点建设综合交通枢纽，特别是P+R轨道换乘系统，加强新城各种交通方式与轨道交通系统的接驳。

过江通道收费差别化措施在近期主要是通过ETC收费系统，实行按次和年票制度征收过江费用，保障过江刚性需求，通过经济杠杆减少不必要的过江交通，这将在一定程度上缓解中心区过江通道压力。远期寻求收费政策的突破，扩大ETC系统覆盖面，在交通拥堵区域实行差别化收费制度，按照高峰高收费、平峰低收费、中心区高收费、外围区低收费的原则，调整交通流分布，确保中心城区的交通基本顺畅。

停车收费差别化措施主要是实行停车收费中心区高于外围区，路内高于路外，地面高于地下的管理制度，引导车辆更多地停到路外和地下，提高路外停车场利用率，有效促进公共停车场建设和动静态交通平衡，缓解交通拥堵。

8.5.7.3 精细交通管理

一是加强道路交通管理设施建设，规范信号灯、标志、标线和标牌的使用，推进路口渠化、机非隔离、行人二次过街等提高通行效率和保障行人安全的设计；二是完善规范路边停车标识、标牌系统建设，强化停车管理，促进路外公共停车场建设，着手研究购车自备车位制度；三是采用先进的仿真分析手段，测试单双号、单行道、路口禁左、公交专用道、货车限行等管理措施的实施效果，优化区域交通组织，缓解交通矛盾；四是严格文明执法，加强对行人、非机动车驾驶员乱闯红灯、乱穿马路等不文明行为的管理，加强对机动车驾驶员乱闯红灯、违章停车、交通肇事逃逸等违法行为的处罚；五是实行部门联动，开展工商、交管等部门联合处罚措施，加大对违法占用、挖掘道路以及乱停车、乱设摊点、乱设广告和占道洗车等违章行为的整治力度，充分发挥现有道路设施功能；六是建立长效机制，由市政府牵头，联合各个职能部门，成立缓解交通拥堵工作专班，保障重要交通设施项目建设及交通管理政策和措施的实施。

8.6 规划实施保障体系

城市交通的发展不仅涉及政策法规、资金、土地、环境、社会公平等因素，而且涉及铁路、公路、航运、航空、城市建设、交通管理、规划土地、城市计划等诸多部门，面对日益变化的社会经济发展新形式，为使城市交通能够健康、科学地发展，使得城市综合交通规划得以顺利实施，需要从政策法规、规划建设管理等方面提供坚实的支撑。

8.6.1 完善相关政策法规，保障交通可持续发展

8.6.1.1 交通先导政策

改变过去“适应性建设”为“引导性建设”，通过构筑包括轨道、BRT系统、高（快）速路以及换乘枢纽等为主体的复合交通支撑体系，引导城市轴向发展，促进旧城更新，实现交通与用地的互动。具体建议内容包括出台交通咨询评估规定、优先安排交通设施建设资金、加大交通设施建设力度等。

8.6.1.2 公共交通优先政策

从武汉特大型城市的特点出发，按照公众利益优先和效率最优原则，实施公交优先政策，加大大运量快速公共交通和换乘枢纽的建设力度，确立公共客运在城市日常通勤出行中的主导地位。具体内容包括优先保证合理的公交用地，优先保证公交资金投入，实行公交营运政策扶持与价格补贴，优先保证公交高效运营，优先保证公交换乘方便等。

8.6.1.3 交通区域差别政策

武汉市已进入机动车高速增长时期，要针对不同区域交通供求的不同状况，逐步实施交通区域差别化管理。中心区依托大容量轨道交通网络为主的公共交通，完善道路等级配置，控制机动车流量，严格控制停车规模。外围区以地面公交和轨道交通为主导，加快建设快速路，适度放宽小汽车等个体机动方式的使用，鼓励停车换乘。郊区重点建设快速道路网，放宽小汽车的使用限制，按

需建设停车设施。

8.6.1.4 交通需求管理政策

在加快全市道路网建设的同时，调控机动车流量，保持路、车协调发展，始终将道路网的运行状况维持在合理的水平。随着交通控制与管理能力的不断增强，对机动车的增长速度进行动态调整，着重通过中心区道路使用收费、过江车辆限制、停车控制等手段调节机动车的使用。

8.6.1.5 交通营运管理政策

统一城市公共交通客运市场管理，规范公交客运市场管理程序。进一步规范行业管理，推进依法行政，建立公开、公平、公正的市场环境。规范融资行为，完善公共客运行业的服务质量评价考核标准，建立考核机制，强化服务质量监督。积极推进公交票制的改革，建立公交票价定期审查和听证制度。大力开展公交车、出租车"油改气"工作。规范货运市场管理，积极推动货运经营专业化、大型化。运用经济手段调控货运车辆发展速度，保障货运服务水平和效率。

8.6.2 开拓投融资渠道，建立稳定的资金来源

交通项目具有建设周期长、投资大、收益低的特点，需要政府加大财政投入，积极利用民间资本和引进外资，并深入开展BOT、TOT等融资模式的研究，确保武汉市交通建设具有稳定的资金来源。

8.6.3 支持交通相关产业

为充分发挥武汉综合交通枢纽功能，重点支持在武汉地区布点的国家级产业（基地、项目等）政策；为有效利用武汉综合交通各类基地设施作用，明确武汉市予以支持的相关产业项目政策。

例如，利用动车检修基地、大功率机车检修基地、客运专线综合维修基地和武汉北编组站、集装箱中心站、武汉新港等需要消耗大量物资器材的特点，实现物资器材本地化，制定支持发展与铁路动车、机车、大型机械、电器、轨道、车厢、港口及水运设施等相关产业的政策。

8.6.4 健全运行机制、加强区域与部门协调

交通的规划、建设与管理涉及多个部门，应建立一套完整有效的运行机制，协调各部门之间的工作，按照科学发展观的要求，坚持决策的科学化和民主化，全面推进武汉市交通建设事业迈上一个新台阶。此外，对于跨区域的重大交通设施建设，应积极与武汉市周边区域协调，统筹区域交通建设与发展。

8.6.5 整合技术力量，加强基础研究

借鉴其他城市经验，引进高层次专业人才，整合武汉地区现有交通研究、规划、设计力量，系统地开展交通基础研究和规划工作。

8.6.6 健全交通规划编制体系

（1）在城市总体规划的指导下，以综合交通规划、专项交通规划、次区域（分区）交通规划为法定规划，构成交通规划的主干体系；

（2）切实编制近期建设规划、交通影响评价等实施性交通规划；

（3）重视交通战略研究、交通调查等交通规划的重要支撑体系的作用，大力开展前期研究和交通调查等基础性工作；

（4）制定适宜的交通需求管理措施，有效缓解重要道路的交通拥堵状况。

第 9 章　城市交通分区规划

9.1　规划任务

9.1.1　目的与意义

在城市交通发展战略和综合交通规划编制的基础上，区域可以结合自身发展情况实时组织编制交通分区规划。开展交通分区规划，充分调研区域社会经济及综合交通体系的现状、存在的问题和未来发展趋势，针对可能发生的交通问题，提出分区交通发展战略，并结合拟定的战略目标制定区域道路网系统规划、轨道及常规公交系统规划、交通管理系统规划、近期建设规划等专项规划，有效指导区域土地开发及交通设施建设，充分发挥交通分区规划成果在缓解区域现状交通问题，完善区域综合交通设施，指导近期交通建设，优化调整社会经济结构，实现城乡统筹发展，打造"两型社会"方面的重要作用。

9.1.2　工作阶段和主要内容

根据城市交通分区规划工作的特点、内容及相关要求，按照方案策划、基础调研、专题推进、专家咨询和成果上报五个阶段有序推进规划编制工作，各阶段工作内容具体如下。

第一阶段：方案策划。综合考虑区域社会经济发展现状、城市地理和交通区位、交通设施发展现状及存在的问题、区域土地利用及空间布局规划等因素，制订规划编制工作方案，提出规划范围与年限、规划目标与原则、规划内容和重点、规划工作时间安排和具体的分工，为规划编制工作的顺利开展提供有力支撑。

第二阶段：基础调研。根据规划内容要求，对区域社会经济和交通发展进行基础调研。调研分为三个方面，一是到区发展和改革委员会、规划局、交通局、统计局、交管局等相关部门进行座谈，收集社会经济、交通设施建设和管理方面的基础资料；二是对区内居民出行、交通流量、货物流通等方面的数据进行实地调查，制作相应的调查表格，有针对性地开展交通基础调查，并对调查数据进行统计分析，提炼出能够指导规划工作的数据；三是组织技术人员到国内发达城市相关区域进行实地考察，学习其在分区交通规划方面取得的经验。

第三阶段：专题推进。在基础调研的基础上，各专题组根据时间和规划编制要求大力推进交通发展战略、道路网系统、轨道及公交、对外交通、交通管理等各个专题研究，形成初步成果。

第四阶段：专家咨询。形成初步规划成果后组织召开规划成果专家评审会。

第五阶段：成果上报。结合专家咨询会意见，并征求各相关单位意见，完善形成最终成果上报。

9.2　武汉市交通分区规划

武汉现有 13 个辖区，其中设有江岸、江汉、硚口、汉阳、武昌、洪山、青山 7 个中心城区，新洲、黄陂、东西湖区、蔡甸、汉南、江夏 6 个远城区，武汉经济技术开发区、东湖高新自主创新示范区、吴家山台商投资区 3 个国家级开发区和 1 个国家 4A 级旅游区——东湖风景名胜区。

目前，武汉市已经组织编制完成了武汉市交通发展战略和综合交通规划，实现了综合交通枢纽、高（快）速路、干道、轨道等交通基础设施在市域布局规划的全覆盖。但需要结合各个分区用地、产业等布局规划，对城市综合交通规划确定的交通设施布局方案进行优化、深化和细化，以更好地服务分区用地开发。综合考虑城市交通分区规划的特色和针对性，结合武汉交通分区规划工作，将武汉市交通分区规划分为国家级开发区、远城区、风景名胜区和城市重点建设区综合交通规划四个类别。

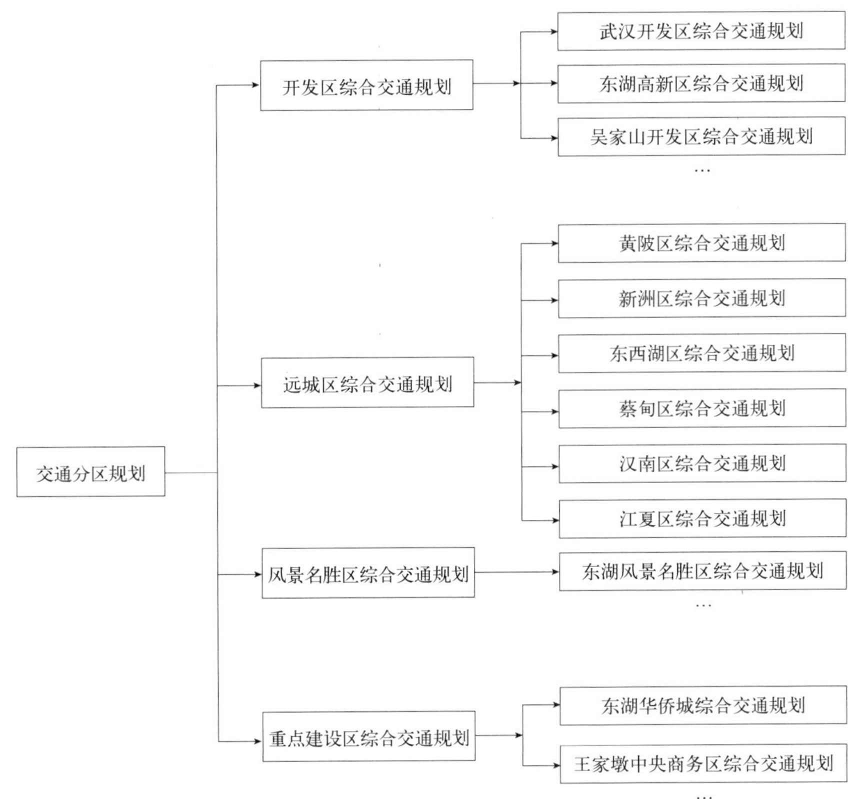

图 9-1 武汉市交通分区规划编制体系图

9.2.1 国家级开发区综合交通规划

国家级开发区是指由国务院批准在城市规划区内设立的经济技术开发区、保税区、高新技术产业开发区等实行国家特定优惠政策的各类开发区，国家级开发区是中国对外开放地区的重要组成部分，成为所在城市及周围地区发展对外经济贸易的重点区域。目前，武汉市共设有武汉经济技术开发区、东湖国家自主创新示范区、吴家山经济技术开发区三个国家级开发区。其中，武汉经济技术开发区主要发展汽车整车、汽车零部件、电子电器、战略新兴产业；东湖国家自主创新示范区主要发展光电子信息、生物、新能源、环保、新一代消费类电子五大产业；吴家山经济技术开发区主要发展现代食品饮料工业、高新技术农业等产业。

9.2.1.1 开发区交通特征

1. 居民的机动化出行水平日益提升

开发区因其特殊的功能往往是区域人才的聚集地，这些人员为社会创造大量财富的同时，个人的生活水平也相对较高。随着我国社会经济的快速发展，居民出行的机动化水平日益提升，而以开发区内部最为明显，特别是私人小汽车的拥有率和以其为交通工具的出行比例都相对高于城市其他区域。

2. 早晚高峰潮汐现象比较明显

为了追求建设用地平均产值的最大化，开发区内部的“公建商服”用地的比例往往较低，这就使得区域内居民日常的居住、生活、娱乐、对外出行等需求还对主城有一定的依赖性，最直接的表现就是在开发区和主城之间极易发生早晚潮汐交通现象，开发区与主城区联系的通道往往也是城市主要的交通拥堵点。

3. 客、货运交通同时存在且相互影响

开发区内部由于聚集了众多的厂矿企业，原材料的输入和产品的输出都引发了大量的货运交通需求，积聚式的货运交通特别是道路货运对于交通秩序、交通环境以及城市景观都会带来一定的负面影响。因此，有必要通过先期规划和后期管理等手段合理组织客、货运交通流，减少两者的相互干扰，提高交通运行效率。

9.2.1.2 规划解决问题

（1）交通建设的系统性问题。规划的首要任务是指导交通建设，特别是在开发区这种新兴建设区，必须通过前期制订系统的、完整的规划方案以减少交通建设的盲目性，提升交通系统整体的运行效率。

(2) 对外衔接能力提升的问题。要通过规划为开发区寻“出路”，实现内部交通系统与周边地区特别是主城区交通系统的无缝对接，提升与主城对外交通枢纽、核心商业金融区等主要起讫点的快速联系。

(3) 公共交通服务水平改善的问题。通过贯彻“公交优先”的规划思想，要在开发区内部构建自成体系的公共客运系统，着力提升区域的公交服务水平。

(4) 货运交通组织管理的问题。一方面要合理规划道路货运通道，构建客、货分离的道路系统；另一方面要着力提升铁路、水运甚至航空的货运能力，减少对道路货运的过分依赖。

9.2.1.3 案例——东湖国家自主创新示范区

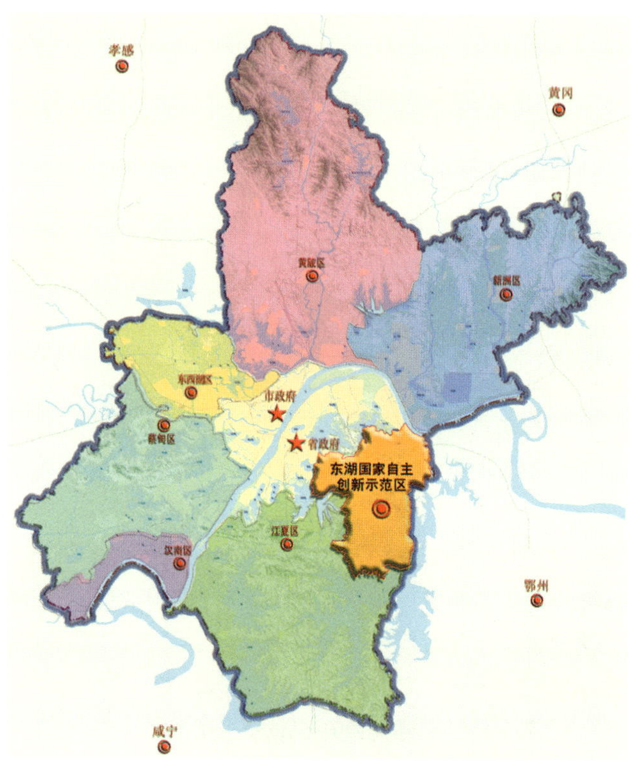

图 9-2 武汉市东湖国家自主创新示范区区位图

1. 项目概况

东湖高新区创建于 1988 年，依托武汉人才及高校教育科技优势，经过 20 年的快速发展，目前已成为国内光电子信息产业首屈一指的“中国光谷”，1991 年、2001 年分别被国务院批准为国家级高新技术产业开发区和国家光电子产业基地，2009 年 12 月 8 日又获国务院批复成为继北京中关村科技园之后的第二个国家自主创新示范区。以示范区获批为契机，东湖高新区行政区划面积由 224km^2 增加至 518km^2，按照规划区域人口将由现状的 40 万增加至 150 万，如何尽快建立区域的交通优势，支撑区域发展就显得十分迫切。为了统筹规划示范区交通发展建设，促进区域社会经济快速健康发展，使“中国光谷”成为武汉城市圈轴向发展的脊梁与支撑，逐步辐射全国、走向世界，建设成为全球光电子信息技术创新的制高点，武汉市组织编制了《武汉东湖国家自主创新示范区综合交通规划》。

2. 规划目标

(1) 落实新一轮城市总体规划和示范区土地利用规划要求，在示范区内构建具有典型意义和示范作用的现代生态智能型综合交通体系。

(2) 加强与中心区的高效联系，构建自成体系的区域内部交通系统，有效支撑示范区社会经济发展要求。

(3) 重视高（快）速交通系统的建设，实现区内各组团的整体融合，克服示范区城市面积相对较大、受多种因素影响建设用地相对分散等不利因素的影响。

(4) 贯彻公交优先和交通引导城市发展的理念，沿城市发展方向构建大容量的交通走廊。

(5) 利用自身政策优势，在交通系统建设方面积极探索新模式、新技术，扩大城市影响力，提升城市形象。

(6) 结合示范区内多山多湖的自然地理特征，灵活布局低碳、绿色、环保的交通设施，实现交通与环境的协调统一。

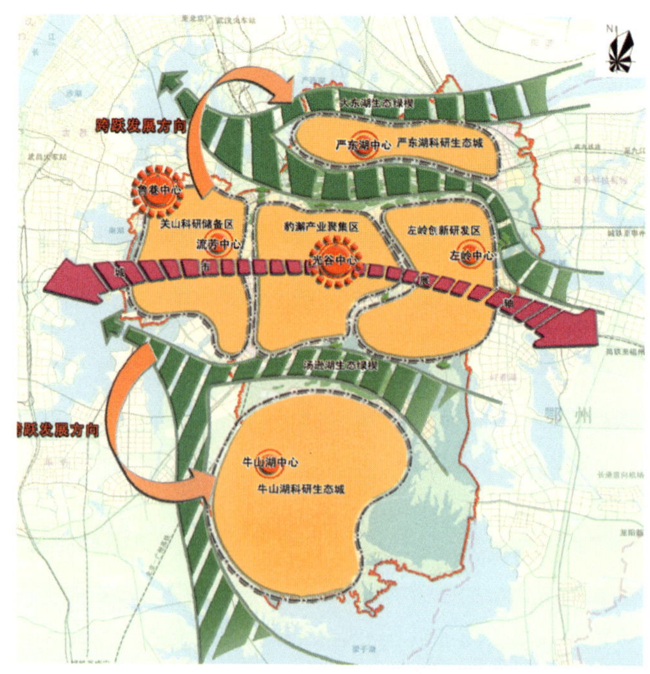

图 9-3 示范区城市空间布局结构图

3. 主要规划内容

1）交通发展战略

贯彻落实“科学发展观”和“两型社会”发展要求，通过打造以高（快）速路和轨道交通为骨架的复合型交通网络，实现区域空间结构跨越式发展，以公共交通为主导，实现多种交通方式多模式一体化联运，结合多山多水的优越自然环境，积极探索可持续的绿色交通发展模式，形成在世界范围内具有典型意义和示范作用的现代生态智能型综合交通体系。

（1）区域合作、设施共享：依托国家级综合交通枢纽，通达全国，辐射全球。“40+3”航空圈，40min 到达武汉空港枢纽，3h 内到达全国绝大部分省市及自治区；“30+2”高铁圈，30min 到达武汉主要铁路枢纽，2h 内到达郑州、合肥、南昌、长沙等中部地区主要城市；“20+1”城铁圈，20min 到达区内城际铁路枢纽站，1h 内覆盖武汉“1+8”城市圈。

（2）公交优先、规划引导：打造多层次、极具竞争力的城市公交体系，引导交通出行结构逐渐改善。构建以轨道交通为骨干、多层级的公交系统，实现示范区内公交出行时间不超过 30min，公共交通在总的出行比例中达到 50% 以上。

（3）自成体系、紧密对接：系统构建区域道路交通体系，强化与武汉中心区等周边地区路网的衔接。构建区域一体化的交通设施系统，实现在示范区内小汽车出行时间不超过 20min，进入武汉中心区不超过 30min，区内主要的交通走廊平均车速维持在 40km/h。

（4）低碳环保、绿色出行：构筑“亲山亲水亲民”的慢行交通系统，推行“公交＋慢行”接驳的低碳交通体系。创建“低碳出行”示范区，大力发展慢行交通系统，提升慢行交通出行方式占总出行比例的 30% 以上，鼓励采用新能源机动车应用和推广，2020 年实现区内公共交通工具全部达到“零排放”标准。

（5）智能管理、以人为本：推进信息化在交通管理上的应用，高水准构建示范区智能交通管理与指挥系统。广泛运用计算机处理、信息技术、自动控制等现代先进技术，使其更好地服务于政府决策，方便公众交通出行，提高交通运输效益、保障交通安全、改善环境质量和提高能源利用率。

2）道路系统规划

规划在示范区内部形成“五横四纵”的快速路网络，服务长距离的快速交通出行，拉近示范区与中心区及周边城市的时空距离。另外，形成由城市主干道构建“两环、六横、八纵”的区域道路主干网络，用于连接快速骨架道路，服务区内各组团间联系。结合区域道路系统方案，在示范区内规划道路立交衔接转换节点共计 29 处。另外，为缓解区内高速公路对城市用地的分隔影响，规划跨越区内高速公路的分离式通道节点共 20 处。

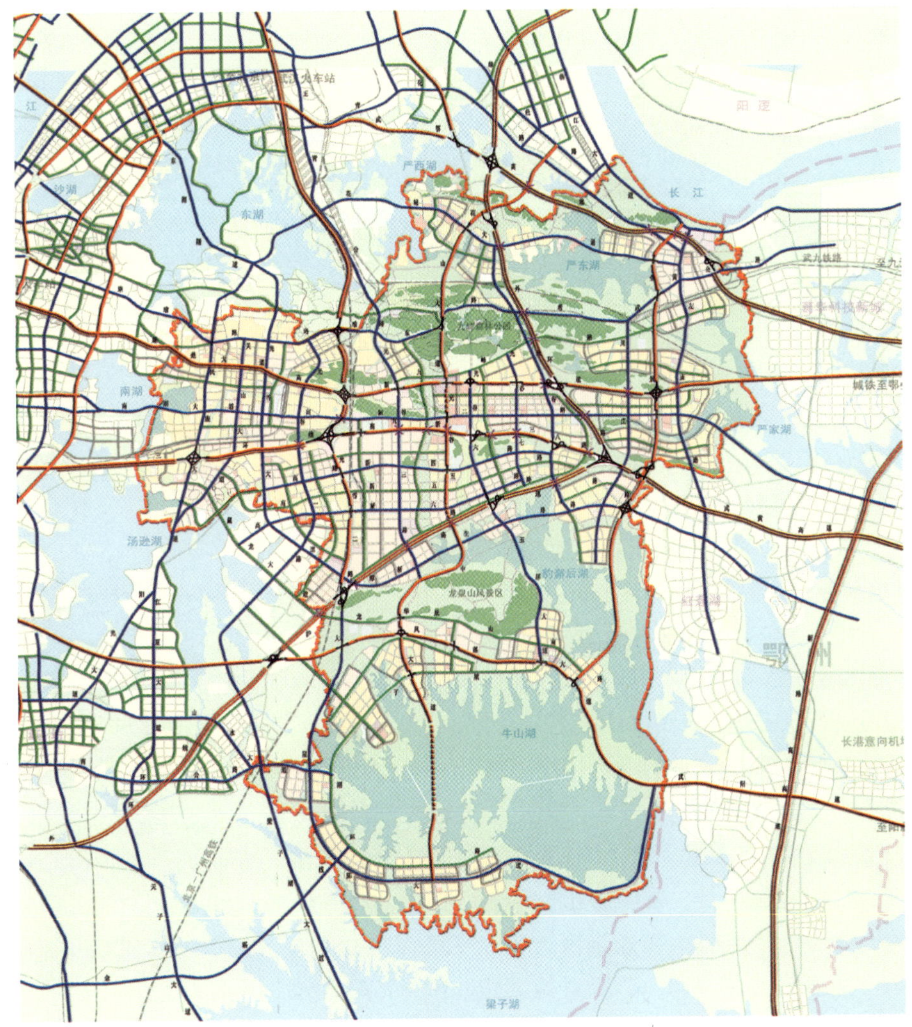

图 9-4　示范区道路系统规划图

3）公共交通规划

东湖国家自主创新示范区规划形成由一级（高速铁路、城际铁路）、二级（城市快速轨道交通）、三级（中运量快速公交）、四级（常规公交、出租车、水上公交、直升机）构成的多方式、一体化公共交通客运系统。

图 9-5　示范区有轨电车系统规划图

(1) 一级公交客运系统：依托武广客运专线、福银客运专线、武黄（鄂）城际铁路、武咸城际铁路，设置流芳、武汉东站对外综合枢纽以及汤逊湖站、何刘站和左岭站三处城际铁路站点。

(2) 二级公交客运系统：规划形成"一横、一环、两纵"4 条线路组成、总长 99km 的轨道交通网络。

(3) 三级公交客运系统：规划形成"3 横、3 纵、1 环"7 条线路组成、总长 123km 的现代有轨电车网络，彰显城市特色，实现节能减排目标。

(4) 四级公交客运系统：规划设置常规公交线路 53 条，公交线路总长 803.3km，公交线网总长 286.9km，公交线路重复系数为 2.8，并设置常规首末站 26 处、常规公交枢纽站 17 处、常规公交停保场 6 处。

结合示范区公共客运走廊方案，在区内规划了 2 个一级客运枢纽、6 个二级客运枢纽、8 个三级客运枢纽。

图 9-6　示范区公交枢纽布局规划图

4）货运交通系统规划

结合示范区九大产业园区布局，在示范区内规划设置了由武黄高速公路、武鄂高速公路、三环线、外环线组成的对外货运主通道和由全景路、新生路、光谷二路、凤莲大道，以及高新四路、高新六路、光谷三路、光谷六路、光谷七路、光谷八路组成的内部货运主通道，支撑示范区货运交通发展。

图 9-7　区域货运交通组织方案

5）慢行交通系统规划

鉴于东湖国家自主创新示范区山水资源丰富的实际情况，规划在北部地区形成“两横、两纵”骨架绿道系统，中部地区形成“三横、七纵”骨架绿道系统，南部地区形成“一横、一环、两纵”骨架绿道系统，通过绿道系统的建设，拓展生活游憩空间，改善慢性交通环境，构建集通勤、运动、休闲和旅游等多种功能于一体的绿道网络体系，改善市民生活环境，提高市民生活质量。

图 9–8　示范区绿道系统布局规划图

6）智能交通系统规划

建立东湖高新综合交通信息系统，加强交通智能化管理，完善道路交通管理设施，提升交通综合管理水平，构筑“安全可靠、保障完备”的智能交通管理系统。

7）近期建设方案

规划紧紧围绕尽快构建区域道路公交骨架，着力保障未来科技城、中华科技园等重点区域建设的目标，提出了一系列近期交通建设项目，包括高新大道快速化改造、雄楚大街快速化改造、高新二路、高新四路、光谷三路、光谷五路、光谷八路、周庄路、左庙路等区域内主要干道。

8）规划实施效果

规划实施后，东湖高新区将建立完善的高（快）速路系统、干道系统、轨道交通系统、有轨电车系统、常规公交系统、智能交通系统等，区域道路交通运行状况大为改善，公交服务水平大幅提升，交通设施能够有效支撑区域社会经济发展和居民高水平出行要求，并构建了全国范围内现代生态智能型综合交通体系。

9.2.2　远城区综合交通规划

武汉市共有新洲、黄陂、东西湖区、蔡甸、汉南、江夏 6 个远城区，这些远城区基本上都位于主城区外围，其中心镇与主城区有 20 ～ 30km 的距离，目前区域社会经济发展仍以农业为主，农业人口比重比较大，是今后一段时期主城区人口和产业转移的重点区域，是城市空间拓展的重点方向。随着国家“统筹城乡发展，推进社会主义新农村建设，推动区域协调发展”战略的提出，远城区社会经济发展迅速，在这种情况下，就需要我们以全新的视角审视及规划好区域交通发展蓝图，有效落实城市总体规划，提高远城区道路交通发展水平，促进城乡一体化发展，服务城乡规划管理。目前，武汉市已经编制完成了黄陂区、东西湖区、新洲区、江夏区 4 个远城区的综合交通规划，即将组织编制汉南区、蔡甸区的综合交通规划，从而实现远城区综合交通规划的全覆盖，为远城区交通基础设施建设提供有力的规划支撑，促进区域社会经济快速发展。

9.2.2.1　远城区交通特征

1. 居民出行时空特征与主城区差异明显

远城区大多地域广阔且人口众多，其中农业人口和非农业人口均占有相当的比例，因此这种人员结构上的不同使得远城区的居民出行特征与主城区存在着较大差异。根据调查，远城区的居民日均出行次数相对较高，但其出行的活动范围却相对较小。因此，必须将居民出行总量在时间和空间上进行合理分类，为规划方案的制订提供科学合理的依据。

2. 特殊的地理区位导致过境交通量相对较大

远城区位于主城区的外围，是进、出市域及主城区的门户，承担着市域内、外交通联系的功能。这种特殊的地理区位使得过境与跨区交通全部汇集于此，而其中过境交通需求往往要比自身与主城区联系的跨区交通需求大得多。因此，远城区与主城区的联系通道往往是城市交通系统中压力最大的环节。

3. 交通设施及组织管理水平有待提升

受城乡二元体制的影响，远城区在交通设施建设及交通组织管理等方面相对独立，而受到区域社会经济发展的影响，在交通发展方面还存在薄弱环节，在交通基础设施建设、公共交通服务水平、交通运行管理等方面还有较大提升空间。

9.2.2.2 规划解决问题

（1）城乡统筹与交通一体化发展的问题。通过统筹规划打破二元体制的束缚，研究城乡统筹的交通发展模式，实现交通在规划、建设、管理等方面的多层次、全方位的一体化发展。

（2）与主城区实现无缝对接的问题。远城区往往以江河、山体等自然分割作为行政边界，这就造成了远城区与主城区之间形成了先天的阻隔。因此，规划必须从全局角度按照客货分离、多级疏解的思想实现与主城区交通系统的无缝对接。

（3）市域综合交通设施有效利用的问题。市域交通体系中的高速公路、铁路等交通设施大多都集中设置在远城区范围内，必须通过统筹规划解决市域大型交通设施对远城区用地的影响，促进其对这些设施的有效利用和共享。

（4）重点建设区域交通组织的问题。远城区社会经济的快速发展主要着眼于部分新兴地区和重点建设区域，规划要对上述区域进行重点研究，合理规划内外进出交通组织方案，支持区域建设发展。

（5）交通可持续发展的问题。通过具有前瞻性的科学规划，对远城区的近期交通建设进行指导，同时对远期的发展进行控制预留，保障区域交通的可持续发展。

9.2.2.3 案例——东西湖区

1. 项目概况

东西湖区位于武汉市西北部，是武汉市的西大门，地理位置优越，交通便利，并拥有丰富的自然资源，生态环境优良，是武汉市最具发展潜力的区域之一。根据武汉城市总体规划，未来东西湖区将形成以食品、机电、物流为支柱产业的新型工业园区，并以丰富的生态资源为基础，以新农村建设为契机，全方位构筑生态城镇框架体系，积极融入大汉口，建设汉口生态新城，发展都市农业，在全面建设小康社会、率先基本实现现代化、建设和谐社会等方面走在全市的前列。为了落实新一轮城市总体规划，提高东西湖区道路交通发展水平，加强城乡一体化协调发展，促进全区社会经济快速发展，指导全区科学有序地建设，武汉市组织开展了“东西湖区综合交通规划”编制工作。

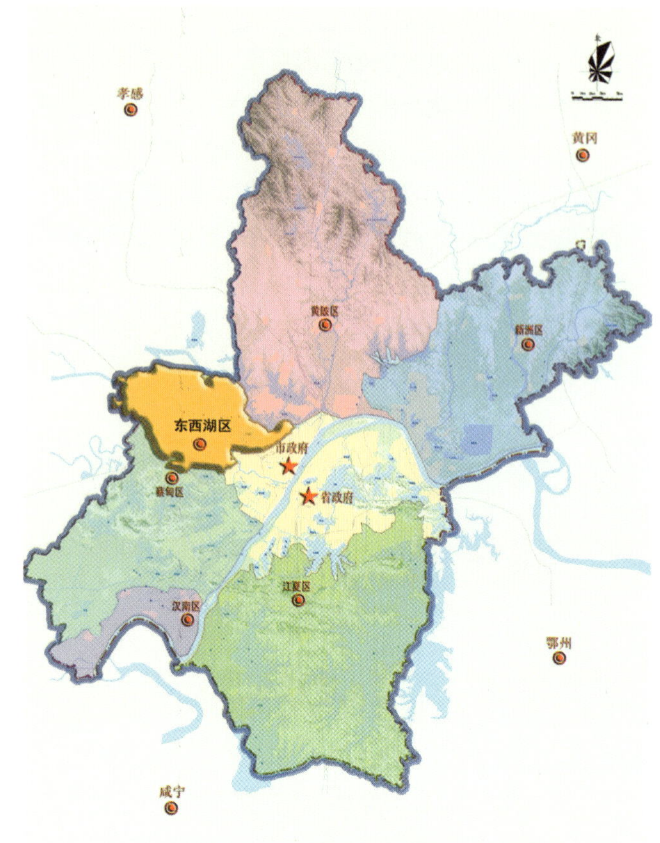

图 9-9 武汉市东西湖区区位图

2. 规划目标

综合考虑东西湖区社会经济发展、土地利用和产业结构布局调整等因素，确定了区域综合交通规划目标如下。

（1）落实新一轮城市总体规划要求，协调交通与土地利用之间的关系，研究交通多模式发展的合理结构和交通发展政策，促进东西湖区社会经济与交通建设可持续发展；

（2）面向区域城乡规划管理，明确区域交通设施规划控制方案，为区域公路及城市道路、轨道交通、交通枢纽场站等交通设施用地控制和规划管理提供技术支撑；

（3）以供需平衡为导向，推进区域交通设施建设和交通系统改善，以相对完备的交通供给系统引导区内土地开发和用地功能调整，加强与中心城区及东西湖区的联系；

（4）满足区域人和货物高效移动的需要，合理组织交通流，确保区内生产生活、商务、旅游休闲活动的开展和城市功能发挥。

3. 主要规划内容

1）区域交通发展战略

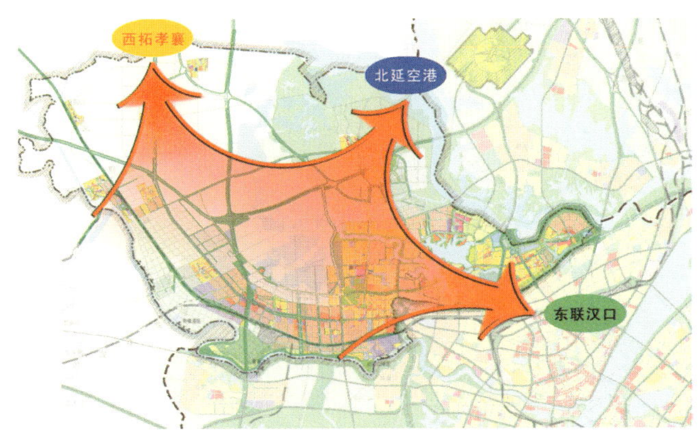

图 9-10　东西湖区空间发展导向图

综合考虑东西湖区“东联、西拓、北沿”的城市空间布局模式和交通发展要求，规划提出了区域交通发展战略为：贯彻落实“两型社会”发展要求，实现交通与土地、环境、经济的协调发展，区域交通与市域交通一体化协调发展，积极构建以快速道路与快速轨道为骨干，以公共交通运输为主导，各种交通方式转换便捷的安全、快捷、高效、绿色的现代化、一体化综合交通体系。具体目标如下。

(1) 支撑城市空间拓展与优化：实现交通系统与城市发展的统一协调，着力保障重点区域建设，建设沿主要发展轴和发展带的复合交通走廊，引导城市空间结构调整和功能布局的优化。

(2) 建立发达的公共交通系统：建设层次分明、城乡一体的综合客运交通体系，保障 90% 的居民单次出行在 1h 内完成，大力提升公交系统整体服务水平，确立公共交通在城市交通中的主导地位。

(3) 构筑完善的道路网络系统：构筑完善的道路网络系统，特别是对外交通路网。加强与主城之间的联系，构建“30min 上二环，60min 主城中心区全覆盖”的高效道路网络。增加区域路网密度，提高道路容量，使道路布局合理、功能层次明确。

(4) 倡导绿色健康的出行方式：保护生态环境，减少交通出行产生的环境污染，实现资源节约、环境友好的目标，使居民在出行中享受安全舒适的交通环境。

2）道路网络系统规划

为贯彻落实统筹城乡一体化的科学发展观，在进行道路网络规划时，统一城乡道路等级体系，按照高速公路（快速干道、快捷路）、一级公路（城市主干道Ⅰ级）、二级公路（城市主干道Ⅱ级）、三级公路（城市次干道）、四级公路（城市支路）5 等道路级别开展道路系统规划，并根据流量和所属地域情况对道路断面形式进行合理确定。

图 9-11　东西湖区道路系统规划图

区域交通骨架系统（高速公路及城市快速干道、快捷路）8 条：分别为第二机场通道、外环线、三环线、107 国道、武荆高速公路、硚孝高速公路、京珠高速公路、金山大道—马池路。

区域交通主干系统（二等道路）"五横、八纵、一环"："五横"为慈安大道、新径线、荷金公路、荷沙公路、辛柏线；"八纵"为金山大道（西段）、新城十六路、慈东公路、慈天大道、张柏路、金银湖大道、机场路、宏图大道；"一环"为慈安大道、慈天大道以及辛柏线。

为了实现一等骨架路之间的高效连通，保证东西湖主要发展区地方性道路与骨架系统的有效衔接，规划在全区布局了 29 个立交节点，其中衔接节点 19 个，转换节点 10 个。

图 9–12　规划区内立交节点分布图

3）货运物流系统规划

结合对外交通枢纽规划以及区内未来工业发展布局，区内的货运物流系统由铁路航运枢纽、对外运输口岸以及区内主要工业园区构成，针对区内货运节点分布结构，利用高（快）速路以及内部组团外围的一等道路构成东西湖区的货运主通道。东西湖区区内货运主通道包括京港澳高速公路、武荆高速公路、武汉市外环线、107 国道等一等道路，实现与湖北省内外各主要城市的货运运输需求；以及慈安大道、新径线、九通路、宏图大道等二等道路，主要满足区内港口、货场、口岸的集疏运以及主要工业园区的货物集散功能。

4）公共交通规划

坚持以人为本的科学发展观，努力建设与区域社会经济可持续发展需求相适应，具备安全性、方便性、舒适性、快捷性和经济性的城市公共交通系统。结合武汉市轨道线网规划及区域公交客流分布情况，规划设置了由一级网络（吴家山、常青、径河至主城以及其他周边地区）、二级网络（吴家山、常青、径河至区内其他街道）和三级网络（东西湖旅游专线和其他街道间的客运网络）组成的区域公交客流体系，其中一级线路 37 条，二级线路 13 条，三级线路 6 条，并设置公交首末站 29 个，枢纽站 6 个，停保场 2 处。

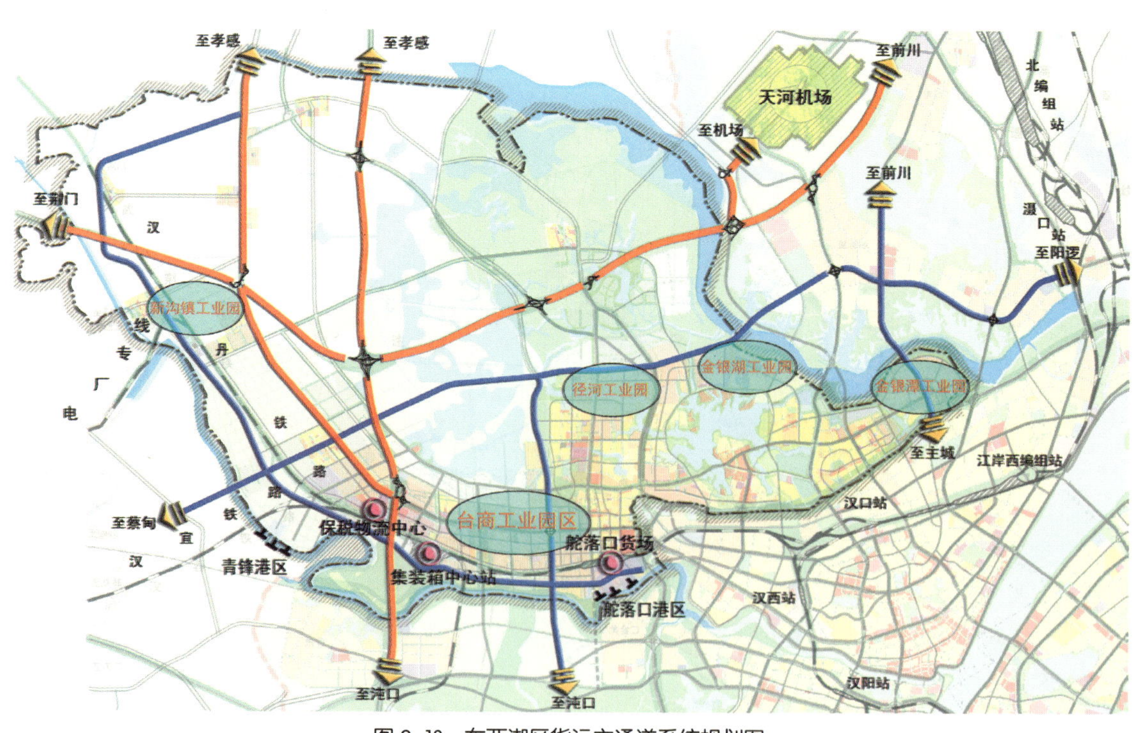

图 9–13　东西湖区货运主通道系统规划图

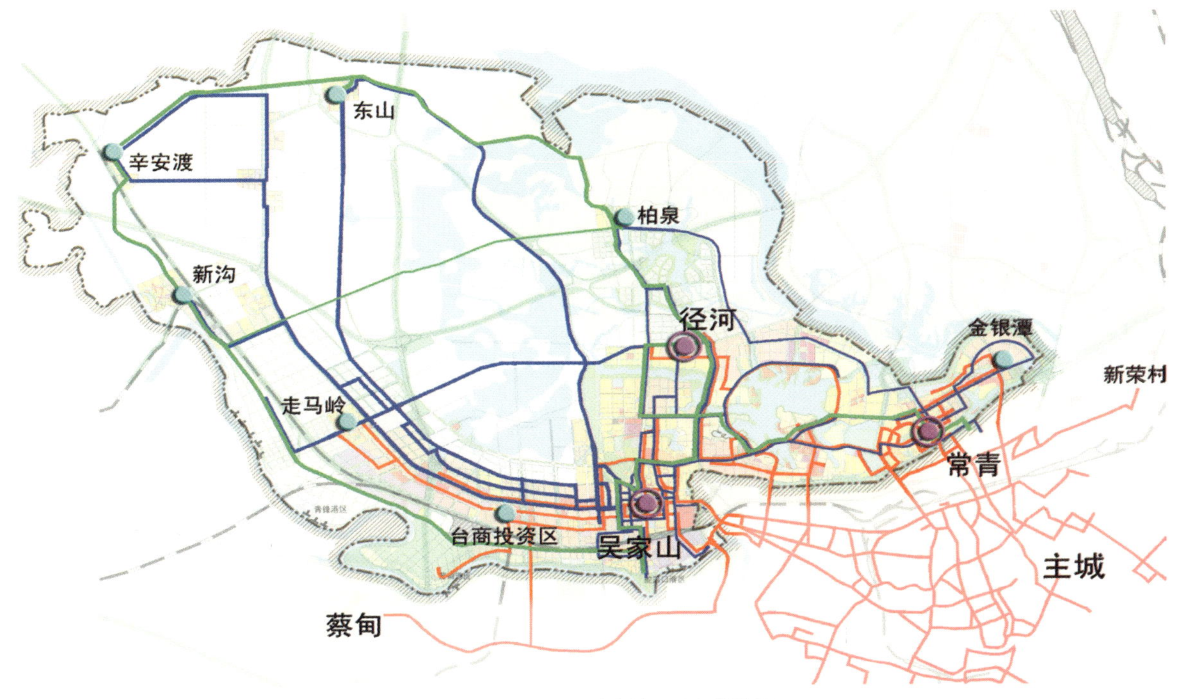

图 9-14　东西湖区公交线网布局规划图

5）交通设施及管理规划

针对东西湖区现状在交通管理方面存在的问题，规划提出了加强交通管理设施建设，加大交通监督执法力度，加速交通管理现代化进程，加快路外停车设施建设，加固文明出行的交通理念宣传等举措。规划在区内实施交通安全设计工程、路外停车设施建设工程、交通监督执法工程、交通管理现代化工程以及交通安全宣传工程五大工程措施。本次规划提出东西湖区内需要进行交通安全设计的主干道共 9 项，道路总长度约 120km；规划立体人行过街设施共 28 座；规划公共停车场 75 处。

6）实施效果

规划编制工作的开展，对促进城乡统筹发展，提高东西湖区综合交通发展水平具有积极而深远的影响。目前研究成果已经成为《东西湖区交通发展“十二五”规划》重要的编制依据，对指导东西湖区近期交通建设发挥了重要的作用，有效地支撑了东西湖区社会经济的发展。

9.2.3　风景名胜区综合交通规划

风景名胜区是指具有观赏、文化或者科学价值，自然景观、人文景观比较集中，环境优美，可供人们游览或者进行科学、文化活动的区域。风景名胜包括具有观赏、文化或科学价值的山河、湖海、地貌、森林、动植物、化石、特殊地质、天文气象等自然景物和文物古迹，革命纪念地、历史遗址、园林、建筑、工程设施等人文景物和它们所处的环境以及风土人情等。

9.2.3.1　风景区交通特征

随着我国城市化进程的加快，众多旅游风景区与城市的界线日渐模糊，由原先的远郊风景区演变为城中型风景区。这一方面丰富了风景区的游赏体系，增加了客源，增强了可达性，有利于风景区的发展；另一方面，也加大了风景区的交通压力、生态压力和景观组织压力。其交通特征主要体现在以下三大方面。

1）与城市交通的互相影响更大

城中型风景区与城市的联系更为紧密，除了外地游客到此游赏外，也兼有市民的休闲娱乐功能。其交通更多地依赖城市交通系统，如外地游客的到来多经过机场、火车站等重要的交通枢纽中转，然后与本地游客一道乘坐小汽车或城市公共交通到达风景区。城中型风景区内部道路不可避免地成为城市交通的组织部分，承担大量的穿越景区的交通需求，交通性与游览性并存，降低了景区交通环境的舒适性。

2）对交通系统的旅游性要求较高

旅游交通要追求交通和旅游的统一，除了交通的目的外，还要兼具观光、娱乐、文化、休闲等功能，故旅游交通系统要实现“游旅兼顾、快慢结合”，在规划中，要引入交通景观学、人类文化学、旅游心理学等设计理念和技术措施，积极发展特色交通、时尚交通、民俗交通。同时，为了追求游览品质，风景区交通系统对过境交通、货运交通和通勤交通具有较强排斥性，在规划中，应尽量建立相对独立的系统，妥善处理与外部交通的衔接与分离。

3）对交通系统的完备性要求较全

城中型风景区的功能更为全面，一般兼具观光、游览、休闲、度假、商务等多种功能，交通需求面广，景区交通系统应涵盖各类出行目的和方式，并实现良好的整合，使之成为功能完善、层次分明的系统。

9.2.3.2 规划解决问题

（1）建设与保护相协调发展的问题。规划必须满足城市和风景区的可持续发展，规划建设应与风景区的景观和环境相适应，尽量避免破坏生态环境。

（2）以人为本与机动车交通相协调的问题。更好地满足人们的出行需求和游览需求，提高游客的游览品质和人们的生活品质，坚持以人为本的原则，同时满足适度的机动车出行需求。

（3）功能与景观相协调的问题。考虑风景区的地理地貌特点，将交通设施的规划与道路景观相结合，以达到交通需求与景观效果的协调，在规划控制时着重对交通环境进行优化。

（4）旅游交通与城市交通相协调的问题。充分认识风景区在城市中的地位，扬长避短，通过系统的道路交通设施规划和组织管理实现城市交通与风景区旅游交通的双赢。

（5）适度超前的问题。规划既要兼顾当前，更要着眼长远，为长远发展留足余地。

9.2.3.3 规划理念

城中型风景区交通规划秉承"绿色交通"的规划理念，包括以下内容。

（1）高效交通：构建对旅游空间结构有力支撑的交通网络，大力推广公共交通工具的使用。

（2）节能交通：提倡非机动交通与公共交通的良好配合，提倡交通工具的节能环保。

（3）景观交通：景区内道路两侧的迤丽风光使枯燥的交通运行变为赏心悦目的景观游览。

（4）人性化交通：为游客提供各种舒适、安全、亲近自然的交通服务。

（5）宁静交通：将旅游交通过程中所产生的噪声降至最低，还度假区以安静、幽远的环境。

9.2.3.4 案例——东湖风景区交通规划

武汉东湖生态旅游风景区作为国内最大的城中湖，是1982年国务院命名的首批国家重点风景名胜区和2000年国家旅游局评定的首批4A级景区，目前已形成听涛、磨山、吹笛、落雁四大景区，景区面积约61km^2，景点100余处，年游客接待量达366万人次，已成为武汉市民休闲游憩和中外游客观光游览的胜地，现以其为例来论述风景名胜区综合交通规划工作。

图 9–15　武汉市东湖风景名胜区区位图

1. 项目概况

东湖风景名胜区作为城市总体规划确立的大滨江旅游区和大东湖旅游区的核心，是武汉市旅游体系的重要组成部分。面对国家"中部崛起"和武汉城市圈"两型社会"建设的重大战略机遇，如何进一步发挥山水资源、生态环境、人文科教优势，提升东湖风景区品质和功能，打造"5A"级风景区，形成"两型社会"建设示范区，是助推武汉社会经济全面发展的重要而艰巨的任务。随着东湖与主城区的靠近和融合，城市交通与风景区旅游交通之间联系越来越紧密，相互干扰和影响越来越明显。为了提升风景区道路交通设施水平，构建起相对完善的交通系统，支撑东湖风景区进一步发展，武汉市组织编制了《东湖生态旅游风景区综合交通规划》。

2. 规划目标

（1）落实东湖风景区总体规划，严格控制道路交通设施用地，助推东湖风景区总体发展目标的实现。

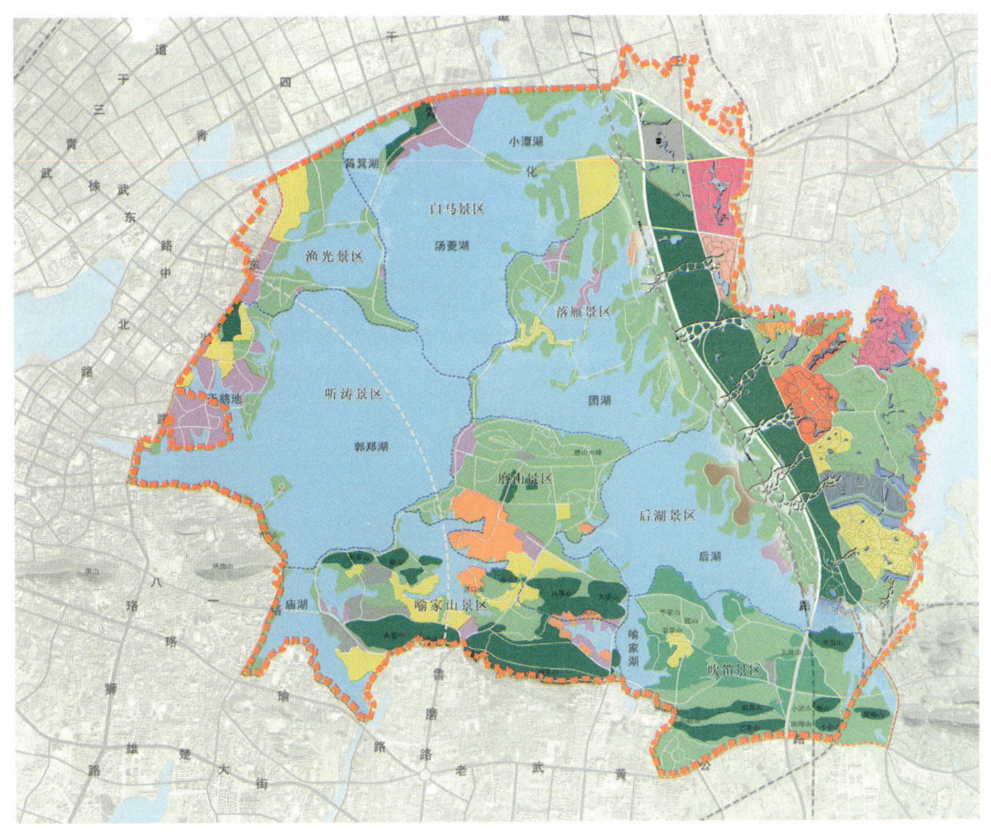

图 9-16　景区用地布局规划图

(2) 构建完善的旅游交通体系，增强风景区的可达性和景区旅游服务功能，提升东湖风景区的游览品质。

(3) 完善城市交通系统，提升城市功能，缓解武汉城市中心区功能和东湖旅游服务功能之间的矛盾，缓解武汉城市交通与东湖旅游交通之间的矛盾。

(4) 明确交通分期建设，合理安排资金、利用资源，指引景区开发和建设。

3. 主要规划内容

1）交通发展战略

综合考虑武汉市城市发展战略及城市交通发展战略，依据东湖风景名胜区总体规划所制定的风景区发展战略，结合国内类似风景区的交通特性及东湖风景区相关交通调查成果，制定东湖风景名胜区交通总体发展战略为：适应东湖生态旅游风景区用地布局调整和风景名胜区发展提升的要求，加强区域道路网络、交通枢纽、交通组织管理等交通基础设施的规划、建设和管理，提高区域交通服务水平，满足居民和游客的出行需求，构筑高效、低耗、安全、可靠、生态、多元的两型交通体系，实现交通与社会、旅游、环境的协调发展。

(1) 加强道路系统建设，使干道密度达到国家规范标准；

(2) 从中心区重要的交通枢纽、居住中心、商业中心通过公共交通工具到达风景区相应出入口时间不超过30min；

(3) 从最近的景区出入口到达主要景点的时间不超

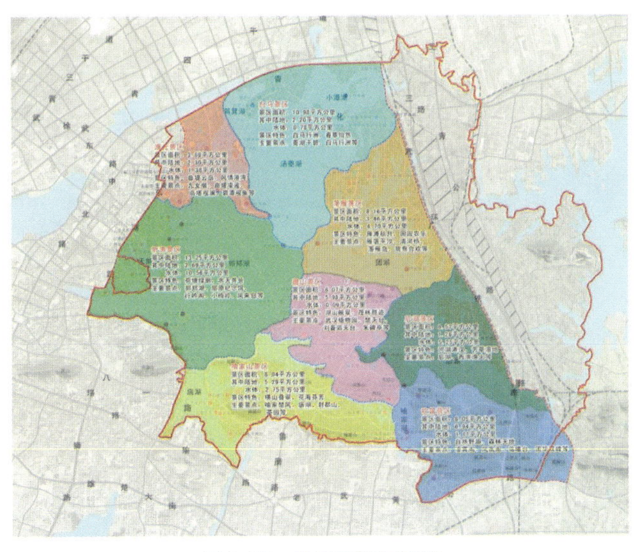

图 9-17　分区功能规划图

过 15min；

（4）城市公交和旅游交通系统所分担的交通方式比例达到 65%。

本次规划战略对策的五个关键字为：提、疏、转、联、辅。

（1）提：提升风景区的道路交通基础设施，创造优良的旅游交通环境。

（2）疏：疏导景区穿越性交通，减轻景区内道路交通压力。

（3）转：引导私人交通向公共交通转移，机动化交通向非机动化交通转移。

（4）联：强化景区之间、景点之间的联系。

（5）辅：建立彰显滨湖特色的辅助交通系统。

2）道路系统规划

完善景区道路系统，形成由区域衔接通道、风景区道路、综合利用区道路等几部分构成的道路网络系统，规划了 14 条区域衔接通道，"一环＋一轴"的景区快速通道体系以及"一纵、一横"的主干道路系统。

3）交通枢纽规划

整合交通资源，构筑结构合理、层次分明、功能完善的公交设施体系。规划武汉火车站、洪山广场站等 4 个外围轨道衔接枢纽；在风景区内部规划 5 个一级枢纽、9 个二级枢纽和 13 个三级枢纽，有效衔接城市交通与景区交通、私人交通与公共交通，提升运行效率。

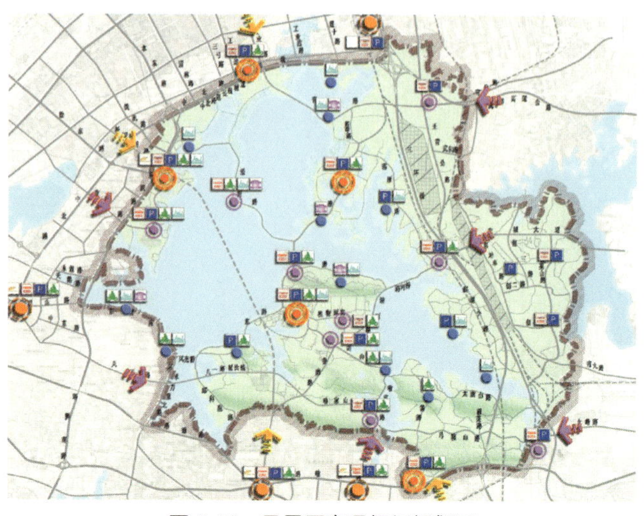

图 9–18　风景区交通枢纽规划图

4）交通组织规划

疏导外围交通，增强景区活力，构筑方式合理、层

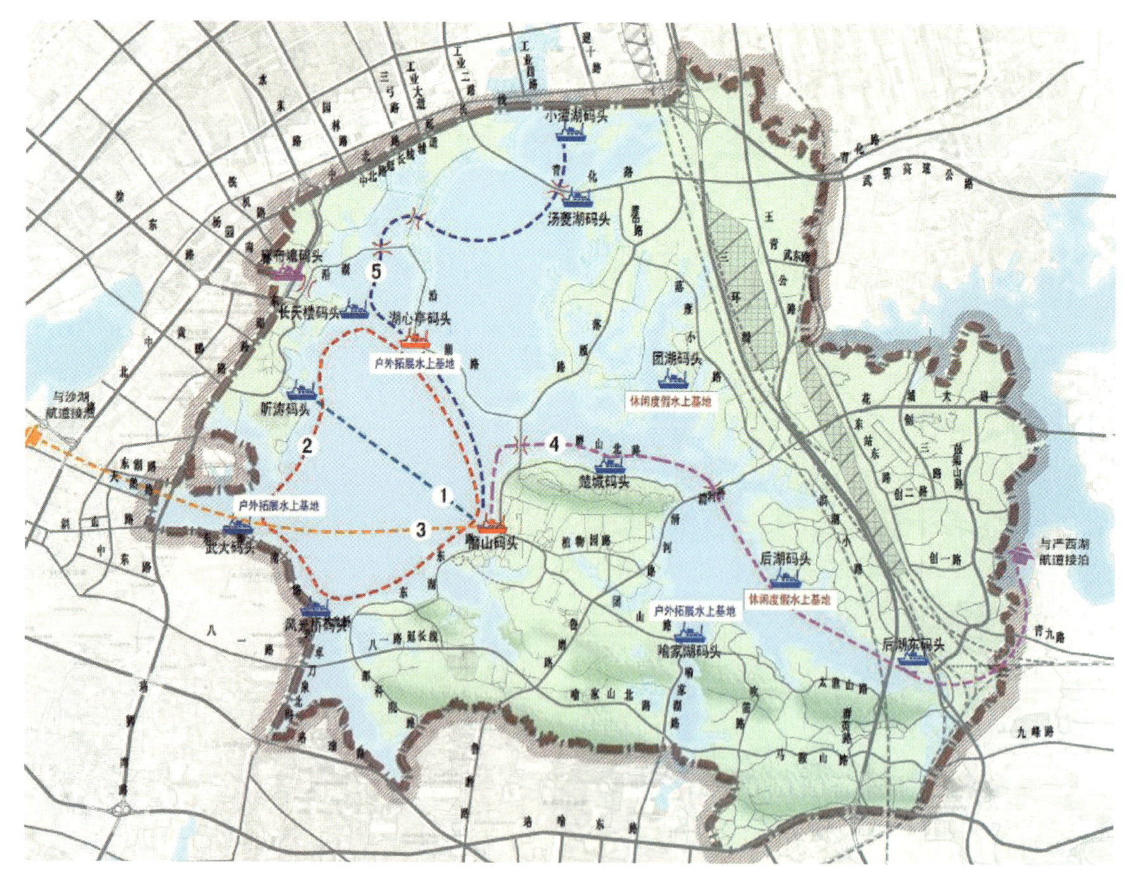

图 9–19　水上交通组织图

次分明、衔接顺畅的综合交通系统。规划进行了城市过境交通组织、景区小汽车交通组织、公共交通组织、慢行交通组织和水上交通组织，实现城市交通与景区交通、机动车与非机动车交通的有效分离。

4. 规划实施效果

东湖生态旅游风景区综合交通规划实施后将极大地改善区域交通运行状况，提升东湖风景区游览品质，形成外部交通畅通可达、内外衔接顺畅、游览交通层次分明、功能全面、服务一流的综合交通体系，为东湖风景区争创“5A”提供有效的保障，为风景区的进一步发展提供有力的支撑。

9.2.4 重点建设区综合交通规划

近年来，随着“中部崛起”战略的深入实施，武汉市面临着打造国家中心城市和全国性综合交通枢纽基地，建设“两型社会”综合配套改革试验区，为了紧抓历史机遇，加快全面建设小康社会的步伐，有效转变经济发展方式，武汉市将按照区域统筹、城乡统筹的原则，加快中心区功能提升，在中心区内大力推进旧城和城中村改造，加快华侨城、王家墩中央商务区等一大批中心区重点项目建设。为此，迫切需结合中心区重点建设区的规划建设和城市综合交通规划，开展重点建设区综合交通规划，构建完善的交通基础设施，支撑中心区功能的提升，提高市民生活品质，增强市民幸福感，支撑武汉市跨越式发展目标的实现。现以东湖华侨城为例来论述重点建设区综合交通规划工作。

9.2.4.1 重点建设区交通特征

城市重点建设区从功能上有大型居住组团、重要的商业CBD、大型游乐观光区等多种类型，其交通特征各有不同，从共性上表现在以下几点。

1）出入交通量大、交通瞬时性明显

一般来说，重点建设区开发量大，虽然强调复合开发，区域城市功能较强，但仍然从居住、就业、购物、休闲娱乐中的某些方面对城市存在较强的依赖性，这决定了其出入交通量大，而且由于功能的特色或缺失使得出入交通存在较强的潮汐性和瞬时性。

2）相对独立性强、交通环境要求高

虽然对城市交通存在较大的依赖，但是重点建设区内应具备相对独立的综合交通系统，并对城市过境交通存在较大的排斥性；内部交通要注重低碳、宁静、环保，对交通环境要求较高。

9.2.4.2 规划解决问题

（1）从城市和区域交通可承载能力的角度，对重点建设区的开发业态和总量进行评判，为区域开发确定合理的规模提供论证。

（2）使区域开发充分考虑城市总体规划、城市综合交通规划和分区交通规划等上位规划因素，建立与城市功能相匹配、与片区发展相一致的综合交通系统，增强外部的可达性，并减少对城市交通的冲击。

（3）对重点建设区的停车、公交站场等设施进行规模论证和选址，保证动静态交通的平衡发展，构建体系完善、疏通、高效的内部交通系统。

9.2.4.3 规划理念

（1）绿色交通：外围城市交通一般均有相对发达的公共交通系统，如轨道交通线路和密集的常规公交线路，并与大型游乐区的绿色交通系统，如步行系统、自行车系统、电瓶车系统等进行无缝衔接。

（2）均衡交通：对重点建设区合理的开发规模进行论证，并保证各区域的交通分布与内部路网和城市路网容量相适应，力促与区域城市路网的均衡衔接，减少重点建设区进出交通对城市交通的影响。

（3）宁静交通：通过道路线形、路面设计、景观设计、交通管理和政策等技术方面的手段，减少和限制重点建设区过境交通，保持内部交通安静与安全和低交通量的居住气氛。

9.2.4.4 案例——东湖华侨城交通规划

1. 项目概况

武汉华侨城项目紧邻东湖生态旅游风景区西北侧，位于二环线中北路延长线交叉口东南角，是武汉市2009年引进的重点建设项目。项目总用地面积约211hm^2，其中城市建设用地140.56hm^2，风景区游赏及游览设施用地70.59hm^2；拟进行主题公园、休闲度假、高尚居住等综合开发建设，建成后将成为武汉城市亮点和新的大型交通源之一。为了配合项目用地控制性详细规划、外部重点道路规划方案等相关前期规划工作的需要，从交通系统上综合分析并提出项目区域道路网络、公共交通、慢行交通、停车设施、交通组织与管理等方面的规划方案，为更好地促进武汉华侨城项目建设和功能发挥，开展了武汉华侨城综合交通规划咨询工作。

2. 规划目标

（1）对区域的道路网络系统进行研究和梳理，确定层次分明、结构合理的机动车道路网络和慢行交通系统，提出各种功能道路合适的断面布置，促进项目外部以机动车交通和过境交通为主，内部以步行、自行车、水上交通为重点的道路系统格局，同时又能保障内、外道路系统的有效衔接。

（2）建立以轨道交通为骨架、常规公交为主体、旅游专线为辅助、末端微循环电瓶车和公共自行车为接驳的多层次公共交通系统。

（3）重点研究项目区域内的各种慢行交通系统的布局，包含步行、自行车、水上交通等，加强慢行交通系统与机动车交通系统的有效衔接，促进各种交通方式的便捷换乘。

（4）提出项目建设停车配建指标和公共停车场位置及规模。重点对主题公园部分的停车需求进行综合分析与相关设施设计，结合中北路延长线的改造，考虑立交桥下的空间利用以及在中北路北侧设置停车场站或换乘枢纽的可能性、规模和方式。

（5）结合各种交通系统的布局，提出合理的交通组织方案，包含各种交通方式的组织线路、项目的出入口布局和设计等，提出内、外部交通组织的管理措施，特别是居住区工作日和旅游区节假日的交通管理方案等。

3. 主要规划内容

1）交通需求预测

武汉华侨城项目最不利交通情形为节假日旅游客流高峰，其中主题公园区日高峰客流为3万人次，高峰小时约9000人次，叠加休闲堤岸区和高尚住宅区交通量后，预计区域高峰小时诱增交通量将达3000辆/h，并以游客单向到达交通量为主。

图9-20　区域道路系统规划图

2）区域道路系统规划

以生态、环保、绿色、集约为原则，华侨城区域道路系统宜分为主要通道、次要通道、休闲慢道三种不同功能的道路。其中，主要通道具有华侨城区域交通进出主通道和城市公共通道双重功能，红线宽度宜不小于20m；次要通道以华侨城内部通道功能为主，红线宽度宜不小于10～15m；休闲慢道是直接连接建筑出入口和休闲活动区的道路，以服务步行、自行车、电瓶车为主，宽度宜为3～10m。

3）区域公交系统规划

结合华侨城建设目标和用地功能布局，区域公共交通系统应以运输方式多元化、运送网络层次化、系统效率最大化、运营管理智能化为目标，建立以轨道交通为骨架、常规公交为主体、旅游专线为辅助、末端微循环电瓶车和公共自行车为接驳的多层次公共交通系统。

图9-21　有轨电车规划图

4）绿色交通系统规划

为突显武汉滨江、滨湖的地域特色和华侨城高尚、生态的品牌内涵，武汉华侨城也应构筑通达、有序、安全、舒适、低能耗、低污染的绿色交通系统，并与上位公共交通系统进行有效衔接，主要包含步行系统、自行车系统、电瓶车系统、游船系统4个方面。

5）静态交通规划

主题公园区设置小客车停车泊位1800个，出租车停车泊位90个，大巴车停车泊位80个；休闲堤岸区停车规模按两部分来控制，一是规划3处停车换乘枢纽，分

图 9-22　自行车系统规划图

别设置小客车泊位 500 个，出租车泊位 15 个，大巴车泊位 20 个；二是根据项目深化，在确定该区域各种建筑具体开发量后，按照武汉市停车配建标准予以建设，高尚住宅区总体停车规模应不小于 10500 个泊位，户均不少于 1.05 个泊位。

6）交通组织与管理规划

华侨城区域主要交通节点可设置为 4 个灯控路口，其中直接服务华侨城交通进出的有园林路口、建设一路口、工业二路口，所有方向均可顺利到达，并沿原路返回，交通进出较为便捷；由于主题公园区瞬时到达客流规模大，部分路段承担交通量仍然超过其通行能力，特别是中北路延长线工业大道下桥匝道，交通拥挤严重；建议增设中北路延长线高架至华侨城主题公园集散广场的专用下桥匝道或在现有方案基础上拓宽工业大道下桥匝道为两车道，并同时拓宽该匝道落坡点至集散广场进出口地面道路一车道，专供主题公园到达车辆使用，减少对中北路延长线主线交通的干扰。

图 9-23　交通组织与管理规划图

第10章　城市交通专项规划

10.1　规划任务

10.1.1　目的和意义

交通专项规划是以交通体系发展的某一特定领域为对象编制的规划，是综合交通规划在特定领域的延伸和细化；是宏观总体规划向具体项目实施推进的关键衔接，主要侧重于各子系统的现状及需求分析、发展战略及目标、系统架构、规模及布局、近期建设计划、运营管理及效益评价等，是具体项目实施推进的指导性文件。其主要包括过江通道规划、道路系统规划、公共交通规划、轨道交通规划、慢行系统规划、货运交通系统规划、停车设施规划、交通管理规划八个重要组成部分。

10.1.2　工作阶段和主要内容

交通专项规划工作主要分为资料收集及分析阶段、需求预测及分析阶段、战略或对策制定阶段、规划方案编制阶段、方案测试评价分析阶段、实施计划拟定阶段六个阶段，具体如下。

第一阶段：资料收集及分析阶段。收集相关资料、进行现场踏勘及国内外城市调研。分析发展历程，把握现状特征，总结相关城市发展经验及教训，为后续方案制订奠定坚实基础。

第二阶段：需求预测及分析阶段。应用交通预测模型，科学预测交通需求，掌握需求总量、构成及分布特征，确定需求规模，评价上位规划成果，查找存在的问题。

第三阶段：战略或对策制定阶段。遵从城市总体规划、交通发展战略规划及城市交通综合规划的规划成果，综合分析专项与城市用地规划布局及发展关系，依据需求预测及分析成果，参照国内外发展经验及教训，选择合适的战略模式，制定战略或发展对策。

第四阶段：规划方案编制阶段。根据定性及定量分析，遵照战略或发展对策，在充分考虑建设条件及要求、用地布局等的基础上，构建专项体系，确定布局、位置及基本条件。

第五阶段：制定定性及定量综合评价体系，通过系统分析、实施可行性分析、方案定量测试评价分析，判定方案可行性，选定最优方案。

第六阶段：实施计划拟定阶段。根据城市建设及发展规划、交通需求分布及发展状况、建设投资可接受度、相关项目建设计划安排等，拟定专项实施计划，推进专项的顺利实施。

10.2　城市道路系统规划

10.2.1　规划目的及主要任务

城市道路系统规划是对城市辖区范围内各种不同功能的快速干道、主干道、次干道、支路、过江通道、广场以及附属交通设施所组成的交通运输网的规划。应根据土地使用、交通需求、公共交通发展需求、内外交通衔接要求，结合地形、地物、河流走向、铁路布局和原有道路系统，因地制宜地确定。满足客、货车流和人流的安全与畅通，反映城市风貌、城市历史和文化传统，适应城市用地扩展，并有利于向机动化和快速交通的方向发展。其主要任务如下：

（1）研究城市道路的交通特征，明确问题，提出解决途径；

（2）明确城市道路交通发展战略、方向及目标；

（3）提出道路网络结构构成，明确各等级道路功能；

（4）规划各等级道路网络布局方案；

（5）提出各级道路规划控制密度和建设标准；

（6）提出城市各级道路红线宽度指标和典型道路断面形式；

（7）制定近期建设计划。

10.2.2 工作思路与技术路线

通过对现状交通问题的分析和诊断，结合城市发展规划和交通需求预测，确定城市交通发展战略和道路交通发展目标，提出道路交通系统规划方案，确定近期道路交通建设重点，并对建设方案进行交通评价，使之满足城市交通可持续发展要求。

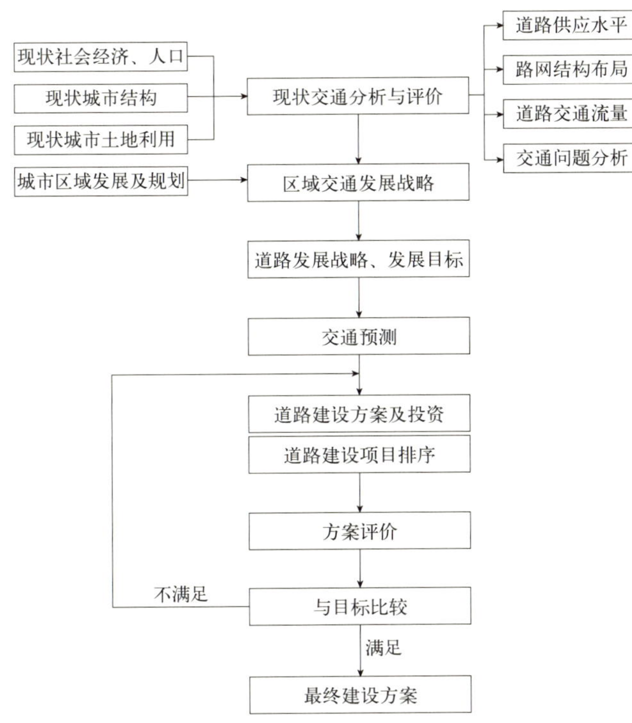

图 10-1 技术路线图

10.2.3 主要工作内容

(1) 城市交通现状及其分析评价；
(2) 城市发展规划及交通需求预测；
(3) 城市交通发展战略及道路发展战略规划；
(4) 快速干道系统规划方案；
(5) 主、次干道系统规划方案；
(6) 支路系统规划方案；
(7) 规划方案综合评价；
(8) 分期实施计划编制。

10.2.4 成果构成及要求

成果报告：现状交通分析、交通预测及发展态势分析、道路发展战略及对策、快速干道网规划、主次干道系统规划、支路微循环系统规划、重要节点规划、方案综合评价及实施规划等。

成果图纸：现状路网结构图、现状交通运行评价分析图、规划快速干道系统图、规划主次干道系统结构图、规划支路微循环系统结构图、道路系统评价分析图、分期实施项目分布图等。

10.2.5 主要规划成果

10.2.5.1 武汉市主城区道路系统规划（2009—2015 年）

1）规划背景

近年来武汉市经济持续迅猛发展，城市规模不断扩大，人们生活水平大幅提高、商业活动日益频繁，居民出行方式、出行距离和出行次数相应激增，交通需求大幅增长，交通矛盾日益突出。为了有效解决现状问题，适应城市发展的新形势要求，新一轮总规对武汉市的道路网络进行了进一步梳理与优化，提出了与“主城＋新城组群”城市结构相适应的道路网络系统，确定了“环网结合、轴向放射”的快速干道骨架体系。为进一步落实城市总体规划，优化城市道路网络系统布局，编制了武汉市近期道路系统规划。

2）规划范围和期限

规划范围：规划范围为武汉都市发展区，规划重点在武汉主城区。

规划期限：2009—2015 年。

图 10-2 城市空间布局规划图

图 10-3　城市道路网络规划图

3）道路交通现状分析

（1）区域路网结构性问题突出：受江河、山体、湖泊、高校、单位大院、铁路等分隔，路网布局先天不足，断（堵）头路多，尤以武昌地区最为突出。

（2）骨架道路系统初具规模，但建设速度相对滞后。现状已建成三环线、江城大道等重点快速干道工程，总历程 134km，占规划总里程 353km 的 38%；在建的二环线汉口段、白沙洲大道、中北路延长线等近 90km 快速干道将于 2011 年底建成，届时主城快速干道里程将达 224km，占规划总里程 353km 的 63%。仍低于北京、上海及广州 74%、83% 及 90% 的比例水平。

（3）主、次干道较为欠缺。主城区主干道道路里程为 277km，道路密度仅为 0.62km/km^2，为规划要求的 77%；次干道道路里程为 297km，道路密度仅为 0.66km/km^2，仅为规划要求的 55%，均与规划要求存在较大差距。

（4）微循环支路系统欠缺：至 2010 年底武汉市支路总里程为 561km，支路网密度为 1.3km/km^2，仅达到规划标准的 38% 左右。快、主、次、支的长度比为 1：3：3：5，与规划的 1：2：3：7 相比，支路严重不足，影响了路网整体效益的发挥。

（5）城市化进程加快，交通需求快速增长，现有快速干道及重要干路交通压力较大，拥堵问题突出。

图 10-4　现状交通运行状况分析图

4）发展目标及对策

（1）发展目标。

完善市域公路网络，优化都市发展区道路系统，打造“30–60–120”道路交通运行系统。主城至城市圈城市车行时间不超过 120min，主城至新城区车行时间不超过 60min，二环以内车行时间不超过 30min。

（2）发展对策。

第一阶段：2009 ~ 2015 年，“构建骨架”。加大供给，成体系地构建快速干道系统是近期缓解交通拥堵问题的基础。至 2015 年，基本建成 2020 年规划快速干道系统，提升交通供给，加强内、外交通衔接和匹配，进一步促进城市功能整合和优化。

第二阶段：2016 ~ 2020 年，“优化提升”。优化城区道路网络和功能布局，提升城市功能和内力，形成层次分明、结构合理的主、次、支道路系统；至 2020 年，主城区规划道路总里程 3130km，路网密度 7km/km^2，人均道路面积 15.3km^2，均高于国家规范。

5）道路系统规划方案

（1）快速干道系统规划方案。

依据城市总体规划提出的“两江三镇、多轴多心”的主城区城市空间结构和公共中心体系布局，主城区规划形成“三环、六联、十三射”的快速干道系统格局，总长 353km，快速干道密度为 0.78km/km^2。

（2）主、次干道系统规划方案。

①汉口地区干道系统规划。

由于交通流量集中于中心城区，导致中心区道路拥堵严重，同时受铁路分割，后湖组团、古田、堪家矶地区与中心城区联系不足，进出城不畅。规划增加汉口东部谌家矶—武湖、沿江大道—武麻高速公路、武英高速公路、北部塔子湖东路—盘龙大道、古田四路—金银湖、

图 10-5　2020 年规划道路系统结构图

古田二路—天河机场，以及西部长丰大道—张柏路的出入城连通道；打通建设大道延长线、新华西路、塔子湖西路、中一路、三眼桥北路、建设渠路、古田四路 7 条穿京广铁路、汉丹铁路的连通路，强化南北向道路建设；完善古田、后湖、谌家矶等地区的次干道、支路网，改善汉口旧城的道路条件；规划形成垂江和顺江方向的“十二纵、八横”的区域路网布局（含快速干道）。

“八纵”为垂直于长江、汉江的 8 条快速干道及干道走廊。

长江二桥—金桥大道—黄浦大街、三阳路—澳门路—黄孝河西路—塔子湖东路—盘龙大道、青岛路隧道—大智路—香港路—新华下路—姑嫂树路—将军路、晴川桥—友谊路—新华路—新华下路—新华西路—馨苑路、江汉桥—武胜路—青年路、月湖桥—硚口路—宝丰路—常青路、知音桥—建一路—建设大道—汉西路、古田桥—古田二路。

“七横”为平行于长江、汉江的 7 条快速干道及干道走廊。

沿江大道—沿河大道、中山大道、解放大道、南泥湾大道—神州大道—建设大道、长丰大道—发展大道、幸福大道、三环线北段。

②武昌地区干道系统规划。

武昌地区受江河、湖泊、大院分割，路网呈 T 字形布局，存在先天不足的劣势，导致武珞路、中山路沿线以及老城区拥堵严重，同时南湖地区因受铁路阻隔，进、出通道严重不足。规划重点完善垂江道路系统，延伸八一路—关山二路，增加武昌中心区与流芳地区的连通路；改善环东湖风景区、杨春湖及武汉站地区、南湖地区交通条件，提高武昌地区的道路通达；规划形成“十纵、七横”的区域路网布局（含快速干道）。

“十纵”为垂直于长江的 8 条快速干道及干道走廊。

白玉山路、三环线东段、建六路—工业二路、二七路过江通道—罗家港路、长江二桥—徐东路、青岛路隧道—沙湖路、武珞路—珞喻路—老武黄公路、鹦鹉洲大桥—雄楚大街—东方大道、杨泗港大桥—野芷路—南湖南路、三环线南段。

“七横”为平行于长江的 7 条快速干道及干道走廊。

临江大道、和平大道—穿城大道—复兴路、友谊大道—中山路—武咸路、中北路—中南路—丁字桥路、东湖路—珞狮北路—珞狮南路、鲁磨路—民族大道—两湖大道、关山二路—关凤大道。

图 10-6　近期快速路建设项目分布图

③汉阳地区干道系统规划。

汉阳地区道路系统基础条件薄弱，同时龙阳大道承担进、出城通道和城市干道双重功能，且缺乏分流通道，导致道路流量较大，重点路段较为拥堵。规划增加南部至黄陵、大集方向的出口路，在枫树组团北部预留至东西湖九支沟、武昌青菱地区的主要连通道，结合四新地区建设，着重完善和打通垂江和顺江方向干道系统，规划形成“五纵、七横”的区域路网布局（含快速干道）。

“五纵”。

晴川桥—滨江大道、江汉桥—鹦鹉大道—拦江堤大道—长江路、月湖桥—梅子路、赫山路—芳草路、知音桥—十升路—318国道。

“七横”。

长江大桥——琴台路—郭琴路、汉阳大道—老汉沙公路、鹦鹉洲大桥—墨水湖北路、杨泗港过江通道—墨水湖南路、四新大道、三环路西南段、沌阳大道。

6）近期实施规划

（1）快速干道实施规划。

近期将在已建及在建快速干道224km的基础上，增建129km，快速干道总里程达353km，全面建成规划“三环、六联、十三射”的快速干道骨架道路系统。

新建快速干道：东湖隧道、杨泗港大桥、江北快速干道等。

改造快速干道：武珞路—珞瑜路、雄楚大街、野芷路、友谊大道、中南路—中北路、琴台路、墨水湖北路、杨泗港快速通道汉阳段、长丰大道、常青路—宝丰路—桥口路高架、姑嫂树路等。

（2）主、次干道实施规划。

①汉口地区。

将2015年快速干道网络与现状路网形成测试路网，叠加2015年交通需求进行预测分析，存在以下问题：

a. 汉口中心区干道拥堵严重。解放大道、建设大道、中山大道、沿江（河）大道以及香港路道路服务水均为E～F级，拥堵问题突出。

b. 汉口北地区过铁路通道交通压力较大。根据预测，现有过铁路通道服务水平基本为E～F级，其中常青路、姑嫂树路高峰小时流量将分别达到6500辆及5500辆；需要新建过铁路通道才能满足2015年汉口北地区的进出交通需求。

c. 古田、堪家矶地区路网系统不完善，与中心城区联系不足，无法支撑区域发展。

基于预测发现的问题，近期拟规划建设主干道10条，总长56.4km；次干道25条，总长60.6km，形成“八纵、七横”的骨架道路系统图10-9。其具体方案如下：

a. 提高中心区道路容量，增强贯通性干道。建设黄石路立交、京汉大道跨武胜路高架以及神州大道等工程，改造沿江大道，完善区域干道系统。

b. 增加汉口北地区过铁路通道，缓解站北地区进出难问题。提升建设大道北延线等干道功能，新建新华路等过铁路通道，连通幸福大道、后湖路等横向干道，加强过铁路通道横向联系。

c. 完善外围组团道路系统，支撑外围地区发展。建设整治解放大道上下延线、古田二路等干道，加强古田、堪家矶地区、黄埔新城与中心城区的联系。

②汉阳地区。

图10-7　汉口地区基于2015年交通需求测试分析图

图10-8　近期汉口地区建设项目分布图

将 2015 年快速路网络与现状路网形成测试路网，叠加 2015 年交通需求进行预测分析，存在以下问题：

a. 中心区过汉江桥梁流量较大，知音桥、月湖桥和江汉桥高峰小时流量均达到 5000 辆以上。

b. 龙阳大道承担过境交通及到达性交通双重功能，高峰小时流量近 6000 辆；

c. 四新地区道路系统不完善，无法支撑区域发展。

基于预测发现的问题，近期拟规划建设主干道 7 条，总长 49.1km；次干道 9 条，总长 34.1km，形成"五纵、七横"的骨架道路网系统。具体方案如下：

a. 建设滨江大道，支撑汉阳地区沿江发展。

b. 建设四新大道、四新南北路，支撑四新地区发展。

c. 建设龙阳湖东路、芳草路，分流龙阳大道的地方性交通。

图 10-9　汉阳地区基于 2015 年交通需求测试分析图

图 10-10　近期汉阳地区建设项目分布图

③武昌地区。

将 2015 年快速干道网络与现状路网形成测试路网，叠加 2015 年交通需求进行预测分析，存在以下问题：

a. 受江河、湖泊、铁路等因素阻隔，导致中心城区道路系统不完善，交通流量过于集中武珞路等主要通道上，武珞路、徐东大街等干道高峰小时交通量达 6000 余辆，服务水平仅为 E 级，拥堵问题突出。

b. 南湖地区用地性质单一，进出交通需求较大，因受铁路阻隔，进出通道严重不足。

c. 青山地区武汉站、青菱等外围区域道路系统未形成，对区域发展缺乏支撑。

基于预测发现的问题，近期拟规划建设主干道 12 条，总长 39.5km；次干道 32 条，总长 91.8km，形成"十纵、七横"的骨架道路系统。其具体方案如下：

a. 完善武昌中心区道路系统。新建武重中路、武重一路等干道，改造解放路，完善垂江、顺江干道系统。

b. 增加南湖组团进出通道。打通武梁路、丁字桥南延线、出版城路，向东延伸雅安街至民族大道，完善区域道路系统。

c. 完善武汉站、东湖高新、青菱等地区道路交通系统。新建或打通武青四干道等主要干道，改造东湖南路、东湖东路、沿湖路。加强外围组团与中心区的衔接，同时完善区域道路系统。

(3) 支路微循环系统实施规划。

结合重点区域建设和项目开发积极推进微循环道路建设，按照武汉市的城市发展速度及土地开发规模，近期每年应新建支路约 75km，至 2015 年形成支路总里程约 936km，支路密度将达 2.1km/km^2，达到规划要求的 50% 左右。

7）规划方案评价

规划至 2015 年，武汉市主城区道路总里程近 2129km，密度约 4.8km/km^2。其中，快速干道系统将全

图 10-11　武昌地区基于 2015 年交通需求测试分析图

图 10-12　近期武昌地区建设项目分布图

面形成，里程达 353km，密度约 0.8km/km^2；主干道长度约 356km，密度约 0.8km/km^2，达到 0.8km/km^2 的规划指标要求；次干道长度约 484km，密度约 1.1km/km^2，接近 1.2km/km^2 的规划指标要求；支路长度约 936km，密度约 2.1km/km^2，距离 3.0 ~ 4.0km/km^2 规范要求的下限值还有较大差距。

主城道路饱和度将由 2010 年的 0.55 降低为 0.40，主城区路网整体服务水平明显提高；车辆行程车速从 2010 年的 20km/h 提高至 2015 年的 25km/h，基本可实现二环以内 30min 畅通工程目标。

图 10-13　2010 年交通运行评价分析图

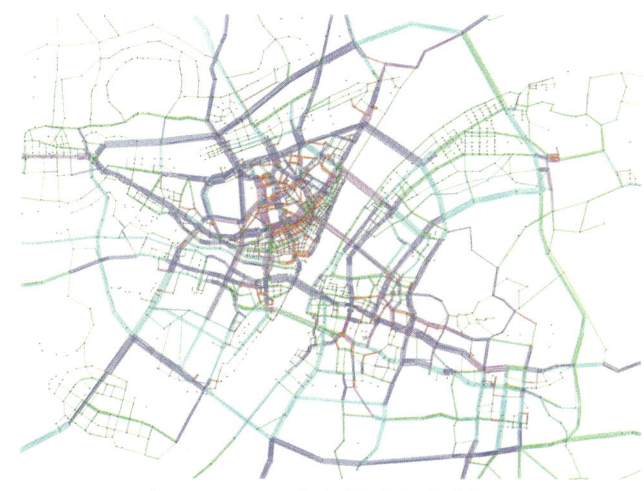
图 10-14　2015 年交通运行评价分析图

10.3 城市过江交通规划

10.3.1 规划目的及主要任务

临江城市在享受水资源及景观资源的同时，也面临着因江水分隔而阻碍城市发展及拓展的难题。过江通道规划能够根据城市发展的现实和拓展的需要，用地布局及道路网络规划，拟定过江交通发展战略及对策，构建过江通道体系，确定过江通道的规模与位置，提出规划控制意见，制定实施计划，保障过江通道建设有序推进，促进城市布局与过江交通的协调发展。

10.3.2 工作思路与技术路线

以过江交通现状分析、需求预测分析及国内外过江通道规划、建设及管理案例分析为基础，制定过江通道战略规划，确定过江通道发展对策，提出过江通道体系结构，确定规模要求及通道布局。以战略规划为前提，依据过江交通需求，城市及交通发展趋势，道路建设实施计划，制定过江通道实施规划，确定通道建设时序及用地控制方案。最后，制定近期过江通道交通管理策略，调节通道的供需平衡，保障其平稳运行。

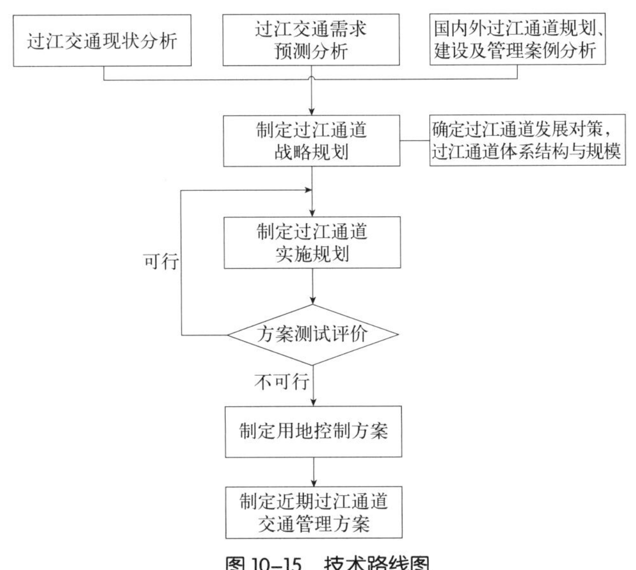

图 10-15 技术路线图

10.3.3 主要工作内容

(1) 过江交通现状分析；

(2) 相关城市案例研究；

(3) 过江交通需求预测；

(4) 过江通道发展战略研究；

(5) 过江通道体系规划；

(6) 过江通道布局规划；

(7) 过江通道实施规划；

(8) 过江通道用地控制规划；

(9) 过江通道交通管理策略研究。

10.3.4 成果构成及要求

成果报告：过江交通现状分析、过江交通需求预测及发展态势分析、过江交通战略研究，过江通道系统构建、道路过江通道规划、轨道过江通道规划、轮渡规划、汽渡规划、过江交通管理规划、过江通道用地控制规划、过江通道建设时序分析及过江通道管理方案研究等。

成果图纸：现状过江通道分布图、现状交通运行评价分析图、过江通道系统规划图、过江通道选址及衔接方案图、规划方案评价分析图、过江通道用地控制图、过江通道管理方案图等。

10.3.5 主要规划成果

10.3.5.1 武汉市过江通道规划（2010—2015 年）

1）规划背景

武汉市“两江分割，三镇鼎立”的城市结构，决定了过江交通历来是城市交通的首要问题。2010 年 3 月 8 日，国务院批复了《武汉市城市总体规划（2010—2020 年）》，明确提出在市内要重点解决过江交通问题。新总规在都市发展区范围内规划预留了 17 座机动车、7 座轨道过江通道，成为过江通道建设的法定指导文件。随着武汉市机动车拥有量的快速增长，城市交通及过江交通供需矛盾日益突出。武汉市正在大规模地开展轨道、快速干道和过江通道建设，为落实总体规划，引导过江通道建设合理有序推进，武汉市交通规划设计研究院完成了《武汉市过江通道规划（2010—2015 年）》，本节后又简称《规划》。

2）规划目标

(1) 适应总规及交通战略要求，促进过江通道建设与城市建设及交通建设的协调发展；

(2) 公交优先，引导过江交通方式的合理转变；

(3) 借鉴国内外经验及教训，彰显武汉独有的城市特色；

(4) 服务规划决策，支持通道建设。

3）规划范围和期限

规划范围及时间与城市总体规划相一致。

（1）规划范围：都市发展区，以主城区为规划重点。

（2）规划年限：2015 年、2020 年及远景年，以近期建设规划为重点。

4）过江交通现状分析

武汉市一直高度重视过江交通问题，在已建成"六桥、一隧"7 座过江通道的基础上，正在全力推进 2 座机动车、2 座轨道过江通道的建设。过江通道在实行了一系列交通管制措施的情况下，处于暂时的供需平衡状态。但是，由于快速干道骨架系统尚未建成，过江交通主要集中在中央活动区，中央活动区过江通道及其两侧衔接道路交通压力较大。同时，过江交通依赖小汽车和常规公交，缺乏大容量快速轨道交通方式，客运效率及服务水平难以进一步提升。过江水运交通规模偏小，难以发挥必要的补充作用。

5）过江交通需求预测

预测日均公共交通过江客运量由现状 82 万人次提高到 2020 年的 206 万人次，公共交通承担客流比例由现状 58% 提高到 67%，小汽车承担比例由 42% 下降到 33%。要实现过江客运量由公共交通占绝对主导地位这种结构性的调整，首要任务是按照交通战略规划加快开展过江轨道交通建设。

预测 2020 年机动车拥有量将达到 190 ～ 250 万辆，增长 2 倍以上。机动车出行总量将由现状的 180 万车次上升到 450 万车次，增长 2 倍以上。主城过江车流量将由 2009 年的 32 万辆增至 2020 年的 65 万辆，增长 2 倍以上。现状主城过江通道，除天兴洲大桥通行能力尚有富余，其他通道基本饱和，需要持续推进过江通道建设，满足未来年的过江需求。

6）发展对策

（1）全力开展过江轨道建设，构建多模式过江交通体系。

（2）尽快打通快速干道过江通道，构建快速干道骨架体系。

（3）通道资源应控尽控，结合城市建设，有序推进通道建设。

（4）建管并重，调节供需平衡，合理发挥各通道作用。

7）轨道过江通道规划方案

（1）2015 年，重点建设跨江轨道骨架线路，优化过江结构，提升服务水平。建成 1 号线、3 号线一期等 8 条线，总里程 146.5km。新建 3 条过江轨道线：2 号线、4 号线及 8 号线一期。

（2）2020 年，重点完善两岸内部轨道网络，改善内部出行条件。1 ～ 8 号线建成，全长 244.7km。新增 1 条过江轨道线——7 号线。

（3）远景年，规划 12 条轨道线路，总长 540km。新增 2 条过江轨道线——10 号线及 11 号线。

图 10-16　远景年轨道过江通道分布图

8）机动车过江通道规划方案

考虑建设过江通道的位置资源十分有限，本次规划遵循"满足需求，应控尽控"的原则，控制预留 17 座机动车过江通道，其中主城内部规划 9 座，预留 2 座。主城外围规划 4 座，预留 2 座。

（1）2015 年前，将在建成二七长江大桥、鹦鹉洲大桥及黄家湖大桥的基础上，新建杨泗港大桥，形成"十桥、一隧、三轨"的过江通道格局，总过江客流量 208 万人次／日，其中公共交通承担总客流的 65%，客车承担 35%。同时，开展三阳路过江通道前期研究，开展与轨道 7 号线公轨合建可行性论证。

（2）2020 年前，新建三阳路过江通道，形成"十桥、一隧、一通道、四轨道"的过江通道格局，总过江客流量 310 万人次／日，其中公共交通承担总客流的 67%，客车承担总客流的 33%。

（3）远景年，武汉市控制预留"十一桥、一隧、五通道、七轨道"过江通道资源，总过江客流量 538

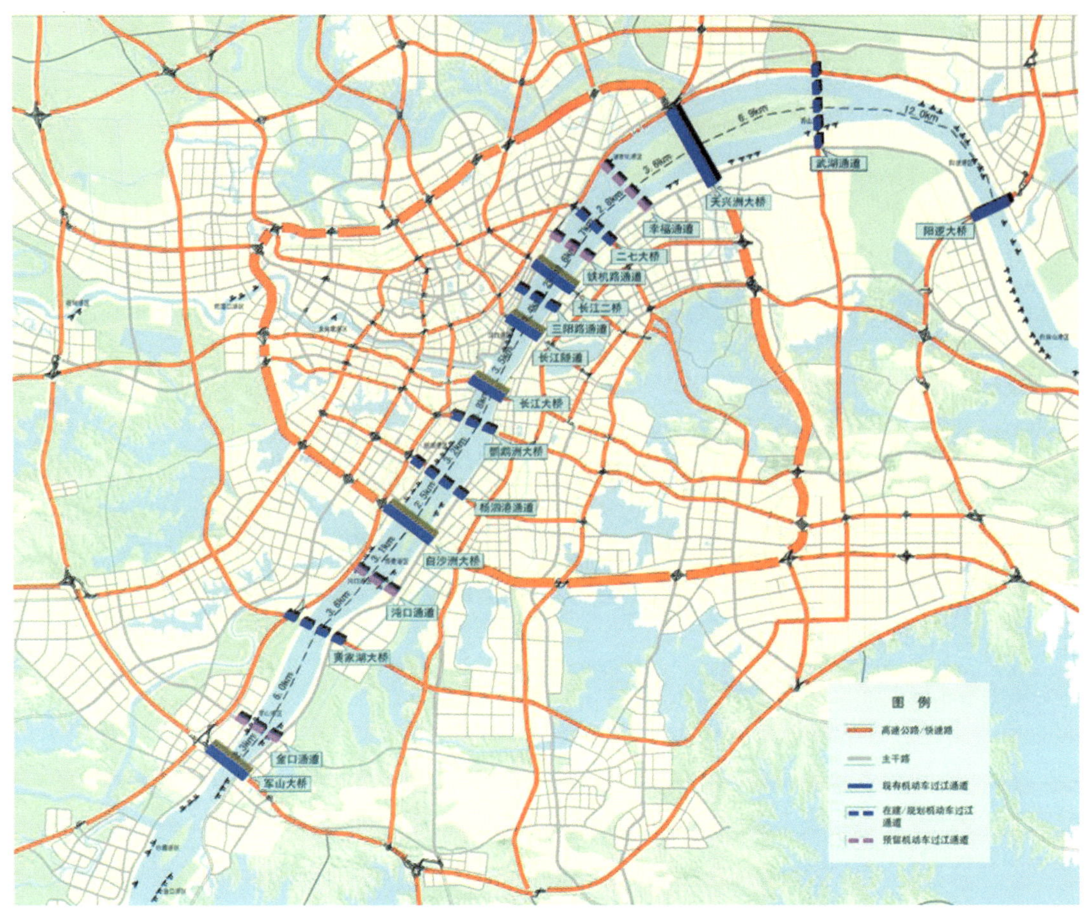

图 10-17　规划预留机动车过江通道分布图

万人次／日，其中公共交通承担总客流的 72%，客车承担 28%。

9）实施情况

(1)《规划》已经成为《武汉市“十二五”交通建设规划》的重要编制依据，二七长江大桥、鹦鹉洲大桥、杨泗港大桥及黄家湖大桥等已被纳入“十二五”建设规划；

(2)《规划》提出的开展三阳路通道前期研究工作的建议得到广泛认可，研究工作正在进行中；

(3)《规划》提出的控制预留通道资源，对现有规划进行了补充，已经在最新一轮的道路红线规划中得以落实，将作为规划审批与决策的重要依据；

(4)《规划》提出的长江大桥实施 ETC 后的交通管理方案，对于保障 ETC 实施后长江大桥的平稳运行将具有重要意义。

10.4　城市公共交通规划

10.4.1　规划目的及主要任务

城市公共交通规划是指根据城市发展规模、用地布局和道路网规划、公共交通系统构成和客运系统总体布局框架，在客流预测的基础上，确定公共交通车辆数、线路网络、换乘枢纽和场站设施用地等，使公共交通客运能力满足客流高峰的需求。旨在：

(1) 为城市居民提供安全、高效、经济方便和舒适的服务；

(2) 提高公交营运效率，促进公共交通的优先发展；

(3) 建设良好的城市交通环境，引导及推动土地开发和城市发展。

10.4.2 工作思路与技术路线

通过对现状交通问题的分析和诊断，结合城市发展规划和交通需求预测，确定城市交通发展战略和公共交通发展目标，提出公共交通设施及线网布局规划方案，确定近期公共交通建设重点，并对建设方案进行评价，更好地满足居民出行要求，引导城市交通出行结构向公共交通转移。

10.4.3 主要工作内容

(1) 公共交通现状调查与分析；

(2) 公共交通发展战略与目标；

(3) 交通需求发展及分布预测；

(4) 公交线网规划；

(5) 枢纽及场站布局规划；

(6) 规划方案测试评价；

(7) 近期实施计划。

10.4.4 成果构成及要求

成果报告：城市交通现状调查与分析，公共交通现状调查与分析，国内外案例研究，居民出行总量及方式构成预测分析，公共交通发展战略与目标，公交线网规划、公交枢纽布局规划，公交场站布局规划，近期实施规划等。

成果图纸：现状道路网络图、现状交通运行评价分析图、现状公交线网图、现状轨道线网图、现状公交枢纽分布图、现状公交场站分布图、预测公交客流分布图、规划公交线网图、规划快速公交线网图、规划枢纽布局图、规划场站布局图、规划方案评价分析图、实施计划分布图等。

10.4.5 规划案例

为了实现公交优先发展，提高公交服务水平，有效缓解城市交通拥堵，武汉市先后编制了《武汉市公交线

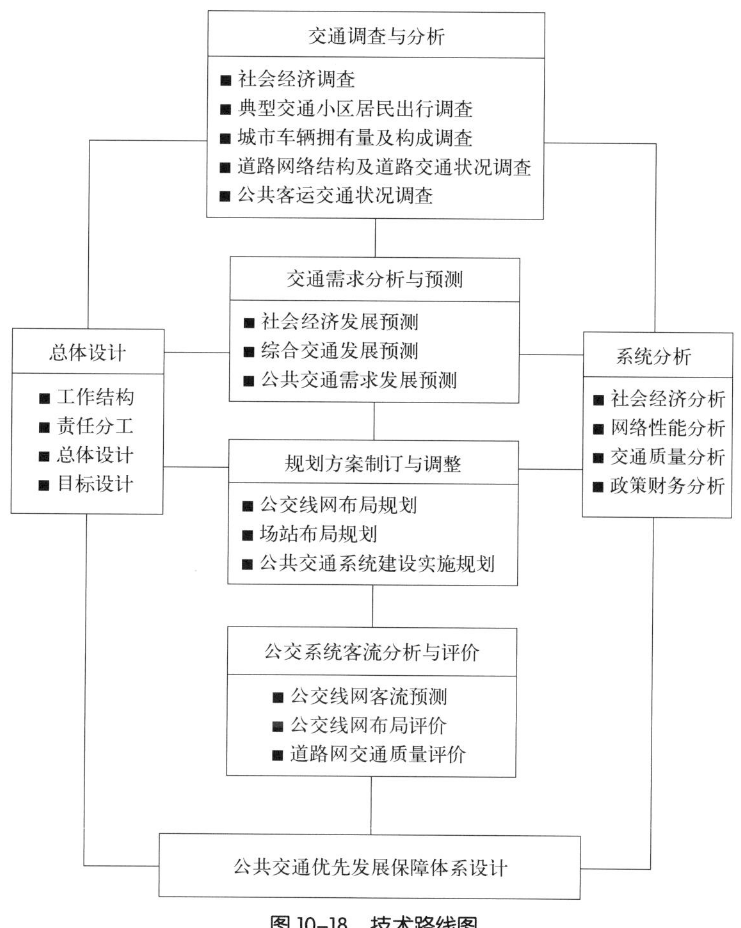

图 10-18　技术路线图

网规划》、《武汉市快速公交线网规划》、《武汉市交通衔接与枢纽布局规划》及《武汉市公交专用道系统规划》等公共交通专项规划。下面以《武汉市快速公交线网规划》及《武汉市交通衔接与枢纽布局规划》为例对公共交通规划进行具体说明。

10.4.5.1 武汉市快速公交线网规划（2008—2020年）

1）项目背景

优质高效的公共交通系统是保证居民生活质量和城市经济、环境可持续发展的重要基础条件，在国家"优先发展公共交通"宏观政策指引下，在武汉市轨道交通建设刚刚起步、短期内难以发挥骨干作用的情况下，武汉市交通规划设计研究院编制了快速公交线网规划，以加快改善公交出行条件，应对交通需求的高速增长。

2）规划范围与年限

规划范围：都市发展区 $3261km^2$。

规划年限：2008—2020年，其中2008—2015年为近期，2015—2020年为远期。

3）规划原则

（1）适应发展，构筑骨架。快速公交应适应新一轮城市总体规划，服务城市主要功能区，与轨道交通共同构筑武汉市公共交通骨架体系。

（2）顺应客流，完善体系。快速公交应适应城市客运主要流向，与常规公交形成换乘便捷的一体化公共交通网络服务体系。

（3）整合资源，综合协调。快速公交应合理使用道路资源，挖掘道路服务潜力、综合协调各种交通运输方式。

（4）统筹兼顾，合理安排。快速公交的规划应统筹考虑城市道路改造及重大项目建设要求，科学安排建设时序。

4）快速公交功能定位及建设标准

快速公交（BRT）是一种介于城市轨道交通与常规公共交通之间的新型公交客运模式，是利用改良型的公交车辆，运营在专用路权空间上，具有轨道交通某些运营特性的一种快捷的公共交通方式；具有专用路权、封闭式车站、大容量车辆、独立优先信号和智能化调度系统等基本要素。

（1）功能定位。

打轨道交通建设时间差，将快速公交作为远期轨道线路的过渡方式。打轨道网布局的空间差，在城市次级客运走廊将快速公交作为轨道交通的弥补方式。

（2）建设标准。

快速公交路权：快速公交路权专用程度越高，系统运输效率和准时性就越高。原则上"骨架型"和"补充型"快速公交线路采用高标准快速公交专用路权形式，物理隔离；"过渡型"快速公交线路可采用路侧式或路中式，在条件困难地段可局部采用混行车道。

快速公交车站：依据快速公交路权形式划分为侧式和岛式车站，站台有效长度不小于40m，侧式站台宽度不低于3.5m，岛式站台宽度不低于4m，站内设售检票系统。进出快速公交车站人流通过人行天桥或地道过街，部分设于路口的快速公交车站可考虑结合路口信号灯组织行人过街。

快速公交车辆：车长18m，额定载客量150～180人。

运营管理系统：主要包括智能调度系统、动态信息服务系统、信号控制系统、视频监视系统等。

5）2020年线网规划

为了实现公交优先发展战略目标，给城市交通基础设施建设提供依据，培育轨道交通客流，根据武汉市城市总体规划、交通发展战略以及轨道交通线网规划，综合分析研究武汉市未来客运主要流向、道路建设条件、轨道衔接过渡等方面，规划2020年武汉市快速公交线网规划方案由8条线路组成，总长195km，设站168座，线网结构分为骨架型、补充型和过渡型三类，其中骨架型3条，补充型3条，过渡型2条。2020年主城区轨道交通线网和快速公交线网总密度达 $0.59km/km^2$，轨道及快速公交覆盖人口394万，岗位252万个。

6）2020年线网实施效果

预测2020年轨道及快速公交覆盖武汉市49.5%的人口及岗位，公共交通客运总量为1500万人次／日，其中轨道承担38%，快速公交承担12%，主城轨道交通及快速公交分担率达到50%以上。同时，城市道路体系整体运行状况良好，有效发挥了轨道及快速公交高效、快速、准点、大运量的优势。

7）近期建设规划

结合2010年编制的《东湖国家自主创新示范区总体规划》，对BRT3号线进行优化调整，作为对轨道交通的补充和延伸，同时为东湖国家自主创新示范区服务。BRT3号线西起武昌火车站，向东沿雄楚大街、高新大道至外环线，全线长23.5km，设置站点24处，其中公交枢纽站两处，平均站间距约1km。

线路名称	起点	止点	线路长度(KM)	站点数(个)
BRT1号线	梨园	盘龙城	25	19
BRT2号线	陶家岭	鲁巷	27	20
BRT3号线	武昌火车站(东广场)	庙山	24	26
BRT4号线	汉口火车站(南广场)	军山	29	19
BRT5号线	汉口火车站(南广场)	蔡甸	29	25
BRT6号线	凤凰山	白玉山	23	25
BRT7号线	武汉体育中心	常福	17	14
BRT8号线	汉口火车站(北广场)	武湖	21	20
合计			195	168

图 10-19　快速公交线网规划方案

图 10-20　雄楚大街快速公交线网规划方案

(1) BRT 建设方式研究。

结合雄楚大街快速化改造规划方案，推荐 BRT3 号线（雄楚大街段）采取全路中专用路权方式。BRT 专用道宽 4.5m，采用物理方式隔离，结合中央绿化带设置中央岛式站台，宽 8m，实行站内售票和水平乘降。

(2) BRT 运行组织。

①平面布局示意图及交通组织。

规划将地面辅道内侧两车道作为 BRT 专用道，车站结合中央花坛和桥墩布置设置，对雄楚大街高架桥基本没有影响，上、下车人流通过人行天桥到达（离开）BRT 站台。路段掉头处，将 BRT 车辆停车等待线后移，避免 BRT 车辆与掉头车辆冲突。路口采取四相位控制，BRT 相位与地面直行同一相位，同时进行信号优先设置。

②路线运行组织。

快速公交系统的运营管理主要体现在利用先进技术设置中央调度中心，对系统内的车辆实现统一调度。

a．配套地面公交线网调整：对原有道路上地面公交

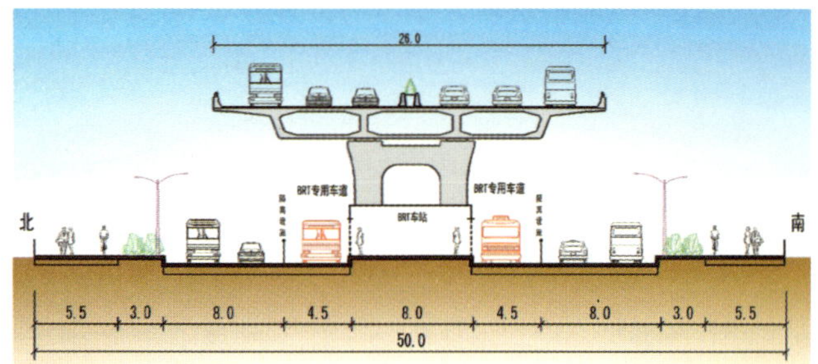

图 10-21 雄楚大街 BRT 车站规划标准横断面

的调整，主要包括对一些线路的撤消和转移，建立与路面快速公交干线相适应的接驳公交系统；

b. 中央动态调度：在路面快速公交系统中利用先进的智能监控系统，针对需求来控制车辆运行的状况，实现车辆运行严格按照一定的服务频率运行，避免乘客等候时间过长，减少车站车辆到达站不均衡而引起的运行时间增加；

c. 跳站式（交路）运营：根据客流出行需求的特点，对于出行产生集中和目的地相对集中的路段，路面快速公交线路的部分车辆只在某些特定的站点停靠，即跳站式运行或采取小交路运行模式，以此来提高线路的运营效率。

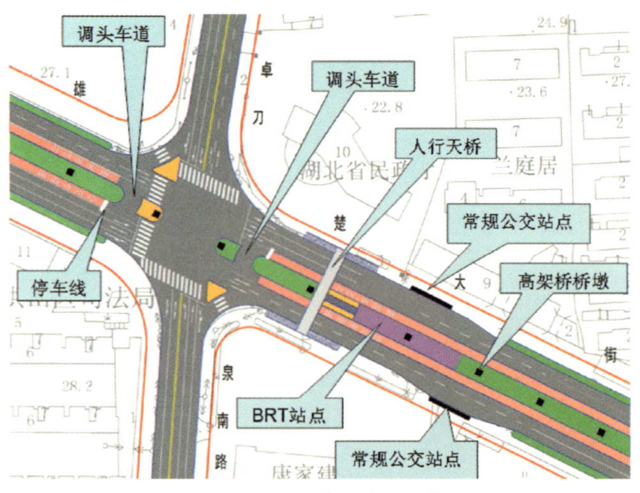

图 10-22 BRT 典型路口示意图

10.4.5.2 交通衔接与枢纽布局规划研究（2007—2020 年）

1）规划背景

城市公共交通枢纽是乘客集散、转换交通方式和线路的场所，是城市各个交通系统之间相互联系的中心环节，是城市交通发展的关键。科学合理地规划公共交通枢纽，对于衔接各种不同交通方式，实现乘客中转换乘，提高交通系统综合效率，改善城市交通状况和缓解城市交通拥挤具有重要意义。为了切实推进武汉市落实公交优先保障措施的工作，同时也为城市规划管理与城市开发建设提供科学的决策依据，特开展公共交通枢纽布局、公共交通一体化衔接研究。

2）规范范围与年限

规划范围：包括武汉市 7 个主城区及东西湖吴家山、金银湖、武汉经济技术开发区、东湖高新技术开发区，总面积约 900 余 km^2，同时兼顾与外围远城区、武汉城市圈、对外客运交通的一体化衔接。

规划年限：近期规划年限为 2007—2012 年，远期规划年限为 2012—2020 年，远景年展望到 21 世纪中叶。

3）规划思想与原则

（1）规划思想。

①以枢纽锚固线网，优化公交线网，加大换乘力度。

②市郊公交一体化，加强外围公交线路与市内的衔接。

③结合城市开发建设，考虑枢纽用地规模的可行性。

（2）规划原则。

①坚持科学发展观，将先导性和可操作性相结合。按照公交优先发展的要求，预控公共设施资源，以适应武汉市域交通一体化发展的需求。

②坚持以人为本，系统衔接，方便换乘。依托轨道交通线网，充分发挥轨道交通的运能，提升公共交通服务水平。同时要与铁路、公路客运以及常规地面公交等其他交通系统保持紧密衔接。

③坚持因地制宜，集约、节约利用土地。枢纽布局要满足常规公交、静态交通以及其他交通方式的发展需求，同时要充分利用现状用地条件，不同区域差别化对待。

④坚持优势互补、条块结合。以铁路、公路和轨道交通的网络为基础，综合考虑枢纽的交通方式和规模大小，结合城市功能和城乡规划体系，对全市交通枢纽进行分类梳理。

4）公交枢纽现状分析

武汉市现状客运交通枢纽按照交通功能划分为对外客运交通枢纽、市内外交通衔接枢纽和市内公交换乘枢纽。目前，共有客运交通枢纽 33 个，其中对外客运交通枢纽包括武昌火车站、汉口火车站两大铁路客运枢纽，付家坡客运站、宏基客运站、新华路客运站及汉阳客运中心等公路客运枢纽 23 个，武汉天河机场航空枢纽站及武汉港水运客运枢纽；市内公交换乘枢纽站有武昌火车站、汉口火车站、常青花园、王家湾、武汉客运港、汉阳客运站等 8 个公交枢纽站。其主要存在如下问题：

(1) 规划设计缺少前瞻性、综合性，换乘功能单一，缺乏综合性枢纽。

(2) 客运枢纽站场大多采用平面布置，局限于用地条件，布局形式单一。

(3) 各种运输方式之间衔接不紧密，换乘距离长、路线不明确、效率低。

(4) 枢纽设备落后，缺少信息服务，缺少交通诱导标志，不能有效引导行人通向指定的目的地。

(5) 枢纽内没有相应的停车场，停车设施不足。

5）公交枢纽布局规划

(1) 公交枢纽分类。

在参考其他城市公交枢纽划分方式的基础上，根据

图 10–24　现状公交枢纽分布图

武汉市的实际和规划情况，将公交枢纽站划分为四个层次：一级枢纽、二级枢纽、三级枢纽、普通换乘枢纽。具体划分标准如表 10–1 所示。

枢纽等级划分表　　　　表 10–1

枢纽分类	枢纽功能	交通衔接方式
一级枢纽	城市重要的对外交通设施、市级商业中心、商务中心、城市骨干轨道交通换乘站、骨干轨道与辅助轨道交通线路交汇点	铁路、公路、轨道交通、公交、出租车、社会车辆
二级枢纽	城市一般对外交通设施、区级商业中心、商务中心、骨干轨道与辅助轨道交通线路交汇点、区级交通广场、过江交通换乘点等较大客流发生吸引源处	公路、轨道交通、公交、出租车、社会车辆
三级枢纽	城市大型居住区、较大轨道交通站点、各片区客流集中处，承担各片区内部的交通集散及中转换乘功能，以公交之间换乘为主	轨道交通、公交、出租车

(2) 规划方案。

至 2020 年共规划设置各类枢纽站 50 座，总用地面

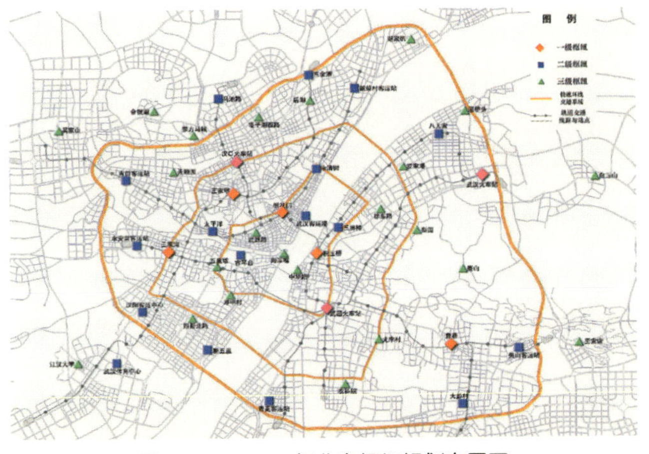

图 10–23　2020 年公交枢纽规划布局图

积为 41.6hm^2。其中，一级公交枢纽有 8 座、二级公交枢纽有 17 座、三级公交枢纽有 25 座；汉口地区设置 18 座枢纽站，汉阳地区设置 11 座枢纽站，武昌地区设置 21 座枢纽站。

6）近期公交枢纽规划

至 2012 年，结合武汉市轨道交通 1 号线二期、2 号线和 4 号线一期的建成运营，将在现状 8 座的基础上，增建 12 座公交枢纽站，公交枢纽站总量将达 20 座，占地面积 209627m^2，其中新增用地面积 169600m^2。一级枢纽 7 座、二级枢纽 9 座、三级枢纽 4 座，其中汉口地区 10 座、汉阳地区 4 座、武昌地区 6 座。增建 12 座枢纽站分别为循礼门、古琴台、武汉火车站、积玉桥、鲁巷、古田一路、太平洋、永清街、新荣村、武汉体育中心、后湖、八大家。

图 10-25　武胜路公交枢纽

图 10-26　金家墩公交枢纽

10.5　城市轨道交通规划

10.5.1　规划目的及主要任务

采用不同导向设备、按照一定方向在轨道上行驶的列车或车辆，统称为轨道交通。与常规地面公共交通系统相比，轨道交通系统具有运能大、速度快、单位能耗低、使用寿命长、运营费用低等优势，是解决大城市交通拥挤的有效交通方式，目前正在研究及发展中的城市轨道类型很多，但经验比较成熟，广泛应用的主要有地铁、轻轨及市郊铁路三种类型。但因其建设投资大、工程复杂、施工周期长、灵活性差，一旦建成，很难改造，因而对轨道规划工作要求更为严格。其主要完成如下任务：

（1）支撑区域总体规划，满足区域中长期发展要求；

（2）拟定合理建设规模，确立公共交通主导地位；

（3）规划高效公交网络，提升公交整体服务水平；

（4）符合客运主流向，缓解城区交通压力；

（5）发挥轨道引导功能，促进交通与经济协调发展；

（6）锚固枢纽尽快成网，构建一体化综合交通体系；

（7）量力而行，节约投资，确保工程建设运营可行性。

10.5.2　工作思路与技术路线

轨道交通线网规划应在分析城市及交通现状、发展的基础上，综合考虑社会经济、土地利用、交通运输需求、

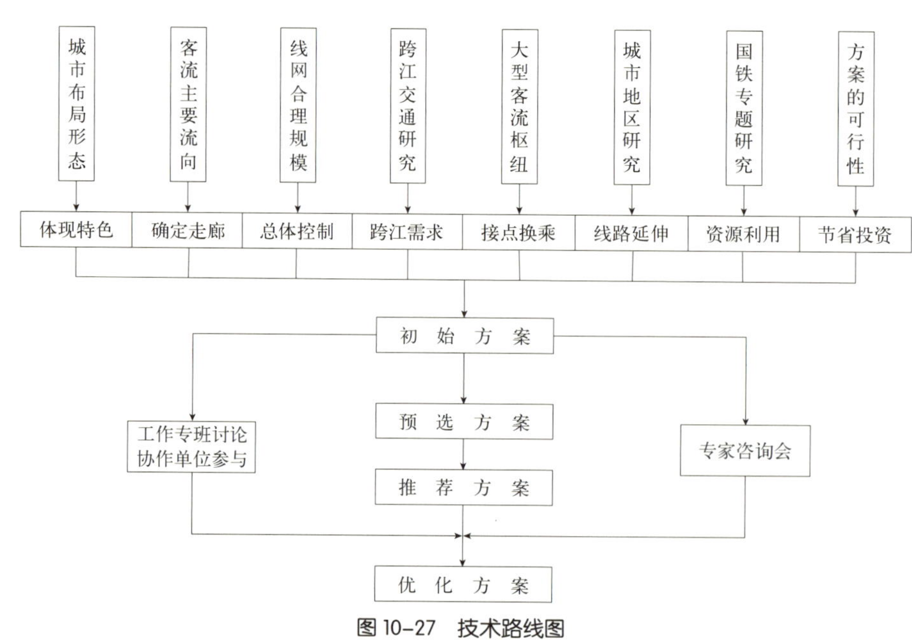

图 10-27　技术路线图

机动车增长等多因素影响，预测未来出行需求状况和交通特征，以城市远期交通发展战略为指导，制订近期交通发展建设方案，经过方案比选和优化，制订推荐方案，拟定各个专项交通发展方案及近期重要交通建设项目，借助交通预测模型等手段进行规划方案分析评价，确保规划方案能够适应各个规划期城市社会经济发展的需要。

10.5.3 主要工作内容

(1) 现状调查与分析；

(2) 国内外案例分析；

(3) 公共交通发展战略与目标；

(4) 交通需求发展预测；

(5) 轨道线网规划；

(6) 换乘枢纽规划；

(7) 停车场、车辆段及车辆检修基地布局规划；

(8) 资源共享规划；

(9) 规划方案测试评价；

(10) 近期实施计划。

10.5.4 成果构成及要求

成果报告：城市交通现状调查与分析，公共交通现状调查与分析，轨道交通现状调查与分析，国内外案例研究，居民出行总量及方式构成预测分析，轨道交通发展战略与目标，轨道线网规划、轨道停车场布局规划，轨道车辆段布局规划，轨道检修基地布局规划，资源共享规划，方案测试评价，近期实施规划等。

成果图纸：现状道路网络图、现状交通运行评价分析图、现状公交线网图、现状轨道线网图、现状轨道厂站及检修基地分布图、预测公共交通客流分布图，规划轨道线网图、规划轨道停车场分布图、规划轨道车辆段分布图、规划轨道检修基地分布图、规划方案评价分析图、实施计划分布图等。

10.5.5 规划案例

为了有效指导轨道交通建设的有序、高效建设，更好地落实公交优先，促进出行结构向公交出行的有效调整，缓解城市交通拥堵，武汉市先后编制了《武汉市轨道交通线网规划》、《武汉市轨道交通线网规划修编》、《武汉市远城区轨道线网规划》、《武汉市轨道资源共享规划》、《武汉城市圈快速轨道交通规划研究》、《武汉市轨道交通衔接规划》及《武汉市轨道交通机场线规划研究》等轨道交通专项规划。下面以《武汉市轨道交通线网规划修编》、《武汉市远城区轨道线网规划》及《武汉市轨道资源共享规划》为例对轨道交通规划进行具体说明。

10.5.5.1 武汉市轨道交通线网规划修编（2007—2008 年）

1）规划背景

2006 年，武汉市新一轮城市总体规划编制完成，城市规划结构由“主城＋卫星城”模式调整为“主城＋新城组群”模式，城市空间布局发生重大调整；2007 年，武汉“1+8”城市圈作为“两型社会”综合配套改革试验区正式获国务院批复，武汉迎来了“中部崛起”战略发展的新机遇，对城市交通发展模式和区域一体化发展提出了更高、更新的要求。

图 10-28 武汉“1+8”城市圈边界图

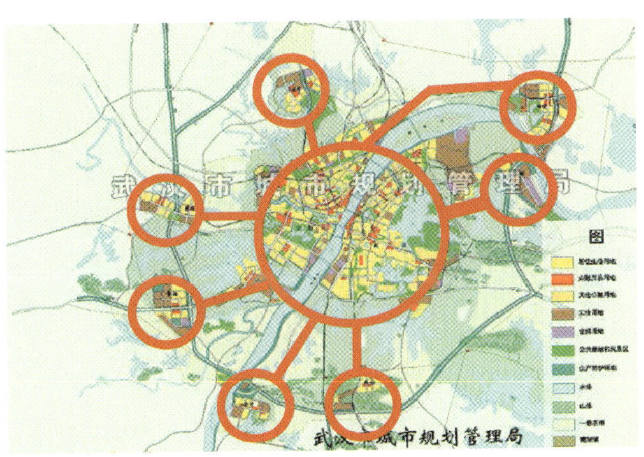

图 10-29 1996 年总规方案
（“主城＋卫星城”布局模式）

为落实新一轮城市总体规划，构建资源节约型和环境友好型社会，支持以城市公共交通为导向的土地开发策略，实现区域一体化的发展，武汉市人民政府适时组织编制完成了新一轮城市轨道交通线网规划。

2）规划范围及年限

规划范围：项目研究范围为武汉"1+8"城市圈，重点研究范围为武汉市市域，共计 8494km^2。

规划年限：近期规划年限为 2020 年，与城市总体规划远期年限一致。远景规划无具体年限，按城市总体远景发展规划和城区用地控制范围及其推算的人口规模为基础，作为线网远景规模的控制条件。

图 10-30　城市用地布局规划图

3）规划原则

(1) 系统性原则：整合国有铁路和城际铁路，建立城市圈系统性、一体化的快速轨道网络。

(2) 层次性原则：明确线网功能，构建城际、市域、市区三个层次的轨道交通系统。

(3) 协调性原则：强化枢纽功能，建立衔接高效、多种交通方式协调发展的客运体系。

(4) 引导性原则：引入 TOD 发展模式，轨道引导城市发展，建立开放式的城市空间结构。

4）规划方案

本规划借鉴巴黎、首尔、上海轨道线网规划成功经验，

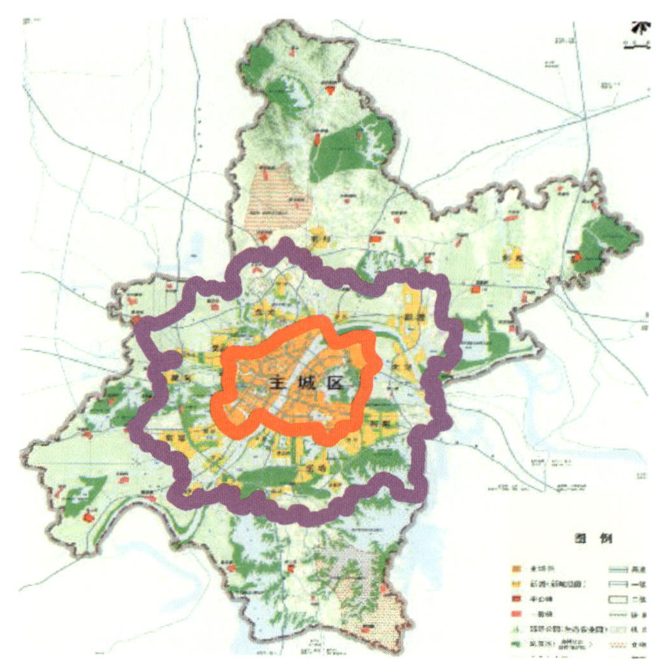

图 10-31　武汉市域边界图

引入快线理念，强化新城组群与主城高效衔接。进一步加密主城线网，扩大线网覆盖范围，增加过江通道数量，将轨道交通作为主城过江客运的主要方式。具体规划方案如下。

(1) 落实新一轮城市总体规划，明确轨道交通发展目标。树立以轨道交通为骨干，常规公交为主体，多种交通方式协调发展的综合交通体系。形成覆盖三镇和重点发展区域的轨道交通网络，加强接驳换乘，强化枢纽规划，提升公共交通竞争力，实现主城公交分担率 45% 以上，轨道占公交比例 55% 以上的目标。

(2) 借鉴先进城市规划理念，确定轨道线网结构和规模。经过专家论证，武汉市"两江三镇、多轴多心"的城市空间结构，适宜发展"环网交织、轴向拓展"的轨道交通线网形态。远景年，武汉市轨道交通线网方案由 3 条市域快线和 9 条市区线组成，线路总长 540km，其中主城 340km；过江通道 7 条，其中主城 6 条。这较原线网方案线路总长增加了 71%，过江通道增加了 4 条。

市域快线——穿越主城区与远城区，服务六大新城组群之间以及新城组群与主城的快速联系。

市区线——线路主要在主城区以内，加强主城区内交通联系，促进主城区用地布局优化。

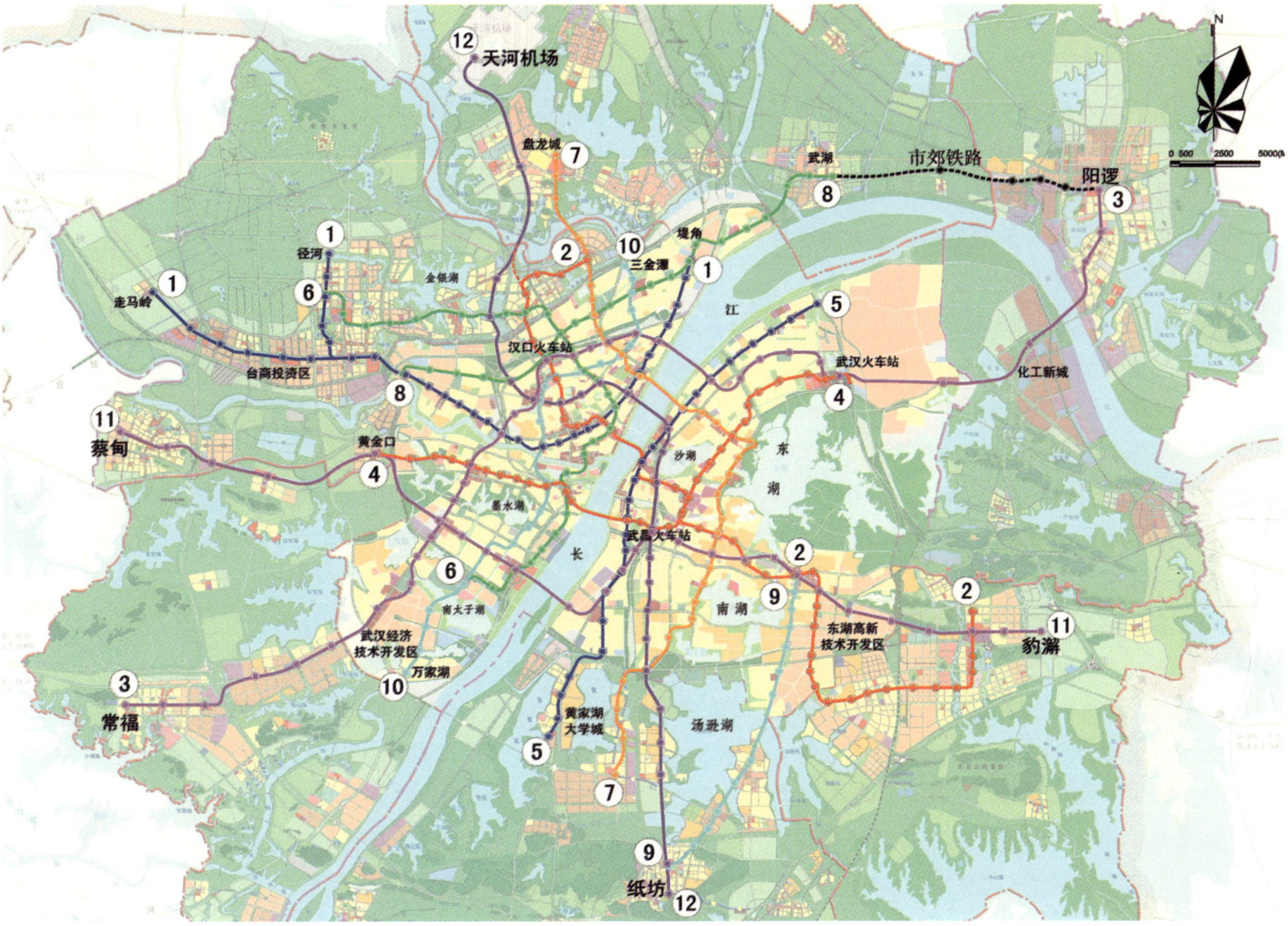

图 10-32　本轮轨道网规划方案

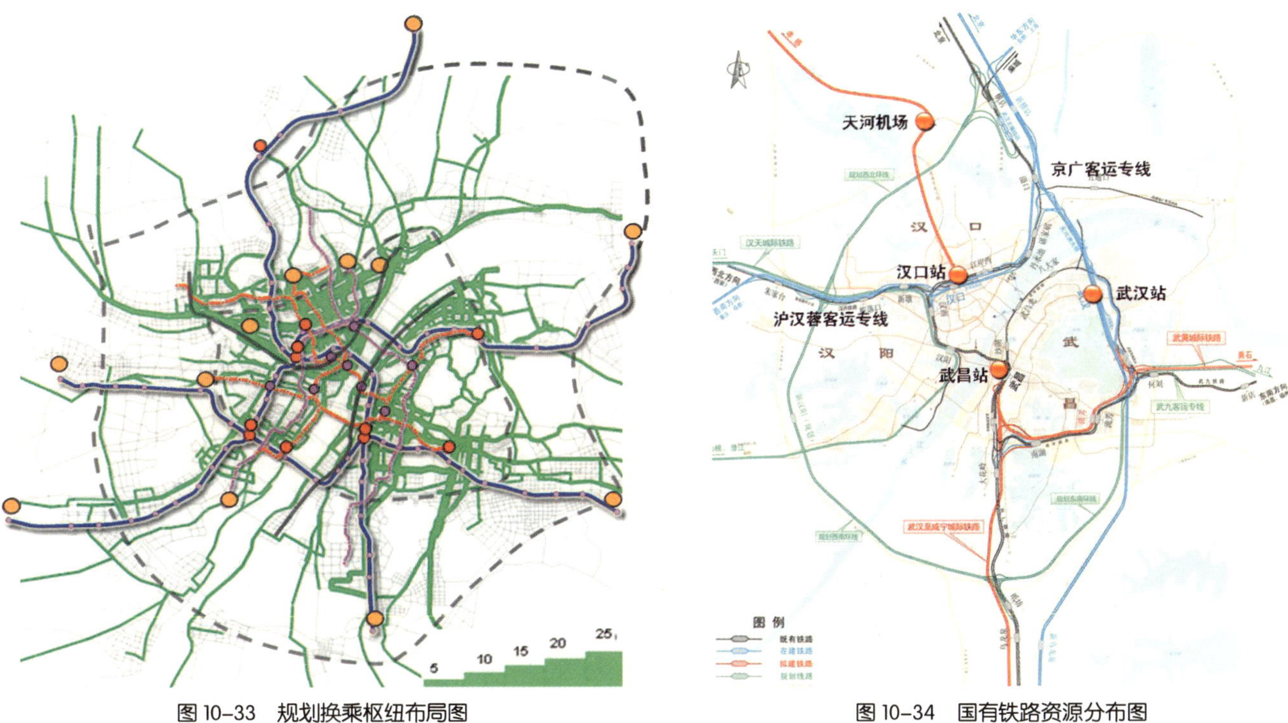

图 10-33　规划换乘枢纽布局图

图 10-34　国有铁路资源分布图

(3) 突出交通一体化衔接，强化综合换乘枢纽建设。线网修编方案共布局 7 个大型综合枢纽、40 多个市内客运集散枢纽以及大量的外围小汽车停车换乘和中心区自行车、公交接驳换乘中心。三大火车站是 7 个大型综合枢纽中的重要衔接点，新建及改扩建后，将形成铁路、轨道交通、常规公交、长途客运以及出租车等多种交通方式高效衔接的一体化换乘枢纽。

(4) 充分利用国有铁路资源，促进城际铁路发展。武汉具有丰富的铁路资源，现有京广线、武九线、汉丹线及京九铁路麻汉联络线，2012 年前还将建成京广客运专线和沪汉蓉快速客运通道。城市圈城际铁路规划按照"合理利用、支撑发展、有序建设"的原则，近期利用铁路富余能力开行 5 条城市圈城际列车线路，2020 年适时新建武汉—孝感、武汉—黄石城 2 条城际铁路，以扩大城市圈交通系统的容量和服务水平，促进武汉城市圈城镇体系一体化发展。

(5) 采取"地铁 + 物业"模式，研究土地开发政策。轨道交通建设资金需求巨大，社会效益显著，借鉴香港及国内兄弟城市的成功经验，采取"地铁 + 物业"的土地开发模式，将轨道沿线土地整体打包融资，严格控制轨道交通站点、沿线的储备用地。研究制定轨道交通站场上盖综合开发、地上地下空间复合利用、公共设施配套等开发建设的目标、原则和相关政策。

5）实施计划

为充分发挥武汉的区位优势，引导城市空间结构优化调整，实现各种交通方式高效衔接，武汉市轨道交通建设将按以下计划进行：

2012 年形成由轨道 1 号线、2 号线一期和 4 号线一期构成的工字形骨架线路网络，总长约 70km。

2020 年，充实完善中心区骨干线网、修建市区线，线路条数扩充到 8 或 9 条，线网总长度达到 240～280km。

2030 年，加强与外围新城组群的联系，支撑城市轴向拓展，主要以延伸线为主，适当加密，形成由 9 条线路构成、总长 350km 的城市快速轨道交通网络。

远景年，加密城市中心区内部的轨道线网，加强对外交通联系，形成由 12 条线路构成、总长 540km 的城市快速轨道交通网络。

6）线网方案评价

线网规模合理：总规模为 540km，主城 340km，设站 342 座，人口覆盖率达 66%(以站点服务半径 600m 计)，市域布置过江通道 7 条，其中主城 6 条。

客流效果显著：居民公交出行比例达到 40%，轨道占公交出行比例达到 56.3%，线网优化方案日客流总量为 1280.9 万人次，整体负荷强度达到 2.37 万人次／(公里·日)，换乘系数为 1.42，平均乘距 10.0km，基本

图 10-35　轨道 2 号线范湖站"地铁 + 物业"建设模式

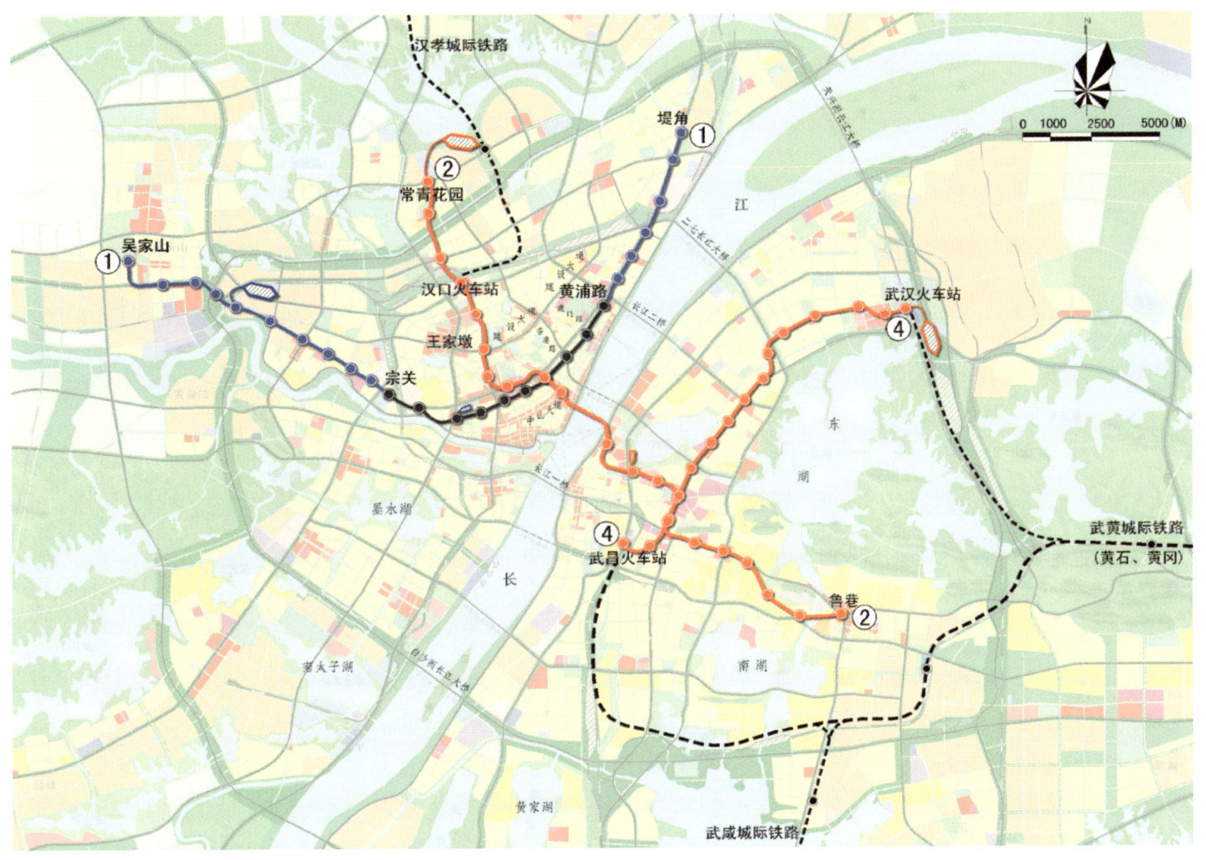

图 10–36　2012 年规划轨道线网图

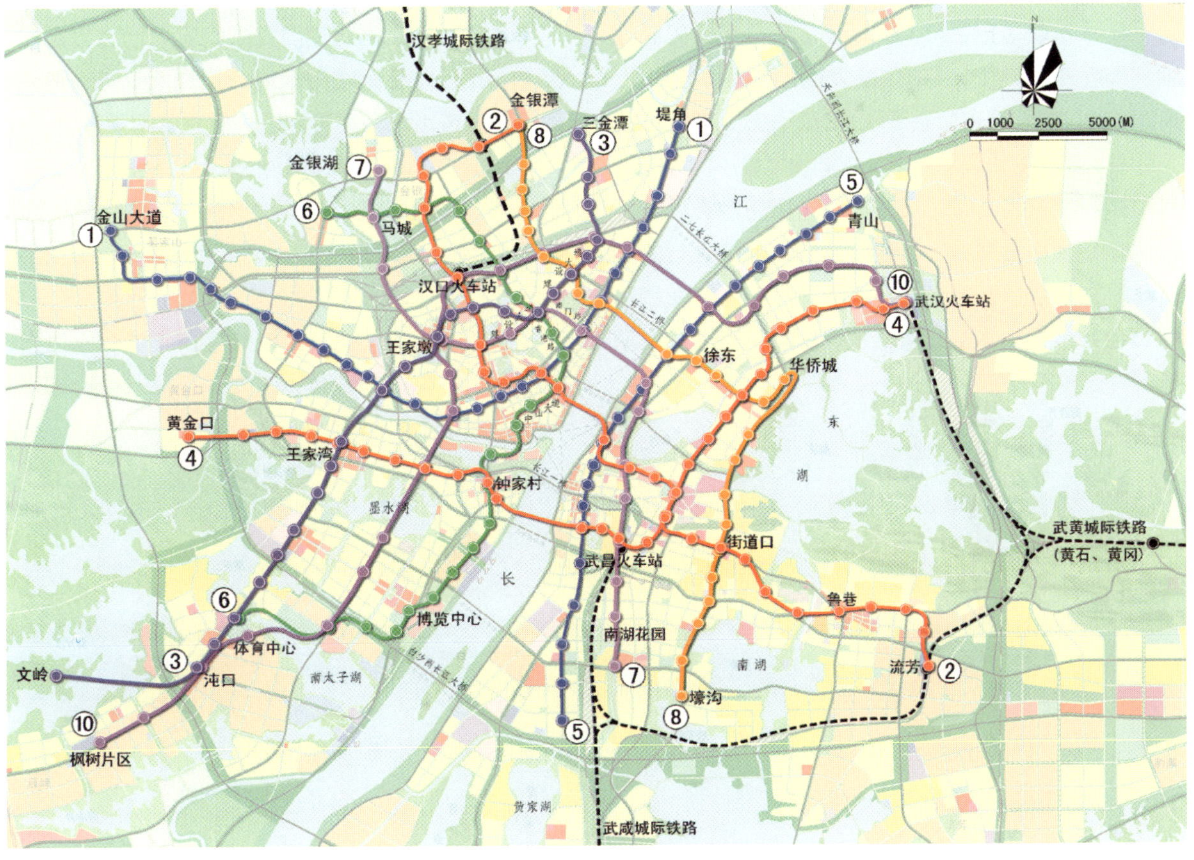

图 10–37　2020 年规划轨道线网图

图 10-38　2030 年规划轨道线网图

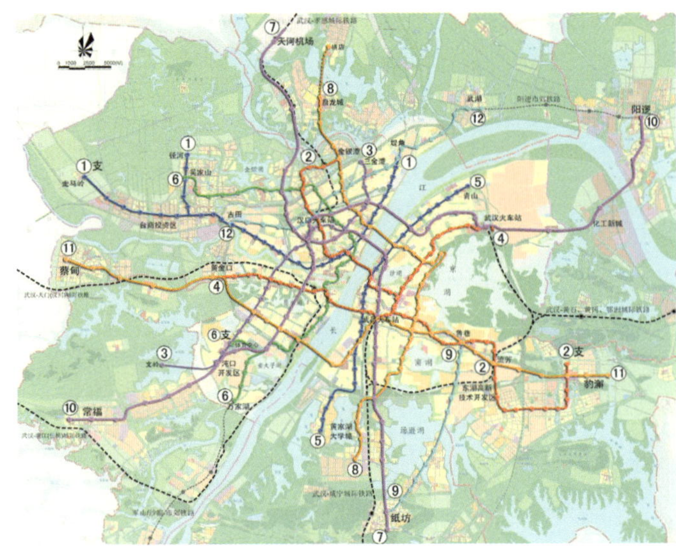

图 10-39　远景年规划轨道线网图

实现城市交通发展目标。

支撑城市发展：线网方案较好地引导了六大新城组群的发展，密切结合了“一城六组群”以及“主城为核、多轴多心”的城市空间结构和城市用地规划，支撑城市轴向发展。

强化枢纽衔接：线网方案重点锚固了汉口站、武昌站、武汉站三大火车站、机场和 10 座长途客运站等对外交通枢纽，串联了王家墩、四新、洪山广场、鲁巷等大型客流集散点，高效衔接市内各级客运枢纽。

实施可行性好：轨道交通线路大部分沿规划道路红线布置，可满足线路建设用地要求；车站用地较小，大部分车站用地可布置在规划道路红线内；车场用地充分利用原有线网车场控制用地；线网建设从技术上是可行的。

近远期充分结合：方案充分保障了已获国家发展和改革委员会批准的 72km 长建设线路的顺利实施，远期线网建设对已建线路影响较小。

7）实施效果

《武汉市轨道交通线网规划》于 2008 年 6 月 25 日获市政府批复（武政办［2008］114 号），并纳入武汉城市总体规划上报国务院。

项目成果已经应用于武汉中央活动区、武汉 CBD、武汉新区、东湖科技新城等城市重点区域的用地控制和详细规划之中，已经纳入武汉三大火车站、机场等大型交通枢纽的交通衔接与用地控制之中。依据线网规划编制完成的轨道交通近期建设规划日前已上报国家发展和改革委员会审查。线网规划为推进武汉市轨道交通有序建设、城市土地利用整合规划提供了科学依据。

目前，武汉市轨道线网规划中近期建设的三条线路——1 号线、2 号线和 4 号线一期已按规划全部开工，将于 2012 年投入运营，形成 72km 基础骨架网络，轨道 3 号线、8 号线也即将进入实施阶段，计划于 2009 年底开工建设。汉孝、武黄、武咸等四条城际铁路也已全面开工建设，与规划城市轨道交通形成一体化客运交通体系，计划于 2013 年前后通车运行。

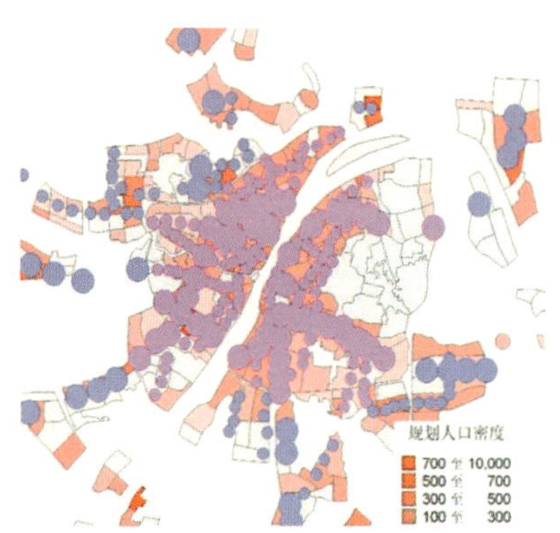

图 10-40　人口覆盖率图

图 10-41　远景年客流分布图

图 10-42　可达性图

10.5.5.2 武汉市远城区轨道线网规划（2010—2011 年）

1）规划背景

2011 年《政府工作报告》提出："十二五" 时期是武汉市加快建设中部地区中心城市、全面建设小康社会的关键时期，这一阶段武汉市将基本形成 "1+6（主城＋新城）" 城市格局，全面推行以公共交通为导向的城市用地开发模式，突破性发展轨道交通，形成覆盖三镇、城乡一体化的轨道交通骨架网络，实现区域统筹、城乡统筹的新跨越。围绕这一目标，武汉市政府适时提出开展《远城区轨道交通线网规划和 "十二五" 建设规划》的编制工作。

2）规划范围及年限

规划范围：项目研究范围为武汉 "1+8" 城市圈，重点研究范围为武汉市市域，共计 $8494km^2$。

规划年限：规划年限共分四个阶段，分别为 2015 年、2020 年、2030 年及远景年。其中，远景规划无具体年限，按城市总体远景发展规划和城区用地控制范围及其推算的人口规模为基础，作为线网远景规模的控制条件。

3）指导思想和原则

（1）规划思想。

坚持科学发展观，贯彻统筹城乡发展的理念，在稳定和保障主城区近期轨道交通建设的前提下，借鉴国内外先进经验，通过轨道交通衔接主城与 6 个远城区，构建都市圈、市域、市区、远郊等多层次多模式 "四网合一" 的轨道交通体系，落实市政府提出的 "1+6（主城＋新城）" 城市发展战略，引导城市有序拓展，提升远城区土地开发价值，促进远城区社会经济健康可持续发展。

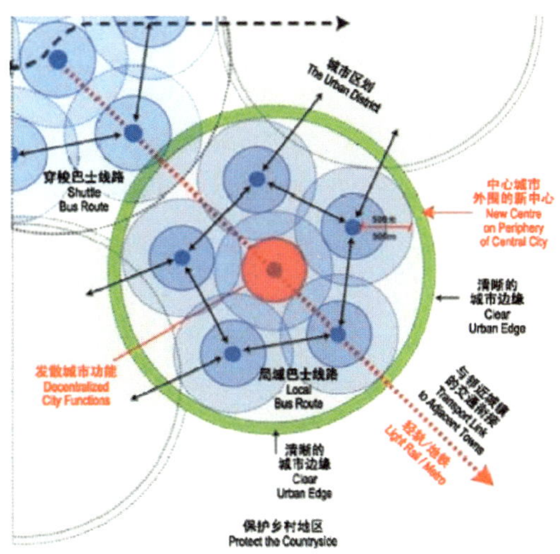

图 10-43 公交导向的土地开发模式

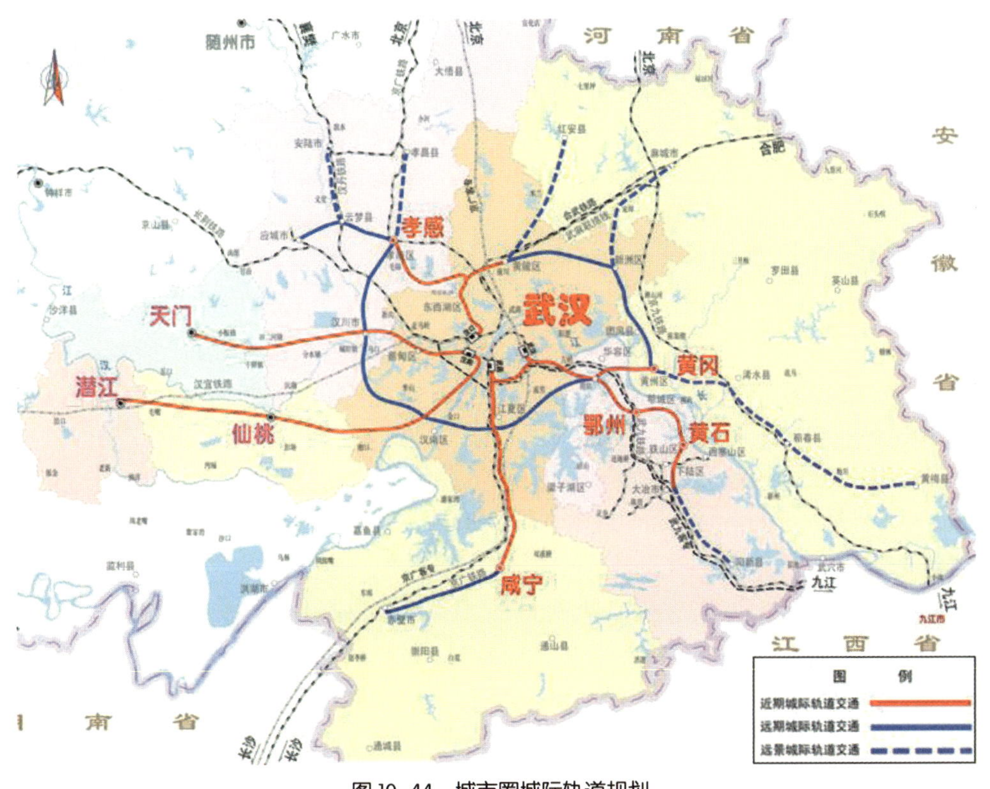

图 10-44 城市圈城际轨道规划

（2）规划原则。

①落实城市总体规划，实现轨道线网覆盖远城区城关镇和重点镇，满足城市中长期发展需要。

②充分利用城际铁路网、稳定延续近期轨道网、补充完善市域轨道网，形成层次分明、城乡一体化的轨道交通线网体系。

③遵循并引导既有的客运走廊，近远结合、适度超前，科学选择"十二五"远城区轨道交通建设方案。

4）远城区轨道功能定位及建设模式

（1）近郊区（新城组群）轨道交通功能

推行以公共交通为导向的土地开发模式（TOD），轨道交通以市域快线、轨道延伸线或轻轨交通为主体，与城市快速路共同构成复合型交通走廊，实现新城组团推进、轴向集约拓展的目标。

（2）远郊区轨道交通功能

适应城市圈及城乡协调发展的要求，构建以城际铁路、远郊铁路、有轨电车以及高速公路等多通道、多模式、网络化的区域运输体系，促进重大区域交通设施的资源共享，推进区域交通一体化。

5）规划方案

武汉市远景年市域轨道交通线网由城际铁路、市域快线、市区线和市郊线四个层面构成，总规模达到1286km左右，其中城际铁路410km，市域快线206km，市区线350km，市郊线320km。

①城际铁路——服务武汉城市圈内"1+8"城镇的快速联系。

2020年，规划以武汉为核心，沿城镇发展轴线建立武汉—孝感、黄陂、鄂（州）黄（石）、咸宁、黄（冈）、天门和仙（桃）潜（江）7条城际铁路；远景城市圈各城市间的环形联络线和延伸线形成"放射线＋环线"的网络架构。

②市域快线——穿越主城区与远城区，服务六大新城组群之间以及新城组群与主城的快速联系。

市域快线有3条，轨道7号线由天河机场至纸坊，沟通王家墩CBD、武昌站及北部和南部两大新城组群；轨道10号线由常福至阳逻，连接汉口站、武汉站及西南、东南两大新城组群；轨道11号线由蔡甸至左岭，联系武昌站、新汉阳站、西部和东部两大新城组群。

③市区线——线路主要在主城区以内，加强主城区内交通联系，促进主城区用地布局优化。

市区线有9条，轨道2号线、3号线、4号线、6号线及8号线5条市区镇间骨架线沟通三镇，联系客流密集区域与客流集散枢纽，重点解决跨江交通问题。轨道1号线、5号线、9号线和12号线4条市区镇内辅助线扩大线网覆盖范围，提高线网服务水平。

④市郊线——线路主要在主城区以外，加强远城区与主城区的交通联系，支撑"主城＋新城组群"的城镇空间结构，引导城市轴向拓展，避免无序蔓延。

市郊线有10条，S1线由堤角至邾城，加强新州区与主城区的交通联系；S2线由藏龙岛至巴登城，加强江夏区与东湖高新区的交通联系；S3线由吴家山至东山，支撑吴家山台商产业新城的发展；S4线由天河机场经武汉站至龙泉山，支撑东湖自主创新示范区的发展；S5线由黄家湖至金口，支撑沿江经济带发展；S6线由博览中心至纱帽，加强主城区与纱帽新城的联系；S7线由金口至牛山湖，加强江夏区内城关镇和重点镇的联系；S8线由前川至金银潭，加强主城区与黄陂区的联系；S9线由径河至汉口北，加强东西湖区和黄陂区的联系；S10线由仓埠至双柳，联系新洲区内两个重点镇和阳逻新城，支撑沿江产业带发展（图10—45）。

6）实施规划

第一阶段（2015年）：根据武汉市轨道交通建设规划（2010—2017年），主城区内完成轨道1号线、2号线、4号线等在建线路建设，加快轨道3号线、6号线、7号线、8号线建设，形成中心区基本骨架线网；远城区建设沿城市轴向布局轨道线，引导城市有序拓展，加强主城与六大新城联系。

至2015年，主城区轨道交通建成1号线、2号线、3号线、4号线和8号线（一期），共计160km；远城区轨道交通达131～168km，总规模291～328km。

第二阶段（2020年）：按照城市总体规划，主城区内构建轨道市域快线网络，完善骨干线网，全市轨道线网达到14条，总长525km。

第三阶段（2030年）：主城区加快轨道辅助线路建设，远城区加快与主城区连通轨道建设，延伸轴向扩展轨道线路，全市轨道线达到17条，总长728km。

第四阶段（远景年）：加密主城轨道线网，远城区加快联系内部重点镇轨道交通建设，全市轨道线网达到22条，总长876km。

7）规划方案评价

（1）遵循客观性、可比性、系统性原则，确定线网方案总体评价体系，包括城市战略发展、网络结构、

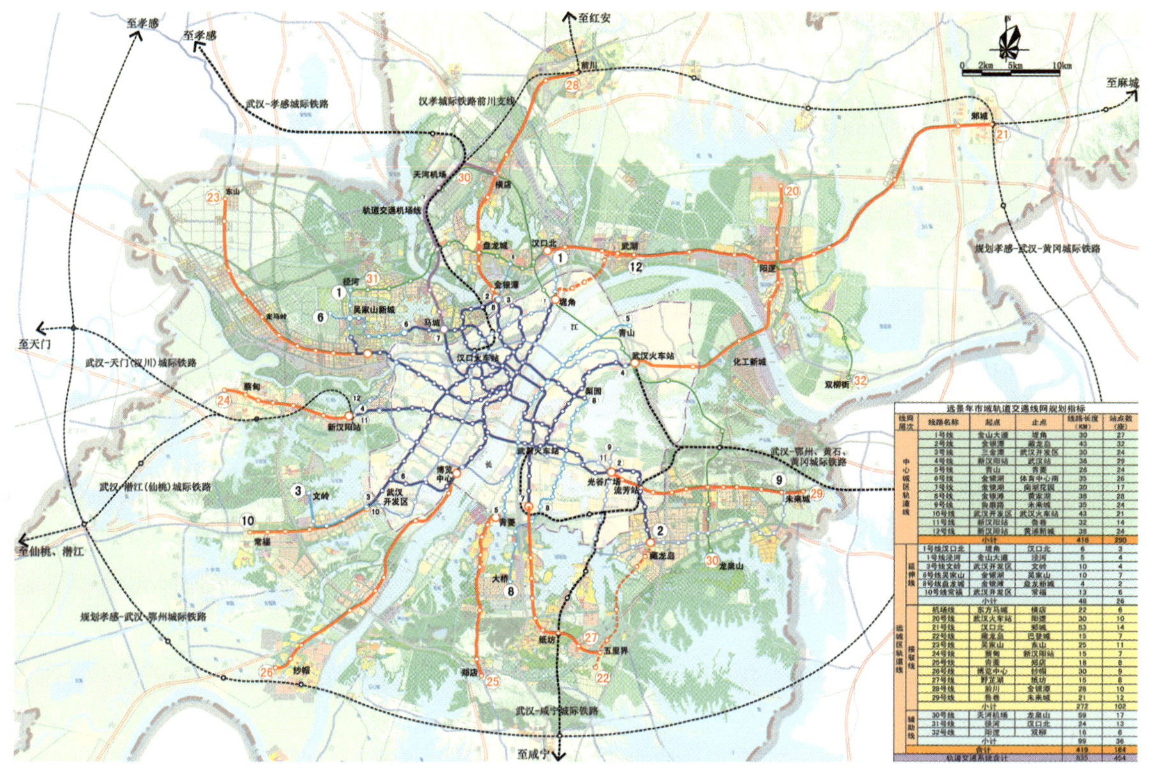

远景年市域轨道交通线网规划指标

线网层次		线路名称	起点	止点	线路长度（KM）	站点数（座）
中心城区轨道线		1号线	金山大道	堤角	30	27
		2号线	金银潭	藏龙岛	43	32
		3号线	三金潭	武汉开发区	30	24
		4号线	新汉阳站	武汉站	36	29
		5号线	青山	青菱	28	24
		6号线	金银湖	体育中心南	35	26
		7号线	金银湖	南湖花园	30	17
		8号线	金银潭	黄家湖	38	28
		9号线	[illegible]	未来城	35	24
		10号线	武汉开发区	武汉火车站	43	21
		11号线	新汉阳站	鲁巷	32	14
		12号线	新汉阳站	黄浦新城	35	24
		小计			416	290
远城区轨道线	延伸线	1号线汉口北	堤角	汉口北	6	3
		1号线泾河	金山大道	泾河	5	4
		3号线文岭	武汉开发区	文岭	10	4
		6号线吴家山	金银湖	吴家山	10	7
		8号线盘龙城	金银潭	盘龙新城	4	2
		10号线常福	武汉开发区	常福	13	6
		小计			48	26
	接驳线	机场线	东方马城	横店	22	6
		20号线	武汉火车站	阳逻	30	10
		21号线	汉口北	邾城	53	14
		22号线	藏龙岛	巴登城	15	7
		23号线	吴家山	东山	25	11
		24号线	蔡甸	新汉阳站	15	7
		25号线	青菱	郑店	18	8
		26号线	博览中心	纱帽	30	9
		27号线	野芷湖	纸坊	15	8
		28号线	前川	金银潭	28	10
		29号线	鲁巷	未来城	21	12
		小计			272	102
	辅助线	30号线	天河机场	龙泉山	59	17
		31号线	径河	汉口北	24	13
		32号线	阳逻	双柳	16	6
		小计			99	36
	合计				419	184
轨道交通系统合计					835	454

图 10-45　远景年城郊轨道线网规划图

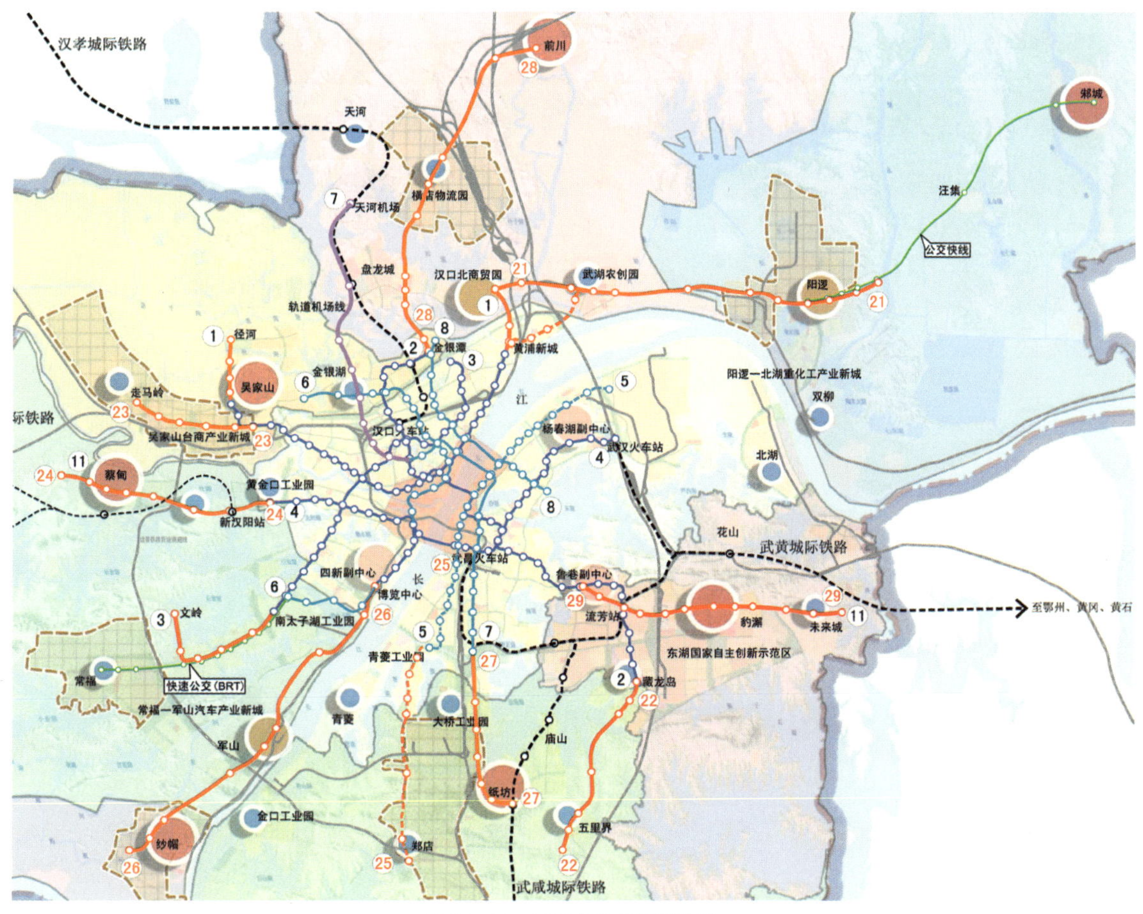

图 10-46　2015 年轨道建设目标

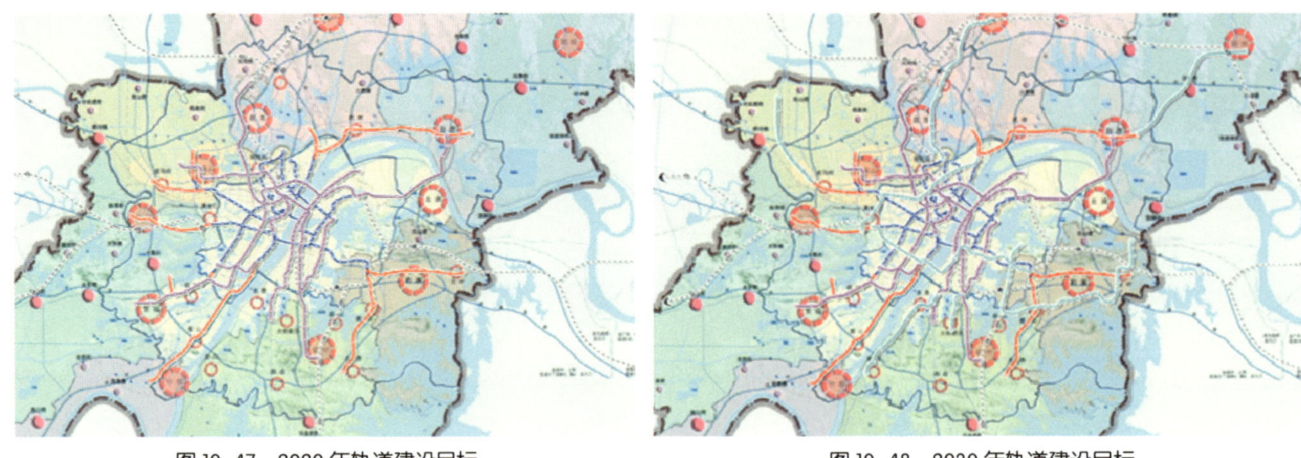

图 10-47　2020 年轨道建设目标　　　图 10-48　2030 年轨道建设目标

经济效益、社会效益及建设实施和运营 5 个准则和 22 项指标；

(2) 轨道线网布局支撑城市空间布局结构，紧密衔接城市六大发展轴，支撑六大远城区的开发建设；轨道线网布局满足交通发展战略需求，提高进、出主城的公共交通出行比例，缩短进、出主城时间，减少小汽车入城量；

(3) 通过对收集的国内外大城市轨道交通指标进行对比，远景年按市域轨道交通线网规模达到 876km，覆盖人口岗位的比例达到 60%；按照建设用地计算，平均线网密度达到 0.71km/km^2，轨道线网规模适中，覆盖较好；

(4) 轨道线网每天运送乘客约 1633 万人次，客流效果较好，市域线与市区线的平均客运强度为 2.4 万人次/km，市郊线的平均客运强度为 0.95 万人次/km。轨道线网布局与大型客运枢纽高效衔接，对土地开发具有较好的引导性，有利于提升沿线用地价值。

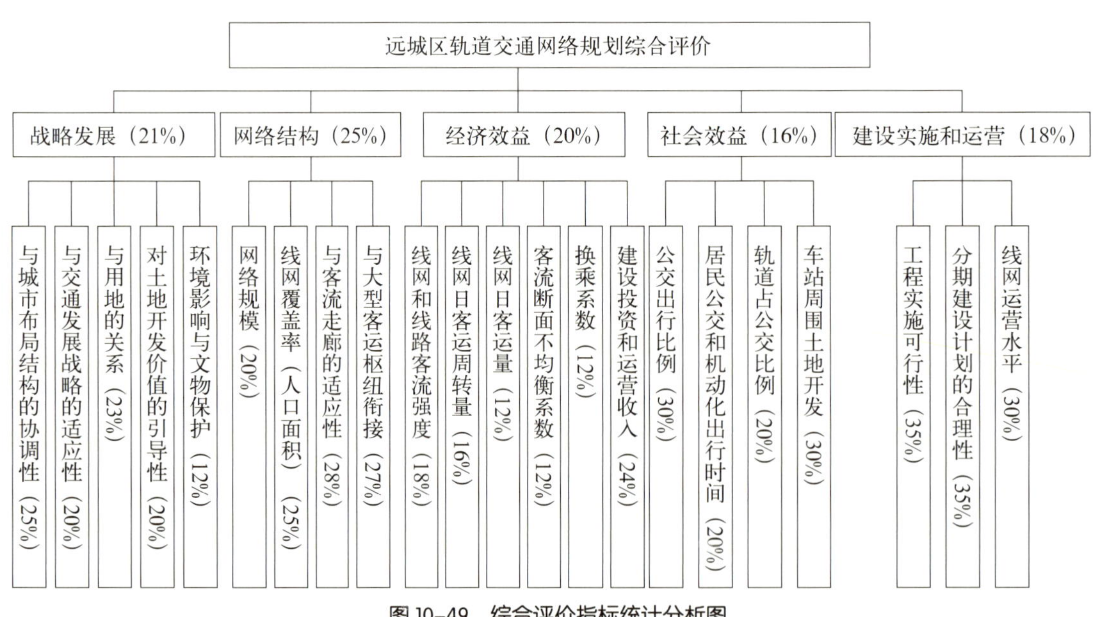

图 10-49　综合评价指标统计分析图

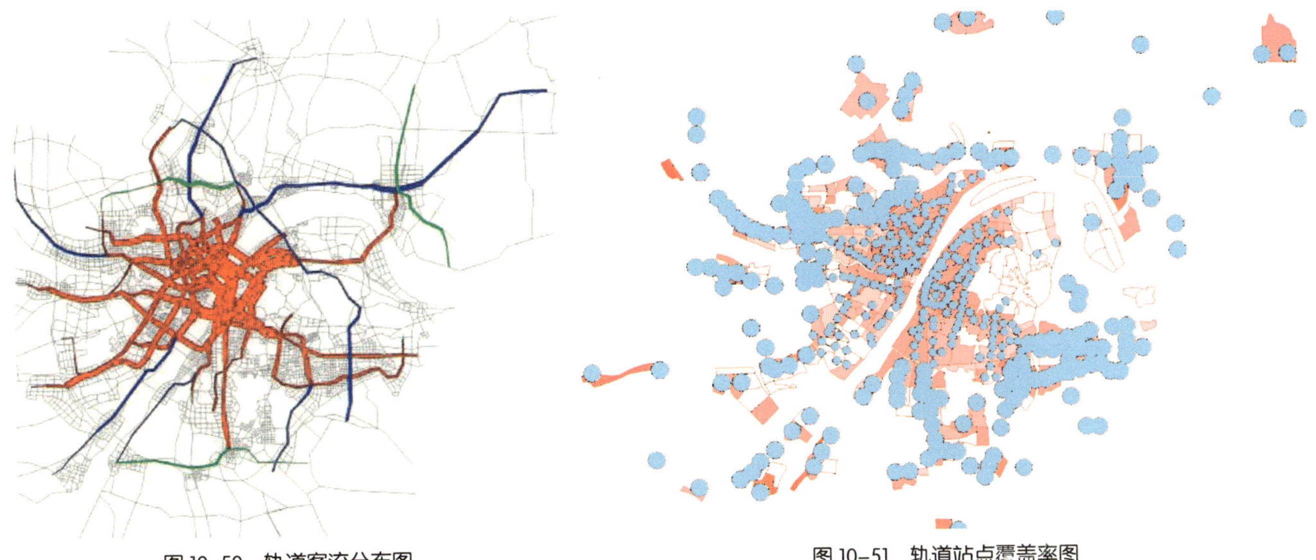
图 10-50　轨道客流分布图　　图 10-51　轨道站点覆盖率图

10.5.5.3　武汉市轨道资源共享规划（2009—2010 年）

1）规划背景

依据《城市轨道交通工程项目建设标准（建标 104—2008）》，城市轨道交通建设应重视网络化运营效益，必须做好线网规划、建设规划和相关专题研究，在线网规划和建设规划完成以后，应对线网资源的综合利用进行专题研究。

武汉市于 2004 年建成运营轨道交通 1 号线一期工程，于 2010 年 7 月 29 日建成运营轨道 1 号线二期工程，即将于 2012 年建成轨道 2 号线一期，届时武汉市将进入轨道网络化运营时期。2008 ~ 2009 年编制的新一轮轨道交通建设规划已上报国务院审批。

因此，从轨道交通前期规划和轨道交通后期运营的角度来看，武汉市有必要在轨道交通网络化运营来临之前，在网络规划阶段就开展轨道交通资源共享的专题研究，从而落实轨道交通线网规划的协调性和统一性，确保资源共享、信息互通，降低工程造价和运行费用，引导武汉市轨道交通建设持续健康发展。

2）规划思想和原则

(1) 符合《地铁设计规范》GB 50157—2003、城市轨道交通工程项目建设标准和有关标准及规范的要求。

(2) 符合《武汉市城市总体发展规划》、《武汉市城市快速轨道交通线网规划修编》和《武汉市城市快速轨道交通建设规划》。

(3) 从轨道交通线网角度出发，近远期相结合，布局规划应体现综合效益最佳。

(4) 轨道交通资源的规划布局与资源共享方案应达到可行性、实用性，符合周边环境的要求。

(5) 轨道交通资源的规划布局与资源共享方案既能满足各线运营要求，又能实现设施的综合利用、资源共享，充分发挥系统功能。

(6) 资源共享要充分考虑各轨道交通线实施的时间差异，设施的配置要考虑技术的发展和可持续性，站在线网高度进行总体协调考虑。

(7) 轨道交通是城市交通的重要组成部分，不仅要考虑轨道线网之间的资源共享，还要重视与城市其他各种交通方式之间的换乘接驳关系，做到统一规划，避免重复建设。

3）资源共享专题的设置

城市轨道交通资源共享研究的内容很广，主要包括车辆与车辆基地、控制中心、供电、通信、信号、自动售检票等系统的资源共享和综合规划研究。轨道交通综合利用度的范围很广，针对武汉市轨道交通规划建设的特点，武汉市轨道交通资源研究共设置 12 个专题，主要规划成果主要对其中 7 个专题进行详细阐述及说明。

(1) 轨道线网客流预测；

(2) 网络化车辆选型研究；

(3) 车辆段、综合基地及联络线规划；

(4) 供电系统规划；

(5) 线网控制中心规划及线网管理服务中心系统；

(6) 通信系统规划；

(7) 信号系统规划；

(8) 网络票务系统规划；

(9) 运营模式与行车组织规划；

(10) 枢纽站点衔接规划；

(11) "地铁＋物业"开发模式研究；

(12) 经营管理体制及相关政策研究。

4）主要规划成果

(1) 轨道线网客流预测。

根据模型预测，远景年三高断面客流量级位于 1～2 万人次／h 的有轨道 9 号线，位于 2～3 万人次／h 的有轨道 1 号线、10 号线、12 号线，位于 3～4 万人次／h 的有轨道 3 号线、4 号线、5 号线、6 号线、7 号线、8 号线和 11 号线，大于 4 万人次／h 的线路有轨道 2 号线（图 10–52）。

结合城市发展，在总网中挑选三高断面客流均在 3 万人次以上的 8 条线路优先建设。预测 2020 年客运总量 509 万人次，三高断面客流量级位于 1～2 万人次／h 的有轨道 3 号线、5 号线、6 号线和 8 号线，位于 2～3 万人次／h 的有轨道 1 号线、4 号线和 7 号线，位于 3～4 万人次／h 的有轨道 2 号线。

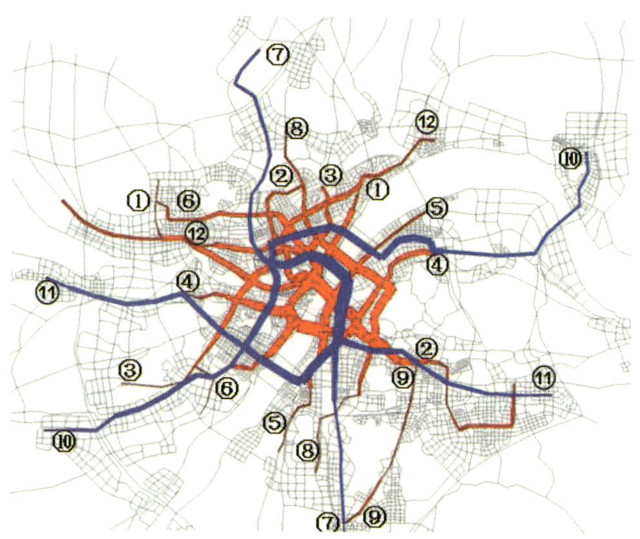

图 10–52　远景年轨道客流分布图

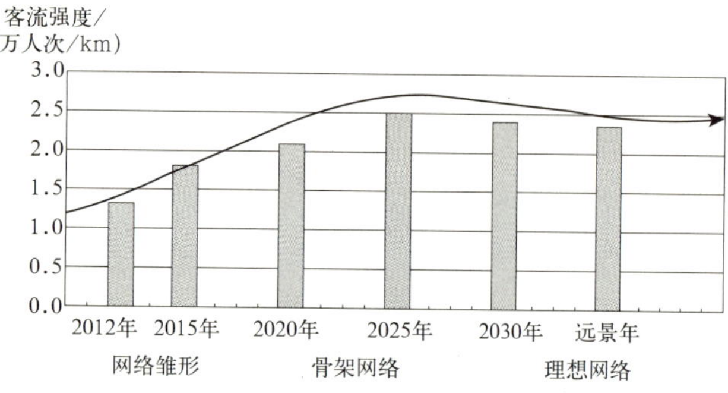

图 10–53　轨道客流强度增长趋势图

按照《城市轨道交通工程项目建设标准（建标 104—2008）》对城市轨道交通新线建设的运营规模及建设形式等要求，武汉市远期轨道 2 号线、3 号线、4 号线、5 号线、6 号线、7 号线、8 号线、10 号线和 11 号线共 9 条线路的三高断面客流量级属于大运量运能等级，建议采用全封闭地铁模式；远期轨道 1 号线和 12 号线的三高断面客流量级属于中运量Ⅲ级运能，采用全封闭地铁或轻轨模式；远期 9 号线的三高断面客流量级属于中运量Ⅳ级运能，可采用轻轨模式。

(2) 网络化车辆选型。

①选型原则。

车辆选型要从客流需求、运营模式、供电制式、车辆来源、运营环境等方面确定，主要是客流需求、车辆来源和运营模式。根据客流需求，确定线路的运量等级，选择适用车型，运输能力满足远期客流量要求。在满足车辆性能条件下，根据国家发展和改革委员会要求，车辆平均国产化率必须达到 70%。其中，电气牵引系统应满足国产化率不低于 40%。技术成熟、安全可靠、外形美观大方、便于使用、维护维修量小。在满足客运量的基础上，车型尽量统一，便于运营、维修资源共享，实现网络化运营管理。

②车辆选型。

从武汉市城市规模、交通客流量级、线路敷设方式、车辆采购成本等方面综合考虑，武汉市轨道交通车辆选型适宜采用 B 型车，如表 10–2 所示。目前建成的轨道 1 号线一期、在建的轨道 1 号线二期、2 号线一期、4 号线一期工程均采用 B 型车，规划建设的轨道 2 号线延伸线、4 号线二期将沿用此系统车型，充分考虑资源共享条件。根据线网各线远景年客流预测的结果，考虑预留一定发展潜力，武汉市轨道 3 号线、5 号线、6 号线、7 号线、8 号线、9 号线、10 号线、11 号线、12 号线选用 B 型车也是适宜的。

(3) 车辆段、综合基地及联络线规划。

①共享原则。

统一车辆标准：为满足车辆相对集中的厂、架修，应相对统一车辆的技术标准，即统一的车辆限界，有利于车辆在各线路上取送。

A、B、C 车型参数表　　表 10–2

车　型	A 型	B 型	C 型（4 轴）
车辆长度 /mm	～ 22000	～ 19000	～ 19000
车辆宽度 /mm	～ 3000	～ 2800	～ 2600
车辆高度 /mm	～ 3800	～ 3800	～ 3800
最大轴重 /t	16	14	11
额定载员 /（6 人 /m²）	～ 310	～ 230/245	～ 215/230
受流方式	接触网	三轨、接触网	三轨、接触网
应用城市	上海、广州、深圳、南京	北京、天津、广州、武汉	北京、上海

用地条件齐备：厂、架修基地一般 20 ～ 40hm²，占地面积较大，应有规划用地和建设实施条件。

合理设置联络线：联络线的设置是实现车辆段资源共享的前提条件，它使得线网中线路相互连通，实现检修车辆的往返取送。

资源共享合理：车辆段、停车场资源共享程度并不是越高越好，会引起大量检修车的取送工作，增加运营成本，还会因占用运营窗口时间而影响线路的维修养护，所以在考虑资源共享的同时，还需充分考虑运营成本、行车计划、检修车取送距离等因素，不宜强求过度。

②车辆段资源共享规划。

资源共享研究前：按照《地铁设计规范》GB 50157—2003，轨道交通车辆段分为停车场、定修车辆段和厂、架修综合基地。每条线路宜设 1 个车辆段，当线路的长度超过 20km 时，应设 1 个车辆段和 1 个车场。根据远景年线网规划，全市共需设置车辆段用地 29 处，其中综合基地 5 处，定修车辆段 7 处，停车场 17 处，总用地 835hm²。

资源共享研究后：远景年全线网共设置车辆段用地 26 处，其中车辆基地 4 处，定修车辆段 7 处，停车场 15 处。减少了 1 处车辆基地和 2 处停车场，分别与相应的车辆段合建；轨道车场总数量由 29 处减少到 26 处，节约了 3 处车场用地，总用地 716.4hm²，节约用地 14.2%。

③联络线布局规划。

联络线的设置应为轨道交通网络化灵活运营创造条件；满足新车送达、车辆送修、调用，材料运输、线路维修设备共享以及事故、灾害救援援助等的要求；应满足轨道分期建设的时序要求，后建线路应能通过联络线从先建线路上运送车辆和设备；应工程实施容易，工程投资少，对地块影响小；应考虑运营组织制式，应注意线路制式及限界的一致性。

规划至远景年，轨道线网共设联络线 10 条，其中段场联络线 2 条、渡线联络线 2 条、单线联络线 6 条。

（4）网络控制中心规划。

为了确保列车运行安全、可靠和高效，控制中心选址需要考虑全网络资源共享，以节省投资，集中监控和方便管理。通常同一层次多条线路尽可能共用一个控制中心。结合武汉三镇的地理位置情况，根据已运营线路情况、在建线路及近期建设线路的需求，武汉市近期将建设三座区域控制中心，即硚口路控制中心（1 号线、2 号线共用）、铁机路控制中心（4 号线、5 号线、8 号线共用）、赵家条控制中心（3 号线、6 号线、7 号线共用）。远景年增设四座新的区域控制中心（9 号线、10 号线、11 号线共用）。

（5）网络票务系统规划。

依据国内外城市轨道交通票务系统相关经验，推荐武汉地铁在未来票制设置上采用计程票制（按站计程或者按公里计程）为主，并以计时票制作为辅助票制。设置纪念票、日票 / 周票 / 月票、团体票、学生票等多种票种。

网络化条件下，AFC 系统将集中设置、集中管理，逐渐实现标准化、统一化。网络化票务系统分别设置票务清算中心、线路中心、车站中心，实现分级管理。

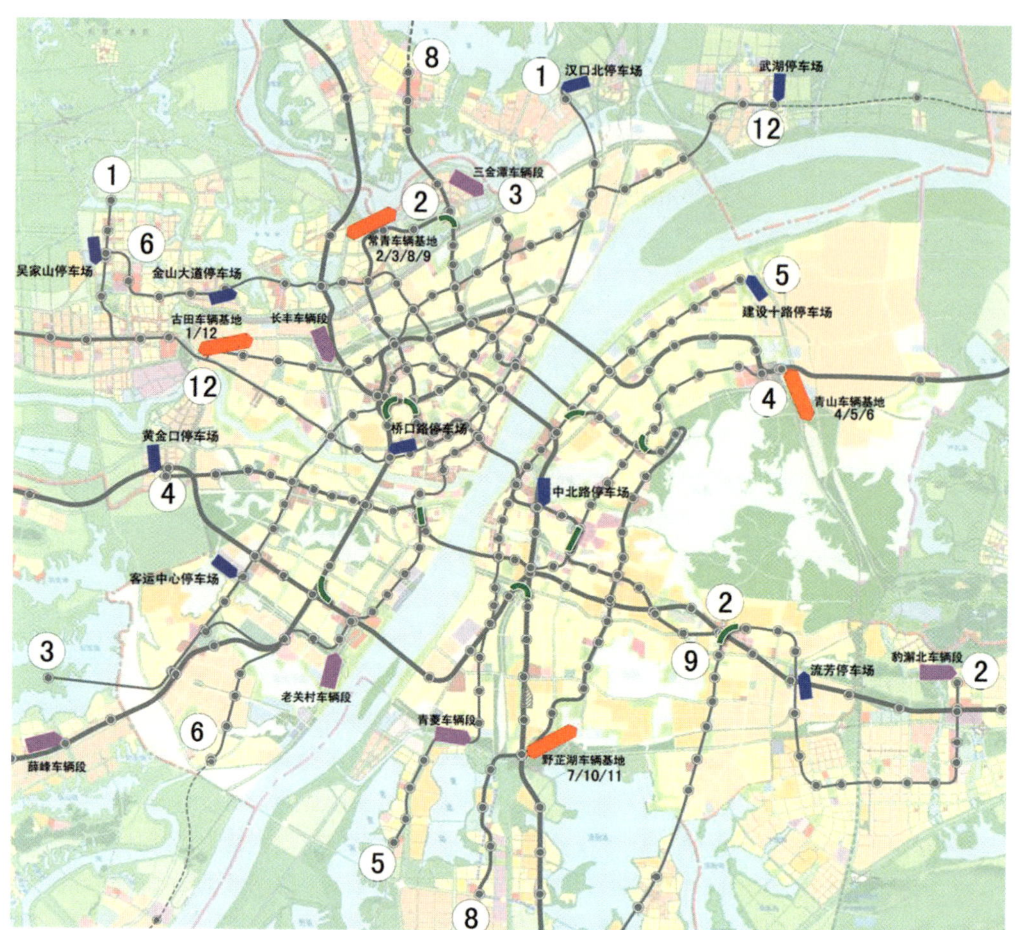

图 10-54　联络线规划布局图

图 10-55　近期网络控制中心点位分布图

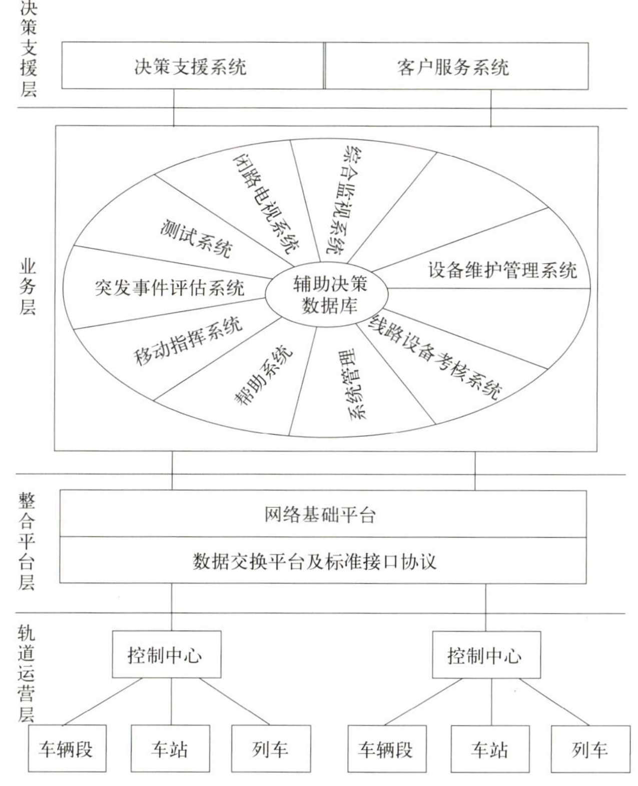

图 10-56　网络控制中心点功能结构分析图

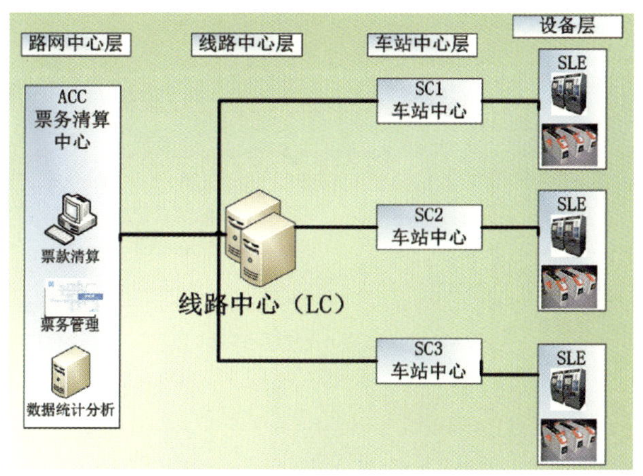

图 10-57　武汉地铁 AFC 结构图

(6) 运营模式与行车组织规划。

①运营模式。

轨道交通运营具有网络结构的复杂性、经营管理的集中性、运营需求的多样性等特点，在运营组织中需重点关注运营组织的协调性、换乘的便捷性、资源的共享性。武汉市未来轨道交通运营组织模式由一个地铁运营总公司，结合线网控制中心规划方案，下设四个运营分公司的组织模式，其中运营一分公司管理 1 号线、2 号线支线，运营二分公司管理 3 号线、6 号线、7 号线、12 号线，运营三分公司管理 4 号线、5 号线、8 号线、9 号线，运营四分公司管理 10 号线、11 号线。

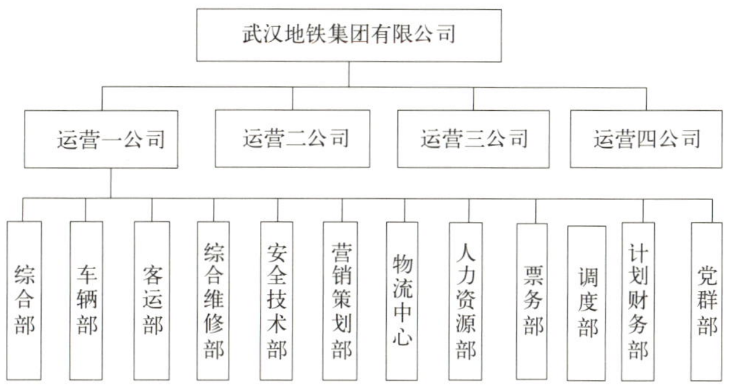

图 10-58　轨道交通运营模式分析图

②行车组织原则。

a. 以安全运送旅客、满足设备维修的需要，按运营时刻表的要求，实现安全、准点、舒适、快捷的运营服务为宗旨；

b. 坚持安全生产的方针，贯彻高度集中、统一指挥、逐级负责的原则；

c. 采用双线单向运行、右侧行车，在一条线路上，往北、西（两个终点站的比较）为上行，反之为下行；

d. 行车组织指挥在正常情况下以中央自动监控为主，故障情况下由中央调度员下放控制权到车站，实行站级控制。

③行车组织方案。

行车交路一般有长交路、交路衔接、交路嵌套、环形交路及多种交路综合形式五种方案。长交路是指车辆在线路上全线运行；交路衔接指在车辆线路上分区段分别运行；大小交路嵌套是指车辆除了在全线上运行外，还在线路的某一客流高峰区段内另开行车辆，并在指定的车站上折返；环形交路适用于路网中中心环线；多种交路综合形式是以上所有交路并存的形式。

武汉市轨道线路远期均以大小交路套跑形式为主，对于市域快线 7 号线，由于远景年线路长达 70km，采取分段运营的模式，市区线路仍按大小交路运行，两端市郊线路分别按一个交路运行。各线小交路基本覆盖到城市的核心区域，及全网的主要换乘站和各大交通枢纽站，位于城市中心区的长江两岸过江通道能力充足，2020 年在以上各线组成的线网形成以后，基本可实现一条线路（尤其是过江线路）出现故障或发生突发事件情况时，客流通过换乘出行，同时保证突发大客流及过江线路客流的及时输送。

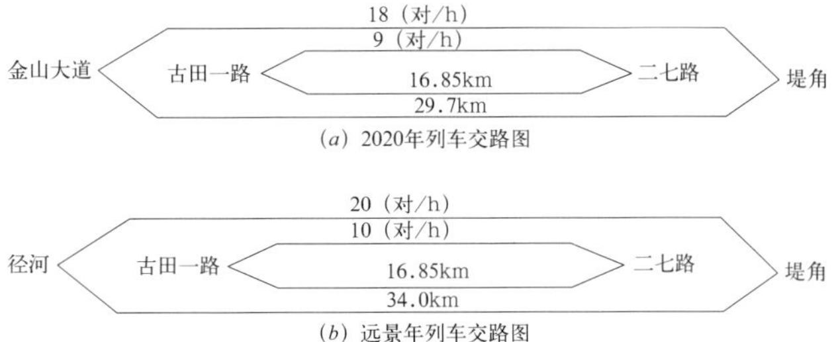

图10-59　轨道1号线列车运行交路

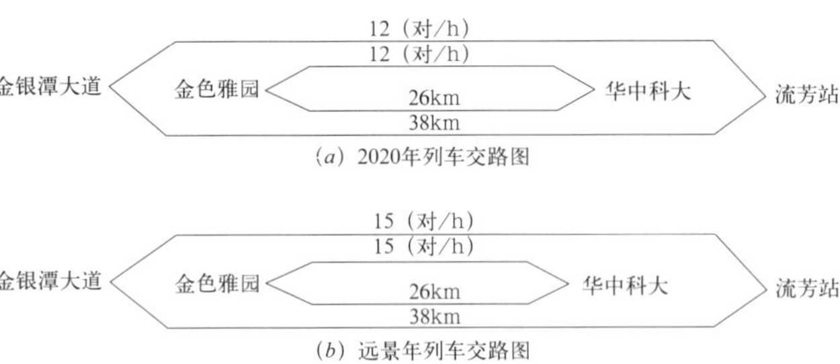

图10-60　轨道2号线列车运行交路

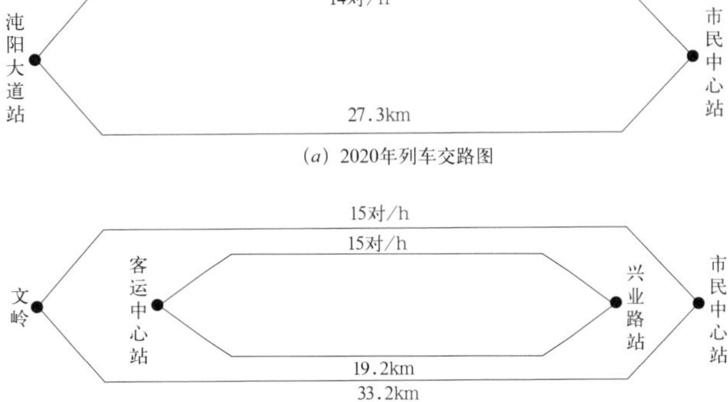

图10-61　轨道3号线列车运行交路

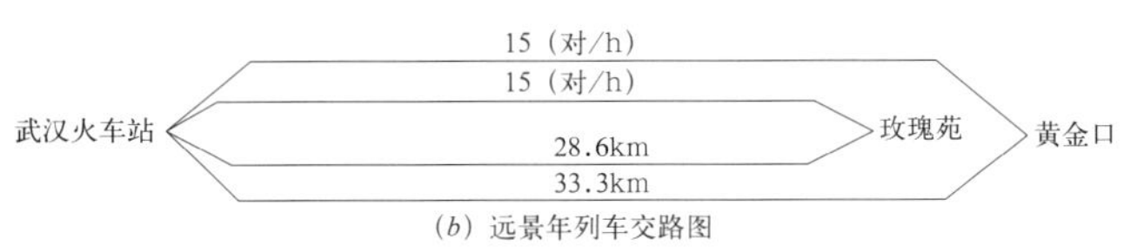

图10-62　轨道4号线列车运行交路

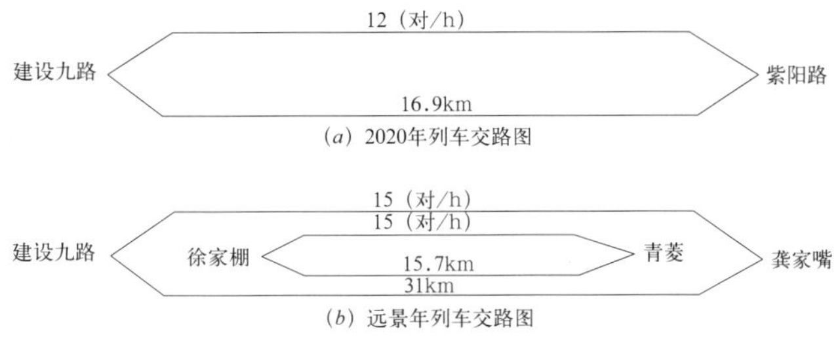

图10-63　轨道5号线列车运行交路

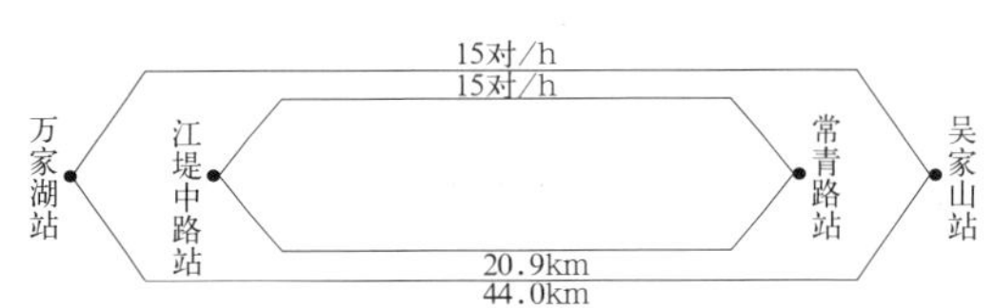

图10-64　轨道6号线列车运行交路

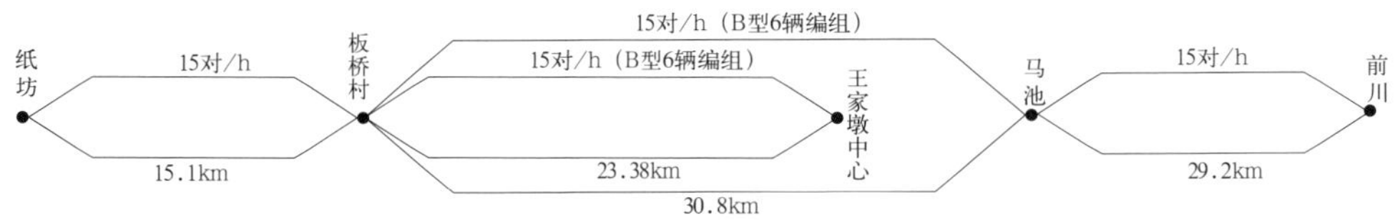

图10-65　轨道7号线列车运行交路

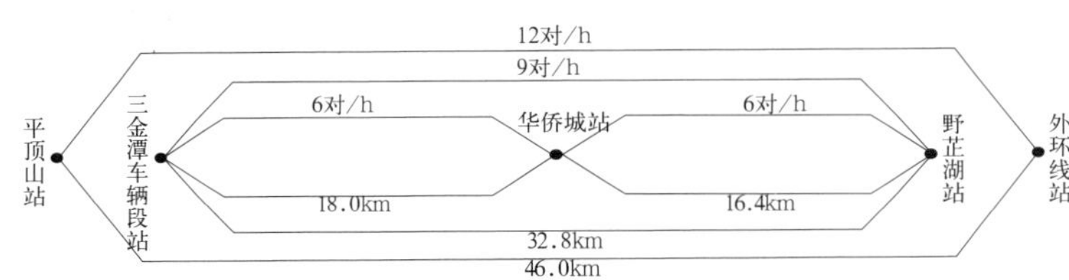

图10-66　轨道8号线列车运行交路

(7) 枢纽站点衔接规划。

①武汉市轨道交通枢纽规划。

轨道交通枢纽是多功能的城市节点，多种交通方式的衔接点，轨道线网的锚固点，呈现出功能多元化、空间集约化及组织人性化的发展特点。武汉市轨道交通枢纽分为 3 个层次，即综合枢纽站、枢纽站和一般换乘站，并以轨道交通站点客流性质为依据，将各层次又分别细分 2 或 3 个子层次。

远景年武汉市规划建成 59 个轨道交通枢纽，其中一级综合交通枢纽 4 个，二级综合交通枢纽 4 个，一级枢纽站 12 个，二级枢纽站 15 个，三级枢纽站 16 个，一般换乘站 8 个，如表 10-3 所示。

②换乘枢纽设计原则。

换乘是影响轨道交通运营效率的主要因素之一。通过换乘，轨道与轨道之间发挥网络效应；轨道与地面公交以及其他交通工具之间实现客运系统的一体化。设计需遵从整体协调原则、连贯性原则、一体化原则、集约性原则、人性化原则。

③轨道与对外交通衔接规划。

a. 轨道交通与国有铁路的换乘衔接。

汉口火车站：一级综合交通换乘枢纽站，2 号线与 10 号线、12 号线换乘。

武昌火车站：一级综合交通换乘枢纽站，4 号线与 7 号线、11 号线换乘。

武汉火车站：一级综合交通换乘枢纽站，4 号线与 10 号线换乘。

b. 轨道交通与城际铁路的换乘衔接。

天河机场站：7 号线与汉孝城际之间的一级综合交通换乘枢纽站。

金银潭大道站：2 号线与汉孝城际之间的二级综合交通换乘枢纽站。

流芳站：11 号线与 2 号线之间的二级综合交通换乘枢纽站。

c. 轨道交通与公路客运的衔接。

汉口客运中心（金家墩客运站）：10 号线与 2 号线、12 号线间的一级综合交通枢纽站；

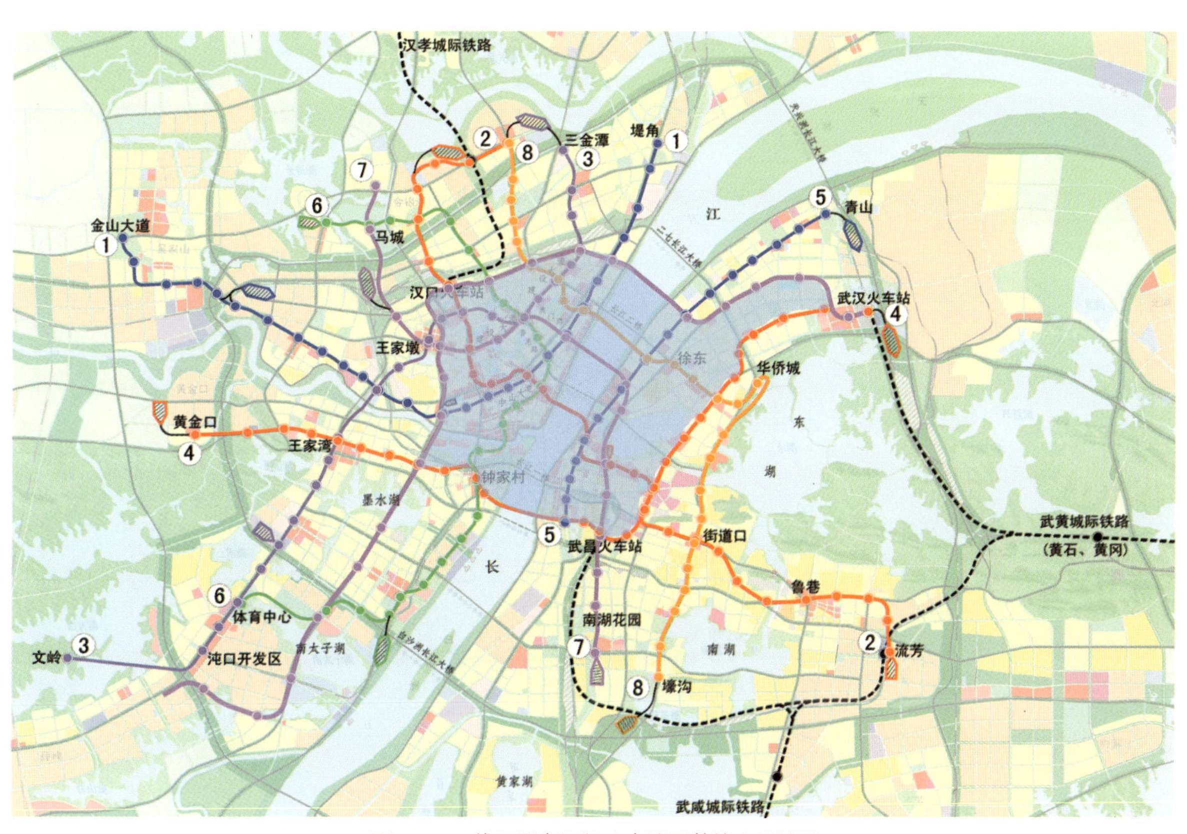

图 10-67　线网列车运行小交路覆盖核心区域图

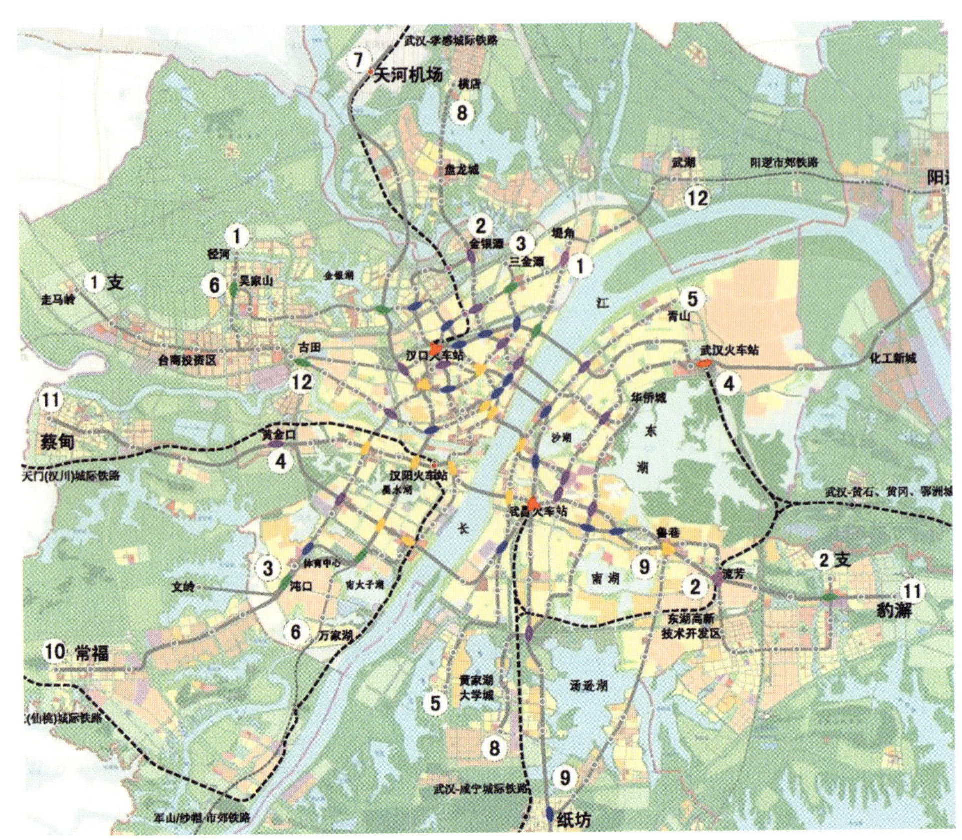

图 10-68 轨道交通枢纽规划布局图

武汉市轨道交通枢纽等级划分统计表 表 10-3

类型	区位	等级	交通换乘方式种类	交通换乘方式数量		站点客流／（万人次／日）	
				轨道交通	常规公交	集散客流	换乘客流
综合交通枢纽站	为市级对外交通中心，周边用地以交通设施用地为主；属于综合枢纽型站点	一级	①须同时包括对外和对内交通；②机动化衔接方式≥5种	2或3条	多于20条	大于20万人次／日	大于8万人次／日
		二级		1或2条	10～20条	10～20万人次／日	4～8万人次／日
枢纽站	①行政中心、城市副中心、重点发展片区中心，周边具有较高的人口密度；②市区内公共交通枢纽，一般是中央活动区型、城市副中心型和综合枢纽型站点	一级	①机动化衔接方式≥4种；②或衔接方式为3种，同时常规公交客流换乘比例总和≥30%	2–3条	多于25条	大于25万人次／日	大于10万人次／日
		二级		1或2条	15～25条	15～25万人次／日	7～10万人次／日
		三级		1条	少于15条	10～15万人次／日	5～7万人次／日
一般换乘站	对区位无要求，一般是居住组团型和新城轴向拓展型站点		①衔接方式相对简单，机动化衔接方式较少，通常＜4种；②客流集散以步行及非机动车方式为主	1或2条	少于15条	小于10万人次／日	小于5万人次／日

武昌客运中心（宏基客运站）：7 号线、11 号线与 4 号线间的一级综合交通枢纽站。

青山客运中心（武汉站）：10 号线与 4 号线间的一级综合交通枢纽站；

汉阳客运中心（升官渡站）：3 号线与之衔接；

新荣村客运站（堤角站）：1 号线和 12 号线间的二级综合交通枢纽站；

关山客运站（流芳站）：11 号线与 2 号线之间的二级综合交通枢纽站。

古田客运站：1 号线与之衔接；

吴家山客运站：1 号线与之衔接；

永安堂客运站：4 号线与之衔接；

青菱客运站：5 号线与之衔接。

④轨道与对外交通衔接规划。

轨道车站之间的换乘可按照换乘方式以及换乘形式进行分类，换乘方式首先决定于两条或者多条线路的走向以及相互交织形式，一般常见的有垂直交叉、斜交、平行交织等多种形式，归纳到按乘客换乘方式分类，可分为站台直接换乘、站厅换乘、通道换乘和组合换乘 4 大类。按照车站平面组合形式确定车站换乘形式可分为并列式、行列式、十字形、T 形、L 形、H 形和混合形 7 种形式。

a. 范湖站。

范湖站为轨道 3 号线与 2 号线换乘站。3 号线沿马场角路走向，2 号线沿青年路走向，车站呈“L”形换乘。2 号线为先期实施的线路，采用地下二层方案，3 号线为预留线路，采用地下三层方案。本站采用的车站形式为岛—岛 L 形换乘，2 号线在上，3 号线在下，站厅层付费区与非付费区相结合的通道换乘形式。

图 10-69　轨道与铁路换乘衔接枢纽分布图

图 10-70　轨道与公路衔接枢纽分布图

图 10-71　武昌站换乘枢纽平面布局图

客流规模：全日最大客流高峰小时集散量 14838 人次。

公交衔接：双向高峰小时接驳线路条数不小于 16 条。

换乘用地：配置非机动车停车位 297 个，占地面积约 534m^2。

b. 钟家村站。

钟家村站为轨道 4 号线与 6 号线的换乘站，考虑 4 号线、6 号线的建设时序以及线路走向，将两条线同期建设，采用叠岛式站台换乘，地下一层为共用站厅层，站台层分别为地下二、三层。

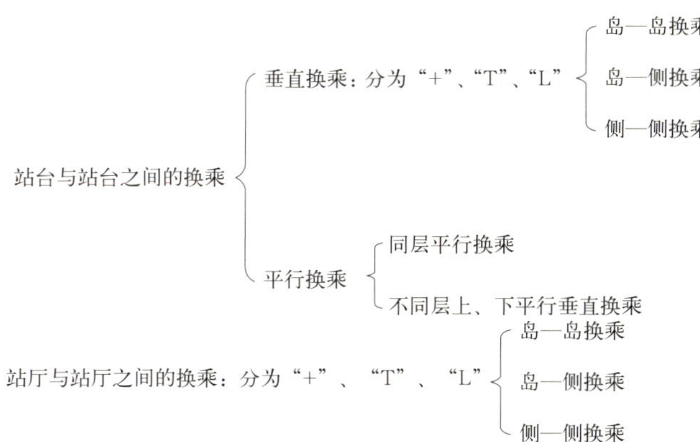

通道换乘方式：付费区至付费区的换乘

组合换乘方式：站台与站台之间的换乘辅以站厅的换乘

图 10-72 轨道交通换乘方式分析图

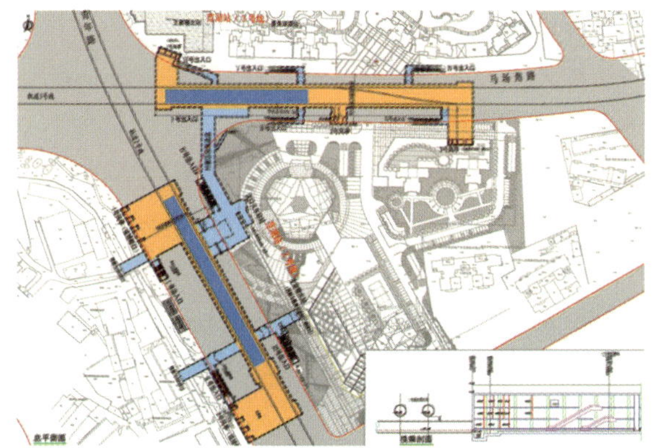

图 10-73 范湖站平面布局图

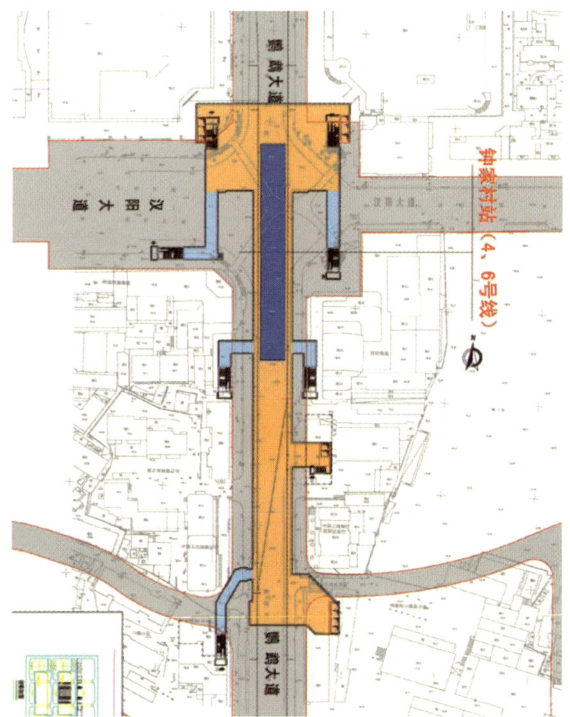

图 10-74 钟家村站平面布局图

客流规模：全日最大客流高峰小时集散量 25290 人次。

公交衔接：双向高峰小时接驳线路条数不小于 14 条。

换乘用地：配置非机动车停车位 126 个，占地面积约 227m^2。

10.6 城市慢行交通系统规划

10.6.1 规划目的及主要任务

慢行交通系统与快速机动化交通系统和谐共生，相互补充，共同构成了方便、快捷、安全、舒适的城市交通运输体系，在为居民出行提供良好条件的同时，又充分体现了绿色、健康、环保、可持续的交通发展理念。其主要任务如下：

（1）构建“以人为本”的骨架慢行交通道路网络，满足不同年龄、不同职业、不同收入的居民出行需要。道路网络的重点是人行道、非机动车道和横向过街设施。

（2）构建“交通管理科学、组织合理、措施得当、层次分明、内外交通衔接便利”的慢行交通优先区，完善城市交通“微循环”，改善区域交通状况，净化城市环境。优先区的重点是区域交通组织、慢行交通与其他交通方式的换乘设施、慢行交通专用设施等。

（3）打造“通行便利、交通衔接高效、配套设施完善”的轨道交通沿线慢行交通衔接带，方便居民出行，强化轨道交通在城市客运交通中的骨干作用，构建功能强大的城市综合交通系统。衔接带的重点是轨道站点内慢行交通通道、站点周边非机动车停放设施、站点所在道路的人行道及非机动车道等。

10.6.2 工作思路与技术路线

通过对现状城市慢行交通系统问题的分析和诊断，以城市总体规划为前提，以城市交通发展战略为指导，结合国内外城市慢行交通系统规划案例经验，以慢行交通需求预测为依据，研究武汉市慢行交通发展战略、模式和政策，提出包括自行车道网络系统规划、公共自行车布局规划、步行系统规划以及慢行系统与机动车系统的衔接规划等方面的慢行系统规划方案及实施计划，并给出慢行交通管理政策及措施来保障系统的有效实施建设（图 10–75）。

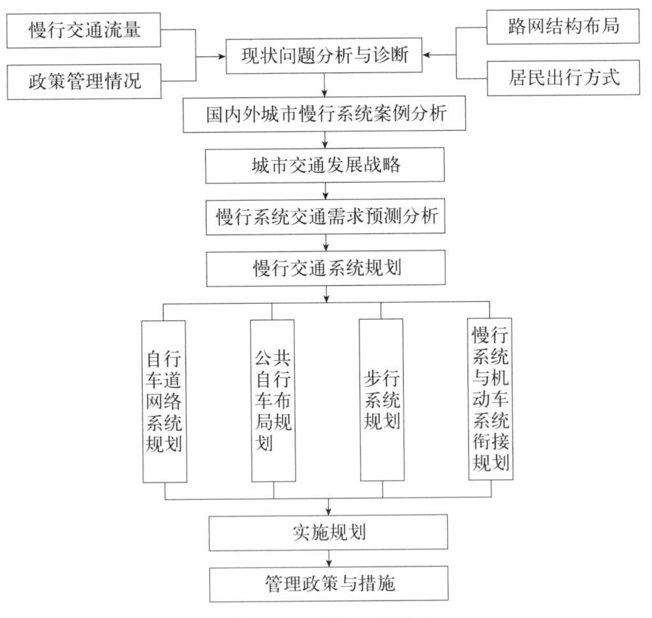

图 10-75 技术路线图

10.6.3 主要工作内容

（1）慢行系统现状分析；

（2）国内外城市慢行系统案例分析；

（3）慢行系统交通发展战略研究；

（4）慢行系统交通需求分析；

（5）慢行系统规划（包括自行车道网络系统规划、公共自行车布局规划、步行系统规划以及慢行系统与机动车系统的衔接规划）；

（6）自行车道网络系统建设规划；

（7）公共自行车系统建设规划；

（8）步行系统建设规划；

（9）慢行系统实施计划；

（10）慢行系统交通管理政策与措施。

10.6.4 成果构成及要求

成果报告：通过现状分析及国内外城市案例分析，提出城市慢行交通发展战略，分析预测慢行系统交通需求，分别从自行车道网络系统、公共自行车布局规划、步行系统以及慢行系统与机动车系统的衔接几个方面进行城市慢行交通系统规划，制定实施计划，并提出交通管理政策与措施等。

成果图纸：现状路网结构图、现状交通运行评价分析图、现状自行车道路网络图、自行车流分布图、规划自行车道路网络图、公共自行车布局图、人行立交布局规划图、实施计划分布图等。

10.6.5 规划案例

为了有效指导慢行系统建设的有序、高效建设，武汉市先后编制了《武汉市慢行交通系统规划》、《武汉市人行立交布局规划》、《武汉市自行车系统规划》、《武汉市公共自行车系统规划》及《武汉市绿道系统规划》等慢行系统专项规划。下面以《武汉市人行立交布局规划》及《武汉市自行车系统规划》为例对慢行交通规划进行具体说明。

10.6.5.1 武汉市近期人行立交布局规划（2009—2015 年）

1）项目背景

为了落实 2010 年武汉市政府工作报告中提出的"建设人行过街天桥和地下通道 30 座以上"、"改善市民出行条件"，根据武汉市缓解交通拥堵规划工作专班编制的《武汉市近期交通建设与组织规划》，为做好近期人行过街立体设施建设工作，结合武汉市建委、武汉市国土规划局、武汉市交管局、城投公司的要求，武汉市交通规划设计研究院在现场踏勘、广泛征求各部门、各区意见的基础上，编制了《武汉市近期人行立交布局规划》。

2）规划范围和期限

（1）规划范围：主城；

（2）规划时间：项目规划基年为 2010 年，目标规划年为 2015 年。

3）规划原则及技术标准

（1）规划原则。

①系统规划，成线布设，形成连续、便捷慢行系统。

②以人流量及其主流向为依据，保障行人交通安全和交通连续性。

③以总规用地控制及用地开发为依托，合理布设人行立交。

④与轨道交通建设相结合，打造系统立体过街体系。

⑤以实现规划目标为核心，保障快速（捷）路快速畅通。

⑥以提高干道通行效率为重点，系统消除路口及路段人车冲突。

⑦以提升枢纽及站点功能为目标，实现人流快速疏散。

⑧以促进商业区发展为目标，强化各片区间的无障碍衔接。

⑨以保障学校及医务人员出行安全为重点。

（2）技术标准。

①进入交叉口总人流量达到 18000 人次 /h，或交叉口的一个进口横过道路的人流量超过 5000 人次 /h，且同时在交叉口一个进口或路段上双向当量小汽车交通量超过 1200pcu/h；

②进入环形交叉口总人流量达 18000 人次 /h，且同时进入环形交叉口的当量小汽车交通量达 2000pcu/h 时；

③行人横过市区封闭式道路或快速干道或机动车道宽度大于 25m 时，每隔 300 ~ 400m 应设一座；

④路段上双向当量小汽车交通量达 1200pcu/h，或过街行人超过 5000 人次 /h；

⑤复杂交叉路口，机动车行车方向复杂，对行人有明显危险处；

⑥与公交站点、大型公共建筑出入口，以及商场、文体场（馆）、地铁车站等大型人流集散点、学校出入口相结合，发挥疏导人流功能。

满足以上任意条件均可设置人行立交。

4）现状分析

武汉市现有人行立交 80 座，其中天桥 60 座，地道 20 座。主要沿快速干道及主、次干道布设。其存在如下主要问题：

（1）人行立交建设相对滞后，人车冲突问题较为突出。

（2）人行立交布设较为零散，系统性不强，难以满足当前城市及交通快速发展的要求。

（3）人行立交设置与周边管制措施结合不紧密，市民过街安全意识较为淡薄，降低了利用率。

（4）综合交通枢纽地位全面提升，步行系统面临客流快速、安全疏散和接驳的新挑战。

（5）已建人行过街设施的维护和管理亟待改进。

5）发展策略

以需求为导向，以保障行人过街安全为核心，以实现道路畅通为重点。采用“沿线选点，以点连线”的布局策略，建设以快速干道沿线人行立交为主体，干道沿线人行立交为辅助，特殊点人行立交为补充，功能明晰，

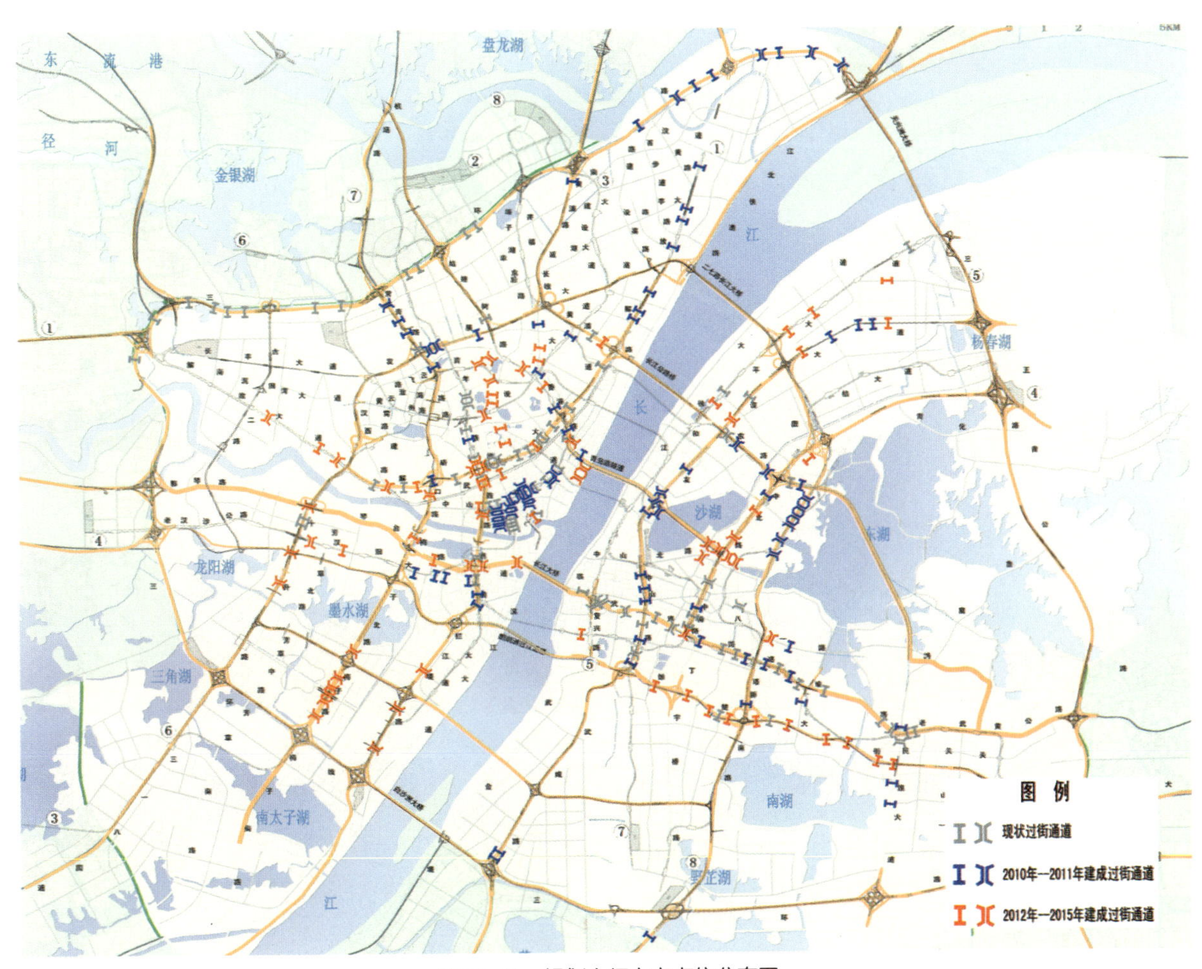

图 10-76　规划人行立交点位分布图

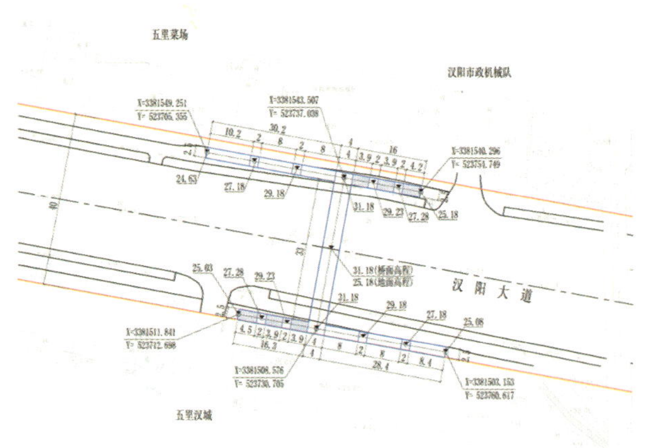

图 10-77　五里汉城人行天桥

布局合理，管理完善，系统、便捷的人行立交过街体系。

(1) 快速畅达，全面建设快速干道沿线人行立交。

重点于非高架段合理布设人行立交，沿线人行过街设施平均间距 300 ~ 400m。

(2) 疏堵解困，系统建设干道沿线人行立交。

干道人行过街设施以灯控人行横道为主，人行立交为辅。重点于交通压力较大、人流量相对集中的中央活动区布设人行立交，人行过街设施平均间距 200 ~ 300m。

(3) 安全疏散，及时建设特殊点人行立交。

重点于学校、医院、商业中心及交通枢纽等公共设施周边建设人行立交，实现人流的安全、快速疏散，减少对周边道路的运行影响。

6）规划方案及实施计划

(1) 规划方案。

根据规划原则，遵照发展策略，规划至 2015 年，主城区将建成人行立交 253 座，现有 80 座，新建 173 座，其中新建天桥 97 座，地下通道 76 座。主要沿快速（捷）路及干道分布，商业中心分布更为密集。

(2) 实施计划。

在建设时机上，尽快解决交通矛盾最为突出区域问题，综合统筹地铁、道路、立交及慢行系统建设项目，适应城市交通发展需求，近、远期相结合，合理安排人行立交建设。

2010 ~ 2011 年，集中建设，缓解拥堵。以"排堵保畅"为目标，集中建设 66 座人行立交，其中人行天桥 48 座，地下通道 18 座。2010 年新建人行立交 30 座以上，2011 年前 66 座人行立交全部建成。

2012 ~ 2015 年，适时建设，满足需求。规划建设人行立交 67 座，其中人行天桥 44 座，地下通道 23 座，每年建成约 15 座。

7）实施效果

2010 年，计划于 2011 年前建成的 66 座人行立交已有 60 座开工，其中文化路天桥、常青路长港路地下通道、

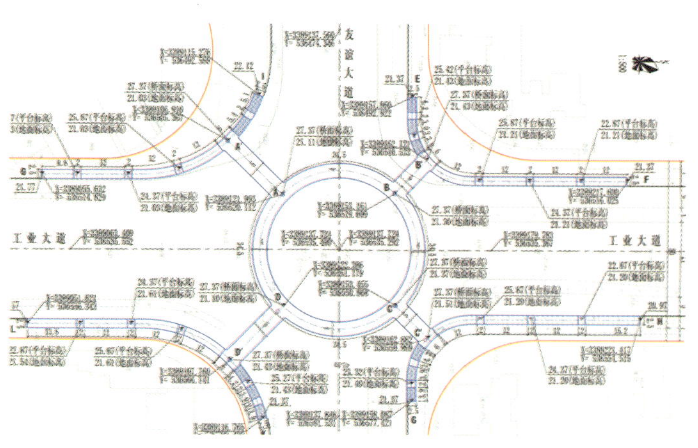

图 10-78　友谊大道　工业大道路口人行天桥

徐东大街麦德龙地下通道、徐东大街凯旋门地下通道、徐东大街东湖中学天桥等 18 座已建成投入运营，另外有 18 座主体工程已基本完成。

10.6.5.2 武汉市公共自行车系统布局规划（2010 年）

1）规划背景

武汉市是“两型社会”改革试验区，大力推进绿色、环保的公共自行车系统不仅符合“两型社会”的建设要求，同时对于缓解城市交通压力，解决居民短距离出行不便的问题都有十分积极的意义。

2）规划时间及范围

规划范围：为武汉市主城区范围，包括江岸区、硚口区、江汉区、汉阳区、经济技术开发区、武昌区、洪山区、青山区、东湖风景区、东湖新技术开发区，规划面积约 700km^2。

规划年限：2010 年。

3）规划原则

分类初布：按公交点、公建点、居住点、游憩点、校园点五种类型，根据地图信息和实地察看结果提出初步布局方案。

平衡规模：根据点位附近的地块性质、区域内的城市空间形态、行政区划、地理条件、道路条件将城市分成若干区块，区块内自行车系统相对独立。在区块内部应根据公交点、公建点、校园点、居住点的规模平衡关系来调整选点方案。

灵活调整：在布设点位时，遇到特殊情况，如原定点位不适合布设租赁点或没有条件布设租赁点时，灵活处理，或另外选点，或就近平移等，总之，在布设租赁点时一定要根据实际情况来定，不可生搬硬套。

总量控制：在布设点位过程中，既要考虑主城区公共自行车布点规模，也要考虑各行政区的规模，最终的结果要符合年度建设计划。

4）自行车现状出行特征分析

(1) 出行比例。

随着经济的快速发展，机动车特别是私家车迅猛增长，与此同时，武汉市公共交通线网加密，覆盖范围扩大，舒适度提高，大部分自行车出行者逐步转而选择机动化交通工具出行，自行车出行比例逐步下降，2009 年自行车出行比例约 20.2%。

(2) 出行目的。

自行车出行目的分为上班、上学、公务业务、生活购物、探亲访友、文体娱乐、私人经营、回家、回程、其他共计 10 类。武汉市主城区自行车出行的主要目的有四种，其中回家占 47.0%，上班占 28.8%，上学占 8.4%，生活购物占 8.4%，四类主要出行目的占自行车总出行目的的 92.6%；剩下的出行目的比例均在 2% 以下。

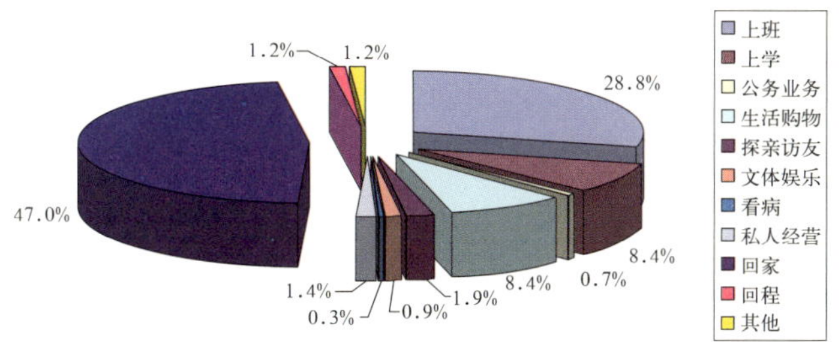

图 10-79 自行车出行目的结构图

(3) 出行时耗和出行距离。

武汉市主城区自行车出行在 10min 以内的占 29%，10 ~ 20min 的占 39%，20 ~ 30min 的占 23%，30 ~ 40min 的占 4%，40 ~ 50min 的占 2%，50 ~ 60min 的占 2%。60min 以上的占 1%。从这些数据中可以看出，武汉市自行车出行时耗在 30min 以内的占 91%，30min 以上的占 9%。

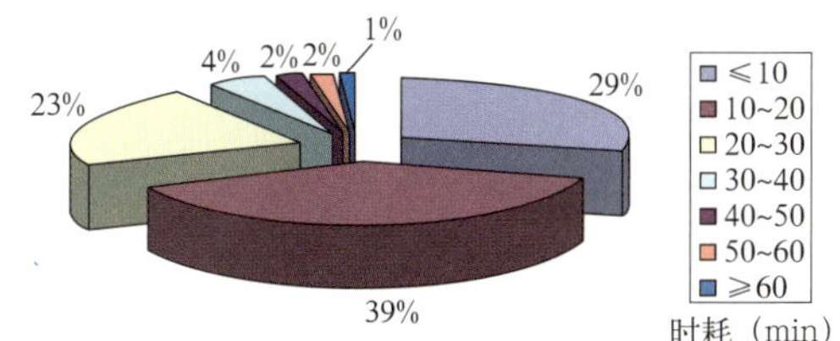

图 10-80 自行车出行时间结构图

按照自行车平均运行速度 12km/h 计算，出行时耗转换成出行距离后，20min 的出行距离约 4km，则 4km 以下的出行比例为 68%；30min 出行距离约 6km，则 4 ~ 6km 的出行比例为 23%，6km 以上的出行比例为 9%。

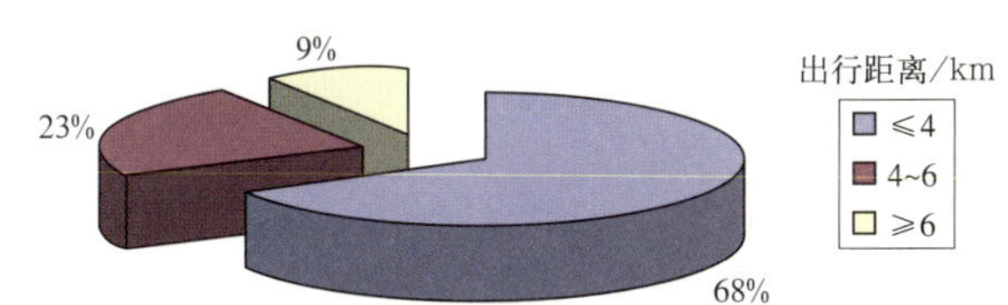

图 10-81 自行车出行距离结构图

5）自行车功能定位及发展策略

（1）功能定位。

①接驳公共交通，形成多层次一体化的公交运输体系；

②服务于短距离出行，解决自行车停车和管理的困扰；

③服务于大型旅游休闲景区，构建自然和谐的交通环境。

（2）发展策略。

①政府应鼓励公共自行车发展，并在政策上给予支持；

②完善相关配套设施，保障公共自行车系统良好运行；

③落实"公交＋自行车"战略，保障公共自行车设施用地。

6）公共自行车布局规划

（1）点位分类。

①公交点。于轨道交通站点及主要公交车站附近布设，旨在解决公交车站末端"1km"交通问题。

②公建点。于人流集中的公共服务设施处布设，旨在解决市民短距离出行问题。例如，大型商场及超市、银行、医院、菜市场、文体设施等处。

③居住点。于主要社区和居住小区处布设，重点解决社区附近的上班上学、生活购物、休闲娱乐等目的的出行。

④游憩点。于旅游景点、公园、游乐场等处布设，旨在方便市民游玩、休憩。

⑤校园点。于高校及中学附近布设，解决学生上、下学和短距离出行问题。

（2）布点要求。

①居住社区或居民小区300m范围内，如方便乘坐公共交通工具，则可不设公交点，但考虑居民的短距离出行，如买菜、休闲、购物等，应酌情布设公建点。应尽量布设在社区或居住小区的主要进、出口处，对于居住区比较集中的地方，要灵活选点，尽量照顾到更多的居民。大型社区可将点位布置在社区内部。

②校园点的布设应分高校和中学来考虑，在高校应结合主要的出、入口布设，或布设在校园里；中心城区的中学因公交布设比较发达，且几十辆自行车难以解决大量学生的出行问题，可不布设，中心城区以外的中学可根据实际需求酌情布设。

③交通状况差，自行车骑行困难的地方可不布设或

图10-82　2010年主城区公共自行车系统布局方案

少布设，避免引发新的交通拥堵和交通事故。

④大型旅游区，可在景点的出、入口处布设；远离中心区的地区，应加强公交点布设。

⑤布置在人行道上的公共自行车租赁点，需留出足够的行人通行空间，一般应至少保证 2m，特别困难路段最少应保证 1.5m。

⑥公共自行车租赁点布设不能占据消防通道，离消防出、入口至少 10m。

⑦在公交线路多、人流多的公交站点，布设租赁点应距离公交车站 30 ~ 50m，避免车流、人流过于集中。

⑧人流量较大的公建点，布设公共自行车租赁点时应距离人流出、入口 30 ~ 40m。

（3）布局方案。

以 2009 年已有自行车租赁点为基础，根据以上规划原则及布点要求，规划 2010 年武汉市主城区将新增布设 304 个自行车租赁点，投入车辆约 3 万辆，其中用于新增点位的车辆 2 万辆，用于原点位扩充的车辆 1 万辆。新增点位包含 55 个公交点，44 个公建点，159 个居住点，15 个游憩点，31 个校园点。新增点位主要分布于 3 类区域，分别是重点发展区、一般加密区、拓展加密区。其中，重点发展区，是 2010 年随着城市的发展和基础设施的建设迫切需要公共自行车的区域，如轨道 1 号线沿线区域、百步亭社区、汉口老城区、首义片区、东湖风景区、汉阳老城区、青山片区；一般加密区是除重点发展区之外，对公共自行车需求较大区域，需要在现状点位基础上适当加密；拓展加密区一般位于城市中心区边缘，现状已经有公共自行车租赁点，但点位的布局很稀，根据需求进行少量的增加。

7）实施效果

2010 年武汉市主城区新建成 304 个租赁点，增投车辆 3 万辆，公共自行车租赁点达 1118 个，自行车 5.3 万辆，基本覆盖了城区的重要公交站点、公建点、学校、居住区及休闲景区，受到了广大市民的欢迎，取得了良好的社会效益，树立了国内公共自行车系统的“武汉模式”。已办理公共自行车租赁卡近百万张，日租赁量最高达到 18 万人次。为了提供更好的服务，对所有亭棚进行了全面升级，配备了智能租还车系统，未来将实现 24h 租还车。

图 10-83　公共自行车租赁亭（棚）

10.7　城市货运交通系统规划

10.7.1　规划目的及主要任务

城市货运交通是各种进出城市及过境而利用城市内部道路、水路、铁路、管道及各种站场、码头、场内配送等相关设施所完成的货运活动，是对国民经济发展具有全局性和先导性影响的基础行业，是带动第三产业发展的重点。货运交通系统规划主要研究城市货运枢纽、货运仓储、货运站场和物流中心并进行统筹规划布局，充分发挥区位优势，加强交通基础设施建设，提高运输能力，形成铁路、公路、水运、航空相结合、高效率、立体化、多功能的对外运输体系，提高货物流通能力，促进国民经济发展。主要任务如下：

(1) 辨明在城市不同区域中货运交通的构成及分布;

(2) 适应、协调各类货运交通方式的发展规划;

(3) 确定道路物流节点设施的性质、规模及分布;

(4) 协调城市土地利用规划与货运交通规划的相互关系;

(5) 提出货运交通改善的政策,提高运输效率,改善全市货运道路系统;

(6) 确定城市主要货运通道。

10.7.2 工作思路与技术路线

以城市社会经济发展方针与战略目标为指导,以城市总体规划为依据,首先对研究范围内的社会经济、产业布局、货流状况进行全面调查,在此基础上根据城市总体规划确定的目标,对货运交通需求进行预测。通过分析、测算货运系统的需求与能力的差异、判断系统的"瓶颈"所在,发现和印证现有的货运交通问题和症结,分析现有的货运交通问题和症结,并以此为依据制定货运交通的系统规划。然后对货运系统布局进行评价,同时将评价结果进行反馈修正,直至能合理有效地实现预设的规划目标为止。整个规划过程采用定性结合定量的研究方法,以达到确定优化的物流及货运交通系统规划为最终目的。

10.7.3 主要工作内容

(1) 现状货运物流交通状况分析;

(2) 国内外物流货运发展研究;

(3) 货运系统发展战略研究;

(4) 货运需求预测;

(5) 货运交通系统布局规划;

(6) 货运通道系统(近期实施)规划;

(7) 政策建议及保障措施。

10.7.4 成果构成及要求

成果报告:通过现状调查及分析,诊断当前货运交通状况,以国内外货运交通系统规划案例分析为基础,

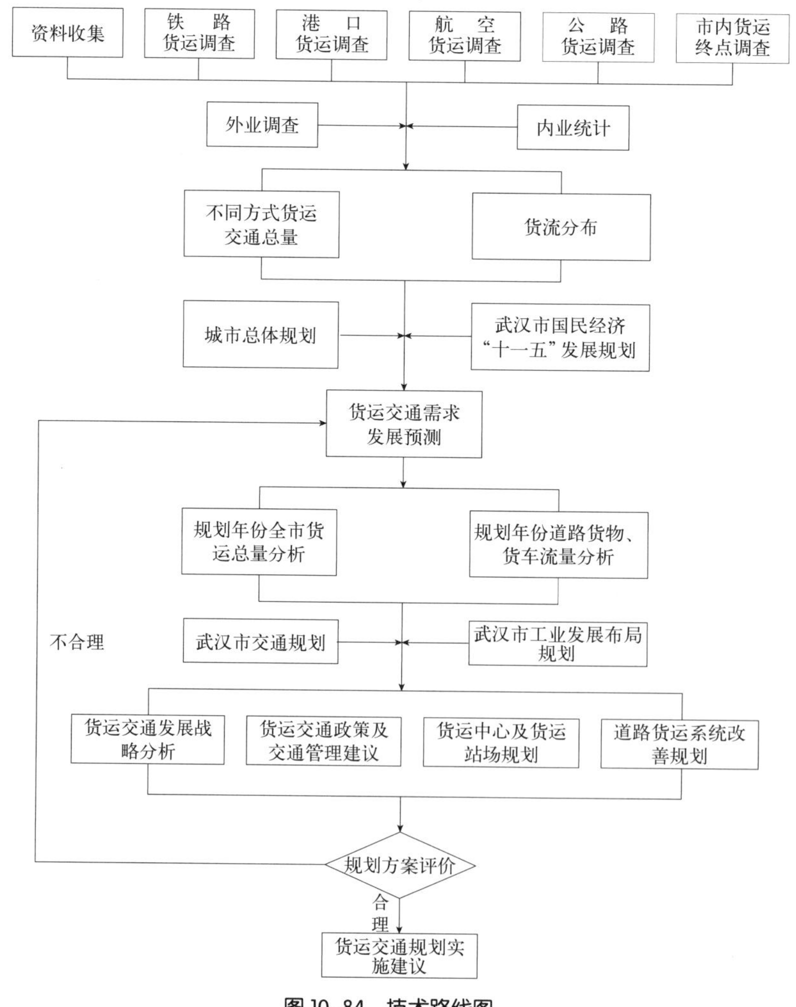

图 10-84　技术路线图

通过货运需求预测，规划货运通道、货运场站，制定实施计划及管制方案，提出保障意见及建议。

成果图纸：现状货运通道分布图、现状货运场站分布图、现状城市用地结构分布图、现状工业、物流园区及商业分布图、现状货运交通管制方案图、规划货运通道分布图、规划货运场站分布图、规划物流园区分布图、规划货运交通管制方案分布图等。

10.7.5 主要规划成果

10.7.5.1 武汉市货运交通系统规划（2009—2020年）

1）规划背景

武汉市是我国中部地区的中心城市，是我国重要的综合交通枢纽和物流战略储备中心，规划城市货运车辆行驶线路网络及其层次等级、中转换装枢纽、货运配送站点设施布局、通行管制和其他交通管理措施等，对于指导全市交通运输业协调发展，全面提高货物运输效率、合理引导物流及货运市场发展与综合改善武汉市交通，充分发挥综合交通枢纽及物流战略储备中心的作用，具有十分重要的现实意义。

2）规划范围与年限

规划范围：规划研究范围为市域，重点规划范围为主城区。

规划年限：2009—2020年。

3）规划原则

系统原则：将所有的物流基础设施、运输方式、运输线路、运输设备进行统一规划、管理、组织、调配，以达到交通运输系统的整体优化，满足运输需求，成为区域经济的增长点，引导城市发展。

协调原则：物流及货运交通枢纽的布置应当符合城市总体规划，使其与城市的其他功能相协调，物流用地应符合城市规划的用地性质。

衔接原则：物流及货运节点基础设施应靠近交通主干线建设，具有良好的外部交通条件，借助区域综合交通体系使其与其他运输方式进行转换、联运方便（多式联运）。

连续原则：物流及货运枢纽的位置应为货物转运提供方便，提供最佳的交通路线，保证交通连续。

定量原则：物流及货运交通枢纽规划要有定量分析，在货物集散中心，根据城市具体情况，经定量分析后，设置物流及货运枢纽。

均衡原则：物流及货运枢纽根据货物流向均匀布设在城市各方向的出入干道附近。

4）货运交通现状分析

（1）货运交通现状特征分析。

2000年以来，武汉市货运保持了较高的增长速度，2008年货运量达31149万t，年均增长7.4%，公路，铁路货运比例呈逐年上升态势，过境及中转货运比例较高；受货车通行管制措施影响，市内货运主要以小货车为主，重载、大批量散货运输主要在夜间进行。随着城市拓展，中心区外围的货运枢纽逐渐被各种建筑物包围，货运交通和城市交通混行，降低了通行效率。

（2）基础设施现状分析。

铁路货运场站：武汉现有铁路车站28个，设有货场的车站15个。2007年共完成货运量9728万t，占武汉地区货场总运量的65%以上。

水运港口：武汉港是长江中游第一大港，共有22个港区。2008年，全市港口吞吐量5278万t，水路货运量8417万t，其中金属矿石水运量占武汉钢铁（集因）公司进口矿石总量的一半以上，钢铁水运量占全市的30%以上，石油及化工品水运量占全省的四分之一强。

航空货运：天河机场航空货站总面积2.14万m^2，总投资达1.1亿元，年货物吞吐量可达32万t。2008年武汉天河机场完成货运吞吐量8.9万t。

公路货运站：规划公路货运站场11个，已建成或部分建成的公路货运站主要有舵落口货运中心、关山货运站、郭徐岭货运中心等。公路货运呈平稳增长趋势，2008年共完成货运量10515万t，主要为近距离运输（运距约75km）。

（3）货运交通现状衔接分析。

武汉现状货运形成以铁路和港口为依托，以国道、省道为骨干，县道、乡道相连的公路网络为纽带的货运综合交通网络系统。过境货运通道为武汉境内106、107、316、318、京珠、沪蓉6条国道以及16条省道纵横交汇的公路网络。城市内、外货运主要通过外环加半环和13条联络线组成的货运主通道承运。

（4）现状主要问题。

①基础设施能力不足，总体规模偏小，综合服务能力较弱，缺少大型的现代化物流中心和货运场站。

②货运站场空间布局不合理，与城市用地布局不协调。

③货运站场基础设施不配套，运输结构没有得到有效整合，管理水平落后，综合效益不高。

图 10-85　货运交通管制方案图

④物流货运通道建设滞后，公路主骨架网络尚未完全形成，主要运输通道供需矛盾突出，货车停车场设施缺乏，运力结构不合理，难以满足货运市场需求。

⑤物流企业对现代物流的认识不足，物流设施利用效率不高，传统运输仓储业转型太慢。

⑥物流信息化程度不足，货运交通管理协调性差。

5）战略目标及对策

（1）相关规划。

城市总体规划：《武汉市城市总体规划》对城市产业布局进行优化，提出构建五大产业聚集区，集约发展四大支柱产业，培育壮大六大优势产业，巩固发展三大主导产业，突出发展五个新兴产业（图 10—87）。规划 2020 年在全市形成“5 大、10 中、15 小”共 30 个工业区。支持重点产业园区的空间扩展，大力建设五大产业聚集区。

规划整合港口资源，建设武汉新港，按照大型复合枢纽机场标准，扩建天河机场。建设“十”字形的京广、沪汉蓉快速铁路系统，开通武汉联系黄石、黄冈、咸宁、孝感、潜江、天门 6 条城际铁路，建设“4 环、18 射”道路网络。

武汉市铁路枢纽总图规划：提升武汉铁路枢纽成为全国四大铁路枢纽之一。规划至 2020 年，形成衔接北京、西安、重庆（成都）、广州、南昌、上海 6 个方向的特大型环形铁路枢纽格局。

扩建舵落口、流芳货场，建设吴家山集装箱中心站；新建沌阳、新店、大花岭、滠口等综合性货场；形成滠口、舵落口、大花岭三大货场。与长江水运相结合，预留建设集装箱第二中心站的条件；逐步将主城区二环路以内货场外迁。适时废除徐青工业支线，预留至军山、金口的铁路专用线。

武汉国家公路运输枢纽总体规划：2020 年形成由京港澳、沪蓉、沪渝、大广、福银 5 条国道主干线和外环高速公路组成的环形放射式国家干线公路网络。都市发展区内建成“4 环、18 射”路网格局。结合铁路、水运、公路、航空设施布局，构建交通一体化的货运枢纽，积极发展物流产业。

2020 年建成横店、刘店、舵落口、蔡甸、郭徐岭、军山、关山、张家湾、郑店、阳逻、北湖 11 座货运主枢纽。

（2）战略目标。

到 2020 年，规划形成以现代物流园区、物流中心、

图 10-86　现状货运设施分布图

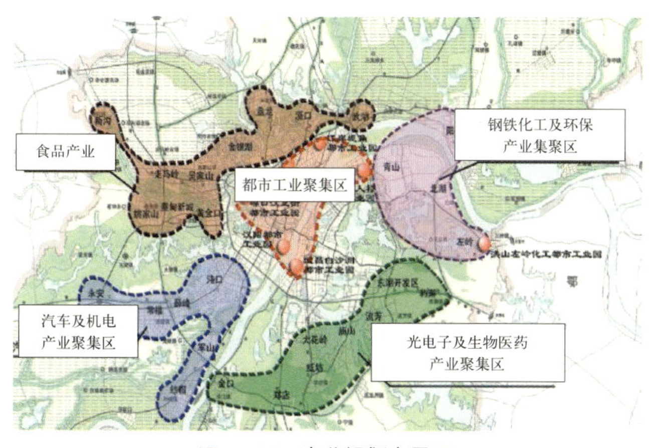

图 10-87　产业规划布局图

配送中心和货运通道为主体，结构合理、设施配套、技术先进、运转高效的武汉市现代物流业体系，使武汉市的现代物流产业发展成为武汉市经济发展的支柱产业，物流产业增加值达到 30%，实现武汉市物流服务业的物流成本占 GDP11%的目标。

实现主城 0.5h 终端直达圈，建成武汉市至周边城市 2h 快速直达圈，到中部各省会和中心城市的 6h 配送圈，以及武汉至全国 1000km 左右范围重点城市的 12h 中转配送圈，发展面向世界重点地区的国际物流服务辐射圈。

（3）发展对策。

①完善物流园区、配送中心、货运站场体系。

②强化道路功能分级，完善货运通道网络。

③优化货运交通组织，提高运输管理水平。

6）规划方案

（1）货运交通体系布局规划。

武汉市货物运输种类多样，其中煤炭、原油、矿石、砂石、散粮等大宗散货受行业特点及国家政策的限制，仍应以传统专业存储方式解决，大部分不进入公共物流节点，通过分析比较，这部分约占全社会物流总量 26.7 亿 t 的 70%。即 2020 年进入武汉市道路货运设施的物流发生量为 8.02 亿 t，公共物流货运设施占地约 20.6km^2。

物流园区布局规划：根据武汉总规用地布局特点以及交通设施的分布特征，依据武汉市政府“十一五”规划等相关文件，在主城区外围临近高速公路出入口、铁

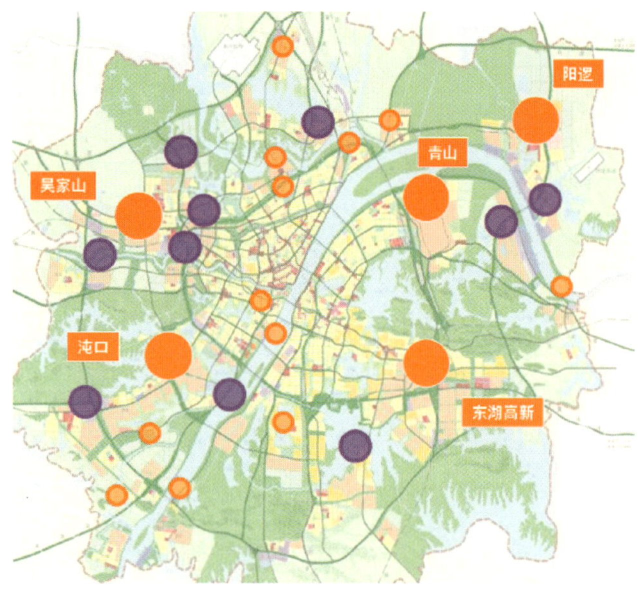

图 10-88　工业区规划布局图

道枢纽站、港埠港区、航空港处，建设服务于区域间物流的功能齐全的综合型物流园区。重点建设阳逻物流园区、郑店物流园区、常福物流园区、走马岭物流园区、武汉空港物流园区 5 大物流园区。这些区域交通条件便利，土地资源充足，发展后劲大，作为立足武汉，服务城市圈，辐射全国，面向世界的主要战略性物流功能区。

物流中心布局规划：根据武汉市工业区和市场布局特点以及现有物流资源的分布情况，依托 5 大产业聚集区、6 大优势行业及 10 多条重点产业链中的骨干企业，在毗邻开发区、产业聚集区及大型专业市场处，建设主要服务于制造业大型企业的综合型和专业型物流中心。重点建设舵落口物流中心、关山物流中心、北湖物流中心、白沙洲物流中心、青山物流中心、刘店物流中心、军山物流中心、蔡甸物流中心、郭徐岭物流中心、横店物流中心 10 大物流中心。这 10 大物流中心基本上都有仓储等物流资源沉淀，转型较好。

图 10-89　铁路货场规划布局图

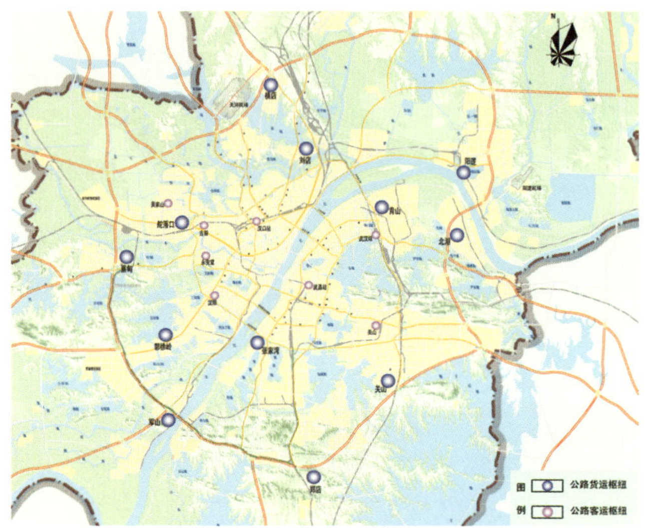

图 10-90　公路货运枢纽规划分布图

物流配送中心布局规划：在主城区内繁华地域外，靠近大型商贸设施和大型市场，以及制造业大企业处，建设主要面向制造企业或者商贸企业，服务于同城终端直达配送，兼顾区域内物流配送的物流配送中心。全市共设配送中心 70 个，其中生活性配送中心 60 个，生产性配送中心 10 个。

（2）货运通道规划。

根据货运总量，建立货流的流向、流量矩阵，预测过境货运需求、对外货运需求和市内配送需求，计算各方向货车流量，确定货运通道。预测 2020 年东南部组群、南部组群、西部组群对外交通量达 5.0 万车次／日以上，其中货车比例占 35% 以上。为满足货运需求，规划货运通道方案如下：

充分利用已建设施，完善货运通道建设。以长江为线，以京广铁路、天河机场、京珠高速公路、沪蓉高速公路、汉十高速公路 4 条国道以及江北高速公路等 8 条进出城高速公路为轴提供货运快速通道服务。

轴向货运快速路如下。

东向：江北高速、武合高速、武鄂高速、武黄高速；

南向：武咸公路、李纸公路、武洪高速；

西向：107 国道、318 国道、汉蔡高速、汉宜高速；

北向：岱黄高速、汉十高速、姑李公路、武麻公路；

环线系统：外环线、三环线、四环线。

完善区域货运道路网络，强化物流设施之间的联系。根据武汉综合交通规划道路系统和货运枢纽总体布局，在外环线与中环线之间规划建设一条货运环线通道，主要由城市快速干道和部分环线组成，衔接主要枢纽站场，其他枢纽站场通过城市道路或联络线与该货运通道衔接，形成货流交通走廊，提高枢纽的衔接效率，减少货运车辆对主城区内城市主干道路能力的占用，缓解城市交通矛盾。

打通空港—横店—阳逻东部货运通道，强化公、铁、水、空多式联运；贯通舵落口—横店汉口北部通道；建设三环线—走马岭沿汉江通道，缓解 107 国道压力；建设西南

图 10-91　货运通道规划布局图

图 10–92　铁路货运系统规划图

货运通道、疏港货运通道、关山向外衔接货运通道。

完善区域铁路系统，支撑外围区域发展：建设江北专线铁路，既有单线改复线，延伸至稻米交易中心和平煤、晋煤码头；延伸汉阳铁路专用线，促进纱帽港区铁水联运；延伸武大铁路至化工新城；延伸南环铁路大花岭至金口，促进金口港区发展。

(3) 货运交通衔接规划。

武汉枢纽城市与全国综合交通网的衔接。武汉货运枢纽与全国综合交通网的衔接主要是在东、西、南、北、西北、东南六个方向上，将上述七大城市圈相连，形成三大运输通道，使通道内的全国交通干线经武汉枢纽紧密衔接，方便转换，形成顺畅的货流。

东西方向：沪汉蓉铁路、沪蓉高速、沪渝高速、318国道、长江干线航道以及空中货运航线等主要交通干线在武汉枢纽交汇，组成沿江运输大通道，以武汉为纽带，实现东西连接。

南北方向：京广铁路、京九铁路、京港澳高速、107国道以及空中货运航线等主要交通干线组成满港运输大通道，贯穿武汉，连接京津冀城市圈和珠三角城市圈，并将中原城市圈经武汉与南部沿海地区相连，实现了武汉枢纽沟通南北的重要功能。

西北—东南方向上：汉丹—武九铁路、福银高速、316国道、汉江航道以及空中货运航线等通过武汉枢纽的衔接，将西北地区、关中城市圈与海峡西岸城市圈紧密连接在一起。

武汉货运枢纽与市域货运通道的衔接规划方案。按照武汉货运枢纽的总体布局思路，一类货运枢纽基本沿外环线布局，通过外环线能够与对外交通干线形成顺畅的衔接，服务于武汉与全国各地之间的货物运输，以及来自全国不同方向的货物在武汉的中转运输；二类枢纽与三类枢纽主要布局在外环线与中环线之间，主要服务于武汉市与周边地区的货物发送与到达，以及市域范围内的货物配送。

目前，武汉市域内的货物运输与城市交通共用通道，

图 10-93 武汉枢纽对外衔接通道示意图

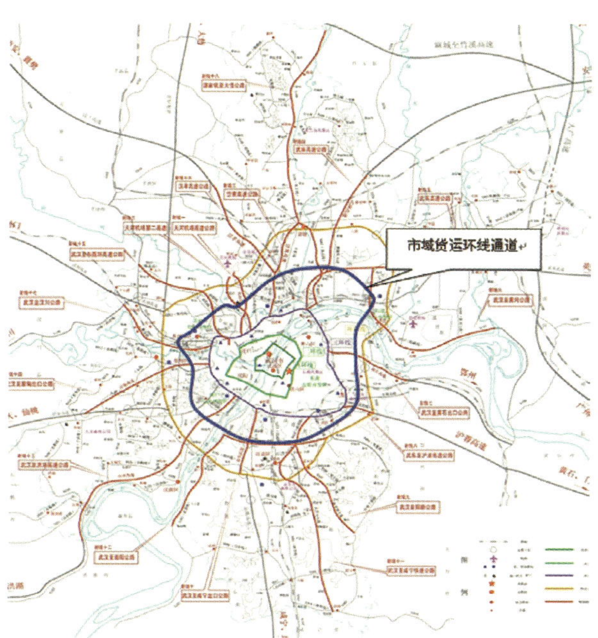

图 10-94 规划市域货运环线示意图

对城市生活造成较大影响，且货物运输效率较低。因此，结合武汉货运枢纽的总体布局，在外环线与中环线之间规划建设一条货运环线通道，主要由城市快速干道和铁路外环线组成，衔接主要枢纽站场，其他枢纽站场通过城市道路或联络线与该货运通道衔接。通过该货运通道的建设，使武汉市域内的货流向一条交通走廊集中，一方面提高枢纽的衔接效率，另一方面也避免货运线路分散布局对城市空间的过度分割，并减少货运车辆对内环线等城市主干道路能力的占用，缓解城市交通拥堵。

货运枢纽站场与货源点的交通衔接规划方案。武汉货运枢纽交通衔接规划在微观层面上重点突出货运枢纽站场与上述五大产业聚集区的交通衔接，将不同运输方式的货运站场通过集中布局、交通衔接形成五个组合货运枢纽，根据各个产业聚集区所处的区位与产品货运需求特征，组合货运枢纽通过铁路、高速公路及规划的市域货运通道衔接产业聚集区与对外交通网络，通过城市道路网系统，有重点地服务于市域内各个主要货源生成点。

（4）货运交通管理规划。

有计划发展货运车辆，加强营运车辆管理。随着主城区外物流园区与物流中心的逐步建立，以及货运市场的逐步发展，建议有计划地发展主城区外货运车辆，适当发展大型货车比例。逐步引导主城区内货运车辆向外围区货运市场转移，减少大型货车对主城区内交通的干扰，对主城区内货运车辆进行总量控制。

积极调整车辆构成，大力发展集装箱运输车。适当发展大型货车比例，使大型货车迅速成为干线长途运输和大宗货物运输的主力车型；要充分重视各种专用车、特种车的研制和生产，逐步淘汰敞式运输车辆，提高运输质量和效益。集装箱运输具有装卸效率高、运输工具利用率高、运送速度快、节省运输包装和运杂费用等优势，应予以重点支持和发展。

引导和限制小货车增长，加强“货的”运输管理。建议根据货运需求增长幅度，确定合理的营运货车数量，限制货车营运牌照发放，严禁各类型改装货车上路营运。同时，结合主城区内物流配送中心和货运市场，对“货的”实行统一管理，定点停放，小宗货物运输采用电话预约

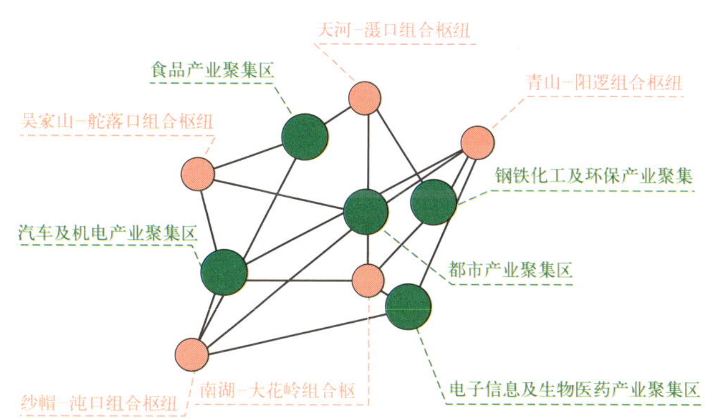

图 10-95 武汉组合货运枢纽与产业聚集区的交通衔接规划示意图

的方式，提高“货的”运输效率高，减少对城市道路交通的影响。

分区域货运通行管制。客、货分离，强化货运交通管制，规划货运控制区和货运通道，中心城区客、货分离，构筑货运保护圈、控制圈、货运供给圈。主城区二环线以内为货运保护圈，白天 7 ~ 22 点禁止货车通行，全天禁止 5t 以上大型货车进入二环以内通行。二环线至三环线区域为货运控制圈，放射性城市快速干道及城区主要干道白天 7 ~ 22 点禁止货车通行，东湖风景区及生态景观区域全天禁止货车通行。三环线外为货运供给圈，主要布置物流园区、物流中心等货运设施，应保证货运交通的充分供给。

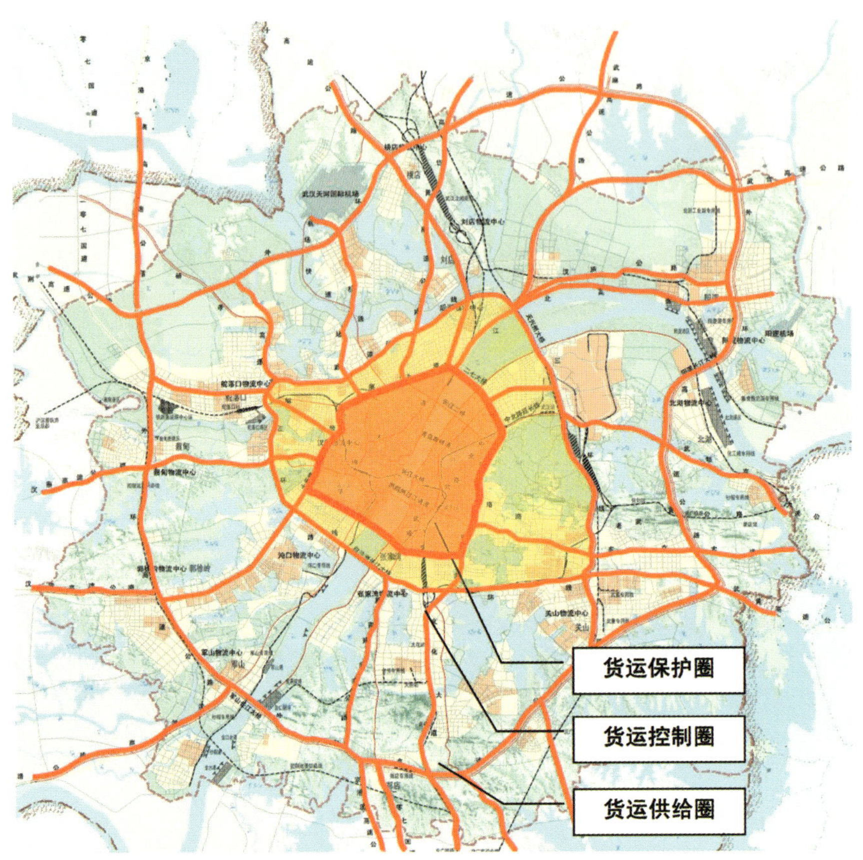

图 10-96　货运圈方案图

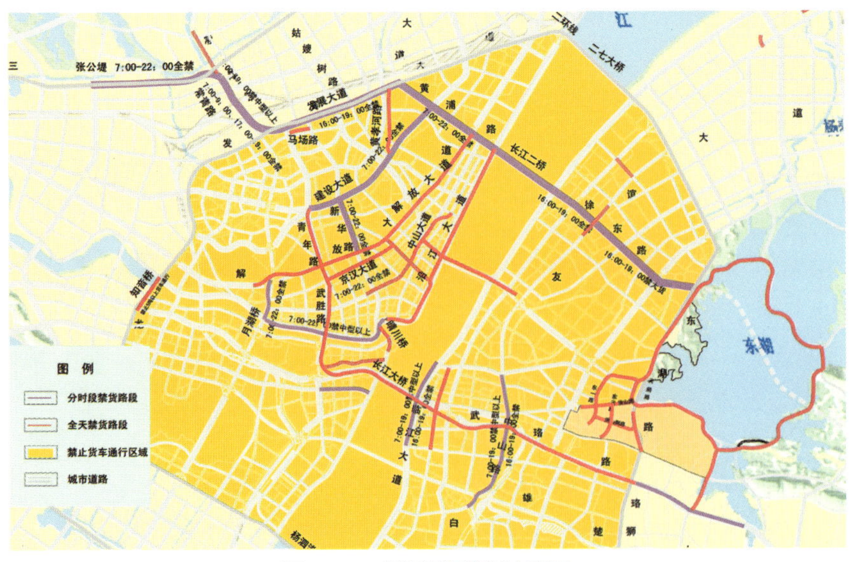

图 10-97　货运通行管制方案图

10.8 城市静态交通规划

10.8.1 规划目的及主要任务

城市公共停车场规划是建立与城市用地布局相协调，与交通需求管理相结合，使用高效、动静结合的停车系统。适应城市机动化发展要求，遵循城市停车设施的供给策略，综合利用城市土地资源和地下空间，提供与停车需求相匹配的停车设施，实现城市静态交通与动态交通的平衡。其主要任务如下：

（1）确定城市机动车停车分区和不同类别停车需求的供给目标；

（2）提出城市配建停车指标建议及管理对策；

（3）提出城市机动车公共停车场规划布局原则及布局方案；

（4）拟定近期实施规划；

（5）提出政策建议及保障措施。

10.8.2 工作思路与技术路线

以城市社会经济为基础，以城市总体规划为前提，以城市交通发展战略为指导，以停车需求预测为依据，以用地条件为约束，采用定量与定性分析相结合，在定性分析指导下进行定量研究，探讨武汉市城市停车发展战略及模式和政策，提出公共停车场规划布局的原则，拟定公共停车场近期实施性规划和远期控制性规划，并对停车场布局方案进行评价。图 10–101 为公共停车场建设规划技术路线图。

10.8.3 主要工作内容

（1）现状停车供需状况分析；

（2）现状公共停车特性分析；

（3）城市停车发展战略研究；

（4）建筑停车配建指标体系研究；

（5）公共停车需求预测；

（6）公共停车场布局规划；

（7）主城区公共停车场近期实施规划；

（8）政策建议及保障措施。

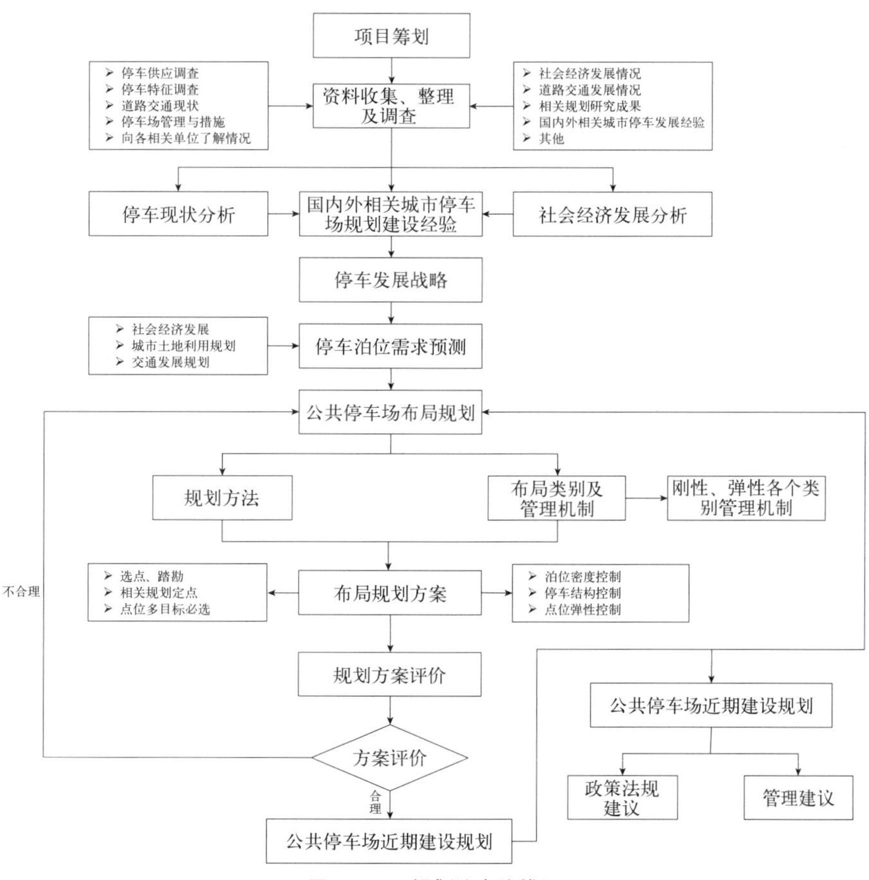

图 10–98　规划技术路线图

10.8.4 成果构成及要求

成果报告：通过现状分析及国内外城市案例分析，提出停车发展战略、建筑停车配建指标体系，预测停车需求，规划公共停车布局并进行评价，制定实施规划，提出政策建议与保障措施等。

成果图纸：现状公共停车场布局图、现状公共停车场服务范围分析图、规划公共停车场布局图、规划公共停车场用地控制图、规划公共停车场服务范围评价分析图等。

10.8.5 主要规划成果

10.8.5.1 都市发展区停车场空间布局及实施规划（2009—2020 年）

1）规划背景

长期以来武汉市十分关注静态交通的问题，先后开展了多次停车问题专题调研，并先后于 1996 年及 2006 年城市总体规划编制过程中分别开展了停车专项规划，从城市规划的层面对停车用地进行了空间布局和规划控制。但是停车场的建设问题比较复杂，涉及政策、规划、土地、物价、交管等多个领域和部门管理，长期以来武汉市未形成良性的停车发展环境。目前机动车快速增长，停车矛盾日渐突出，为了缓解停车难问题，特此开展“都市发展区停车场空间布局及实施规划”研究。

2）规划范围及年限

规划范围：都市发展区和主城区，重点研究范围为主城区。

规划年限：2009—2020 年，近期建设年限为 2009—2011 年，中期为 2012—2015 年，远期为 2016—2020 年。

3）停车现状问题分析

截止到 2008 年年底，武汉市主城汽车保有量达 39.4 万辆，约需要停车泊位 47 万个，而主城停车泊位数仅为 34 万个，其中建筑配建停车泊位 19 万个，路外公共停车泊位 8660 个，路内临时停车泊位 3.6 万个，城区空地隐形泊位 10.5 万个，主城停车泊位缺口约 13 万个。目前停车难主要表现在以下几个方面：一是历史欠账多，停车泊位严重不足；二是公共停车场建设滞后，难以适应机动化快速发展的形式；三是缺乏停车产业化发展政策，无法推动社会力量参与停车场建设；四是机动车管理制度不健全，忽视了静态交通在交通体系中的作用；五是停车管理有待加强，停车收费价格不尽合理。

4）武汉市停车发展战略

以政府为主导，市场化运作，停车产业化发展为导向，建设配建停车场为主，路外公共停车场为铺，路面停车场为补充，布局合理，比例适当，实现区域差别化的静态交通与动态交通平衡的停车设施和管理体系。

建立高效、协调的停车管理体制，加强停车管理的信息系统建设，建立合理的收费体制，健全停车场建设

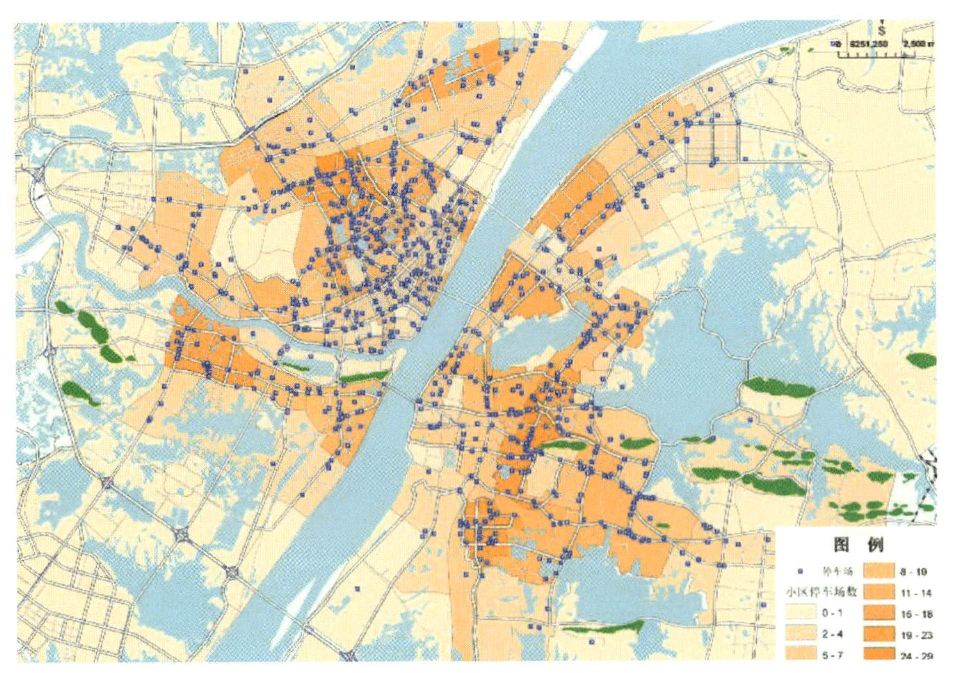

图 10-99 现状停车泊位分布图

与停车管理的法律法规体系，强化停车管理，改善城市停车秩序，实现停车与社会经济协调发展、供需和谐的静态交通格局。

（1）建立配建停车为主、公共停车为铺的停车设施和管理体系。

加强配建停车场建设管理，积极推进公共停车场建设，适当设置路边停车泊位，建立合理的城市停车供给结构。核心区和中心区配建停车泊位、路外公共停车泊位、路边停车泊位所占比例分别为 80% ～ 85%、10% ～ 15% 和 3% ～ 5%；

（2）停车差别化政策，实现动静交通平衡。

在城市中心区发展公共交通出行方式，减少机动车出行，对机动车泊位保持低水平的供需平衡，城市外围区停车设施充分供给，保证车辆的停放需要，并结合轨道建设 P+R 的停车换乘点。

分区域控制策略。共分三个区域，一是停车适度从紧区，位于一环以内；二是停车基本平衡区，位于一环与二环之间；三是停车充分供应区，位于二环以外及都市发展区。

分阶段的差别化政策。近期以扩大公共停车场供应为主，停车需求管理为辅；远期以停车需求管理为主，停车场建设为辅。

分类型的差别化政策。加大路外公共停车场建设力度，用路外公共停车补足历史“欠账”；合理规划、严格管理路内临时停车场，避免影响动态交通运行。调整收费标准，使路内停车收费高于路外。

（3）停车产业化策略。

政府主导，市场化运作，形成多元化的投资体制，扶持停车场建设走产业化道路。政府的角色应从直接的投资者、经营者，转变为对经营人的监督和政策控制角色，停车设施建设、经营、管理按照市场规律进行运作。

（4）鼓励超额配建、以新带旧的停车配建策略。

在城市中心城区、重点区域的开发建设贯彻以新带旧的原则，鼓励新建建筑超配停车泊位，弥补老城区停车配建不足的历史“欠账”。

（5）建立高效、协调的停车管理体制，健全停车场法规体系。

完善停车场建设与停车管理的法规体系，加强政策研究与引导，制定投资优惠政策、车辆停放政策、开发政策、经营政策、管理政策、用地政策、收费政策，强化停车管理，加强停车管理的信息系统建设，改善城市停车秩序，推动城市停车健康发展。

5）主城公共停车场布局规划

（1）布局原则。

①依据城市用地规划，科学地预测停车需求的基本原则。

②贯彻落实城市交通发展战略，体现差别化控制政策的原则。停车场布局规划要以城市交通发展战略为指导，以贯彻落实交通发展战略为目标，实现停车供给差别化政策，支撑不同区域社会经济发展。

③单个公共停车场规模适宜，点位布局相对分散的原则。同时要使城市停车场布局与城市用地布局形态一致，提高停车场的利用效率。

④土地复合利用，节约用地的原则。要充分贯彻资源节约的指导思想，结合旧城改造、房地产开发、绿地广场、交通设施用地等建设公共停车场，节约用地。

（2）布局方案。

武汉市主城 2020 年机动车保有量将达到 110 万辆，预计主城需要停车泊位总量 134 万个，其中建筑配建停车泊位约 112 万个，路外公共停车泊位 18 万个，路内临时停车泊位 4 万个。主城区规划布局了 620 余个公共停车场点位，单个停车点位泊位规模控制在 200 ～ 400 个，可建设公共停车泊位约 18 万个。规划实施后，2020 年主城中心城区公共停车场 300m 半径覆盖率将达到 60%以上，基本能够有效满足城市公共停车需求。

为了保证规划布局的公共停车场点位得到有效控制，在主城区控规导则编制过程中，对编制单元的公共停车场用地面积进行了指标控制。在主城控规细则编制过程中，已将规划的停车场用地范围落实到城市黄线控制中。总体规划、控规导则和控规细则三个层面的规划控制，为主城区公共停车场建设提供了强有力的规划支撑。

6）主城公共停车场近期建设规划

（1）近期建设原则。

①科学规划，重点推进。以城市交通发展战略为指导，以城市公共停车场布局规划为依据，近期围绕停车问题突出的重点区域，大力推进公共停车场建设。

②整合资源，高效利用。整合城市路边停车泊位与路外公共停车资源，统一建设、经营、管理，提高城市停车资源的利用效率。

③综合协同，有效管理。从区域停车场总体规划设计、运营管理、收费标准、停车诱导、执法管理等方面制订

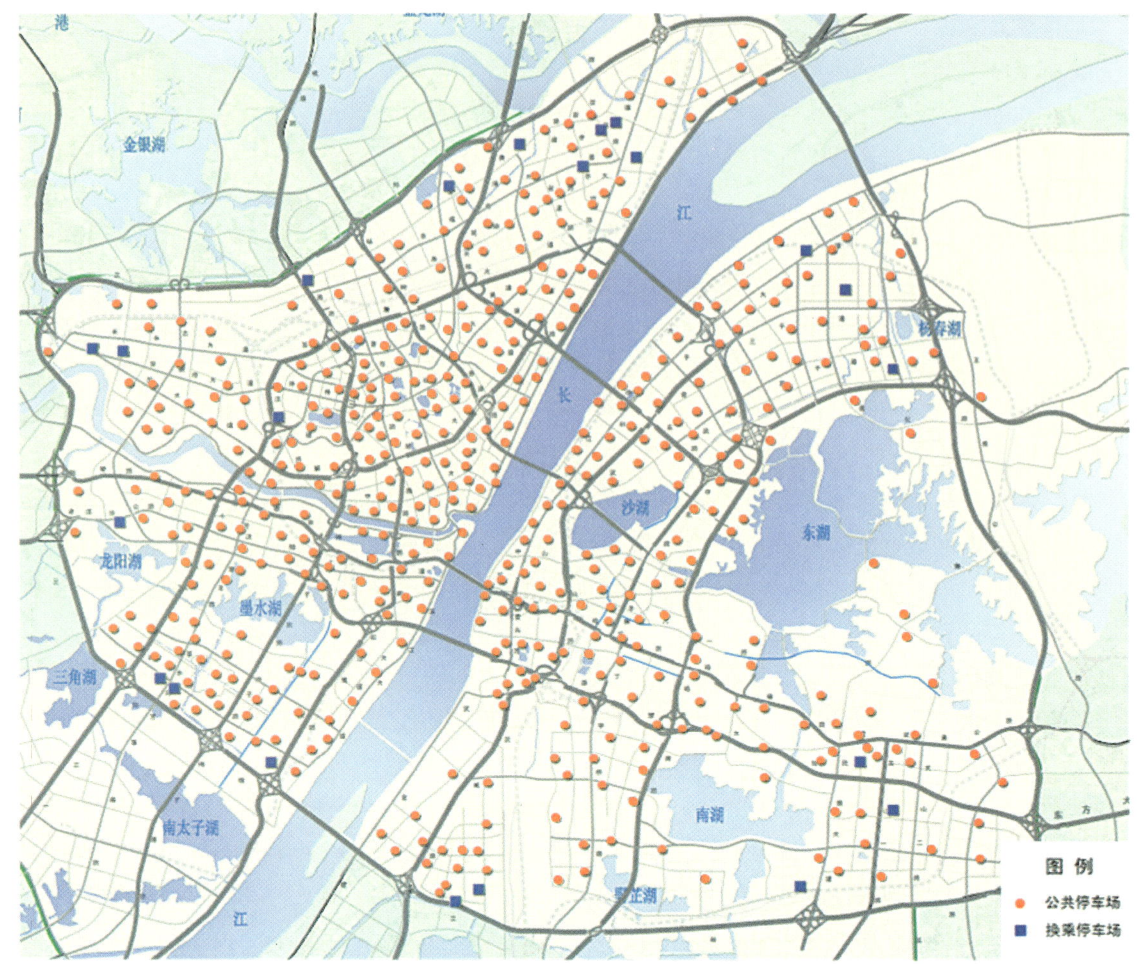

图 10-100　2020 年主城区公共停车场布局规划图

综合实施方案，有效缓解重点区域停车问题。

④市场运作，持续发展。政府以现有的公共停车资源作为原始资本，通过资产出售、项目运营承包和委托经营等方式，吸引社会资金，推动停车场建设的市场运作，保证停车场建设的财务可持续发展。

(2) 建设模式及方案。

根据规划，2010 ～ 2012 年是城市公共停车场的试点培育阶段，近期围绕停车问题最为突出的地段，选取停车场建设难度较小的点位，推进公共停车场建设，同步改革停车收费制度和管理体制，逐步培育停车产业化市场氛围。

近期公共停车场建设模式可以分为四类：一是作为城市基础设施，将公共停车场建设纳入城建计划；二是结合土地综合开发建设公共停车场；三是结合交通设施建设留下的边角用地建设公共停车场；四是出台鼓励政策，改造现有平面停车场为立体停车库。选取停车问题突出的重点区域开展近期停车场建设，近期规划选取 80 个点位建设公共停车场，可新增 2.2 万个公共停车泊位，其中结合园林绿化建设 17 处点位，共建设 6405 个停车泊位，结合土地综合开发选取 50 个点位，可新增 9449 个停车泊位，结合交通设施建设选取 13 个点位，可新增 6343 个停车泊位。

(3) 近期停车场建设实施策略。

①政策引导。近期需要在以下三个方面实现突破：一是公共停车场的所有权明晰的问题，二是土地复合利用政策，三是相关税费减免和补贴政策。

②部门联动。建立强有力的部门联动机制，制定实施细则，加强沟通和协调，才能有效推进停车场建设。

③明确主体。停车场的建设长期以来建设主体不明，在初期阶段政府可以委托几个国有投资公司开展城区停车场建设，明确投资公司的职责是参与城市停车的建设、管理、运营，运营收入用于停车场的滚动发展，政府出

台必要的考核指标对投资公司进行运营绩效考核。

④整合资源。政府要优化整合现有的路边停车资源，委托建设主体统一建设、经营、管理，以便落实停车差别化的收费政策，避免同区域的路内、路外停车恶性竞争，实现城市停车资源效益最大化，保障停车场建设市场的良性发展。

⑤试点推进。由于停车场建设的机制处于探索阶段，近期宜选定停车问题突出的区域重点推进，通过综合措施改善以期达到较好的停车改善的示范效果。建议近期选择汉口中山大道区域老城区作为停车示范区建设。

7）实施效果

(1) 规划成果对建筑停车配建指标体系进行了完善更新，已经用于即将发布实施的《武汉市规划管理技术规定》中。

(2) 规划成果提出的停车发展战略和停车泊位发展规模得到广泛认可，在即将发布的《市人民政府关于加快我市公共停车场建设的通知》中大量引用了规划成果的相关内容。

(3) 规划成果对前期停车用地黄线进行了补充完善，对都市发展区停车规模进行预测，可作为主城控规导则和新城组群规划编制的重要参考依据。

(4) 规划成果在编制过程中与武汉市建设部门密切沟通，已经用于指导武汉市近期停车场建设项目选址。

(5) 成果确定的近期建设项目已经部分纳入 2010 年城建计划，还有部分点位即将纳入 2011 年度城建计划，较好地服务于政府决策。

(6) 完成了游艺路、归元寺、精武路、中山公园、二七路、武汉客运港、利济东路、铜人像、澳门路 9 个停车场的选址规划咨询，编制了游艺路、二七路、中山公园 3 个停车场的项目建议书，完成了游艺路公共停车场工程可行性研究报告，目前正在推进游艺路公共停车场用地和拆迁工作。

(7) 成果中提出的停车发展战略和具体的鼓励政策，在即将发布的《市人民政府关于加快我市公共停车场建设实施推进的意见》中大量引用了成果的相关内容。

10.9 城市交通管理系统规划

10.9.1 规划目的及主要任务

城市交通问题产生的原因是多方面的，仅仅通过城市交通规划、建设等工程性措施来解决交通问题是有限的，交通管理作为一种现代科学技术要求较高的社会行政行为，通过交通组织与管理，充分发挥综合交通系统的效率和功能，保障交通系统的稳定可靠和交通参与者的安全，全面实现城市交通系统运行的"安全、畅通、有序"。交通管理规划是指导交通管理方案实施的纲领性文件，应从城市交通需求管理（TDM）规划、城市交通系统管理（TSM）规划及城市道路交通保障体系三个方面进行方案设计，然后协调、集成、统一评价、调整、实施及滚动发展。其主要包括如下任务内容：

(1) 充分发挥交通管理效能，近期以综合治理交通秩序、合理组织与渠化交通、缓解城市交通拥挤阻塞为重点，远期实现与城市社会经济发展水平相一致的安全、畅通、秩序良好、环境污染小的城市交通系统。

(2) 加强交通需求管理，合理控制城市交通总量，积极促进城市形成以社会化公共运输为主体，多种交通运输方式相协调的城市交通结构。

(3) 科学组织，合理限制，均衡调控，充分挖掘道路交叉口、路段、网络的交通容量潜力，提高道路通行能力和服务水平。

(4) 力求各类交通设施规范、齐全，布置合理，具备先进的交通管理、控制和指挥手段。

(5) 制定科学、实用、完善的交通管理政策、法规和执行保障体系，加强宣传、教育、培训，提高全体交通参与者及交通管理者的现代化交通意识和遵守交通法规的自觉性。

10.9.2 工作思路与技术路线

城市交通管理规划的标准与规定的制定是一项十分严肃的工作，必须遵循相应的原则，按照有关的政策、规定和标准、规范，请有关部门、专家进行充分论证，集思广益，避免交通管理政策、措施出台的盲目性、随意性，必要时还应该采取试行的办法，在一定时间与范围内反馈、补充、修改、调整后正式出台。

(1) 交通管理规划应按照合理的程序进行科学的编制、修订和实施，能够切实指导实际工作。

(2) 掌握城市社会经济发展、城市交通规划及建设的有关情况，进行交通管理规划的实践和反馈。

(3) 通过社会法制、行政管理和经济杠杆等手段，加大管理力度，对影响城市交通及交通管理的各项活动综合调整，使交通管理规划区域完善、合理。

（4）通过政府批准、人大立法以及制定相应的政策、法规，使交通管理规划具有法律效力，减少随意性，增加科学性，依法治理交通。

10.9.3 主要工作内容

（1）开展交通调查，建立交通信息数据库；

（2）交通设施、交通运行及交通管理现状调查与分析；

（3）城市交通需求分析与预测；

（4）确定城市交通管理模式及目标；

（5）制定城市交通管理策略与管理措施，需求管理策略与系统管理策略；

（6）设计城市交通管理方案，城市交通需求管理规划方案设计、城市交通系统管理规划方案设计、城市道路交通秩序保障体系设计；

（7）城市交通管理规划方案评价。

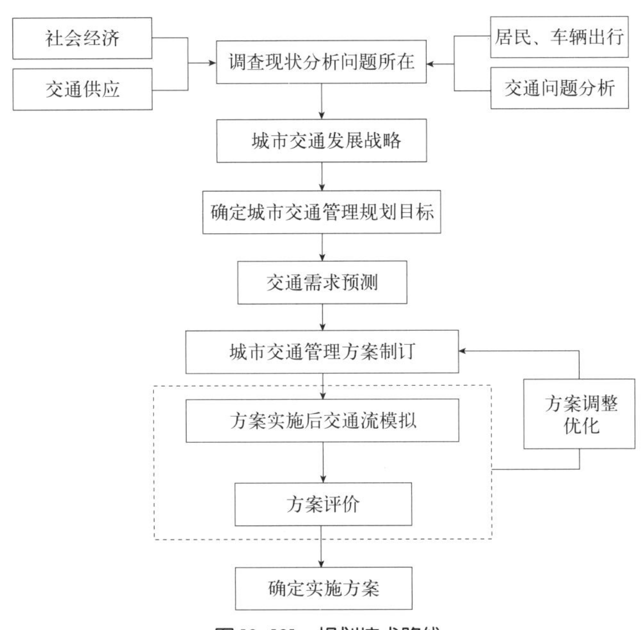

图 10-101 规划技术路线

10.9.4 成果构成及要求

成果报告：通过交通管理现状调查及分析，国内外案例分析及研究，提出交通管理目标，制订交通组织规划方案、路口优化方案、需求管理方案、交通秩序管理方案，提出保障体系规划方案，并对规划方案进行评价分析等。

成果图纸：现状交通运行评价分析图、现状交通管理方案图、交通流组织规划图、路口优化方案图、需求管理方案图、规划方案评价图等。

10.9.5 主要规划成果

10.9.5.1 四新地区智能交通管理系统规划（2011—2015 年）

1）项目背景

为建设“绿色、安全、智能、高效”的现代化交通体系，促进道路功能发挥，提高道路利用率，降低尾气及噪声污染，创造和谐生活环境，促进区域协调、快速、可持续发展，四新地区拟建设智能交通管理系统。武汉市交通规划设计研究院受武汉市土地整理储备中心、武汉新区分中心委托，编制了《四新地区智能交通管理系统规划》，以保障系统的科学、有序、高效建设。

2）规划范围和期限

（1）规划范围：滨江大道—墨水湖南路—龙阳大道—三环线围合的四新中心区，面积约 20km^2。

（2）规划时间：近期规划年限为 2011—2012 年，中期规划年限为 2013—2015 年。

3）区域用地布局规划

四新地区将依托武汉国际博览中心，着重培育展览、会议、总部、金融、商贸、培训、专业服务等生产性服务新功能，形成服务武汉乃至整个华中地区的生产性服务中心；发展四新组团的商业、文教卫体、行政办公等综合性服务功能，形成市级副中心；同时建设高品质居住社区，形成代表武汉滨水景观特色的生态居住新城。

基于规划的道路交通体系，规划形成“一脊、四心、四区”的空间结构。“一脊”，四新大道“城市之脊”；“四心”，国际博览中心、行政办公中心、市级文化副中心及市级商业副中心；“四区”，指芳草溪北、芳草溪南、连通港北、连通港南 4 个居住综合组团。

强度分区以《武汉市主城区建设强度分区指引》为依据，结合用地空间布局，确定各类用地的强度控制要求，总体强度较高，均在三级强度及以上。

4）交通现状及需求预测分析

（1）四新中心区区位分析。

四新中心区东隔长江与武昌相望，西侧被快速干道龙阳大道阻隔，北隔墨水湖与汉阳相邻，南隔中环线及南太子湖与沌口衔接，呈现较为规则的矩形。

快速干道及江、湖的分隔导致区域相对独立，为区域建立完善的交通管理系统提供了良好条件，但对外衔接将是区域面临的主要问题。因此，强化区域内部交通

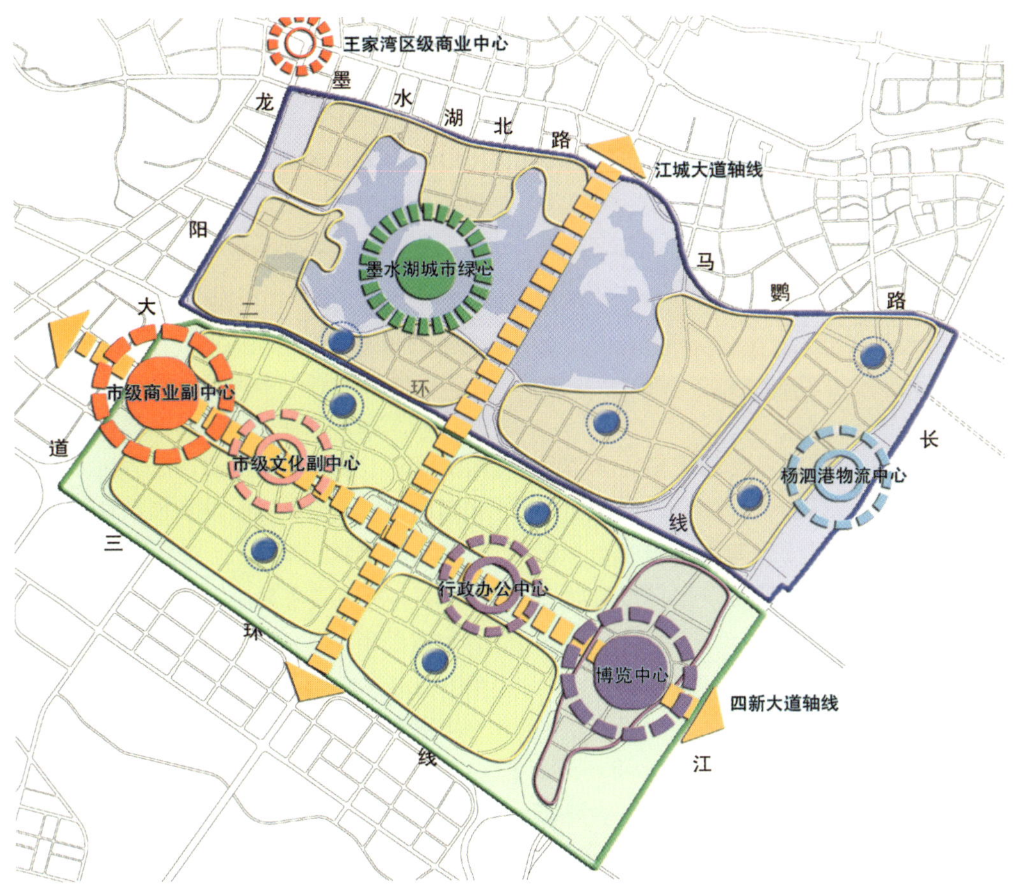

图 10-102　规划用地结构图

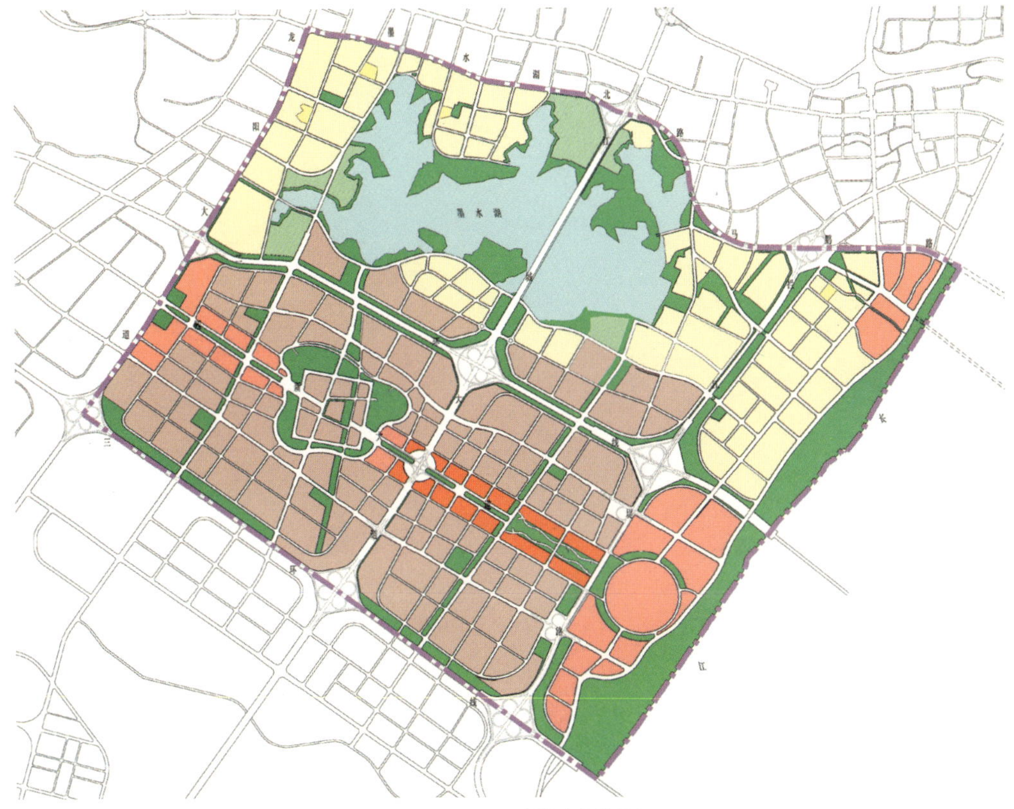

图 10-103　开发强度规划图

管理的同时，应高度重视对外衔接通道的交通管理，以保障内、外衔接的顺畅。

（2）交通管理现状分析。

四新中心区对已建成道路实施了较为严格的交通管理，设置了22个灯控路口、11个视频监控点、2个卡口。其中，灯控路口主要分布在四新大道、龙阳大道等主次干道沿线，视频监控主要分布在三环线及江城大道等快速干道沿线，卡口系统主要分布在龙阳大道及江城大道紧邻三环线南侧路段。

（3）交通运行现状分析。

四新组团目前仅墨水湖周边及杨泗港地区鹦鹉大道沿线建设已形成一定的规模。四新中心区除博览中心正在建设外，其他区域建设正在筹划或推进中，区域交通以过境性交通为主，主要集中于已形成的快速干道骨架。

现状流量调查显示，龙阳大道流量约3955pcu/h，江城大道流量约4122pcu/h，三环线流量约6560pcu/h，江堤中路现状流量约1926pcu/h，路段服务水平均为C级及以上。三环线与龙阳大道、江城大道、江堤中路相交的路口以及区内其他干道服务水平均在C级及以上。四新中心区整体交通运行状况良好。

（4）交通需求预测分析。

2020年，区域按规划建成后，道路交通负荷度较高，除墨水湖南路、三环线及杨泗港快速通道四新段服务水平为D级外，其他快速干道及主、次干道服务水平均在E级及以下。

5）规划目标

借鉴国内外交通管理先进的技术和经验，建立科学高效的交通管理体系，提高交通管理的科学化水平和智能化程度，采用先进的交通管理技术手段和装备，保证该区道路的安全畅通，使该区的道路交通服务水平达到一个新的高度，提供一个安全、畅通的交通环境。

（1）交通信息采集及交通运行监控全覆盖，干道及以上道路覆盖率100%，全面掌控交通运行状况，快速解决交通事故及交通问题；同时，大量交通数据的收集、分析整理，可为制定规划、战略及相关改善方案提供宝贵的数据支持，为制订交通管理方案和城市规划设计提供有效的依据。

图10-104 规划道路网络结构图

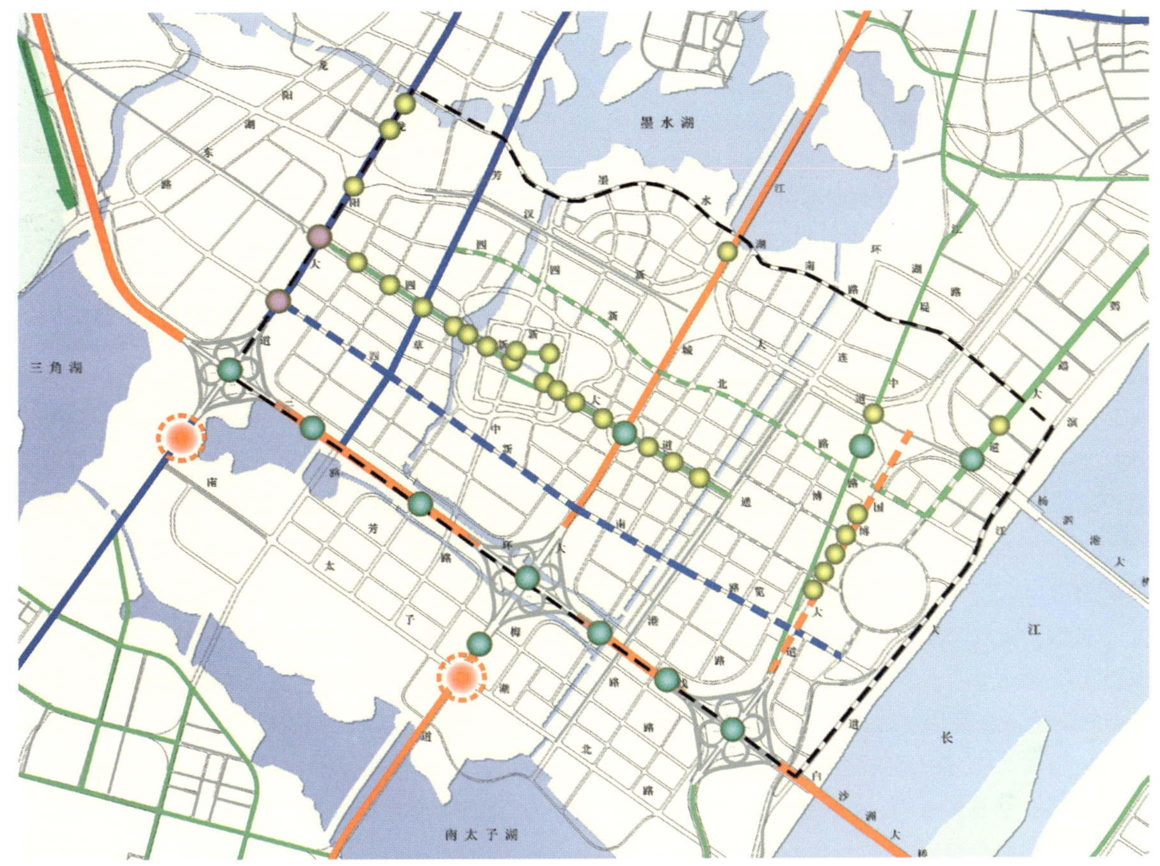

图 10-105　现状交通管理设施分布图

图 10-106　2020 年交通运行评价分析图

(2) 路口信号灯控制率≥75%，实现点、线、面优化协调控制，提高区域管控水平，强化交通监控力度，使城市交管部门的工作系统化、智能化，提高交管系统的管理水平，减少违章事件，规范交通秩序，提高通行效率，改善交通安全。

(3) 及时、准确地发布交通诱导信息，有效诱导交通出行，合理组织交通，提高通行效率，创造和谐交通环境，促进四新地区交通高效、协调发展，实现交通良好运行，降低交通运行能耗，减少对环境的影响，提高道路利用率，确保城市及城市交通的可持续发展。

(4) 合理推进系统建设，指导下一步修规，为今后道路建设做好预留，为避免重复施工提供了重要保障，能够降低工程费用，减小施工对城市交通的影响。

6）规划方案

(1) 总体框架。

规划至 2015 年，四新地区将建成集智能交通管理指挥中心、交通地理信息子系统、交通流量检测子系统、交通电视监控子系统、交通信号控制子系统、交通诱导子系统为一体的高度智能化交通管理系统，并实现与汉阳交警大队及武汉市交管局的成功对接。

(2) 交通控制系统规划方案。

到 2015 年，四新地区灯控路口 137 个。其中，现状点位 21 个，规划点位 116 个，主要沿主干道、次干道及重要的支路设置。主干道点位平均间距 390m，次干道点位平均间距 345m，灯控率 79%，满足规范 75% ~ 100% 的要求。

（3）交通检测系统规划方案。

到 2015 年，四新地区共计布设 149 个交通检测点位，其中信号控制路口 138 个，新增流量检测点位 11 个。新增检测点位均分布在快速干道沿线，检测快速干道交通信息。快速干道检测点位平均间距 700m，主干道平均间距 390m，次干道平均间距 345m，实现了快速干道及主、次干路的全覆盖。

（4）交通监控系统规划方案。

到 2015 年，四新地区共布设 84 个交通监控点位，其中现状监控点位 9 个，规划点位 63 个，规划全景监控点位 12 个。监控点位布设于快速干道路段及主、次干道节点、公共设施进出口，平均间距 600m，满足标准 800 ~ 1000m 间隔要求，实现了区域快速干道及主、次干道交通状况监控全覆盖。

（5）行车诱导系统规划方案。

结合区域用地、规划布局结构、骨干路网分布将四新中心区划分为 6 个行车诱导分区，分别为市级商业副中心片、市级文化副中心片、行政办公中心片、博览中心片、三青片东区及西区。共设置广域诱导点位 16 个，区域诱导点位 7 个，多路径诱导点位 6 个。

（6）停车诱导系统规划方案。

充分考虑区域的用地、空间布局、道路网络结构、水系及公共停车场规划等因素，规划将区域划分为 9 个停车诱导分区，采取三级停车诱导策略。

一级停车诱导标志：与行车诱导的广域诱导屏共用，其中芳草路南侧驶入区域诱导屏共用分级诱导屏，采用组合式，具有行车广域诱导及停车一级诱导的双重功能，诱导点位共计 16 个。

二级诱导标志：由于区域正处于建设初期，停车场建设位置及规模等尚未确定，本次规划仅以规划用地及公共停车场为依据，初步设置 58 个二级诱导牌，具体点位安排需结合后期建设进行调整。

三级停车诱导系统，结合具体停车场建设同步设计，本规划不进行规划方案设计。

7）实施效果

四新地区智能交通管理系统规划，为区域智能交通

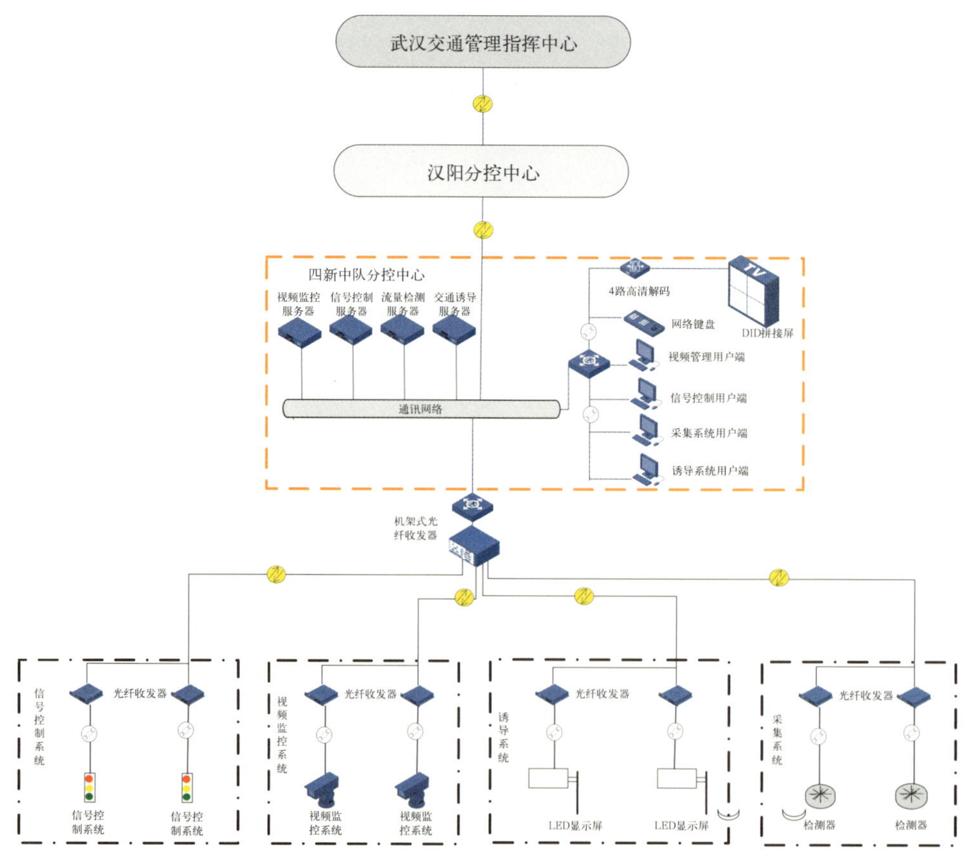

图 10-107　四新地区智能交通管理系统框架图

图 10-108　交通控制系统点位分布图

图 10-109　交通检测系统点位分布图

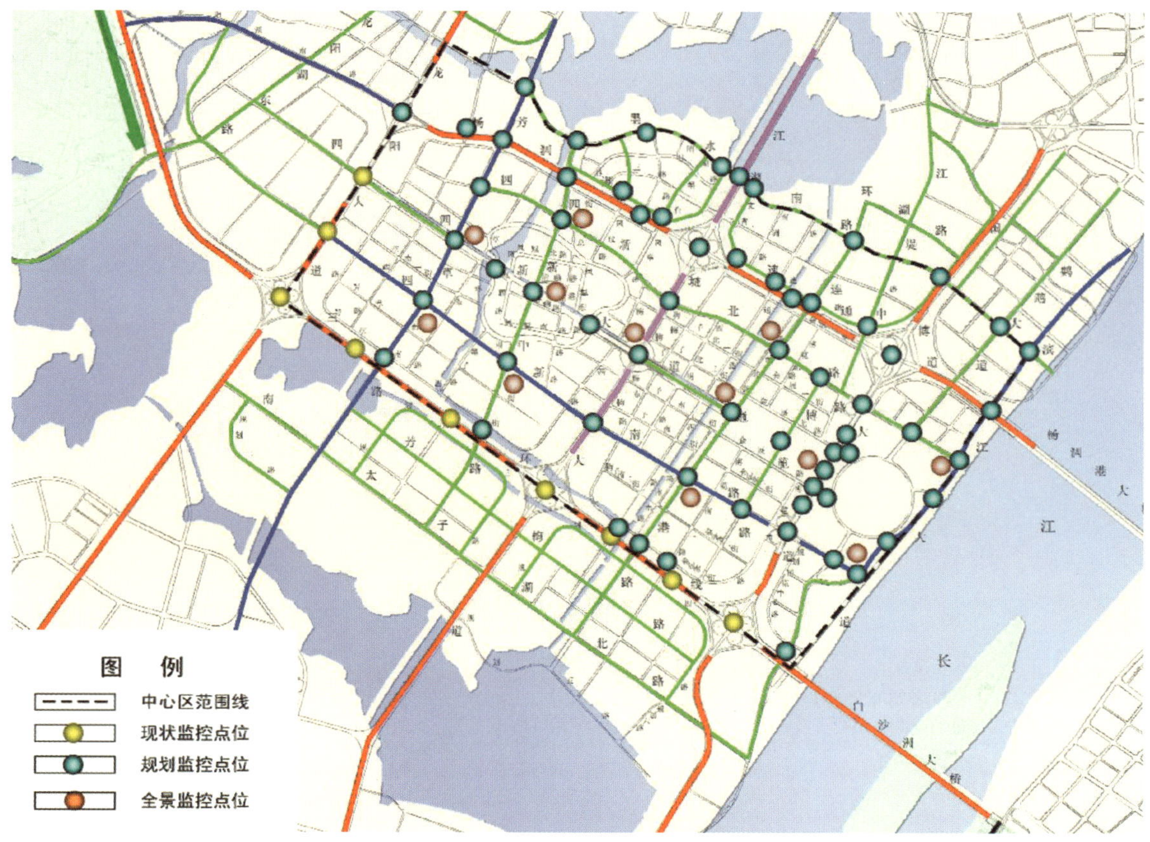

图 10-110　交通监控系统点位分布图

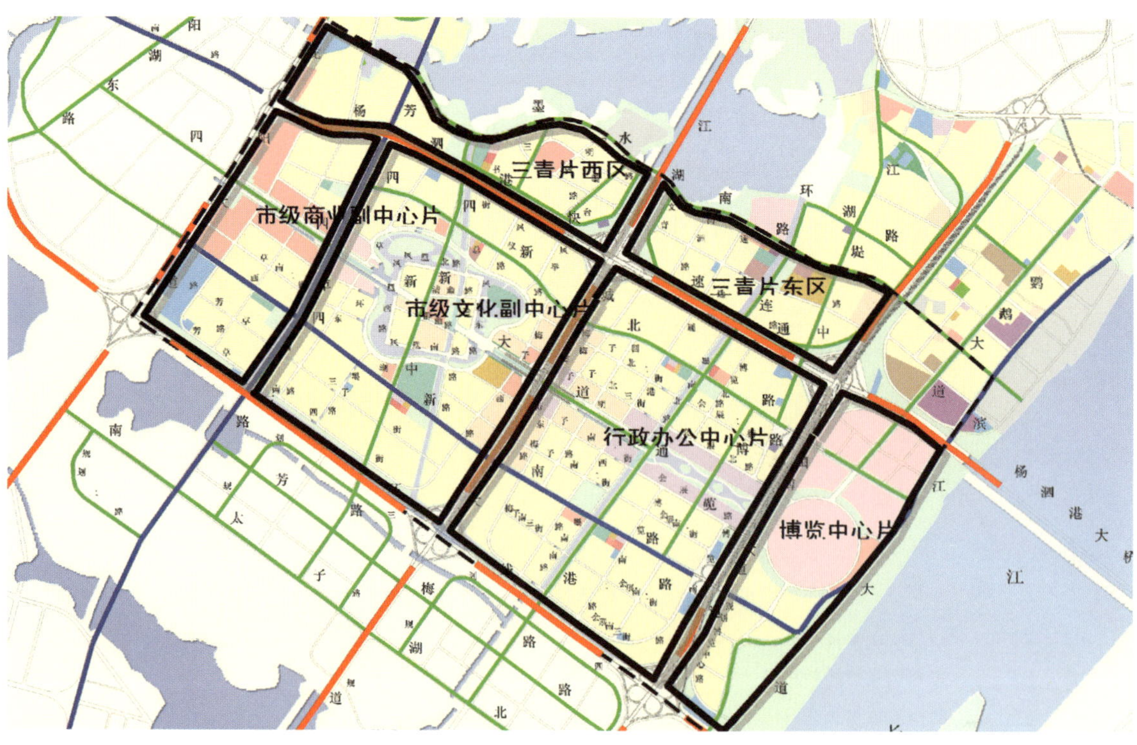

图 10-111　行车诱导分区图

管理系统建设提供了技术支撑，保障了系统的前瞻性、科学性及实用性，能够避免重复施工而降低工程费用及对城市道路交通的影响。

2011 ~ 2012 年是四新地区道路系统集中建设期，目前四新大道及清幽路等道路交通控制系统和交通检测系统已按照规划方案建成。正在建设的四新南路、四新北路及芳草路等在建干道也根据规划方案及实施计划要求布设了基础管线设施，为系统建设奠定了良好基础，后期将根据需要陆续建设系统。博览中心周边智能交通管理设施建设将根据规划方案，随博览中心建设同步推进。后期道路智能交通管理系统建设同样将在规划方案的指导下稳步推进。

图 10-112　行车诱导系统点位布局图

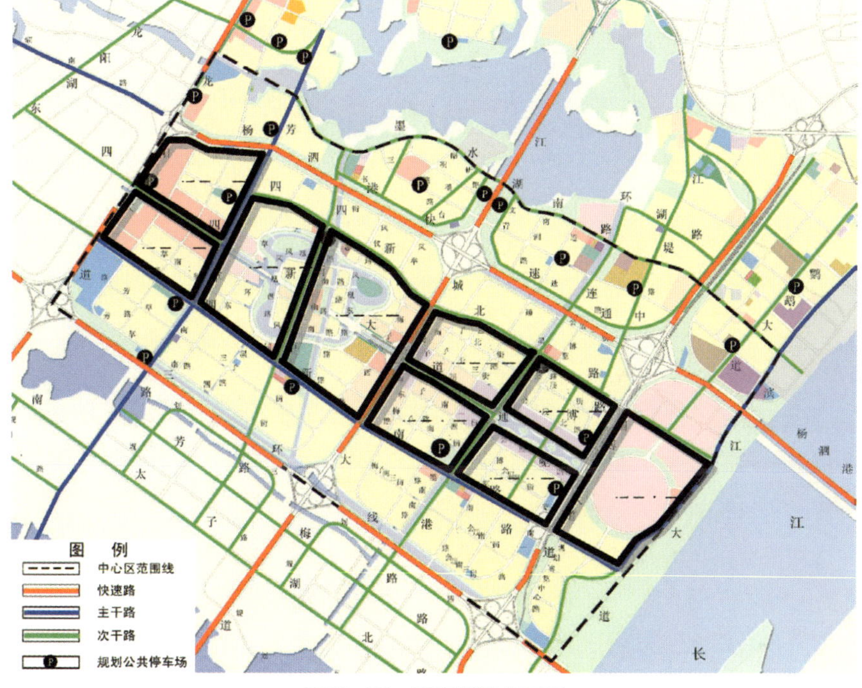

图 10-113　停车诱导分区图

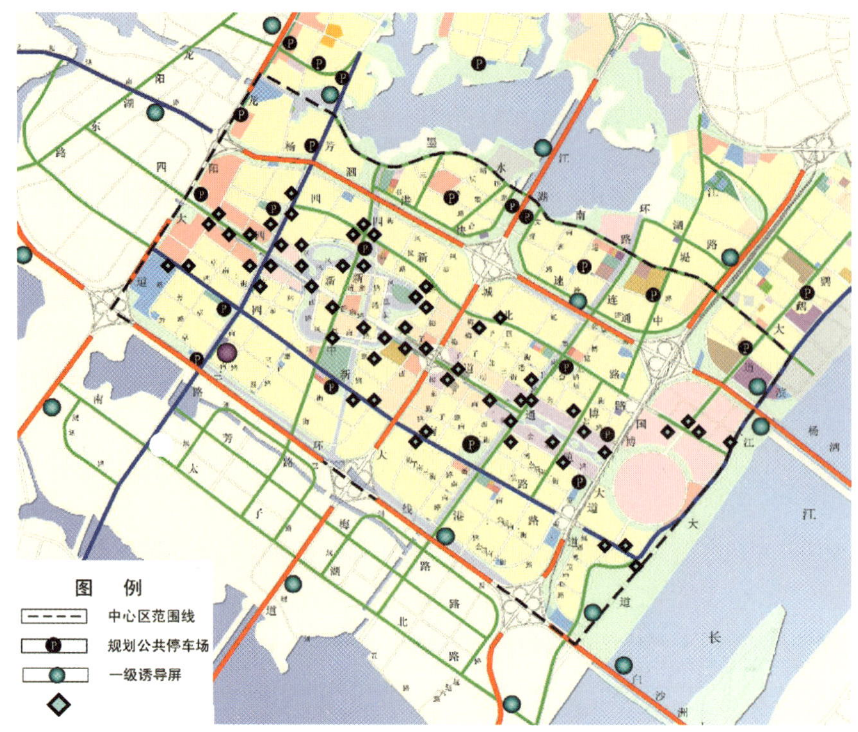

图 10-114　停车诱导标志点位布局图

图 10-115　四新大道

图 10-116　清幽路

10.10　综合交通枢纽规划

10.10.1　规划目的及主要任务

综合交通枢纽是指多种运输方式（至少两种以上）在交通干线的交汇与衔接处，共同为办理旅客与货物的发送、中转、到达所需的多种运输设施及辅助服务功能的有机综合体，是城市对外交通的桥梁和纽带，对城市的形成和发展有着重要的带动作用。

综合交通枢纽规划是指导综合交通枢纽实施的纲领性文件，是根据对社会经济发展和交通需求的预测结果，利用交通规划和网络优化理论与方法，综合考虑交通发生吸引源的分布情况、交通运输条件及自然环境等因素，对枢纽场站的数量、地理位置、规模和与其他枢纽的相互关系进行优化和调整，实现整个综合交通枢纽运输效率的最大化。

10.10.2　规划思路与技术路线

综合交通枢纽规划编制应以城市自然环境、交通系统、综合交通运输系统及枢纽场站配置现状为基础，综合考虑城市发展、产业布局等因素，预测交通运输需求总量、构成及分布特征，制定枢纽规划目标及原则，对枢纽功能、类型及规模进行系统研究与分析，指导布局规划。根据前期研究结果，制订布局方案，完善枢纽衔接体系，保障系统的运输效率，充分发挥枢纽功能。对规划方案进行交通、环境及自身协调等综合评价，形成优化方案，制定实施规划，保障枢纽建设的顺利实施。

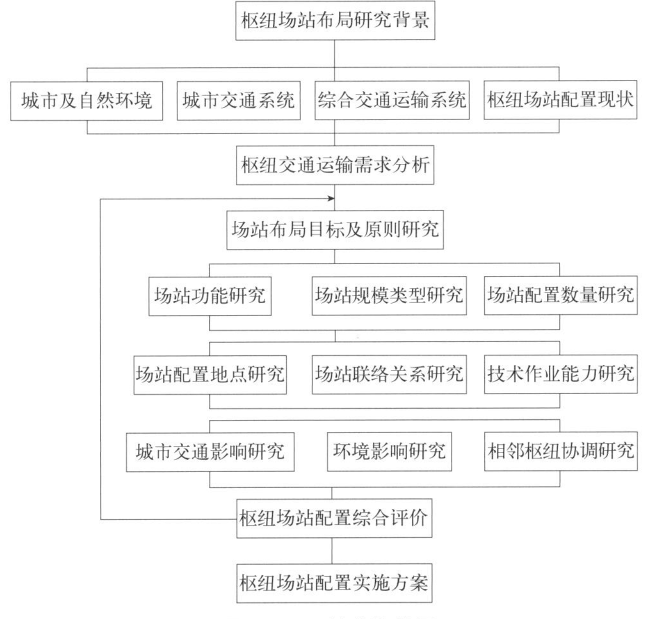

图 10-117　技术路线图

10.10.3　主要工作内容

（1）综合交通枢纽现状调查分析与研究

（2）综合交通枢纽需求预测及发展趋势分析

（3）综合交通枢纽发展战略研究

（4）综合交通枢纽布局规划

（5）综合交通枢纽衔接规划

（6）规划方案评价

（7）实施规划

10.10.4　成果构成及要求

成果报告：现状调查及分析，相关规划总结与分析，交通运输需求预测及发展趋势分析，国内外案例研究分析，枢纽功能定位与规划原则分析，枢纽布局规划，枢纽衔接规划，规划方案综合评价，制订实施计划、保障措施及管理方案。

成果图纸：现状枢纽分布图、现状枢纽衔接图、现状城市用地结构分布图、现状产业分布图、现状交通管理图、规划枢纽分布图、规划枢纽衔接方案图、规划枢纽平面布局图、规划交通管制方案分布图、实施计划项目分布图等。

10.10.5　主要规划成果

武汉市综合交通枢纽规划（2010—2030 年）

1）项目背景

武汉市综合交通枢纽是全国性综合交通枢纽（城市）之一，是我国涵盖水、陆、空各种运输方式的典型枢纽代表，具有承东启西、沟通南北的独特区位优势。编制《武汉市综合交通枢纽总体规划 2010—2030 年》是落实国务院批准的《综合交通网中长期发展规划》的重大举措，是综合交通枢纽（城市）规划的第一项试点工作。

2）规划范围和年限

规划范围：武汉市域范围。

规划年限：规划年限 2030 年，近期 2015 年，远景展望 2050 年。

3）现状及发展趋势分析

（1）现状分析。

①枢纽对外通道格局初步形成，西北、东南方向相对薄弱，难以全方位承担国家综合交通网的枢纽功能。

武汉市对外交通初步形成北通道、东通道、东南通道、南通道、西通道、西北通道六大对外运输通道。但六大对外通道中，规划建设的全国性高速铁路系统仅有北京—武汉—广州客运专线和沪汉蓉快速通道分别贯穿武汉枢纽的南北通道和东西通道，西北、东南、西南方向均缺乏便捷的快速铁路；同时，西通道中快速铁路部分区段客货共线，技术标准偏低，需要提档升级。

②武汉市与周边城市公路快速通道基本成网，但仍不能满足武汉城市圈城际客流大幅增长的需求。

近年来，武汉城市圈经济一体化呈逐年加快发展趋势，城际客流将大幅增长，与周边城市公路快速通道虽已基本成网，但仍不能满足武汉城市圈城际客流大幅增长的需求，迫切需要加强大能力的城际铁路建设。

③枢纽格局初步形成，布局不尽合理，单体间衔接不畅通，难以实现零换乘和无缝衔接。

目前，武汉客运枢纽场站主要有天河机场，武昌、汉口、武汉三大铁路客运站，以及新华路、宏基等七个公路客运站，货运枢纽场站主要有武昌北、武昌东、江岸等铁路货场，阳逻、杨泗、青山等水运港区，以及舵落口等公路货运站，枢纽场站格局初步形成，但枢纽场站布局分散，难以实现旅客零换乘和货运无缝衔接。同时，随着武汉市城市规模的快速扩张、城市功能和产业布局的调整，中心地带的江岸货场以及新华路、付家坡客运站等已不能发挥应有功能。

④枢纽总规模基本满足需求，部分场站接近饱和，不适应高速增长的运输需求。

目前武汉市铁路和公路客运站以及机场的饱和率分别为61%、65%、65%；铁路货场、港口的饱和率分别为77%、78%。随着武汉及城市圈经济快速发展，客货运输需求呈现高速增长态势，目前客货场站将很快饱和，难以适应未来需求。

⑤枢纽间交通衔接网络初步形成，缺乏大容量、快速的集疏运通道。

客运枢纽之间衔接以地面公共交通为主，辅以出租车和私人小汽车，缺乏大容量的城市轨道交通、快速专用通道与之衔接，客站集疏运产生的交通量约占枢纽周边干道交通量的半数左右，高峰时间拥堵严重。

部分货运枢纽场站衔接通道不畅通，限制了枢纽功能的发挥，如阳逻港区以城市道路为进出通道，缺乏铁路专用线和公路专用通道。

图10-118　现状客运枢纽分布图

图10-119　现状货运枢纽分布图

（2）发展趋势分析。

①客运发展趋势分析。

a．客运需求总量增长总体较快。客运需求年均增速2015年前为7.0%，2015～2020年为5.0%；2015年、2020年、2030年客运总量分别达到2.25亿人次、2.87亿人次、4.28亿人次左右。

b．城市圈客流增长速度高于城市圈外客流增长速度。城市圈客流年均增速超出城市圈外客流3%～4%，到2020年，城市圈客流量将超过城市圈外客流。

c．铁路承担客运比重大幅提高，公路客运量在城际铁路大规模投入后出现下降趋势。铁路客运比重将由目前的36%增加到2030年的76%；2030年火车站客运量接近目前的6倍，达到3.25亿人次。

d．民航客运量将继续保持高速增长。2030年机场吞吐量将达到7000万人次。

②货运发展趋势分析。

a．2020年前大宗物资运输需求仍比较旺盛，2020年后高附加值货物大幅增加。

b．铁、水联运优势进一步显现，枢纽承担的通过量和中转量还将进一步增长。

c．集装箱运量和民航货运量将持续保持较高速度增长。

4）规划方案

（1）枢纽布局规划方案。

按照"客内货外"进行枢纽场站布局，城市三环线以内主要发展旅客运输，服务于旅客乘降、中转、换乘，城市三环线以内的货运枢纽场站控制发展，结合城市建设和产业布局调整，逐步外迁，打造"一核两星"客运枢纽和"一轴一圈"货运枢纽格局，强化一类枢纽发挥国家综合交通网运输功能、二类枢纽服务区域经济发展、三类枢纽满足市内运输需求，形成武汉环形综合交通枢纽组群。

①"一核两星"客运枢纽布局。

构建"一核两星"客运枢纽场站格局，在市域范围内选择49个枢纽站点，根据枢纽承担的交通功能、交通衔接方式和规模大小，划分为三类：一类枢纽7处，二类枢纽8处，三类枢纽34处。

"一核"：在城市主城区（城市三环线）内，以武汉站、汉口站、武昌站、新汉阳站（暂名）、流芳站等为主体，打造五个一体化特大型客运枢纽，与城市规划中央活动区和组团结构密切结合，构建高密度、换乘便捷的旅客核心换乘区。

"两星"：加强空港设施建设，积极培育和发展国内、国际航线，将天河机场建设成为辐射全国、面向国际的大型枢纽机场和航空物流中心，适时规划建设第二民用机场，打造由天河机场、第二机场构成的"一市两场"复合型国际航空枢纽。

规划以机场、铁路、城市轨道交通、市域高速公路和城市主干网为基础，结合城市功能和城乡规划体系，对全市客运枢纽站点的现状和规划进行分类梳理。

②"一轴一圈"货运枢纽布局。

"一轴"：以长江航道为依托，在城市主城区范围之外，根据货运需求，合理布局各类港区。城市主城区（三环线）以内的货运港区，包括杨泗港区、谌家矶港区、永安堂港区，控制发展，其功能逐步外迁。

"一圈"：围绕城市三环线和外环线之间，依托公路货运环线（城市四环线）和铁路外环线（货运环线），布局各类货运枢纽场站，形成环形枢纽场站布局形态。三环线以内的新墩、江岸、江岸西、武昌北等铁路货站控制发展，其功能逐步外迁；三环线周边的货运港区和货站适当限制。

规划以机场、铁路、港口、公路等大型对外交通设施为主，结合城市功能和武汉产业发展规划，综合考虑枢纽的功能定位、交通衔接方式和规模大小，对全市货运枢纽进行分类梳理，在市域范围内选择了39个货运枢纽场站，分为三类。其中，一类枢纽8处，二类枢纽12处，三类枢纽19处，如表10-4所示。

（2）枢纽衔接规划。

①国家综合交通网通道衔接规划。

根据通道高速化、方式多样化、资源集约化的原则，规划以现有的对外通道格局为基础，按照优化完善南—北通道，强化提升东—西、西北—东南通道的发展思路，大力发展高速铁路、逐步完善高速公路、加快提升航空能力、积极整治长江航道，全面推进武汉便捷畅通北京（郑州）、广州（长沙）、上海（合肥）、成都（重庆）、福州（南昌）、西安（襄阳）六个方向的复合型快速通道的规划建设，增强武汉枢纽的外联运输能力，提升武汉枢纽的功能作用，完善国家综合交通网的区域布局。

加快建设北通道（通道一）：近期应加快实施规划内项目，尽快完成石家庄—武汉铁路客运专线建设，积极推进武汉—大悟高速公路建设。远期实施京港澳等高速公路增容扩能，全面提升北通道综合运输能力。

客货运枢纽等级划分标准统计表 **表 10–4**

	枢纽类别	适用条件
客运枢纽	一级客运枢纽	规划年旅客吞吐规模超过 3000 万人次的特大型综合客运枢纽，连接国际航线和全国综合运输大通道，具有国际性或全国性枢纽功能，衔接城市轨道交通、高速公路或城市主干道
	二级客运枢纽	区域性枢纽客站，主要服务于湖北省内客流、武汉城市圈客流，兼顾省外客流，连接城际铁路、高速公路、城市轨道交通市域快线，衔接城市轨道交通市区线、城市主干道等
	三级客运枢纽	主要服务于城市客流，是城市换乘枢纽，包括两部分：城市轨道交通换乘站、主要公交枢纽站，连接城际铁路、城市轨道交通市域快线，衔接城市主干道、城市干道
货运枢纽	一级货运枢纽	特大型货物集散、中转的货运枢纽场站，以航空、铁路、港口、公路场站等大型公用交通设施为主，具有国际性或全国性货运枢纽功能，配套设置各类集疏运设施。一类货运枢纽的货物吞吐量规模标准原则上为港区 5000 万 t、铁路货站 1000 万 t、公路货站 300 万 t、机场 100 万 t
	二级货运枢纽	中型枢纽场站，以铁路货站、港口、机场、公路货运场站等对外交通设施为主，配套设置各类集疏运设施，形成满足城市产业发展货运需求并具有区域辐射功能的货物集散、中转枢纽场站。二类货运枢纽的货物吞吐量规模标准原则上为港区 1000 万 t、铁路货站 300 万 t、公路货站 100 万 t、机场 50 万 t
	三级货运枢纽	一般对外货运场站设施，以城市内部货运服务和地区辐射功能为主

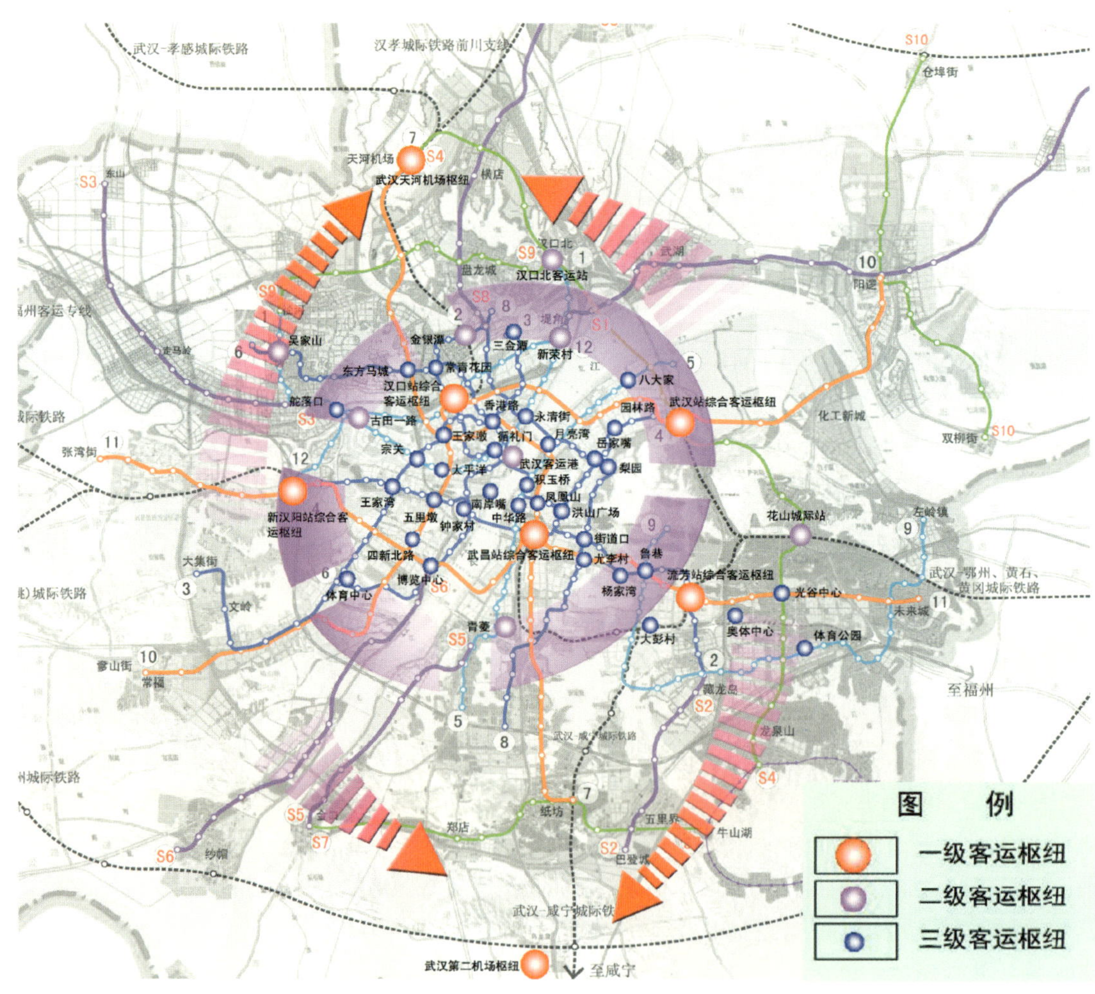

图 10–120 “一核两心”客运枢纽结构图

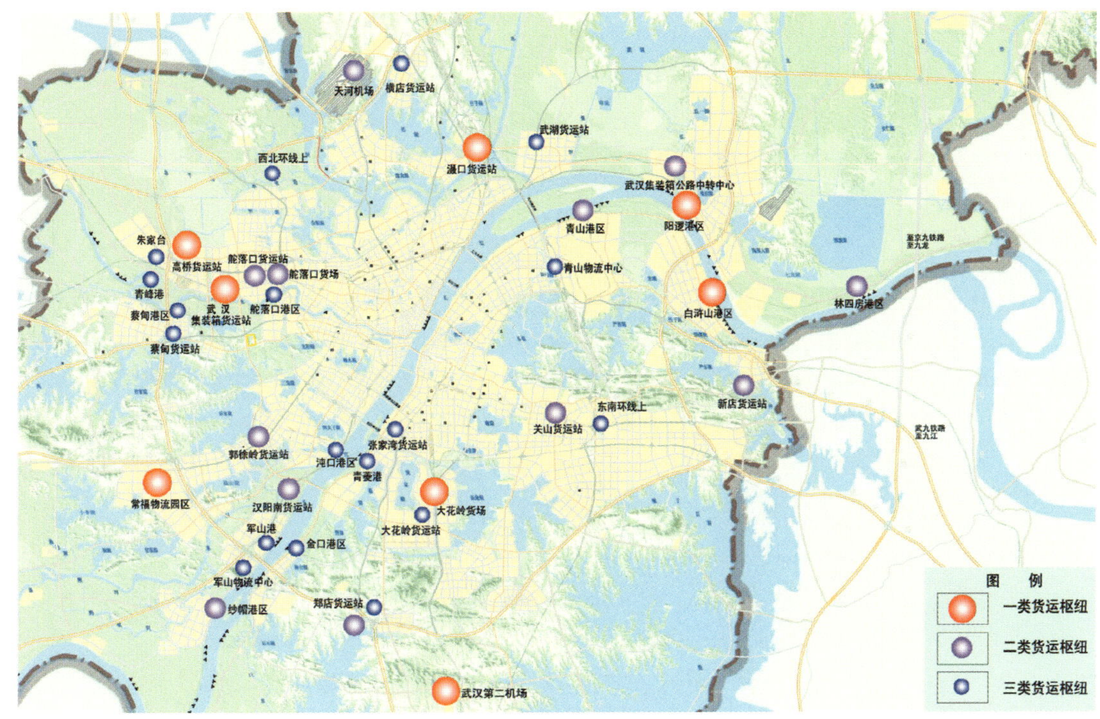

图 10-121 货运枢纽布局规划图

积极推进东通道（通道二）：规划重点实施长江航道武汉—安庆段万吨轮通达整治工程，建设连接京广铁路和京九铁路的武汉新港江北铁路，进一步发挥通道综合优势。

逐步拓展东南通道（通道三）：规划建设武九客运专线、武汉—黄冈、武汉—黄石城际铁路、武汉—阳新高速公路等项目，与规划的西北通道连接，形成贯穿武汉枢纽的西北—东南运输大通道。

稳步实施南通道（通道四）：加强武汉与咸宁、长沙、广州等地区的联系，并分担京港澳高速公路的交通压力，提高武汉南向通行能力，加快建设武咸一级公路，规划建设武嘉高速公路、武咸城际铁路等项目。

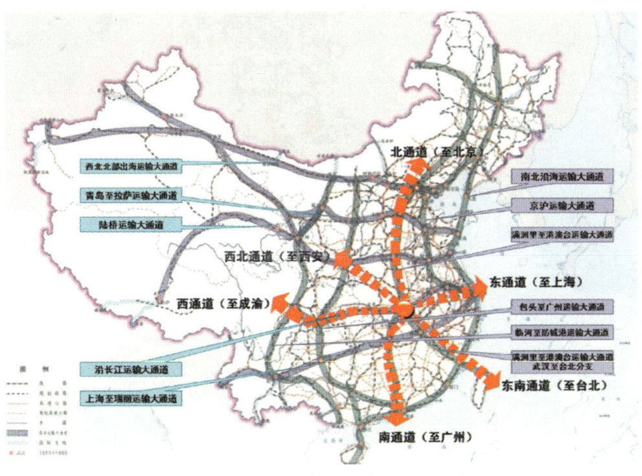

图 10-122 武汉综合运输通道分布图

有效提升西通道（通道五）：加快建设沪汉蓉快速铁路，武汉—（仙桃）潜江、天门 2 条城际铁路；适时规划建设武汉—重庆高速铁路和汉宜货运铁路，扩建汉宜高速公路，整治长江、汉江航道等项目，带动西部经济发展。

全面强化西北通道（通道六）：加快建设武汉—孝感高速公路、武汉—孝感城际铁路，规划建设武汉—西安客运专线等项目，加强城市圈融合，填补武汉西北方向高速铁路客运空白，加强对西北地区的辐射，提高西北方向综合运输能力。

②枢纽间网络衔接规划。

客运枢纽网络衔接总体框架。围绕“一核两星”的客运枢纽布局，以城市轨道交通、城际铁路、铁路为依托，构建“一环、一联、六快线”的客运枢纽交通衔接主骨架。“一环”是指城际铁路环；“一联”是指天河机场枢纽、武汉站综合客运枢纽和武汉第二机场枢纽之间的直接联系快速通道，规划城际铁路作为天河机场枢纽至武汉站综合客运枢纽的主要连接方式；“六快线”是指核心区一类枢纽辐射周边组团和一类客运枢纽之间形成的快速衔接客运通道，分别为轨道交通 2 号线、4 号线、7 号线、10 号线、11 号线及 12 号线。

客运枢纽间快速连接规划。七大客运枢纽通过七条城市轨道交通线路，即三条城市轨道交通市域快线（7

图 10-123 客运枢纽网络衔接图

号线、10 号线、11 号线)、一条城市轨道交通市郊线（S4 号线）和三条城市轨道交通市区骨架线（2 号线、4 号线、12 号线），构建“四快三骨架”的城市轨道交通衔接网络，形成“七线串七珠”客流快速衔接系统。

货运枢纽衔接总体框架。按照客货分线、衔接顺畅、便利高效的规划思路，构建“三环、四联、两带”的货运枢纽交通衔接主骨架。主要货运枢纽场站规划集疏运通道，并与主骨架形成直接衔接；其他货运枢纽场站通过城市道路或联络线与主骨架衔接。“三环”由内向外分别是公路货运环线（四环线）、铁路外环线和公路外环线；“四联”是指江北沿江铁路、汉阳铁路延长线、化工新城铁路专线、金口铁路专线；“两带”是指长江武汉段上、下游各一条货运内通道，即上游为武汉第二机场、流芳货场、金口港区、军山港区、沌口港区、纱帽港区货运带，下游为天河机场、滠口货场、阳逻港区、青山港区、白浒山港区货运带。

③单体枢纽衔接规划。

本次规划对七个一级客运枢纽及七个一级货运枢纽进行了单体枢纽衔接规划，预测了枢纽承担的客货运需求，提出了对外衔接铁路、道路及轨道衔接规划方案，遵照内部客货相对分离、高效衔接的原则，系统规划平面布局方案。下面分别以天河机场和阳逻港区为例，进行客、货运单体枢纽衔接规划详细说明。

a. 天河机场客运单体枢纽衔接规划。

预测 2030 年，武汉天河机场枢纽旅客吞吐量达到 6000 万人次，轨道交通及常规公交分担 70%，路面交通分担 30%。规划通过三条机场快速通道、一条城市轨道交通线与市内网络衔接，通过汉孝城际铁路与武汉城市

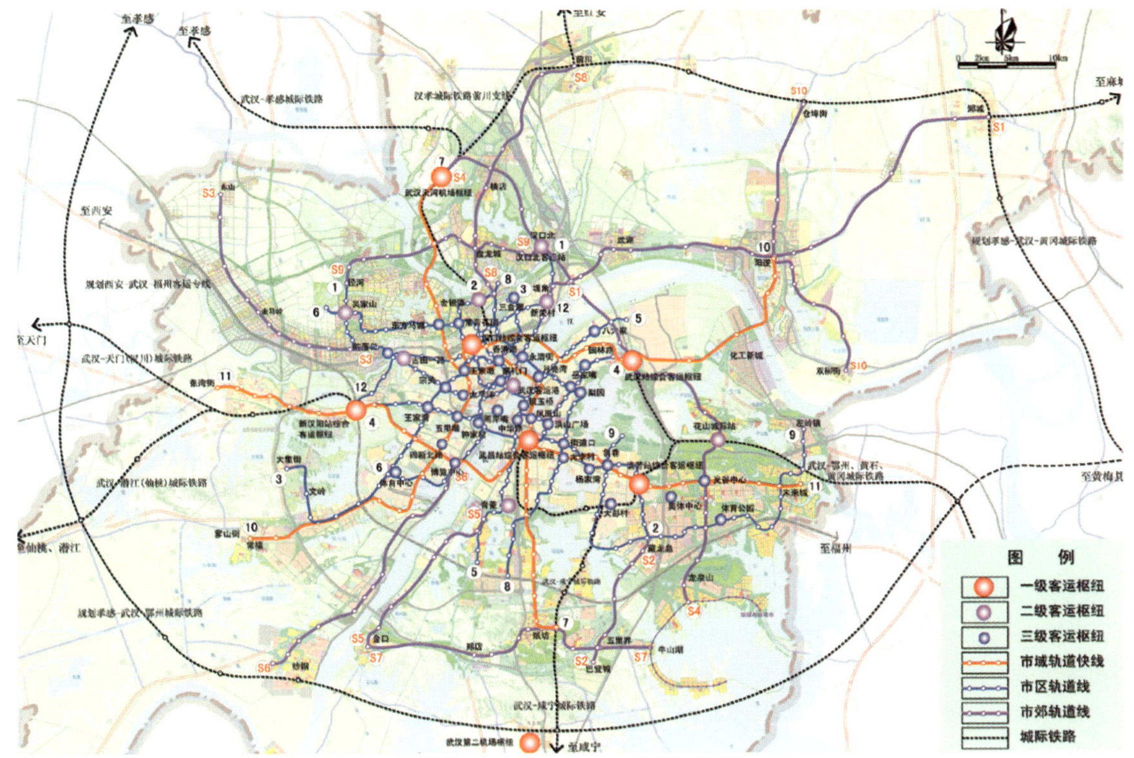

图 10-124　客运枢纽与轨道衔接图

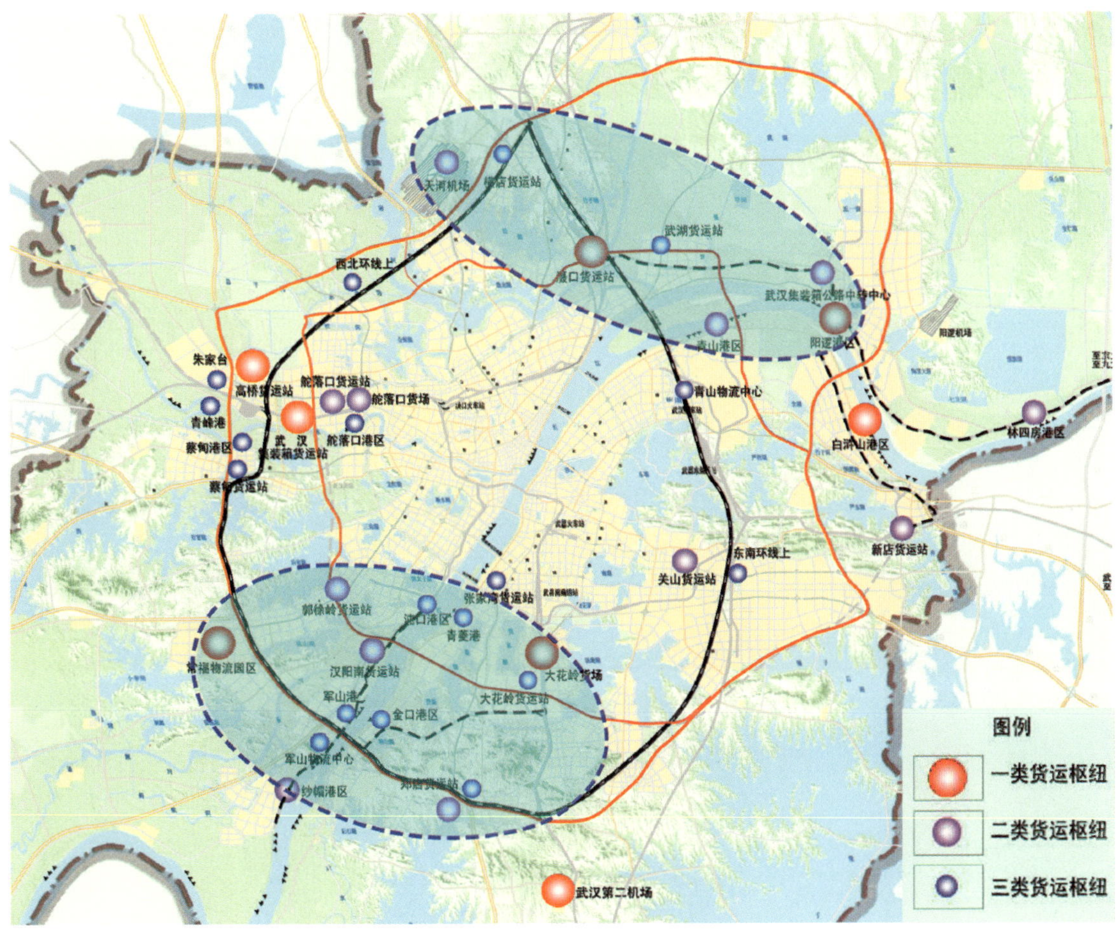

图 10-125　货运枢纽网络衔接图

圈网络衔接。

天河机场总平面规划实现客、货运相对分离的“南客北货”格局；统筹考虑机场交通，三座航站楼之间通过地下内部捷运系统连接，机场快速通道位于机场中轴线，在航站楼主楼前形成环形交通体系，实现南北进场相互贯通；在航站区中部规划由城市轨道交通、城际铁路、市政交通组成的公共交通中心。

道路交通规划有机场高速、机场第二公路通道、机场北通道三条高（快）速路与城市道路系统衔接，高效快捷。

城市轨道交通规划7号线（市域快线）与武昌站、汉口站综合客运枢纽及城市轨道交通网络衔接，同时与汉孝城际铁路衔接，通达城市圈。

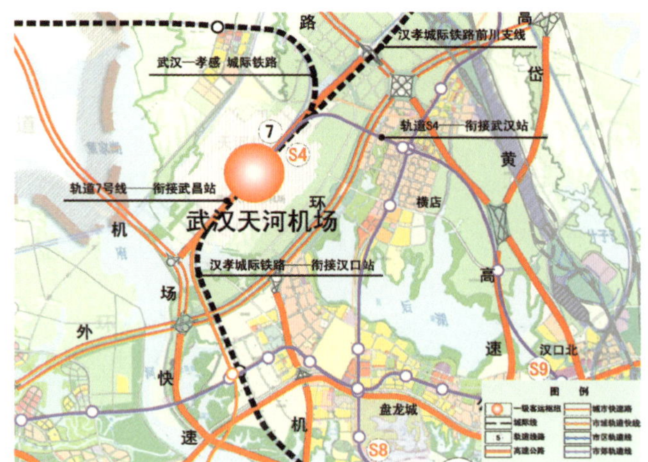

图 10-126　天河机场交通衔接图

b. 武汉站客运单体枢纽衔接规划。

预测2030年武汉站综合客运枢纽发送量达到8200万人次，其中轨道交通分担量超过40%，基本满足枢纽轨道客运疏散要求。规划有快速铁路、城际铁路、公路客运、城市公交、轨道交通等多种交通方式衔接城市内外交通。

武汉站规划打造"一站、两场、四区"的站区功能体系。以武汉站站房为中心，建设站区交通集散核心；在东广场布置公共汽车站、长途汽车站等城市交通设施和铁路辅助用房；在西广场布置各类休闲绿化设施；站区四角规划形成公交（铁路）服务区、长途客运服务区、管理服务区和MICE综合区4个辅助功能区。

武汉站综合客运枢纽对外主要服务于南北向京广客运专线快速旅客列车，兼顾东北向、东西向普快旅客列车及武黄城际铁路线，以加强武汉对周边城市圈的辐射。

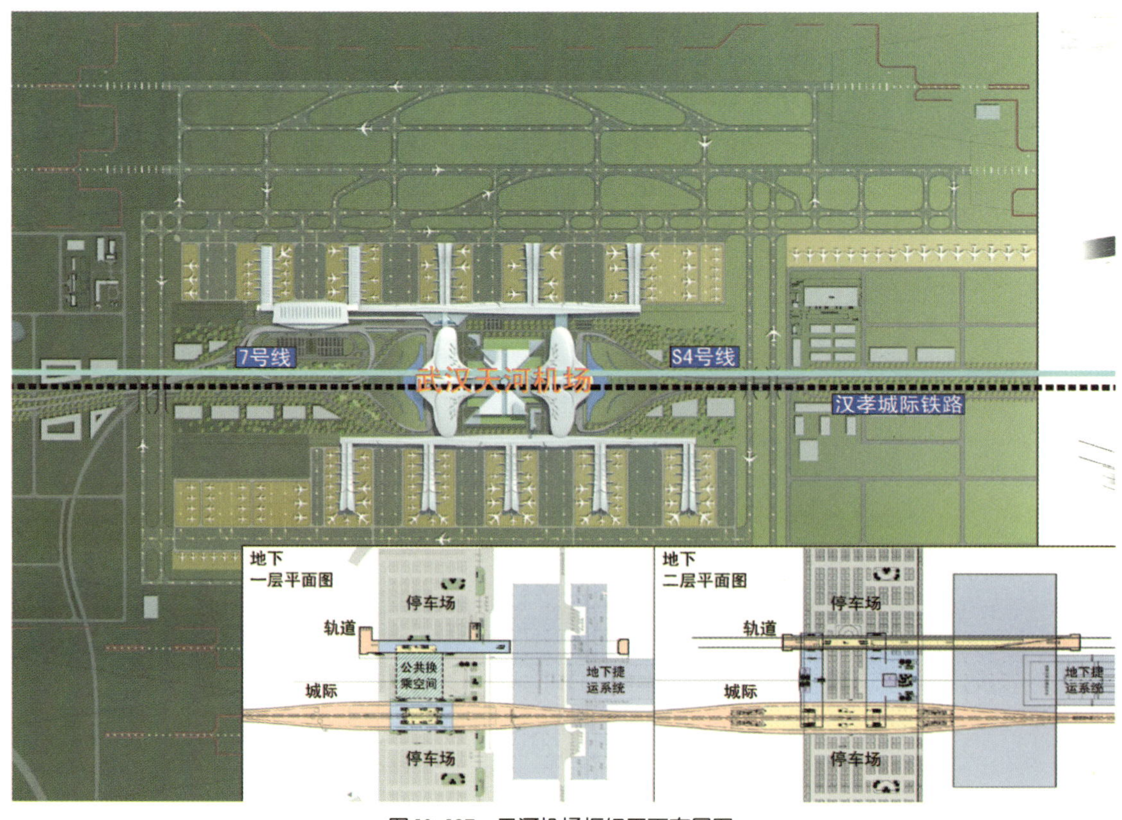

图 10-127　天河机场枢纽平面布局图

道路交通规划有城市三环线、武青三干道、武青四干道及中北路延长线与城市道路系统衔接，高效快捷。近期建成中北路延长线、沙湖大道、武青四干道、工业大道延长线等配套道路。

城市轨道交通规划 4 号线、10 号线与新汉阳站、武昌站等综合客运枢纽及城市轨道交通网络衔接，同时规划 S4 号线衔接汉孝城际铁路，通达城市圈。

c. 阳逻港区货运单体枢纽衔接规划。

阳逻港区港口总吞吐量为 5000 万 t，其中集装箱吞吐量 480 万 TEU。预测 2030 年总集疏运量 10000 万 t，其中公路集疏运量 4057 万 t，折算集疏运交通量为 55575 标准小客车／日，铁路集疏运量 132 万 t，水路集疏运量 5000 万 t，管道及其他集疏运量 810 万 t。

规划将现有阳逻电厂单线铁路规划改建为复线铁路，即为江北沿江铁路，作为沿江衔接通道的干线。线路起京广线滠口站，东抵京九线的黄州站，连接京广、京九两条铁路大动脉。

规划建设江北快速路，联系主城与阳逻港区；建设武英高速公路阳逻连接线（一级公路）与平江路和武英高速公路相接；建设天河机场至阳逻港区联系通道，联系机场与港区；改建阳福线，提高集疏运能力；建设阳逻港至货运环线联络线，连通港口货运枢纽；改建平江路，与 S112、S111 组成江北沿江通道干线。

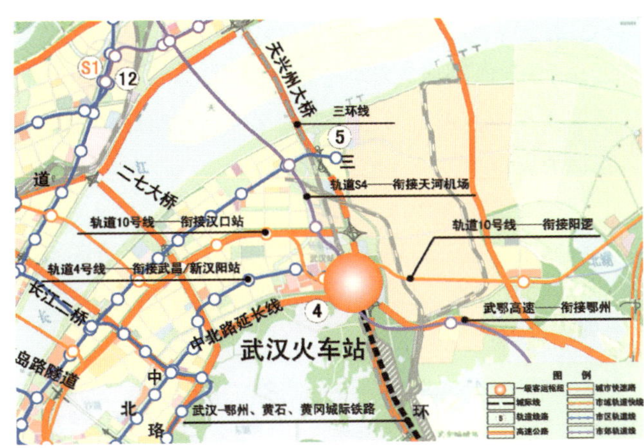

图 10-128　武汉站交通衔接图

5）近期建设规划

(1) 机场重大项目。

天河机场第二跑道、T3 航站楼。

(2) 铁路重大项目。

石武客运专线、汉宜铁路、武九客运专线、武汉—西安客运专线、江北铁路、武黄城际铁路、武咸城际铁路、汉天城际铁路、汉潜城际铁路、汉孝城际铁路、白

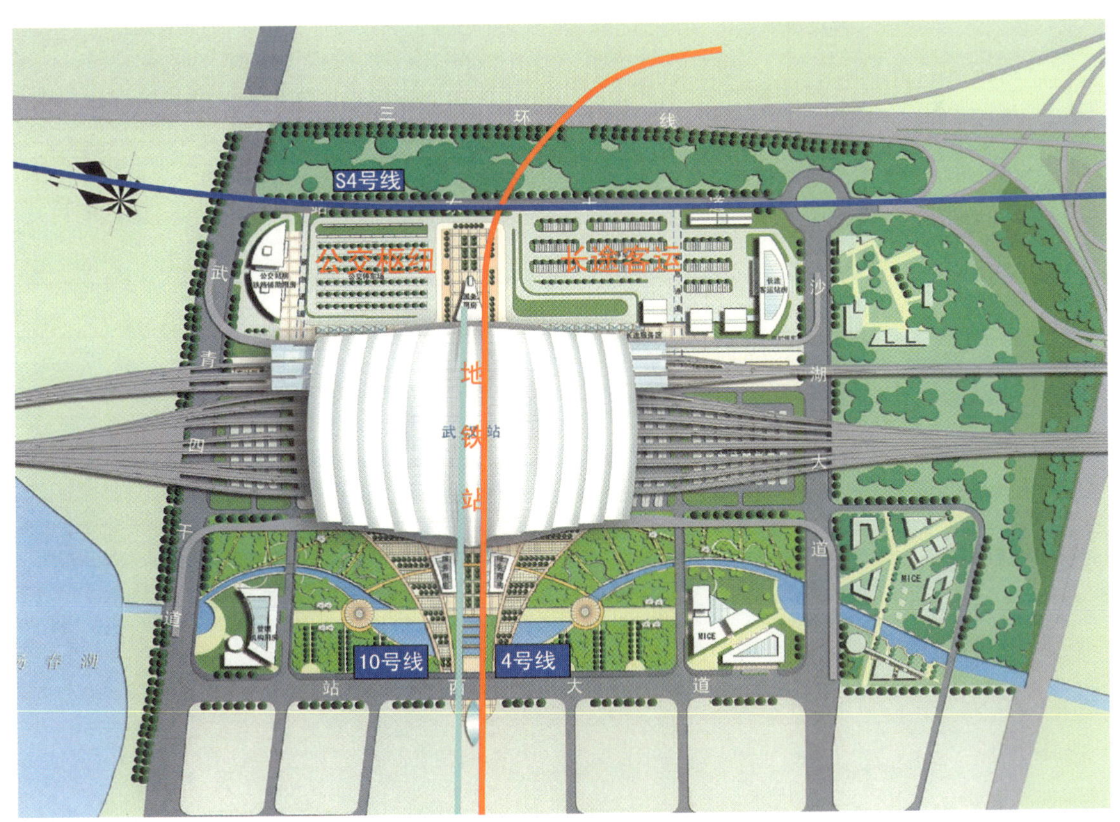

图 10-129　武汉站枢纽平面布局图

浒山化工新城铁路专用线、流芳城际铁路客运站、大花岭货场、武汉铁路集装箱中心站、舵落口货场、滠口货场，以及武汉北编组站北环线、汉西至新墩疏解线、南湖至大花岭疏解线。

（3）港口重大项目。

纱帽港区、沌口港区、阳逻港区、林四房港区、金口港区、青山港区、白浒山港区、蔡甸港区、舵落口港区。

（4）公路重大项目。

高速公路：天河机场第二通道、机场东线、机场北连接线、三官大桥及连接线、四环线、武汉—孝感高速公路、武汉—嘉鱼高速公路、武汉—阳新高速公路、武汉—大悟高速公路。

一级公路：惠安公路、慈天公路、新径公路、南车集团公路、纱帽—沌口一级公路、阳逻疏港公路阳福段、阳逻疏港公路港机段、阳逻疏港公路平武段、新十公路及延长线、珞纸公路江夏段、蔡甸—大集公路。

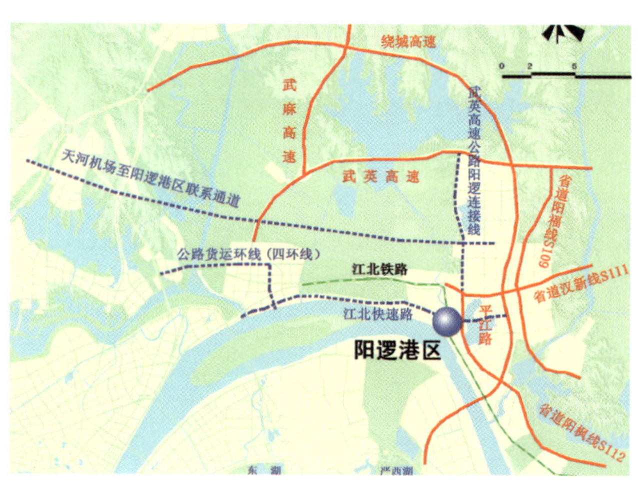

图 10–130　阳逻港区交通衔接图

公路客运站：改造汉口客运中心；扩建武昌客运中心，续建汉口北公路客运站、古田公路客运站，新建关山公路客运站、吴家山公路客运站、天河机场公路客运站。

公路货运站：续建高桥公路货运站、郭徐岭公路货运站、蔡甸公路货运站、青山物流中心，新建武湖公路货运站、横店公路货运站。

（5）公共交通项目。

与对外交通衔接枢纽项目：天河机场出租汽车营业站，汉口火车站配套公交枢纽、流芳站配套公交枢纽，新荣村客运站、汉口北客运站、古田客运站、青菱客运站、永安堂客运站、吴家山客运站配套公交枢纽。

轨道交通：建设城市轨道交通 1 号线、2 号线、3 号线、4 号线、6 号线、7 号线、8 号线，建成连接蔡甸区蔡甸街的城市轨道交通 11 号线西段、连接常福的城市轨道交通 10 号线西段、连接江夏区纸坊街的城市轨道交通 7 号线南段、连接新洲区阳逻街的城市轨道交通 10 号线东段、连接黄陂区前川街的城市轨道交通 7 号线北段。轨道交通与地面公交换乘枢纽。

公交枢纽：尤李村、前川客运中心、后湖同安家园、水东路、中华路、月亮湾、武胜路、国际博览中心枢纽站，流芳停保场、金银湖公交停车场、武湖公交停车场、罗家嘴停保场、建十路停保场。

第 11 章　城市交通实施规划

实施规划是城市交通规划编制体系的重要组成部分，是以交通发展战略、综合交通规划和分区规划等上位规划为依据，把交通的发展模式、规模、布局等一系列内容分解为具体项目和工作的过程，以便规范和指导下一阶段交通项目实施和建设，起到承上启下的作用，使道路、公交、静态交通、交通管理等专项的建设都能按照交通规划实施，促进城市交通各组成要素在空间上的合理组合和相互协调，促进城市经济与社会发展相协调，以满足人民群众日益增长的物质和文化需求。

根据武汉市交通规划编制体系，城市交通实施规划主要分为 6 类，分别为近期建设规划、重大工程交通规划、修建性详细规划、交通设施用地控制规划、交通组织规划和交通影响评价。

11.1　近期建设规划

11.1.1　目的和意义

近期建设规划是在综合交通规划和专项规划的基础上，根据社会经济的发展趋势和交通需求状况，按照规划的实施思路和步骤，安排此后几年的交通设施建设计划，按近远结合、统筹兼顾将长远规划分步实施。

近期建设规划有利于建立完善的行动规划体系，推动综合交通规划的动态实施。近期建设规划的滚动编制和实施，建立"综合交通规划—近期建设规划—年度建设计划"的动态实施规划体系，有利于在上位规划的框架体系下，以解决城市交通发展面临的实际问题为出发点，将城市总体规划和交通战略的长远目标分解成不同阶段实施的具体目标，统筹和策划城市交通近期重大建设项目，对近期建设提供具体引导和有效控制，促进交通规划分阶段滚动实施。

11.1.2　主要内容

1）强化规划实施评估，全面剖析当前交通发展面临的突出问题

近期交通建设规划编制是以交通发展战略和综合交通规划为依据，但其目标的制定并不是对上位规划目标的简单分解，而是侧重于从当前实际出发，以近期城市建设中迫切需要解决的主要问题为突破口，促进城市建设的协调、快速发展。

2）突出近期战略研究，确定城市交通发展近期目标和实施策略

城市交通发展战略研究是城市综合交通规划的重要内容，也应当成为近期建设规划的重要内容，因为近期交通建设规划具体表现为对城市近期建设项目的优选与布局，其实质则是发展战略的贯彻与落实。

3）确定城市重点发展区，有效指导城市交通近期建设和发展

城市重点发展区是由市政府主导发展、对城市近中期发展具有重要战略意义、规划期内需要实质性推进的区域。在规划期内，将集中有限的资源进行重点投入，加大道路交通和市政基础设施建设力度，全力推进发展区内重点项目建设，迅速形成规模效应和投资合力，确保推动一片、建成一片、收益一片，并以点带面，引导城市空间结构和功能结构的优化。

4）建立重大建设项目库，强化近期交通建设规划的操作性和实施性

政府投资的重大建设项目，是城市政府通过财政投入和实体开发的方式，影响城市建设和城市布局结构的重要手段。在近期建设规划编制过程中，在用地空间统筹的基础上，充分吸收了各部门发展的设想，提出近期交通重大建设项目，明确项目规模、建设方式、投资估算、筹资方式、实施时序等方面的要求，确定具体实施的责任部门，建立城市交通建设的重大项目库。

5）建立建设信息数据库，构建近期交通建设规划实施管理信息平台

结合武汉市规划管理“一张图”建设，全面收集规划实施的各项信息，包括建设项目、用地规模、建设情况、各项建设指标等数据，建立规划项目实施数据库，构建与城市各职能部门共享的规划实施管理信息系统。各职能部门定期将各自负责、跟踪建设项目的实施情况及时输入到数据库中，形成网络信息反馈平台，作为下一轮近期建设规划、年度实施计划和各部门专业规划制定的依据和参考。

11.1.3 规划案例

武汉市近年来组织编制的近期建设规划主要有《武汉市近期交通建设与组织规划》、《武汉市轨道交通建设规划》、《二环以内30分钟畅通工程研究》、《武汉市“十二五”交通建设规划》等。

11.1.3.1 武汉市近期交通建设与组织规划（2009—2011年）

武汉市社会经济快速发展，城市结构逐步调整，中心城区功能进一步提升，但综合交通体系建设相对滞后，中心区拥堵问题日益突出。交通拥堵已经成为制约城市社会经济发展和人民生活水平进一步提高的瓶颈。

政府及社会各界高度重视交通问题，市政府把缓解城市交通拥堵作为一号工作来抓，要求按照“标本兼治，建管并重，突出重点，循序渐进，分工负责，综合协同”的原则，组织编制了《武汉市近期交通建设与组织规划2009—2011年》。在制定中长期城市交通发展规划的同时，重点对近期交通基础设施建设提出切实可行的实施规划，形成可操作的方案，以指导未来3～5年的城市交通建设。

1）武汉交通现状及发展阶段分析

对武汉市交通目前的发展阶段和交通问题进行深入的分析和判断，并定位为：

（1）武汉市综合交通枢纽地位全面提升，城市各项配套设施建设相对滞后；

（2）城市化进程加快，快速路骨架系统建设严重不足；

（3）机动化快速增长，交通供需矛盾日益突出；

（4）公共交通转型时期，出行结构调整任务艰巨；

（5）重大项目建设集中期，交通“排堵保畅”形势严峻。

2）近期交通发展目标与对策

（1）近期交通发展目标。

立足武汉市交通现实和发展要求，结合城市交通发展趋势，以实现2020年武汉市城市交通发展总体目标为根本，确定2015年交通发展目标。

①打造全国性综合交通枢纽，构筑设施发达、联系便捷的空、铁、水、公对外交通系统；

②加强轨道建设，完善城乡客运体系，确立公共交通主导地位；

③完善市域公路网络，优化都市发展区道路系统，打造“30—60—120”道路交通运行系统；

④提高交通系统使用效能，创建良好的道路交通秩序。

（2）近三年交通建设对策。

①构建体系，打造快速干道（快捷路）路网骨架；

②改善结构，开展主、次干道项目建设；

③增强可达性，增加微循环支路密度；

④丰富层次，提升公交系统整体竞争力；

⑤多管齐下，加强交通组织与管理。

3）近期交通建设专项规划

在上述研究的基础上，运用定性与定量分析手段，开展了近期过江交通、快速路系统、公共交通等八大专项研究，并制定了近三年的初步建设计划。

（1）过江通道建设专项规划。

过江问题历来是武汉交通的关键问题，适时建设过江通道，打造过江交通新格局，是改善近期交通状况的关键。近期要加快过江通道的建设力度，2011年建成二七路大桥；2012年建成轨道2号线一期，同期启动杨泗港通道前期工作；2015年前建成鹦鹉洲大桥以及轨道4号线过江通道、8号线过江通道。在2015年前形成“六桥、一隧、三地铁”的过江交通新格局，满足城市过江交通需要。

（2）快速路系统建设专项规划。

2011年前，主城区将重点放在“畅通一环，建设二环，贯通三环”，提升五条快捷联络线，构建六条快速放射线上，形成总规模188km的快速干道系统，40km的快捷路系统。2015年主城范围内全面按规划形成“三环、六联、十三射”，总规模353km的快速干道系统。

（3）三镇主、次干道建设专项规划。

汉口地区重点是提高中心区道路容量，增强贯通性干道；增加汉口北地区过铁路通道，缓解站北地区进出难问题；完善外围组团道路系统，支撑外围地区发展。规划2011年形成汉口地区“六纵七横”、总规模223km

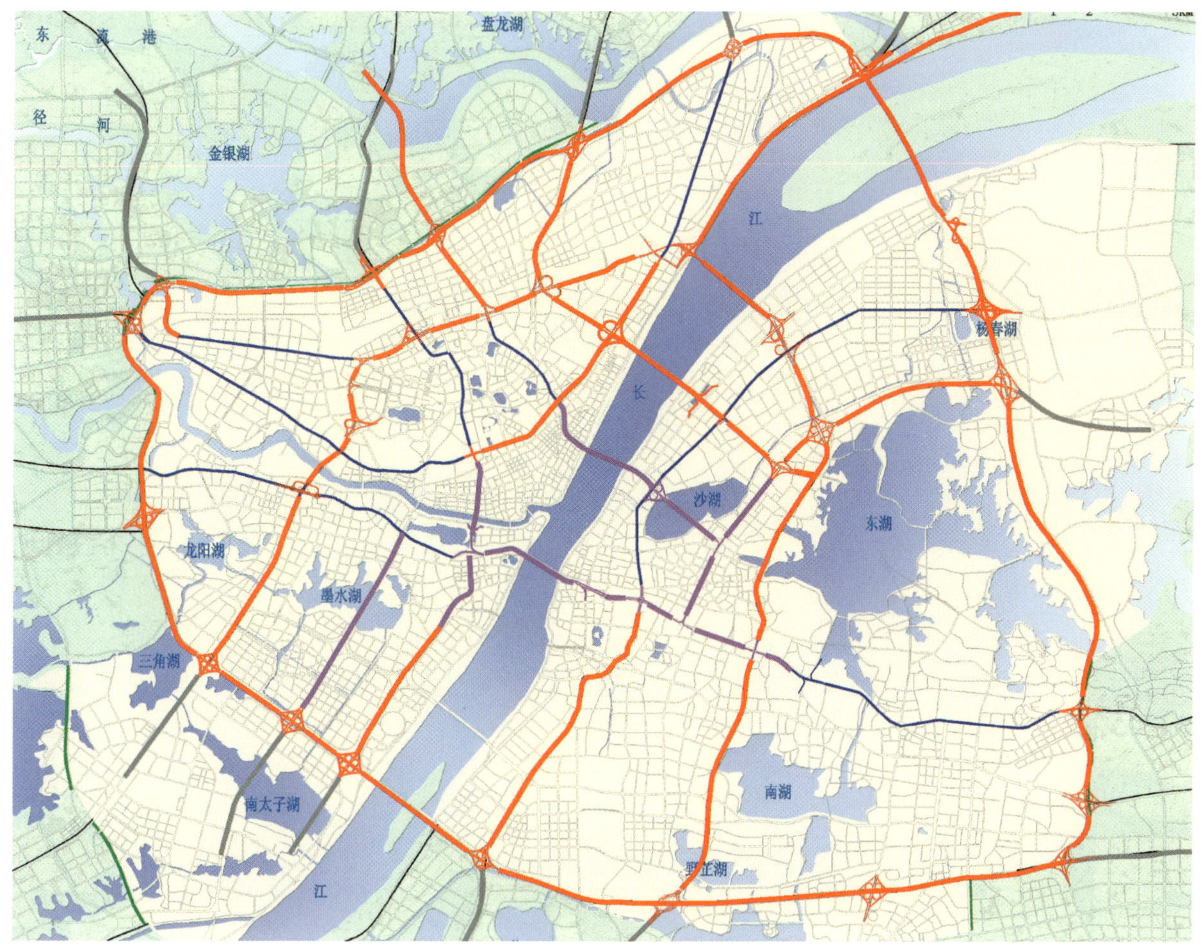

图 11-1　2011 年快速干道系统规划图

的骨架干道网系统。

武昌地区重点是完善中心区道路系统，增加南湖组团进出通道，完善武汉站、东湖高新、青菱等地区道路交通系统。规划 2011 年形成"七纵五横"的干道网布局，主、次干道总长度为 318km。

汉阳地区 2011 年规划形成"三纵五横"、总规模 86km 的骨架干道网系统。

（4）支路微循环系统完善专项规划。

规划初步拟定 2009 ～ 2011 年微循环支路项目约 70 条，总长度约 46.9km，工程投资约 36.7 亿元。

（5）轨道及公共交通建设专项规划。

近期是公共交通转型的关键时期，应大力建设轨道交通为主体、常规交通为辅助的现代化公共交通系统。2010 年，建成轨道交通 1 号线；2012 年，建成轨道交通 2 号线、4 号线一期，运营里程达到 72km；2015 年运营里程达到 140km。规划建设公交枢纽站 20 座，公交专用道 100km，公交运营线路达到 305 条。

（6）人行立体过街设施专项规划。

完善立体人行过街设施，是保障安全提升道路通行效率的有效手段。2015 年前在解放大道、中山大道、新华路、常青路—青年路、武珞路、雄楚大街、中山路—友谊大道、中南—中北路、徐东大街等道路沿线新建设 129 处人行立体过街设施。

（7）公共停车场专项规划。

规划提出，近期选取 100 个公共停车场，新增 3 万个停车泊位。分三类方式建设，一是在城市基础设施上建设公共停车场，二是结合重大基础设施建设公共停车场，三是结合土地开发建设公共停车场。同时，提出近期实施的相关政策：一是探索新的投融资模式；二是改革现行停车收费价格体系；三是完善停车管理设施，加强违章停车管理；四是研究现有权属用地复合利用的策略。

（8）交通组织与管理专项规划。

规划对主城 50 个拥堵路口进行了深入的研究，其

图 11-2 近期公交枢纽布局规划图

图 11-3 近期公共停车场建设项目点位分布图

拥堵成因基本可分为路网结构性拥堵、施工引发拥堵等五种类型，针对其不同的原因和特征，对重点路口拟定了初步改善方案。在城市中心区和交通拥挤区域，对部分已建成道路进行占道清理，保障已有道路功能发挥。2011 年前清理占道道路 94 项，道路总长度约 125km，并通过严格执法，确保城市中心区 200 条主、次干道无违法占道现象。

4）近期建设实施规划

（1）投资能力测算。

2009 ～ 2011 年武汉市 GDP 合计约 1.56 万亿元，按 6%计算，交通投资能力约为 934 亿元。

其中，道路投资项目占 GDP 的 3.3%，约 516 亿元；轨道及公交项目占 GDP 的 1.3%，约 200 亿元；其他投资（含还贷）占 GDP 的 1.4%，约 218 亿元。

（2）年度建设重点。

2009 年要大力推进轨道交通建设，继续推进交通拥堵点改善工程，集中力量进行快速干道建设，加强施工配套项目建设。主要包括：

①续建三环北段和南段，启动三环线东段、二环线汉口段、武咸公路、金桥大道等快速干道建设。

②加快建设已列入城建计划并具有分流作用的淮海路、金墩路、银墩路、新华西路、中一路、八一路等项目。

③根据施工组织要求，对 2009 年城建计划进行调整，新增建设沙湖路、紫阳东路、出版城南延线等道路。

④其他道路按照城建计划实施，并按时完工。

⑤建设小东门等 20 处人行立体过街设施。

2010 年要保证轨道 1 号线全线通车，同步优化常规公交线网，加快快速干道、过江桥梁等重点项目建设，推进干道和支路微循环建设。

①加快建设已开工的快速干道工程，如二环线汉口段、二七大桥、武咸公路等，年底贯通三环线。

②大力推进施工期配套项目，确保重点项目施工影响最大时期前完工，如解放路南延线、武金堤公路、杨园路等。

③完善区域道路系统，缓解交通拥堵，如武车路、丁字桥南延线、八一路东延线、京汉大道立交等。

④完善新建设区干道系统，支撑区域发展，如四新地区、杨春湖地区、王家墩地区。

⑤建设新华体育馆等 18 处人行立体过街设施。

2011 年要完成轨道 2 号线、4 号线土建工程，启动公交枢纽场站建设，继续推进快速干道建设，配套调整交通运行组织方式。

①建成二七长江大桥，实现二环线汉口、武昌段贯通，建成武咸公路、江北快速干道等 5 条放射线。

②开工建设常青路—江城大道的快速干道工程和江汉六桥，紧密连接汉口地区与武汉新区。

③开工建设鹦鹉洲长江大桥两岸疏解工程，为贯通一环奠定基础。

④改造解放大道上、下延线，衔接武英高速公路、武麻高速公路和 107 国道。

⑤建设武汉长江大酒店等 14 处人行立体过街设施。

5）实施效果评价

2011 年，城市道路网络按照规划建成后，主城区交通运行状况得到较大改善，主城道路 V/C 由 2008 年的 0.55 降低为 0.42，路网整体服务水平明显提高；车辆行程车速从 2008 年的 22km/h 提高至 28km/h，基本实现缓解交通拥堵状况的预期目标。

11.1.3.2 武汉市轨道交通建设规划（2010—2017 年）

1）项目背景

武汉市自 20 世纪 80 年代开始轨道交通研究工作，轨道 1 号线、2 号线一期和 4 号线二期的建设工程先后获得政府部门的审批，2010 年又完成的新一轮轨道交通线网规划修编，确定了由 12 条线路组成、全长 540km 的线网方案，并获国家批准。

考虑到城市社会经济发展高于上一轮建设规划预期水平，为落实城市总体规划，实现城市交通发展战略目

图 11-4 2011 年主城区道路系统运行评价图

标，缓解城市过江难问题，解决市民长距离出行，优先发展公共交通，提升武汉枢纽地位，引导城市新的功能区和大型支柱产业集群区的发展，武汉市开展了《武汉市轨道交通建设规划（2010—2017年）》编制工作，以确定下一步轨道交通建设规划，新增建设储备项目，确保线网总体建设任务有序推进，促进城市可持续发展。该项目已获国家发展和改革委员会审批。

2）规划目标与原则

武汉城市公交的发展战略目标是打造以轨道枢纽为中心、大容量城市轨道交通为骨架，常规公交为主体、出租车为辅助、轮渡等方式为补充的多模式、多层次、高效率以及“便、捷、舒、廉”的极具竞争力的城市公共交通系统。

近中期，持续改善常规公交服务，加快建设轨道交通，优化常规公交网络，使公交车对比私家车保持相当程度的竞争力，武汉公交出行分担率达到25%～30%，其中轨道交通占公共交通的比重达到25%以上。

中远期进入轨道交通高速建设阶段，整合常规公交与轨道交通，形成以轨道交通为骨干的公共交通系统，公交出行分担率达到35%，其中轨道出行比例达到公交方式的35%～40%。远景年公交出行方式比重达到40%～45%，轨道方式出行占公交的比重达到50%～55%。

3）建设规划方案及实施安排

按照城市客流需求和经济能力，确定本次建设规划在延伸轨道1号线、2号线、4号线的基础上，新建过长江轨道7号线、8号线和过汉江轨道3号线、6号线，2017年轨道建设规模达到215.3km，如表11-1所示。

根据已建工程、在建工程的实际情况，结合规划实施的工程，对2017年前轨道建设方案的工期进行安排，如表11-2所示。

4）轨道交通建设投融资计划

武汉市对轨道交通建设项目提出了“政府主导、多渠道筹资”的资金筹措原则，2006～2017年在建和新

建设规划方案建设线路一览表 **表11-1**

项目		线路	起讫点	线路长度/km	线路敷设方式长度/km		
					高架段	地面段	地下段
已批复线路	已建	1号线一期	黄浦路—宗关	10.2	10.2		
	在建	1号线二期	宗关—东吴大道	18.3	18.3		
			黄浦路—堤角				
		2号线一期	常青花园—光谷广场	27.7			27.7
		4号线一期	武昌站—武汉火车站	16.5			16.5
		小计		72.7	28.5	0	44.2
新增项目		1号线西延	东吴大道—金山大道	1.2	1.2		
		2号线南延	光谷广场—流芳	10.3	0.2	1.9	8.2
		2号线北延	常青花园—金银潭				
		4号线二期	武昌火车站—黄金口	16.9	3.5		13.4
		3号线一期	文岭—三金潭	33.2	9.6		23.6
		6号线一期	体育中心—金银湖	33.5	6.4		27.1
		7号线一期	金银湖—南湖公园	29.9			29.9
		8号线一期	金银潭—华侨城	17.6			17.6
		小计		142.6	20.9	1.9	119.8
合计				215.3	49.4	1.9	164

图 11-5　2017 年轨道交通建设规划方案

建设规划方案工期安排一览表　　表 11-2

线　路	起讫点	线路长度 /km	建设时段	建设周期	总投资 / 亿元
1 号线二期	宗关—东吴大道	18.3	2007 ～ 2010 年	4 年	49.2
	黄浦路—堤角				
2 号线一期	常青花园—光谷广场	27.7	2007 ～ 2012 年	6 年	154.6
4 号线一期	武昌火车站—武汉火车站	16.5	2009 ～ 2012 年	4 年	105.1
1 号线西延	东吴大道—金山大道	1.2	2011 ～ 2012 年	2 年	3.0
2 号线南延	光谷广场—流芳	10.3	2010 ～ 2013 年	4 年	58.8
2 号线北延	常青花园—金银潭				
4 号线二期	武昌站—黄金口	16.9	2010 ～ 2014 年	5 年	112.3
3 号线	文岭—三金潭	33.2	2010 ～ 2015 年	6 年	201.5
6 号线	体育中心—金银湖	33.5	2014 ～ 2017 年	4 年	189.4
7 号线	金银湖—南湖花园	29.9	2014 ～ 2017 年	4 年	179.5
8 号线	金银潭—华侨城	17.6	2013 ～ 2016 年	5 年	128.6
建设总规模		205.1	2006 ～ 2017 年		1182.0

注：1 号线二期、2 号线一期、4 号线一期已开工建设，建设总投资中包含已完成投资计划资金。

建轨道交通线路总长205.1km，总投资1182亿元，其中新增建设项目总投资873.1亿元。轨道交通1号线、2号线、4号线资本金比例为42%；轨道交通3号线、6号线、7号线、8号线资本金比例在国家规定最低25%基础上提高10%，资本金比例为35%；共计需投入资本金447.5亿元，其中新增建设项目资本金317.8亿元，其余建设资金将主要通过申请银行贷款解决。资本金来源基本维持上一轮建设规划提出的投融资方式，主要为财政预算安排资金、城市建设资金、土地出让收益三部分。

武汉市轨道建设方案总投资占建设期累计国内生产总值的1.44%，资本金占地方财政一般预算收入比值的平均指标6.53%，对比国内建设轨道交通的城市，投资强度适中。

在城市建设资本金安排上，2006～2017年，预计地方财政收入（市本级）累计8330.17亿元，地方财政（市本级）支出累计7727.17亿元，城市结余可用财力累计603亿元。其中，预计20%（120.6亿元）用于重点项目建设，其余80%（482.4亿元）可用于轨道交通建设。

轨道交通建设资本金投入约447.5亿元，其中土地收益98.4亿元，拟计划要求财政预算资金安排349.1亿元。2006～2017年轨道交通运营补贴累计63.8亿元，总投入511.3亿元。除利用土地收益外，尚需政府投入412.9亿元，小于政府财政累计可用于轨道交通建设的结余额482.4亿元。轨道交通建设政府投入总资金占地方财政一般预算收入的比例平均为7.46%，政府总投入累计占城建资金支出总和的7.9%，在全国建设轨道交通的城市中，该指标处于中等水平，在政府财力承受范围内。

5）轨道交通建设规划实施条件

（1）建设用地得到有效控制。

武汉市轨道交通建设规划方案大部分为地下线，线路基本沿规划道路红线布置。根据轨道交通线网规划，武汉市已对轨道交通规划线路、站场、维修基地、变电站等设施用地均进行了控制预留，规划部门已将相关用地纳入城市控制性详细规划之中进行严格管理。

（2）建设工期统筹计划，减少对城市交通的干扰。

统筹协调武汉市轨道及其他建设项目的建设方式和建设时序，合理安排各条线路建设工期，着重研究轨道交通施工期间主城区范围的交通疏解，将轨道交通施工对城市交通的干扰减至最低程度。

（3）工程实施重难点研究，为轨道建设奠定良好的基础。

轨道3号线、4号线、6号线、7号线、8号线中，有2条穿越汉江、3条穿越长江，越江施工风险较大。市中心地段地下管网纵横，与拟建、在建的城市道路（高架桥）多处并行和交叉，建设难度大。规划重点研究了工程风险控制、施工方法选择等重、难点问题，确保工程可实施性。

（4）交通规划层次分明，各种交通方式分工合作，衔接便利。

轨道交通建设规划紧密结合武汉市综合交通发展目标，充分体现轨道交通与城市对内、对外大型交通枢纽的衔接，使轨道交通与铁路、长途客运、常规公交、出租车、社会车辆、自行车、行人等形成一体化的交通体系。

（5）组织机构健全，社会保障体系完善。

2007年，武汉市政府成立了地铁集团有限公司，负责武汉轨道交通的建设、运营、管理和融资。完善的组织机构和制度，为轨道建设实施提供了基本保障；健全的社会就业和劳动保障体系，为武汉市快速发展轨道交通创造了良好的社会环境。

11.2 重大工程交通规划

11.2.1 目的和意义

随着城市化进程的加快，城市重大工程，包括大型交通枢纽设施、大型公共建筑或大规模土地开发利用等，正逐步由功能单一型向功能复合型转变，高密度开发带来了交通需求量的剧增，综合交通系统的集约化、高效化、复合化、一体化要求，交通系统与土地利用两者之间的协调问题成为城市发展的重要课题，打造一个功能强大、结构完善的综合交通运输体系成为城市重大项目开发的重要支撑。

11.2.2 主要内容

重大工程交通规划的主要内容包括以下几个方面。

1）实现公共空间与城市交通一体化

城市土地开发的集约化城市不同程度地朝综合密集型方向演进，在此进程中，复合型的城市公共空间与城市交通的一体化建设起着协调城市机体活动的韧带作用，只有通过对城市交通空间与城市、建筑公共空间的有机结合，在科学、合理疏导车流的同时加强人行道路系统建设，逐步转向城市交通空间与复合型的城市公共空间的一体化统筹建设，才是从根本上解决城市交通问题并改善城市环境的有效途径。

2）实现轨道交通对城市重大项目开发引导

城市重大工程建设往往是位于土地利用的峰值地区，尤其是城市综合体常服务城市核心区域，物业升值带动了产业聚集成为大型商业地产建设的敏感地带。大量人流、车流的聚集，使得交通负荷加重，唯有借助轨道交通这一高效集约的交通方式，辅以其他公交方式的衔接和补充，才能保障高峰期重大工程的人流快速疏散。

3）实现内外衔接的综合交通系统对重大工程的支撑

重大工程需要一个承外启内、无缝换乘的综合交通体系作为支撑，一方面要协调区域交通，保证城市交通平稳运行不受影响；另一方面要增强项目的交通可达性，保证内部交通运行通畅。在规划中，处理好工程与城市交通在道路系统、轨道交通、常规公交等方面良好的衔接；同时要构建系统完善的内部综合交通系统，做好公交、慢行、停车、交通组织等子项的规划。

近年来，武汉市城市建设发展势头迅猛，一大批重大项目破土动工、建设完成并投入使用。例如，交通基础设施建设类的三大火车站新改扩建、天河机场第二航站楼，城市综合体类的武汉国际博览中心，结合交通规划实施成片区土地开发利用的东沙湖连通工程、东湖华侨城等。

11.2.3 规划案例

11.2.3.1 武汉国际博览中心交通规划

1）项目背景

武汉国际博览中心定位为以展览、展示、旅游为主导功能，集会展、酒店、科技、商务、文化休闲、信息交流于一体的多功能、综合性博览中心和市级旅游中心，位于四新地区东部，现状有鹦鹉大道、江堤中路等干道，但未按照规划形成。在博览中心展馆位置上有货运铁路穿过，并且存在长江防洪堤的限制，场地标高与江堤标高的差距带来的问题。现状用地主要为：工业用地、仓储用地、防护绿地、农耕用地、部分村镇居住用地、公共设施用地等。

图 11-6　国际博览中心总平面效果图

2）博览中心地区交通预测分析

(1) 通过综合的比较分析，基地最不利交通情况出现在博览中心节假日举办全展期间。依据展览建筑面积分析参展高峰客流的同时，叠加酒店、办公、会议中心的引发客流，在进行客流叠加时，充分考虑各种建筑性质客流的重叠性，以及内部产生的出行率，最后得出基地特征年总体的高峰小时客流量。

(2) 2010 年，基地高峰小时客流达 3.0 万人次；2020 年，高峰小时客流达 4.6 万人次。

(3) 根据轨道建设时序，基地 2010 年轨道交通未建成；2020 年，则应考虑一定的轨道交通出行比例。在交通方式划分基础上，折算为机动车辆后，2010 年（节假日）基地高峰小时车流量达 5919 辆，其中公交车 274 辆、出租车 3050 辆、小汽车 2595 辆；2020 年（节假日）基地高峰小时车流量为 7641 辆，其中公交车 151 辆、出租车 3135 辆、小汽车 4355 辆。

3）博览中心地区内部交通组织方案

内部交通组织方案应尽量创造人车相对分离的交通环境，内部交通组织的结构主要为“三环、十射、六节点”，“三环”即为外环、内环、人行环，“十射”即为私人小客车进出架空停车库的十条集散通道，“六节点”即为博览中心与城市道路系统的六个衔接点。外环承担着内部交通的集散和通过双重功能，全展期间，交通压力会很大，需要通过严格的交通管制，提高外环交通通行效率。内环主要作为外环功能的补充，为其辅助通道。“十射”配对成单进单出，使得架空层车库流线更加顺畅，减少安全隐患。

4）博览中心停车设施规划

根据博览中心设计方案，基地共配建停车泊位3646个。

停车设施的评价从两个方面进行。

（1）依据规定从停车位总量上分析：按《武汉市城市市政公用和其他工程设施规划管理技术规定》中规定的最低指标，基地应配建停车泊位约3000个。项目停车设计方案在总量上基本能满足其要求。

（2）根据交通预测分析结果按建筑性质分类分析：展览区2010年和2020年的停车需求分别为1800个和3500个，设计方案停车泊位为3646个，近远期均满足停车需求。根据展览区车库服务的覆盖区域以及本着节约建设的原则，近期酒店、办公、会议中心的配套停车设施，均可以依靠展览区停车泊位来满足。目前，还需要补足地面停车设施，分别为：酒店35个、办公176个、会议30个。远期还需要增设约700个停车泊位，应给予足够预留。

11.2.3.2 中央文化旅游区交通规划

城市重点建设区是依据城市规划和近期建设规划，在城市中心区划定一定规模的用地进行中央商务区、文化旅游区、休闲度假区等大规模土地开发，通过这些区域的整体开发建设，提升中心区商业、办公、居住等设施功能，为实现城市跨越式发展提供有力支撑。目前武汉市正在大力推进华侨城、王家墩中央商务区、中央文化旅游区等一大批重点建设区项目的实施。

东沙湖连通工程是武汉市水网改造的重点工程，新建的楚河工程将连通沙湖与东湖，将有效改善沙湖、东湖的水质条件，提升湖泊周边的城市生活环境。为配合进行东沙湖连通工程建设，万达集团规划在中北路沿线区域开发建设武汉中央文化旅游区项目。项目用地西临沙湖，东靠水果湖，南达公正路—白鹭街，北抵乐业路，规划用地面积约61万m^2，拟进行由高档商业、办公、餐饮、住宅、剧院及学校等构成、总规模约260万m^2的综合开发。由于项目开发占地面积和总开发规模较大，项目建设将引发大量的人流和车流，将会对周边区域的交通产生较大的影响。为了减少项目开发对城市交通的影响程度，方便项目内部人流和车流的高效进出，实现交通与土地开发的协调发展，武汉市组织开展了《中央文化旅游区综合交通规划》工作。

图11-7 私人小客车出场交通组织流线图

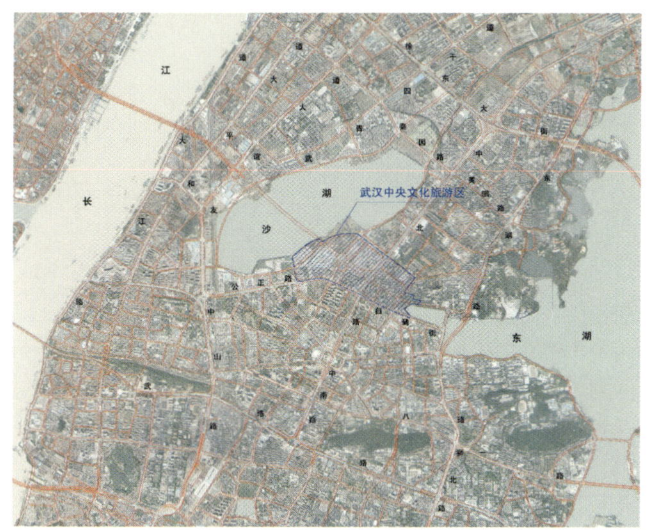

图 11-8 武汉市中央文化旅游区区位图

1）规划目标

（1）采取各种措施，保障中北路、沙湖大桥、东沙大道等区域快速干道以及沙湖大道、公正路等区域性干道连通功能不受项目开发影响。

（2）科学测试评价项目开发产生的交通影响，提出适宜的开发规模和业态比例，有效指导项目开发。

（3）优化调整项目业态分布及交通组织方式，保障项目内部交通的顺畅。

（4）根据城市轨道网络规划和公交系统规划，结合区域用地开发特点，因势利导，科学合理地布设公交线路、站点和慢性系统设施。

（5）统筹动态交通和静态交通关系，提出项目停车规模和车库进出口分布。

2）交通预测分析

预测结果显示，项目规划建成后高峰小时引发的人流、车流分别为 9.5 万人次和 1.6 万车次，叠加到周边路网后，东沙湖地区道路交通服务水平普遍降低，尤其是部分商业周边的道路交通服务水平降至 E 级，严重影响区域交通正常运行，如表 11-3 所示。

2020 年项目开发后区域道路流量　　表 11-3

路　段	高峰小时流量／(pcu/h)	V/C	服务水平	服务水平变化
沙湖大桥	5360	0.58	B	B→B
东沙大道（沙湖路—东一路）	4040	0.64	C	C→C
东湖路	2915	0.89	D	D→D
乐业路（沙湖路—中北路）	2869	0.70	C	B→C
乐业路（中北路—东一路）	2042	0.75	D	C→D
公正路（中北路—沙湖路）	4347	0.99	E	B→E
公正路（沙湖路—中山路）	3829	0.87	D	C→D
白鹭街（中北路—东一路）	2968	0.73	C	B→C
白鹭街（东一路以东）	2232	0.59	B	C→B
沙湖路（乐业路—东沙大道）	2561	0.68	C	B→C
沙湖路（东沙大道—公正路）	3201	0.85	D	B→D
沙湖南环路	1932	0.81	D	B→D
中北路	5683	0.68	C	C→C
东一路（乐业路—东沙大道）	2764	0.74	C	C→C
东一路（东沙大道—白鹭街）	3725	0.80	D	D→D
东一路（白鹭街以南）	2133	0.85	D	D→D

3）项目规模论证

从表 11-3 可以看出，项目建成后公正路交通服务

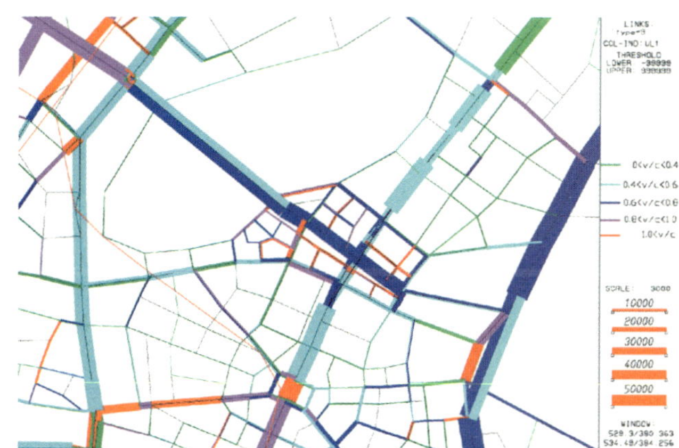

图 11-9 2020 年项目开发前后交通负荷图

图 11-10　中央文化旅游区平面布局及交通改善图

水平由 B 级降至 E 级，交通运行比较拥挤，为敏感路段，在维持规模不变的情况下，将公正路（沙湖南环路—中北路）拓宽至双向 8 车道后可满足交通运行要求。根据对项目规模的论证分析，本项目整体布局基本合理，开发规模总量基本可行，但由于不同地块及不同方向流量的相互叠加，导致公正路、沙湖南环路等敏感路段拥挤严重，若适当压缩公正路周边地区规模或拓宽公正路、沙湖南环路，同时加强公共交通接驳，敏感路段服务水平均可提升至 D 级及以上。

4）道路优化措施

为保障区域交通系统正常运行，建议采取以下措施：

(1) 结合项目新建紫沙路、体育馆路，将沙湖南环路向南与沙湖路连通，同时将沙湖路（公正路—乐业路）段红线向两侧各拓宽 5m，预留沙湖路高架建设条件。

(2) 拓宽、新建沙湖南环路（乐业路—紫沙路）、公正路（紫沙路—中北路）2 条城市道路，以及汉街南路、办公区北侧道路等 6 条项目内部道路。

(3) 对东沙大道—中北路口等 5 处重点路口进行优化拓宽。

(4) 对项目进、出口进行优化调整，减少车辆进出对外部道路的影响。

5）公交优化措施

结合区域人流集散点及步行走廊分布，在沙湖南环路、乐业路、东沙大道、东一路上新增 8 处公交站点，并结合商业开发，在沙湖路南侧商业综合体旁设置一处公交换乘枢纽，并对公交线路进行优化加密，提升区域公交服务水平。

6）步行优化措施

结合区域步行通道，人流集散点以及轨道站点分布，在区域内中北路、公正路、东一路以及沙湖南环路上设置 12 处地下行人过街通道，2 处过楚河景观桥梁，同时结合轨道站点分别设置两处地下出、入口与汉街及北侧办公衔接，以满足行人的过街需求。

7）停车规模

根据武汉市建筑停车配建指标，结合项目各地块的建设规模，项目总共应配建 16200 个机动车泊位，其中高档住宅及底层配套商业共需要配建停车泊位约 8200 个，办公区共需要配建停车泊位约 4780 个，商业及餐饮共需要配建停车泊位约 2140 个，酒店共需要配建停车泊位约 800 个，配套幼儿园及小学共需要配建停车泊位约 100 个。

11.3 修建性详细规划

11.3.1 目的和意义

道路交通工程修建性详细规划是以城市交通规划、专项规划和分区规划为上位依据，强调项目的稳定性、工程的可实施性、用地的可控制性等作用的城市交通体系实施性规划，目的是为交通项目的实施创造条件，为交通工程立项提供依据，并指导道路交通设施的设计和施工的规划设计。修建性详细规划作为规划体系的微观层面，发挥着不可替代的作用。

11.3.2 主要内容

近年来，武汉市开展推进的轨道、道路、过江通道、交通场站及人行天桥等项目都通过了修规阶段的科学论证，但由于项目对象的差异，修规的工作流程和重点相应地存在一些差别，总体来说，城市交通设施修建性规划由以下部分构成。

1）上位规划、建设条件及综合技术经济论证分析

具体的建设项目要以上位规划为支撑，修建性详细规划要以综合交通规划、专项交通规划等涉及项目选点和规模控制的前提为依据，并结合实际的建设条件，分析项目建设的必要性和可行性，通过综合技术经济分析论证和项目决策分析与评价，确定项目的具体实施。

2）交通需求预测，确定道路交通设施的建设规模和技术标准

交通需求预测是交通类项目修建规划的一个重要特征，在确定项目的建设规模和标准时，要以总体规划为前提，以需求预测为依据，采用定性与定量分析相结合的方式，确定项目的建设规模和技术标准。

3）总平面方案规划设计

总平面规划设计是修建性规划最重要的工作流程之一，在建设规模和技术标准确定以后，总平面设计要确定工程的平面长度和宽度参数、坐标参照点、转弯曲线半径等因素，作为后续工作的重要参照。

4）断面方案规划设计

断面方案规划也是在建设规模和技术标准的基础上，对建设项目的容量进行论证，利用交通、建筑、景观等多学科知识，确定交通项目的纵向宽度与空间布置，保证项目建成后的实用性。

5）竖向方案规划设计

在总平面方案设计的基础上，充分利用地形，考虑项目的性质、功能和给排水要求，做到因地制宜，确定项目的竖向设计方案。

6）排水系统规划设计

排水系统要遵循“清污分流、分质排放”的原则，研究雨水和其他污水的排放方式，保证项目建成后的安全、高效运行。

7）工程管线规划设计

城市改建往往受到众多工程管线的限制，新建项目则往往跟管线工程同步施工建设，在进行修建规划时，要对管线现状及规划进行充分的调查研究，合理布设工程管线，满足人们生产和生活的需要。

8）估算工程量、拆迁量和总造价，分析投资效益

通过对项目工程量、拆迁量的统计计算，采用合理的投资计算方法，估算项目的总造价，以此为基础进行项目的投资效益分析，确定项目的可实施性，为项目评价与决策提供依据。

11.3.3 规划案例

近年来，武汉市编制了三环线、二环线、中北路延长线、江北快速干道等多条道路，以及多个公共停车场、人行立交、游船码头等建设项目的修建性详细规划。

11.3.3.1 江北快速干道（二七长江大桥—余泊大道）道路排水修建规划

1）规划背景

武汉新港是建设“两型社会”的重要项目，江北快速干道作为湖北省“两型社会”“一湖、两港、三路”的重要启动项目之一，是推动武汉新港建设，探索实践“两型社会”的重要举措。同时，建设江北快速干道、以完善的交通基础设施支撑和持续推进阳逻经济开发区的进一步发展，是当前武汉东部经济发展的迫切需要。为此，武汉市启动了江北快速干道道路排水修建规划，用以指导该项目的实施。

2）流量预测及规模分析

江北快速干道作为都市发展区“4 环、18 射”的重要组成部分，承担着城市东北向快速交通走廊的功能。因此，江北快速干道对于构建城市快速道路网络，完善道路系统交通功能将起到重要作用。因此，江北快速干道应按照城市快速干道的标准规划，设计车速 60～80km/h 建设。

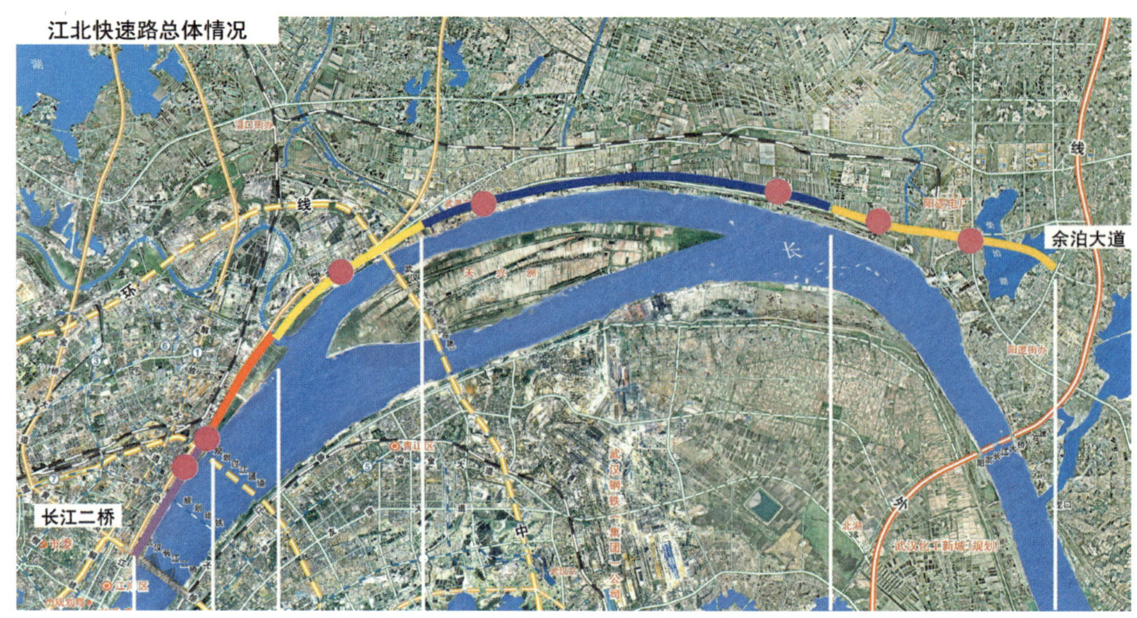

图 11-11　江北快速干道线路走向示意图

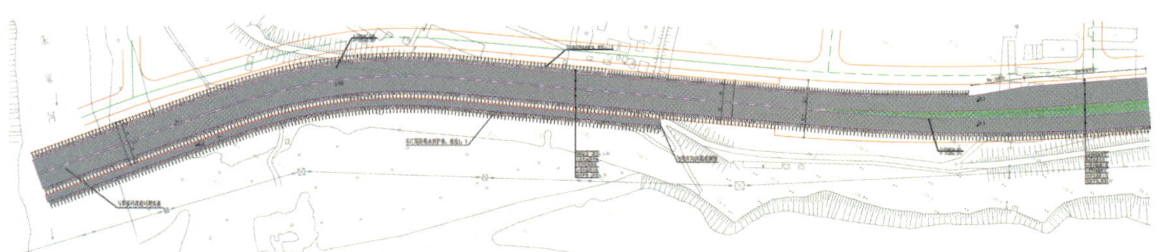

图 11-12　朱家河段规划方案

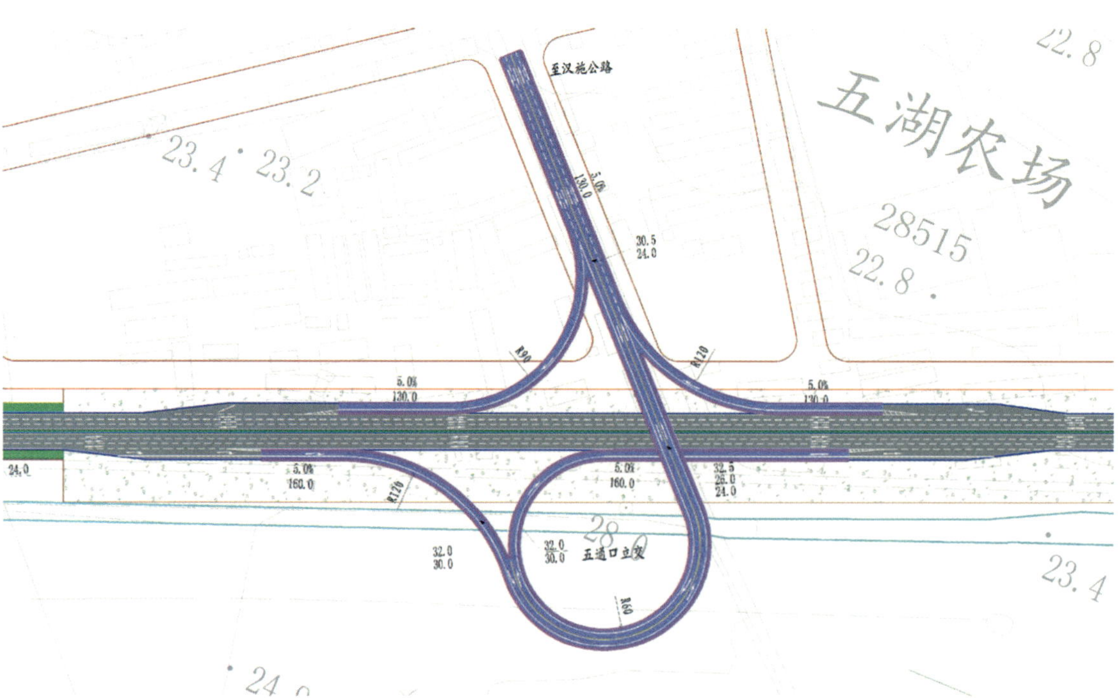

图 11-13　五通口立交规划方案

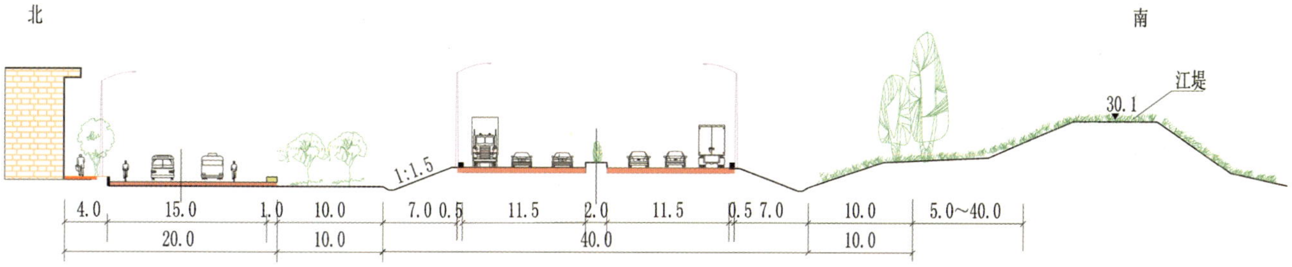

图 11-14　黄陂段规划横断面

流量预测结果显示，江北快速干道 2020 年日流量将达到 8.2 万辆标准车，推算远景年 2031 年（工程建成后 20 年）将达到 10.1 万辆标准车。因此，预计 2020 年江北快速路高峰小时交通流量将达到 6400pcu／h，2031 年将达到 8500pcu／h。同时考虑方向不均匀系数，预测到 2020 年江北快速干道高峰小时单侧流量最高将达 3490pcu／h，2031 年高峰小时单侧流量最高将达到 4630pcu／h。为了满足江北快速干道在道路网络中的功能定位，道路服务水平达到 C 级为控制标准，需要形成双向 8 车道的形式才能满足江北快速干道远期交通需求。

3）道路规划方案

（1）平面规划。

本道路工程起点为二七路延长线与沿江大道交叉口，讫点为余泊大道和柴泊大道路交叉口，主线全长 26.5km，红线宽控制为 40 ～ 70m，共设置主要立交街接点 7 个，分别为二七路立交、二七长江大桥立交、谌家矶立交、武湖立交、沙口立交、界埠路立交、平江路立交。全线共分为 6 段，根据交通需求和限制条件，选取相应的建设方案。

（2）横断面规划。

根据规划道路性质、红线宽度、管线敷设要求、现状地貌及道路两侧用地性质确定全线各段的规划道路横断面。

（3）交通工程规划。

根据周边路网结构、相接道路等级及区域相关规划要求等，将江北快速干道交通节点分为 3 级。一级交通节点，主要是承担快速干道间交通转向功能；二级交通节点，承担快速干道与主干道交通转向功能，同时服务周边区域；三级交通节点，主要服务周边区域。

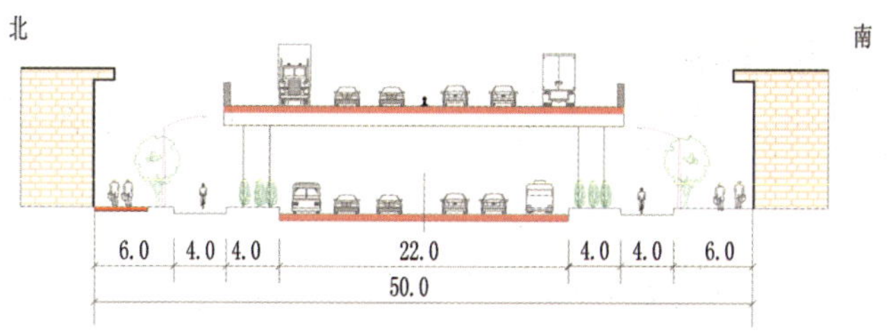

图 11-15　西港路—平江路段规划横断面

江北快速干道沿线交通节点共 8 处，其中一级交通节点 1 处，为二七长江大桥立交；二级交通节点 4 处，包括二七路立交、谌家矶立交、武湖立交以及平江路立交；三级交通节点 3 处，包括黄浦路交叉口、沙口立交以及界埠路立交。根据各个交通节点的级别及其功能定位，确定具体交叉口形式及立交方案。

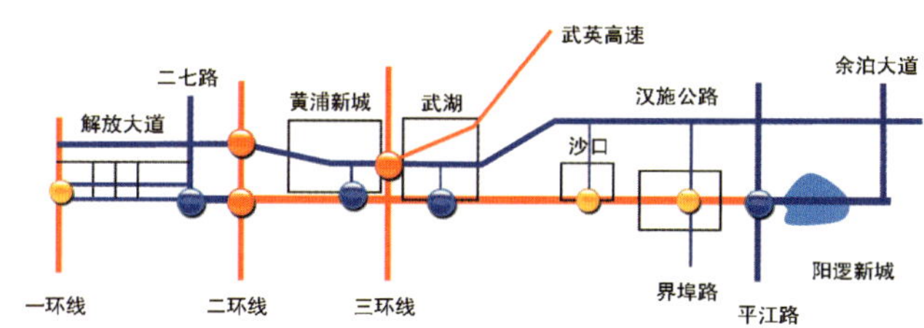

图 11-16　江北快速干道交通节点分级示意图

（4）排水规划。

①雨水系统。

根据《武汉市总体规划修编（2006—2020 年）》中的排水系统划分，江北快速干道分属于黄浦路排水系统、后湖六合沟排水系统、八厂联防排水系统、朱家河排水系统、武湖胜海湖排水系统、武湖泵站河排水系统、阳逻西港排水系统和阳逻柴泊湖排水系统。

②污水系统。

根据《武汉市总体规划修编（2006—2020 年）》中污水处理厂服务范围划定，长江二桥—二七大桥路段属于黄浦路污水处理厂（Q=10 万 m^3/d）服务范围，二七大桥—新河路段属于三金潭污水处理厂（Q=40 万 m^3/d）服务范围，新河至泵站河路段属于武湖污水处理厂（Q=7 万 m^3/d）服务范围，西港路—余泊路段属于阳逻开发区污水处理厂（Q=28 万 m^3/d）服务范围。

4）工程量及投资估算

依据规划设计方案，估算工程总投资为 25.8 亿元，其中江北快速干道需投资 25.3 亿元，沿江大道拓宽工程投资约 0.5 亿元。

按道路段划分投资为江滩三期段 1.7 亿元、二七府河段 10.7 亿元、黄陂段 8.4 亿元、阳逻段 4.5 亿元、沿江大道拓宽工程 0.5 亿元；按工程类别划分为：建安费 16.5 亿元、征地 5.7 亿元，拆迁 1.4 亿元，二类费用 1.5 亿元，配套工程 0.7 亿元，如表 11–4 所示。

江北快速干道道路排水修建规划投资估算表（单位：亿元） 表 11–4

	江滩三期段	二七府河段	黄陂段	阳逻段	沿江大道拓宽工程	合计
建安费	0.78	6.20	5.70	3.80	0.30	16.78
征地费	0.73	3.00	1.52	0.43	0.00	5.68
拆迁费	0.00	0.76	0.60	0.05	0.06	1.47
工程配套费	0.08	0.16	0.00	0.00	0.09	0.33
二类费用	0.15	0.56	0.57	0.22	0.04	1.54
合计	1.74	10.68	8.39	4.50	0.49	25.80

11.3.3.2 武汉市人行天桥修建规划

1）规划背景

人行立交属于慢行交通系统的一部分，而慢行交通系统是一种绿色、健康、环保、可持续的交通系统，慢行系统的建设符合武汉市“两型社会”的要求，同时对于缓解城市交通压力，解决居民短距离出行不便等问题都有十分重要的意义。近年来，从中央到地方都注重改善民生、提倡低碳生活，并体现在武汉市政府工作报告和“十二五”规划纲要中。2010 年、2011 年连续两年武汉市政府将人行立交的建设纳入“十件实事”，一大批天桥项目经过了修建规划阶段，并最终建成投入使用。现以万松园横路人行天桥为例，对武汉市人行天桥修建规划的主要步骤加以阐述。

2）人行立交的选址

万松园横路天桥的选址主要考虑了以下几个因素：

（1）现状交通设施。青年路建设大道至解放大道路段全长 1590m，沿线仅万松园横路路口为灯控路口。路段中已有两座人行天桥，分别为雪松路人行天桥和航空路人行天桥，两者相距 880m。

（2）周边规划情况。规划轨道 2 号线青年路站位于航空路天桥以北。

（3）区域人行流向。万松园横路连接妙墩路和万松园路两个商业区，是人流的主通道。

（4）现状交通流量。路段高峰小时车流量为 6650 辆，过街行人流量约 3260 人，非机动车流量约为 1145 辆。

根据道路沿线的情况和远期规划，考虑人行主流向，确定将人行天桥布置于万松园横路路口。

3）人行立交桥位的落定

在选址确定的基础上，桥位选定要妥善处理拟建天桥与周边建筑、轨道线、现状管道和城市道路之间的关系。

图 11–17 人行天桥

（1）与周边建筑的关系。该路口周边的建筑仅新一佳购物广场和楚天星座退后红线距离较多，为了保障天桥之外有足够的人行和非机动车行驶空间，确定将天桥布置于万松园横路路口北侧。

（2）与轨道线的关系。规划轨道2号线西侧控制线与道路红线较近，为避让轨道线，在与新一佳业主沟通协商之后，规划将天桥西侧的梯坡道立于道路红线以外新一佳用地范围内。

（3）与现状管线的关系。为避让东侧的电力管沟，规划未将天桥东侧的梯坡道临路缘石设置。

（4）与城市道路的关系。考虑到道路远期改造的可能性，规划未在道路中间设置桥墩。

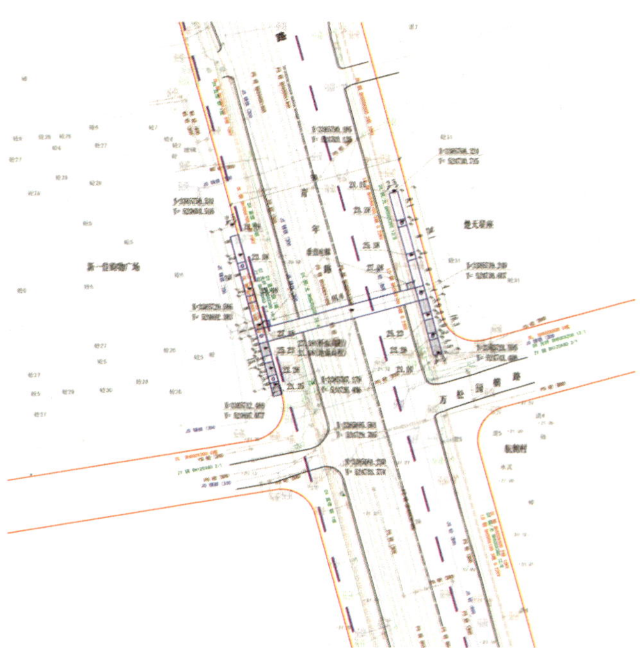

图11–18 万松园横路人行过街天桥平面布置图

4）技术参数的确定

（1）天桥桥面净宽。

由现场调查可知，过街行人流量约3260人次，非机动车流量约为1145车次。规范中明确一条人行带宽0.9m，一条推车带宽1.0m，通行能力为1400人次/h，由此可推算出此处的人行立交的桥面需2.9m宽。规范要求天桥桥面净宽不宜小于3m，同时考虑远期过街人流量的增加，规划确定该处人行天桥按照4m的净宽进行建设。

（2）梯坡道的净宽。

按照天桥与地道每端梯坡道净宽之和应大于主通道净宽的1.2倍以上的规范要求，将该天桥梯坡道的净宽确定为2.5m。为了方便过街行人，同时考虑非机动车的推行，将坡道按照梯道带坡道的方式建设，并按照规范要求，两侧设置了0.4m的坡道。

（3）人行立交的净高。

天桥的净高：因为该人行天桥下为机动车道，同时考虑到该处有电车通过，按照规范要求将该天桥的净高确定为5.0m。规范要求非机动车道处天桥最小净高为3.5m，人行道处净高为2.5m（最小为2.3m），考虑为道路远期拓宽改造预留空间，该天桥将桥下净空均确定为5m。

地道的净高：地道通道的最小净高为2.5m。地道梯道踏步中间位置的最小垂直净高为2.4m，坡道的最小垂直净高为2.5m，极限为2.2m（图11–19）。

（4）梯坡道的坡度。

将梯道的坡度设置为规范要求的最大值1：2，将踏步设计为宽0.3m、高0.15m，满足$2R+T$=0.6m的规范要求（其中R为踏步高度，T为踏步宽度）。

受道路资源的限制，规划将坡道坡度设置为1：4，仅满足手推自行车和童车的通行，不满足1：10（无障

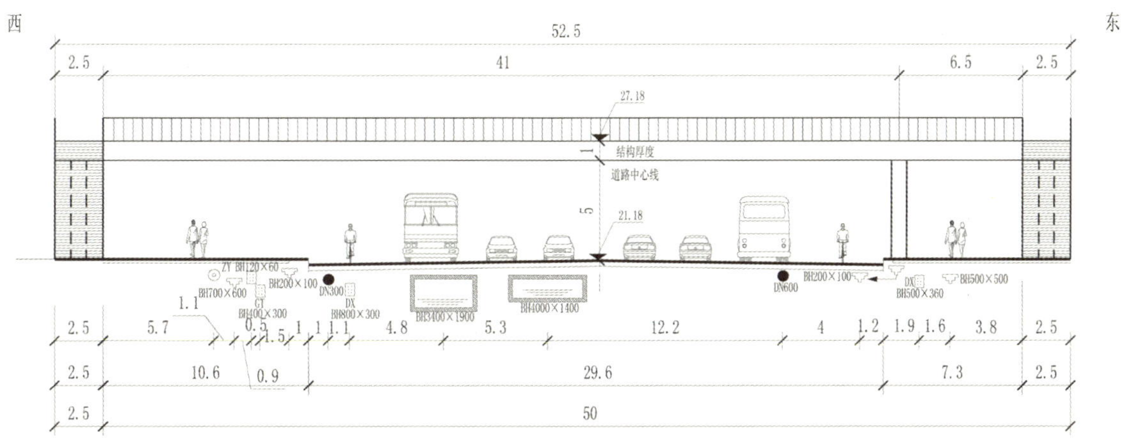

图11–19 万松园横路人行天桥规划横断面

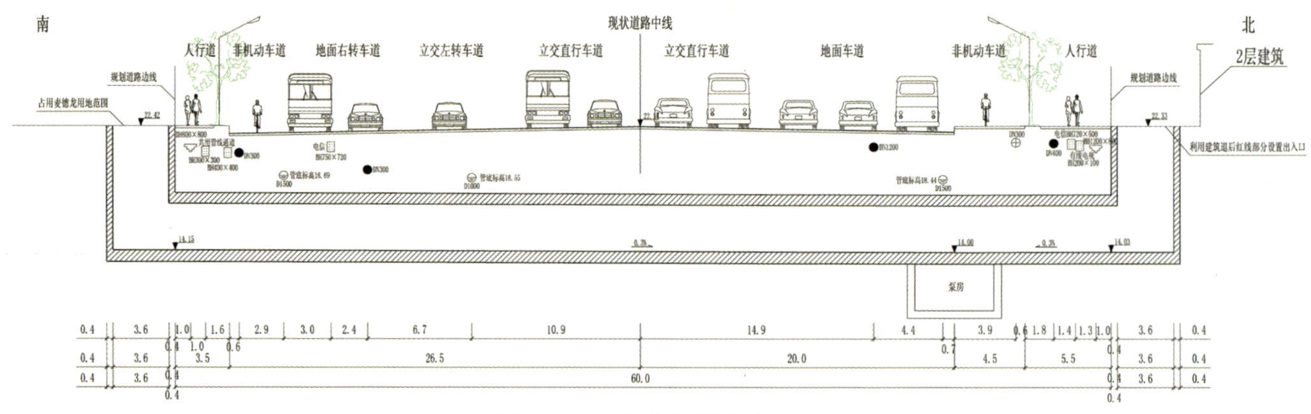

图 11-20　麦德龙地道规划断面图

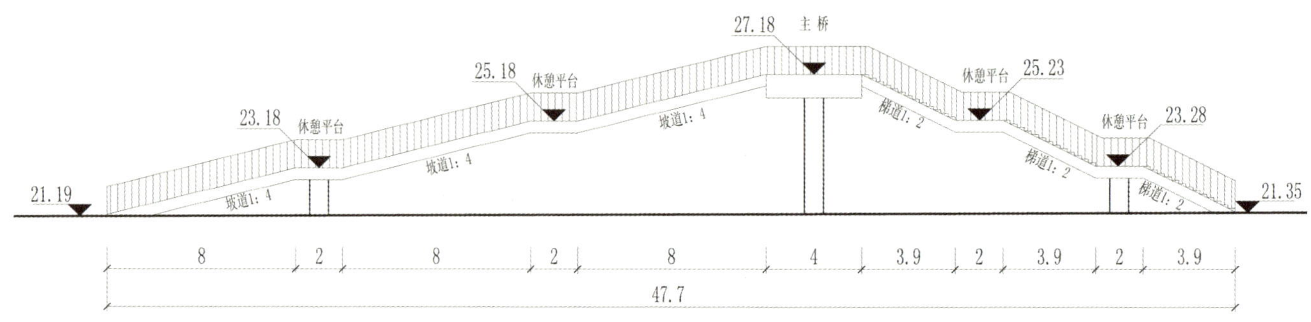

图 11-21　万松园横路天桥西侧梯道剖面图

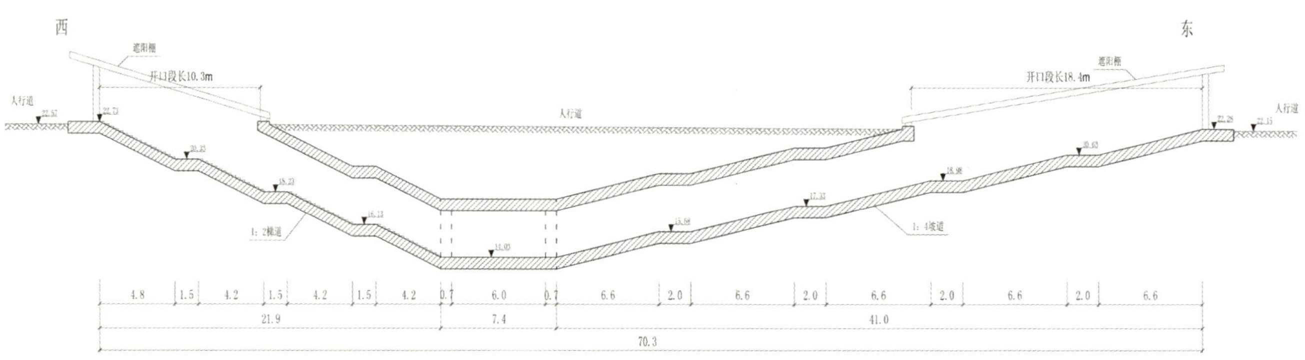

图 11-22　麦德龙地道北侧梯坡道剖面图

碍设计规范要求的坡度为 1 ：8)的残疾人坡道设置要求，为满足无障碍设计要求，规划在天桥两端设置垂直电梯。

(5) 休息平台的设置。

在该天桥的规划中，在梯道踏步每上升 13 级（规范要求≤ 18 级）时设置了一个 2m 深（规范要求≥ 1.5m）的休息平台；在坡道中，考虑自行车推行，按规范要求设置了 2m 深的休息平台。

11.3.3.3　游艺路公共停车场实施规划

在公共停车场布局规划的基础上，为了进一步推动停车场建设，武汉市交通规划设计研究院组织编制了多个公共停车场的选址规划、项目建议书和工程可行性研究，现以游艺路公共停车场为例作简要介绍。

1）项目背景

近年来，随着武汉市经济的迅猛发展和城市功能的不断增强，城市机动车的拥有量及外来机动车数量急剧增加，城市停车需求增长较快，由于公共停车场建设相对滞后等原因，武汉市主城区停车设施建设远远滞后于需求的发展，城市中心城区不同程度地发生了占道停车、违章停车、停车位严重不足等停车问题，“停车难”已引起社会的广泛关注。市政府在 2010 年政府工作报告中提出把加快公共停车场建设作为政府工作 10 件实事之一。

为了实现市政府 2010 年政府工作报告中提出的加快公共停车场建设、新增 1 万个公共停车泊位的目标，武汉市城投停车场公司计划在中心区停车问题比较突出的区域建设一批公共停车场，其中游艺路公共停车场是近期迫切需要建设的点位之一。受武汉市城投停车场公司委托，在游艺路公共停车场选址规划的基础上，武汉市交通规划设计研究院开展了游艺路公共停车场项目建议书编制工作。

2）停车场选址

根据区域现状停车及用地、规划用地布局等因素，并考虑用地满足上位规划要求、周边区域停车需求大、可实施性较强、能够有效改善区域城市面貌的前提下，规划在游艺路与顺道街东南侧地块选择点位建设游艺路公共停车场。

3）停车场规划布局

游艺路公共停车场的停车需求主要考虑三个方面的内容，一为随着机动车拥有量的增加，停车库周边区域新增的小汽车停车需求；二为周边区域已开发成熟用地的配建停车缺口；三为在该区域实施适度从紧的停车发展策略，将限制小汽车的增长。

游艺路公共停车场需求预测表　　　表 11-5

	开发成熟区	开发未成熟区	合计
面积比例	70%	30%	—
现状停车需求 / 个	245	105	—
预测停车需求 / 个	490	—	700
需求管理系数	0.6	—	—
总停车需求数 / 个	295	—	295
路边施划个数 / 个	85		
游艺路公共停车场需求数 / 个	210		

综合上述分析结果，预测游艺路公共停车场 300m 半径覆盖范围内停车需求约 295 个。鉴于区域商铺较多，利济东街、民意四路等道路条件较好的实际情况，规划沿利济东街、民意四路等道路一侧设置约 85 个路边临时停车泊位，从而得到游艺路公共停车场的停车需求约 210 个，最小用地面积为 5900m^2。

在需求预测基础上，规划在游艺路公共停车场地块结合城市绿化进行公共停车场建设，结合交通组织要求，对游艺路公共停车场进行了初步的方案规划，具体如图所示。规划在地块北侧建设城市绿地，在绿地下面建设立体停车库，并沿地面道路一侧设置地面停车泊位，要求保证提供 210 个公共停车泊位。

为了扩大游艺路公共停车场的覆盖范围，提高停车泊位的利用效率，方便各个方向的车辆进出，规划设置了 2 个机动车进出口。其中，沿顺道街和游艺路分别设置了一个地下车库进出口，北向的车辆可以通过顺道街进出地下停车库，南向的车辆可以通过游艺路进出地下停车库。

图 11-23　停车场交通布局及组织方案图

4）财务评价

（1）投资估算。

建设投资估算：根据相关费用计算标准，估算得到游艺路公共停车场项目建设总投资为 21342 万元。

建设期利息估算：游艺路公共停车场项目建设期为 1 年，建设期一次性贷款 14940 万元，贷款年利率为 6.14%，建设期贷款按半年计息，建设期贷款利息为 459 万元，待项目建成投入使用后用营业收入逐年偿还本息。

流动资金估算：根据武汉市城投公司以往经验及同类相关项目调查，项目预计投入流动资金 200 万元，在项目启动后进行投入。

总投资估算：据国家和有关部门关于项目总投资的规定，按上述三项估算汇总，本项目的总投资为 22001

图 11–24　游艺路公共停车场效果图

万元。

（2）资金来源与运用方案。

本项目建设期为 1 年，总投资额为 22001 万元，全部来源于武汉市城建资金。其中，资本金投入 6403 万元（30%），债务资金投入 14940 万元（70%），资本金和债务资金全部用于建设投资，项目建成前预租收入中提取 459 万元用于偿还建设期贷款利息，提取 200 万元用于流动资金。

（3）项目盈利能力分析。

参照《建设项目经济评价方法和参数》（第三版）中市政设施建设项目财务基准收益率设定为 10%。

损益表与静态盈利能力。

根据损益表（表 10–11）计算出本项目各项财务评价指标如下：

①投资利润率 = 所得税前利润总额 / 总投资额 × 100%=30%

②投资利税率 =（所得税前利润总额 + 营业税金及附加）/ 总投资额 ×100%=45%

③投资净利润率 = 所得税后利润总额 / 总投资额 × 100%=15%

④投资净利税率 =（所得税后利润总额 + 营业税金及附加）/ 总投资额 ×100%=30%

（4）财务现金流量表及动态盈利能力分析。

根据财务现金流量表（表 10–12）计算出本项目各项财务评价指标如下。

①财务净现值：所得税前财务净现值为 1033 万元。

②财务内部收益率：税前财务内部收益率 8.43%。

③项目静态投资回收期：项目静态投资回收期为 13.2 年。

④项目动态投资回收期：项目动态投资回收期为 20 年。

从上面的各项指标可以看出，项目运营 20 年后所得税前财务净现值为 1003 万元，财务内部收益率为 8.43%，项目在财务上基本可行。

11.4　交通设施用地控制规划

11.4.1　目的和意义

用地控制是交通规划的重要内容，主要包括对交通场站的用地控制、道路和轨道交通沿线的用地控制等，是“规划一张图”和“五线”管理的重要组成部分，同时也是保证交通设施建设顺利实施，促进用地开发有序推进，统筹协调交通设施与城市建设关系的重要保障。

交通设施用地控制一般包括道路红线控制、轨道交通沿线用地控制、公共交通场站用地控制、公共停车场用地控制等内容，此处着重介绍轨道交通沿线的用地控制。

11.4.2 规划案例

武汉市轨道用地控制规划

1. 规划背景

2009 年武汉市编制完成了《武汉市轨道交通建设规划线路沿线及周边用地控制规划》，并纳入了市规划局“规划一张图”管理，较好地服务了规划管理工作。武汉市城市建设步伐越来越快，为保证轨道交通建设顺利实施，促进轨道沿线用地开发有序推进，统筹协调轨道与城市建设的关系，2010 年继续开展轨道交通用地控制规划的编制工作，在 2009 年成果基础上，将 4 条远景轨道线路纳入，完成整个武汉市 540km 的轨道线网的用地控制规划工作。以更好地指导城市规划管理工作，保证轨道交通建设与城市土地开发协调发展，促进城市各项建设顺利推进。

2. 规划内容

1）轨道线路控制标准

轨道交通线路中心线两侧各 15m 为轨道交通建设用地控制线，用地控制线外两侧各 20m 为轨道交通建设影响线。轨道交通的建设用地控制线等同于城市道路红线，轨道交通线路（含比选线路）用地控制范围内，不得审批新建、改建、扩建任何建、构筑物；在轨道交通建设影响线范围内需进行建设的项目，必须提供具有轨道交通设计资质的单位做出的轨道交通建设工程影响评估报告，经审查同意后方能进入下一步审批程序。

2）轨道站点的控制标准

目前已有建筑方案的车站，按车站主体结构、出入口、风亭和冷却塔等结构边线外 10 ～ 15m 控制。目前还无建筑方案的车站，按长 250m、宽 100m 控制。

3）轨道交通快线的技术标准

快线的设计速度：在主城区快线可以取 100km/h 与 120km/h 设计速度，行车时间相差很小。从经济合理性角度考虑，武汉市快线设计车速为外围区 120km/h，主城区 100km/h。

快线的运营速度：从时间目标分析，武汉市快线适宜的运营速度为外围区 60 ～ 80km/h，主城区 45 ～ 55km/h。

快线的站间距：快线的目标速度越高，需要的站间距就越大，轨道交通受启动、制动距离的限制，100km/h 设计车速的列车适用的站间距为 1.5km 以上的线路；120km/h 设计车速的列车适用的站间距为 2.5km 以上的线路。最终确定武汉市快线适宜的站间距，外围区为 2.8 ～ 5.6km，主城区为 1.6 ～ 2.4km。

快线的平面最小曲线半径：设计车速 120km/h，A 型车一般情况下最小曲线半径 1000m，困难情况下 800m，B 型车一般情况下最小曲线半径 800m，困难情况下 600m；设计车速 100km/h，A 型车一般情况下最小曲线半径 650m，困难情况下 550m，B 型车一般情况下最小曲线半径 550m，困难情况下 450m。

4）轨道交通普线的技术标准

普线的设计速度 80km/h，普线运营速度为 30 ～ 40km/h，平均站间距为 1 ～ 1.5km，A 型车一般情况下平面最小曲线半径 450m，困难情况下 400m，B 型车一般情况下平面最小曲线半径 400m，困难情况下 350m。

5）轨道车辆基地的控制标准

车辆段折合面积建议值定为每辆车 500 ～ 800m^2，供快线使用的车辆段建议采用高指标，供普线使用的车辆段建议采用低指标。停车场按远期线路配置车辆预留用地指标为 300m^2/ 辆，采用一股道停放两组列车方式，虽然在运用上增加一些调车作业，但对土地资源的利用是合理的，A 型车尺寸较大，应适当增大，停放车面积可在此基础上增大 20% ～ 24%。

根据建设规划线网方案，规划控制 15 处车辆场（段），其中规划古田、常青花园、青山和长丰综合检修基地 4 处，三金潭、老关村和野芷湖车辆段 3 处，硚口路、中山北路等 8 处停车场，规划控制用地面积共 438.9hm^2。

6）轨道主变电所与控制中心控制标准

轨道交通主变电所的站址选择应位于轨道交通负荷中心，同时兼顾征地方便。主变电所均采用户内式，占地面积为 2500 ～ 4000m^2；主变电所尽量和城市公用变电所合建，占地面积为 6000 ～ 8000m^2。

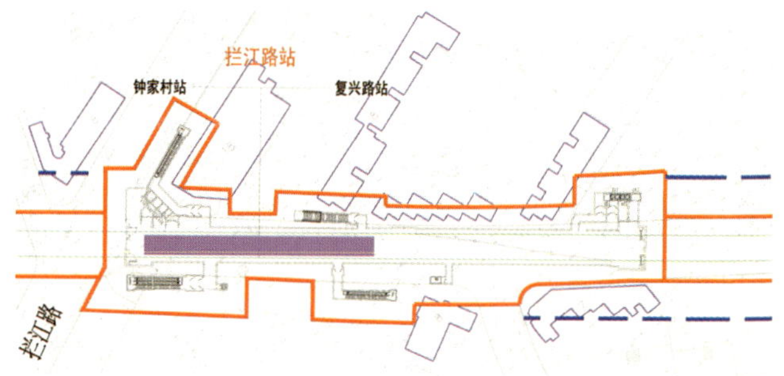

图 11-25　轨道 4 号线拦江路站用地控制

结合武汉三镇的地理位置情况、已运营线路情况、在建线及已规划线路各线建设的时序，可选三座区域控制中心，考虑硚口路控制中心已使用，铁机路控制中心正准备建设，建议在建设大道与高雄路西北象限建设一个控制中心。

7）“P+R”停车场控制标准

主城以外的车站根据需求可设置中小型“P + R”停车场，规模在 50 ~ 500 车位，为居住、工作在外围的出行者提供小汽车换乘轨道交通的服务，主城内原则上不设置“P + R”停车场。用地紧张情况下，可结合周边商业开发采用立体式、增加邻近建筑配建指标联合使用、绿化停车（不改变绿地性质）等方式满足衔接需求。

8）其他控制标准

联络线的最小曲线半径：A 型车一般情况下平面最小曲线半径 250m，困难情况下 150m，B 型车一般情况下平面最小曲线半径 200m，困难情况下 150m。

正线及辅助线上两相邻曲线间的夹直线长度（不含超高顺坡及轨距递减段的长度），A 型车不宜小于 25m，B 型车不宜小于 20m，在困难情况下不得小于一个车辆的全轴距；车场线上的夹直线长度不得小于 3m。

车站宜设在直线上，若设在曲线上，则平面曲线半径不小于 1000m。

正线的纵断面最大坡度不宜大于 30‰，困难地段可采用 35‰，联络线、出入线的最大坡度不宜大于 40‰。

3. 实施效果

目前，规划成果已经纳入市规划局“规划一张图”，成为其规划项目审批工作的重要依据，为促进武汉市城市土地开发利用和城市各项建设顺利实施作出了重要贡献。

图 11-26　轨道 4 号线沿线用地规划图

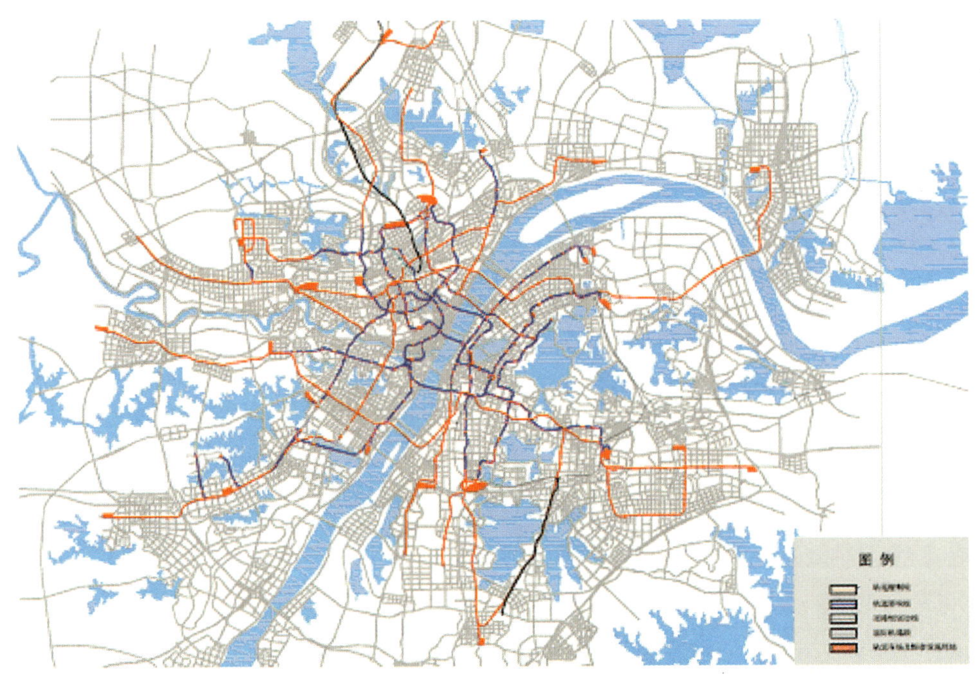

图 11-27　武汉市轨道交通用地控制图

11.5 交通组织规划

11.5.1 目的和意义

由于交通设施不能无止境地供给，应对日益增长的交通需求和交通运行的瞬时性、动态性特征，精细化的交通组织管理有利于挖掘既有道路交通设施的潜力，实现不同运输方式效益的最大化，增强交通的可达性，提高交通安全性，增加社会效益和经济效益。

交通组织在交通规划实践中占有重要的地位，尤其在很多实施性规划中，交通组织方案作为对交通需求的反馈，直接决定交通设施的供给和交通管理措施的实施。交通组织通常分为常态下交通组织和特殊时期交通组织，在进行片区的交通规划、近期交通整治方案、交通影响评价等规划中，交通组织都是规划成果的重要组成部分；而专门的交通组织规划通常在较为特殊的时段或状态下开展，如轨道站施工期间、道路改造施工期间和大型活动举办时期。武汉对每条开工建设的轨道线、对施工影响较大的道路提升改造项目都实施了施工期间交通组织规划；同时，对近年来众多大型活动，如辛亥革命百年庆典、六城会、八艺节、大型会展和博览活动也编制了大型活动期间的交通组织规划。

11.5.2 主要内容

施工期交通组织规划和大型活动交通组织规划所面临的交通问题、供需矛盾，采取的策略和规划的内容都存在较大的差异，现分别予以论述。

11.5.2.1 施工期交通组织规划的主要内容

开展施工期间交通组织方案研究，对于正确客观评价施工对城市交通的影响，提高政府保障公共安全和处置突发公共事件的能力，最大限度地预防和减少其造成的损害，提出合理可行的施工区域交通组织方案与改善建议具有非常重要的意义。施工期交通组织规划的主要内容如下。

1）制定合理的交通管理措施

施工期合理的交通管理措施是城市交通正常运行的重要保障，包括：①优化信号配时方案，提高交叉口通行能力；②禁止占道停车，组织单向交通提高道路通行效率；③组织区域交通循环系统，包括单循环交通，分时段、分车型禁止通行等；④其他措施，如错峰出行、单双号出行等。

2）优化路网结构，改造平行道路，强化节点转换功能

站点施工期间占用道路资源，折减的交通量必然分流到周围路网中去。为保证分流效果，通过改造与被占道路平行的道路及相关区域交叉口，提高交叉口通行能力和转向能力，使路网的总通行能力达到分流要求，使折减的交通量高效率地转换到路网中去。

3）增加交通供给

增加交通供给以满足施工期交通量需求：①新建分流道路、桥梁，打通断头路提高分流效率，拓宽被占道路提高通行能力；②提前完成或暂缓相关占用道路工程建设，留出道路资源，保证必需的施工道路交通需求宽度；③改现状平面交叉为立体交叉，新建跨线桥等。

4）完善区域交通标志、标牌、标线及诱导信息系统

科学、完备的交通标志、标牌对城市交通的正常运行起着重要作用。例如，在禁限区外围通过警告标志警示前方施工，车辆绕行，通过指路标志告诉道路使用者绕行线路，禁令标志提醒道路使用者禁止停车等。完善指示标志、停车诱导信息系统等，保证施工期交通组织方案和管理措施的顺利实施。

5）优化公交运行线路，实现公交优先

优化公交运行线路，将地铁施工对公交运行的影响降到最低，同时，在主要道路上实行公交优先政策，提供公交分担率，加强舆论宣传，鼓励市民尽量选择公交出行等。

11.5.2.2 大型活动期间交通组织的主要内容

大型活动是指主办者向社会公众举办的演出、体育比赛、展览、招聘会等群体性活动，当参加人数达到一定规模，会对城市日常交通形成某种程度的影响，因此需要制订详细的交通组织管理方案。大型活动交通与城市日常交通在需求、组织和管理上存在较大的差别，具有交通需求量大且集中，设施和运输压力大，交通服务具有层次性，时间可靠性要求高，交通组织涉及单位多，沟通协调工作量大等特征。

大型活动期间交通组织规划的关键理念是交通分离，从类别上包括不同人员的交通方式分离、大型活动交通与日常交通的分离、机动车与非机动车交通的分离、客运与货运的分离，从形态上还包括时间分离和空间分离。其主要包括以下内容。

1）机动车交通组织

对团队大巴、公交车、出租车、小汽车及VIP车辆进行分门别类的交通组织，合理划分交通流线，采取适当的交通管制措施，保障大众及重要群体交通的可达性、准时性、可靠性。

2）停车及停车换乘系统规划

根据需求合理控制停车泊位，并结合机动车交通组织方案，科学划分停车功能分区，以停车场的布局和相应的交通管理措施作为交通组织规划的重要控制手段，保证大型活动机动车交通的畅通、有序。

3）公交及公交换乘系统

在各种交通量大且聚集的大规模的活动中，公共交通是解决交通出行的重要交通方式，公共交通运行的好坏将直接关系到整个交通系统运行的成功与否。公交站场和换乘枢纽要与交通组织方案和停车场布设有效衔接，通过枢纽的转换，构筑多方式、立体化、差异化的交通集散系统。

4）应急交通组织

大型活动举办期间，将面临各种突发事件，交通组织规划除了保证交通运行的通畅之外，还要提出在紧急情况出现时的紧急预案，确保大型活动相关的人员及场馆在各种突发紧急事件下的安全有序，保证活动的顺利成功进行。

5）交通需求管理

很多情况下，大型活动规模庞大，主会场周边承受着极重的交通压力，以常规的交通组织和管理手段仍无法保证道路交通的供需平衡，可以在尽可能少的扰民基础上，压缩日常需求，对活动交通实行需求管理。

11.5.3 规划案例

11.5.3.1 二环线（汉口段）施工期交通组织

1. 项目概况

二环线汉口段（江汉二桥—二七长江大桥引桥）道路工程西起江汉二桥，东接二七大桥江北岸引桥，由现状汉西段、发展大道段和二七段组成，东西横贯汉口北部区域，道路全长约11.1km。由于该工程是一项影响重大的交通建设项目，项目施工期间必须做好交通组织工作，最大程度降低施工对道路人流、车流的影响，满足区域正常生产、生活出行的基本要求。

2. 现状道路条件

二环线汉口段沿线经过建一路、汉西路、发展大道、二七路等，东西横贯汉口北部区域，沿线与建设大道等25条干线级别以上道路相交，道路红线宽50～70m，现状承担了重要的交通功能。发展大道（复兴村—竹叶山路段）高峰流量已达到5000pcu/h以上，服务水平处于D～F级，交通运行拥挤；汉西路高峰流量为3200～

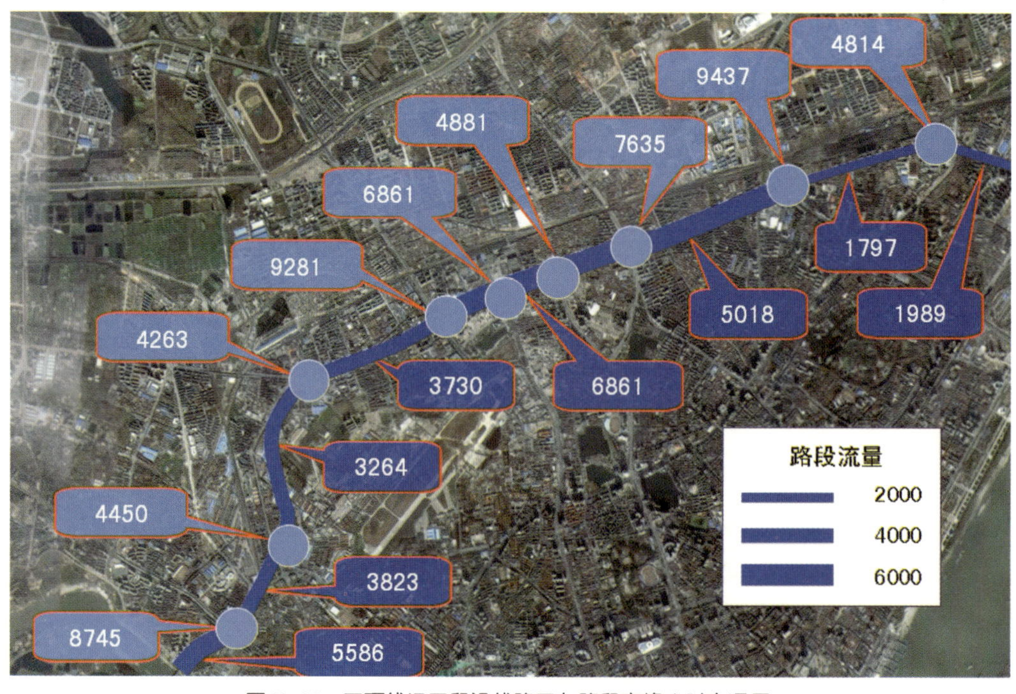

图11-28　二环线汉口段沿线路口与路段高峰小时交通量

3800pcu/h，服务水平处于C～D级，交通也较为繁忙；现状仅二七路交通压力小，比较畅通。

3. 施工影响分析

根据施工顺序，先期的拆除路面花坛、地下管线迁改以及打围施工桥梁结构下部结构，对交通的影响相对较小，整个二环线汉口段50～70m红线宽的道路基本能够保障现状的通行能力；关键是打围施工桥梁结构上部结构和隧道主体时，由于围挡面积大、占用道路资源多，所以对沿线以及区域的交通影响较大，因此必须做好该时期的交通组织与疏解。

4. 施工期交通组织总体方案

为减少二环线汉口段施工期对周边区域交通的影响，在采用局部4车道方案的同时，需改善二环线汉口段分流道路通行条件，并采取一定的交通管制措施。

1）发展大道北侧分流道路

由于发展大道北侧是铁路，现状与之平行的道路均在铁路以北，主要有兴业路、红旗渠路、常青一路。总体上，由于铁路分割，发展大道北侧平行道路的分流作用有限。

2）发展大道南侧分流道路

根据现状路网，发展大道南侧有一定的分流条件，因此发展大道局部地段不能保证双向6车道的路段，要优先保证发展大道北侧为3车道，同时重点打通南侧分流道路。建议施工期间形成振兴路—后襄河路—马场路、唐蔡路—江大路一线的分流通道，主要分流发展大道南侧的部分交通流。

3）汉西路分流道路

汉西路东侧是王家墩待开发区，西侧是铁路线，因此区域道路分流条件依然很缺乏，能够利用的分流道路主要有两条：一条是汉西二路，现状双向4车道，交通流量小，能够起到一定的分流作用；另一条是即将要通车的淮海路，规划双向4～6车道，它是王家墩内部道路，也是长丰大道的延长线，淮海路的建成通车将有效分流二环线汉口段的交通压力。

同时，二环线汉口段施工时期，应做好标志、标牌设置，有效引导车流到分流道路。

4）交通管制措施

鉴于二环线汉口段现状交通繁忙，施工期间沿线交通必将产生不同程度的拥堵，为保证施工道路的车辆安全顺畅通行，有必要采取一定的交通管制措施。

（1）限制货运措施。

如果在二环线汉口段全线采取限制货运措施，对前述的局部4车道方案进行测试，由于货运交通在整个道路交通流量中所占比例有限，因此在实施货运交通限制措施后，对道路交通改善并不可观，所以必须考虑其他交通管制措施。

（2）小汽车单双号控制措施。

如果在二环线汉口段全线采取小汽车单双号控制措施，对前述的局部4车道方案进行测试，由于单双号控制是一项比较严重的交通管制措施，全线实施单双号控制会使得沿线交通流量大幅降低。因此，我们建议在桥梁上部结构施工时期（交通影响最严重时期），可以考虑对复兴村—竹叶山路段实施小汽车（不包括出租车）单双号控制。

此外，在施工期间，对施工车辆也应进行交通管制，只允许施工车辆21：00至次日早晨6：00进出施工区域。

5）公交调整措施

公交调整要遵循以下原则：一是保证二环线汉口段建设顺利进行，公交调整与施工交通协调；二是在道路资源有限的情况下保障公众利益，体现公交优先；三是在条件许可的情况下，实现公交分流，缓解施工道路交通压力；四是尽量保持公交线网结构，原则上不对公交线网结构作较大调整；五是尽量体现“就近”原则，减少市民出行步行距离和出行时耗。

在桥梁上部结构施工时期，对发展大道（常青路—金桥大道段）重复公交线路通过分流道路进行微调，调整的公交线路共15条：9、207、211、512、533、621、809、534、561、715、719、729、805、807、803。调整的公交线路分别沿发展大道南侧和北侧的分流道路行驶。对于沿线双层巴士，只能沿施工道路最外侧的车道行驶。

5. 各施工阶段交通组织方案

高架道路施工的主要程序为：道路规划红线范围征地拆迁 →拆除现状花坛、清理路面以保证施工期间的通车断面 →地下管线迁改 →打围施工桥梁结构（包括基础、下部、上部、桥面系等）→地面道路、绿化、交通标志、标线施工。

打围施工桥梁结构是整个道路工程的主体施工部分，并且其中的桥梁上部结构施工围挡面积最大、占用道路资源最多，因此是对道路交通影响最大的时期。

1）管线迁改施工期交通组织方案

在管线迁改前，首先应拆除现状道路的绿化带、隔离栏、交通岛和人行天桥等设施，清理路面，完成沿线规划道路红线范围内的征地拆迁工作。根据施工工艺要求，影响桥梁下部结构（或隧道）主体施工的管线必须迁改，其他管线暂时不改。其中，垂直于道路方向、管径 1m 以下的管线迁改，采用暗挖法或盖挖法等方法施工，保证二环线沿线交通不中断。管线迁改施工应尽量保持现有人行道路缘石位置不变。

道路规划红线范围征地拆迁

↓

拆除现状花坛，清理路面

↓

地下管线迁改

↓

打围施工桥梁结构
（包括基础、下部、上部、桥面系等）

↓

地面道路、绿化、交通标志、标线施工

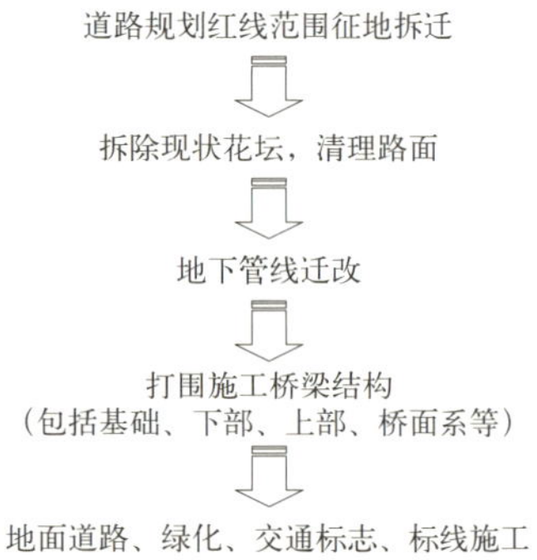

图 11-29 施工顺序

2）桥梁下部结构施工期交通组织方案

下部结构施工围挡一般占用道路宽度 10 ~ 12m，由于二环线汉口段红线宽 50 ~ 70m，在拆除现状绿化、重新布置道路断面后，全线能够保证双向 6 车道的通行能力，并且有足够的行人和自行车通行空间，基本可以维持现状服务水平。

在交通组织方案中应避开已形成的边墩，公交站点的位置根据施工作业面的展开前后调整，尽量保持现有人行道路缘石位置不变。施工中需特别注意对地下管线的保护及改造，同时必须合理安排沿线的交通组织规划及施工工序，以尽量缩短工期，减少对城市交通的影响。

3）桥梁上部结构施工期交通组织方案

打围施工桥梁上部结构是施工围挡面积最大、占用道路资源最多的时期，因此是对道路交通影响最大的时期。根据桥梁边线与规划道路边线的相对关系，分别采用满堂支架或梁式支架法工艺施工。其中，满堂施工对

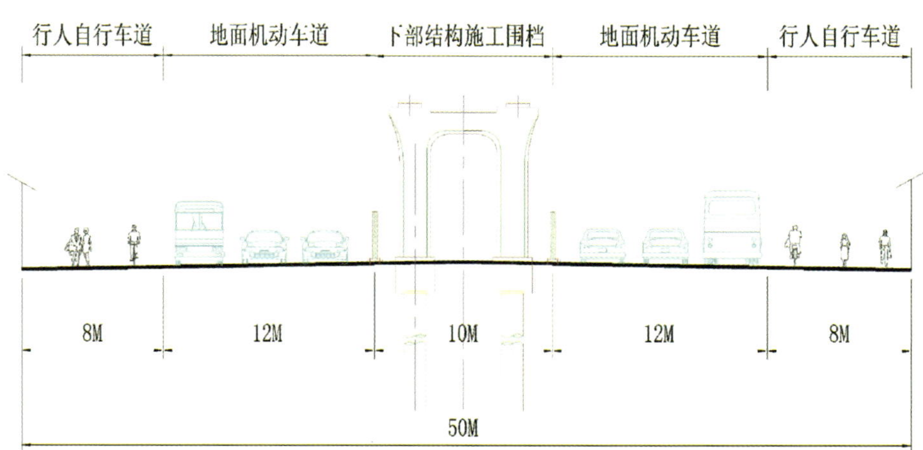

图 11-30 桥梁下部结构施工时期道路断面示意图

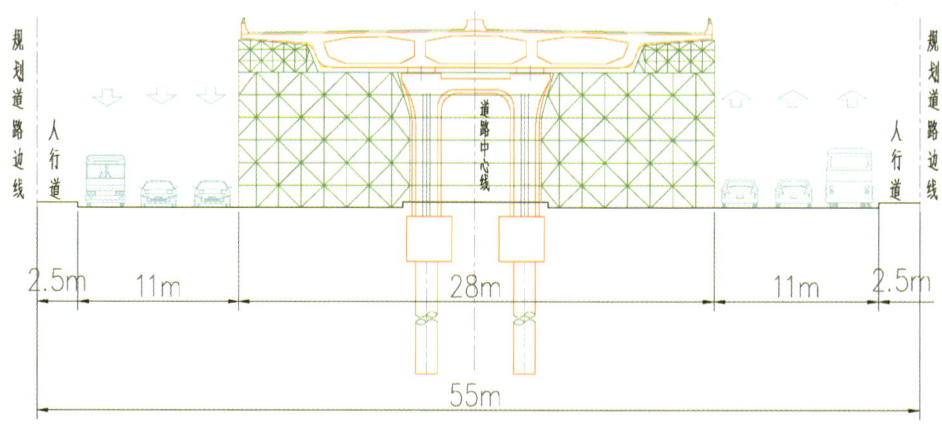

图 11-31 满堂支架法施工断面示意图

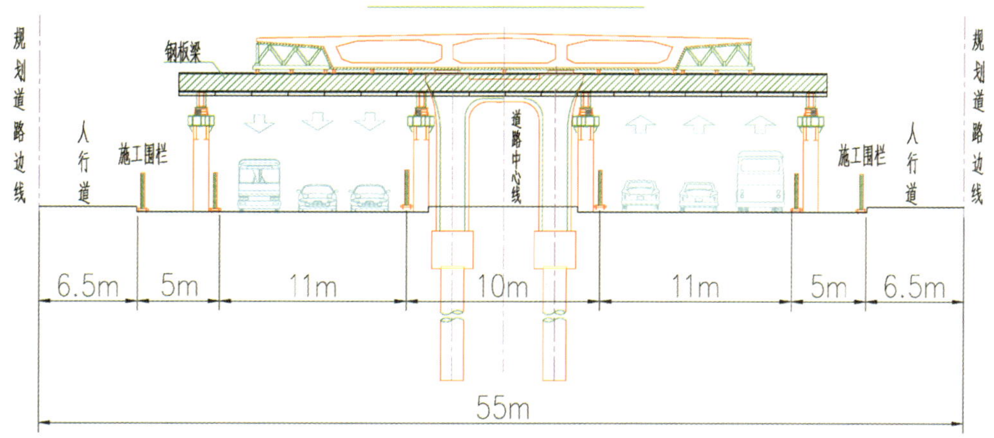

图 11-32 梁式支架法施工断面示意图

道路交通影响最大，围挡占用道路宽度为 28m，满堂施工交通组织应尽量保证双向 6 车道，困难地区保证双向 4 车道；梁式施工保证双向 6 车道。

11.5.3.2 辛亥首义百年庆典交通保障规划

1. 项目概况

2011 年是辛亥革命 100 周年，这是继我国“改革开放 30 周年、新中国成立 60 周年”后，举办的又一重要纪念活动。武汉市作为辛亥革命的爆发地，正在积极争取成为百年庆典的主会场，届时全球华人将聚焦武汉，对进一步提升武汉市国际影响力、促进城市跨越式发展具有重要的意义。

2. 交通保障能力评估

通过对城市道路系统和交通运行状况进行评估，发现主要存在以下方面的不足：一是综合交通枢纽地位全面提升，城市各项配套设施建设相对滞后；二是道路骨架系统尚未形成，交通拥堵仍然严重；三是重大项目建设集中期，交通“排堵保畅”形势严峻；四是庆典期日益临近，武昌首义区周边道路交通设施薄弱。

3. 整体交通保障规划

遵循“保障平稳、突出庆典”的原则，在对城市交通不造成大的影响的前提下，保障庆典嘉宾及游客在对外交通枢纽、配套服务区、庆典活动区及观光游览区之间的交通安全、畅通和舒适。

提出“40—30—15”的时间目标。从天河机场至配套服务区，行程时间控制在 40min 以内；从三大火车站至配套服务区，行程时间控制在 30min 以内；从配套服务区至庆典活动区，行程时间控制在 15min 以内。

4. 通道保障规划

根据庆典需要，规划选取了三类通道，分别为交通性通道、观光性通道和辅助性通道。交通性通道共 24 条道路，包括武汉大道、武珞路、中北路延长线等；观光性通道共有 6 条，包括沿江大道、滨江大道等；辅助性通道共有 4 条，包括二环线北段、友谊大道等。

为保障上述选取的通道在庆典期间的正常运转，为庆典活动提供高品质的交通支撑，结合部分道路的施工状况和其他一些道路的现状情况，确定通道保障道路项目，共 22 个项目，包括新建、改造道路，以及路面维护、加铺等。

庆典期间尚有多条道路上的 7 个轨道站点正在施工，规划提出了针对轨道施工的保障措施，包括：调整相关站点在庆典期间的施工进度；将围挡作临时调整，改善通行条件；改善路面环境，施画标志、标线；美化围挡外观，突出庆典喜庆特色。

为了保障庆典期间贵宾的安全和畅通，在对城市交

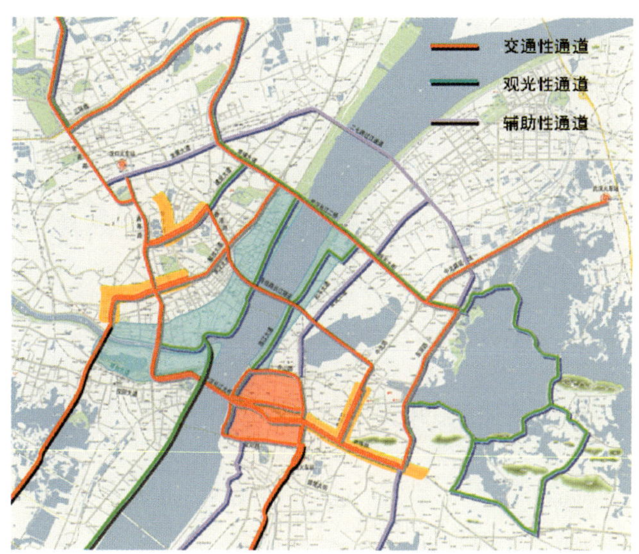

图 11-33 首义百年庆典通道保障规划图

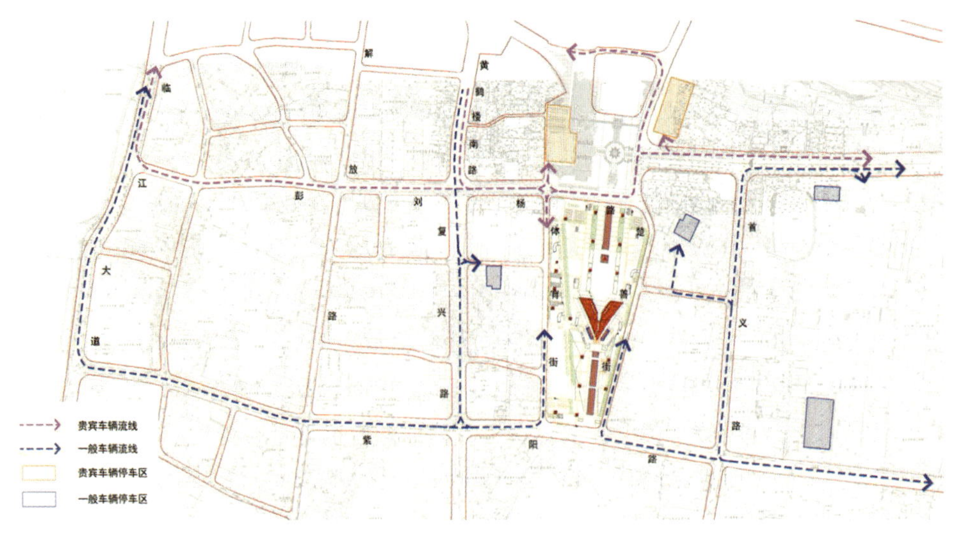

图 11-34　主会场交通组织方案

通没有大的干扰的前提下，建议采取适宜的交通管理，包括单双号管制、信号灯实时调控等措施。

5. 主会场交通保障规划

结合同类活动经验对各类参加活动人员数量及出行方式等进行初步预测，庆典活动将有约 2.1 万人参加，引发小客车数量约 1800 辆，大客车数量 450 辆。

主会场交通保障的总体对策是保障优先权限、完善周边路网、服务充分供给、集约交通疏散、人为干预削峰、时空均衡出行，并采取分区管理的思路。主要的保障措施有：

（1）完善区域道路系统。新建改造主会场周边道路 7 条，包括复兴路、体育街、解放路等。

（2）充分保障停车泊位需求。通过大力建设公共停车场、临时利用周边学校操场、合理施画路边停车线等方式，在庆典期间提供约 2500 个停车泊位。

（3）合理进行交通组织。将交通流分为城市交通流和庆典交通流，庆典车流又分为贵宾车流和一般车流。遵循功能清晰、有效分离的原则，结合道路条件和停车场布置，对各类车流进行精细的组织，确保安全、畅通。

11.6　交通影响评价

11.6.1　目的和意义

随着城市化和机动化水平的不断提高，给世界各地的城市交通带来了越来越大的压力。建设项目（尤其是大型项目）的交通会影响一个或数个街区，街区、交通设施、交通组织方案产生的交通影响会波及一个城市的区域甚至全部，如果建设项目未经全面论证，特别是未经交通论证即进行建设，将会加剧城市交通的紧张局面，为今后城市交通问题留下隐患。因此，要充分论证项目或街区建设所带来的交通影响，根据交通影响的程度判断其选址、类型、规模、开发强度等方面的合理性，提出内部、外部交通设施及交通组织等方面的措施，进而得出结论性意见供政府规划、建设、交通管理等部门决策使用。因此，通过建立交通影响评价制度，有助于促进城市土地利用与交通协调发展，有助于城市均衡发展，保证交通需求处于受控状态，保持交通供需基本平衡，最终建立起能够保证城市可持续发展的交通环境。

11.6.2　主要内容

武汉市的交通影响评价分为两个阶段（选址阶段、方案阶段）和三种类型（规划条件、建筑方案、交通设施），按照建设项目的类型、阶段的不同，交通影响评价分为选址阶段的交通影响评价、规划方案阶段的交通影响评价和交通设施项目的交通影响评价三类。每一个开发项目的交通影响评价所面临的矛盾和问题都不尽一致，两个项目之间只有类似，没有重复。一般情况下，交通影响评价需要论证以下主要内容。

1）选址合理性论证

从项目区位、交通条件等方面评价项目选址的可行性及合理性。

2）建筑性质与规模研究

通过交通影响分析，从交通可接受的角度提出项目建设适宜的性质及规模。

3）提出内外部交通衔接及相关规划设计要求

根据现状及规划交通条件，提出基地周边道路、公交及交通管理等规划方案，进行基地与区域交通衔接组织方案研究。对规划设计条件中涉及交通方面的指标和要求进行明确，如基地公共通道设置、配建停车指标等。

4）总平面布局方案评价及优化

结合项目性质规模、功能分区等因素，对基地内部客流、货流设施布局进行评价，提出总平面布局优化方案，如基地出入口、内部道路布局、出租车站点、卸货区、停车场出入口等，尽量避免内部交通与外部交通、动态交通与静态交通、行人和非机动车交通与机动车交通、客流与货流的冲突和干扰。

5）交通组织方案优化

结合周边交通条件，提出项目区域交通组织及交通管理设施设置的意见和建议、项目建设单位应承担的交通改善义务等。

11.6.3 规划案例

武汉市近年来加大了交通影响评价制度的实施力度，每年都有一大批开发项目经过交通影响评价的论证和优化，从而使交通影响评价制度服务规划管理的职能得到加强，现以下述两个案例介绍武汉市交通影响评价的思路和主要内容。

11.6.3.1 新华西路万达广场交通影响评价

1. 项目概况

新华西路万达广场位于汉口中央活动区北湖片区，东为新华下路，西为新华西路，北为马场路，南为马场角小路。根据规划设计条件，本项目用地规划用地性质为居住用地、商业金融用地，容积率控制在 4.26 以内。总规划用地面积 9.4 万 m^2，总建筑面积 50.8 万 m^2，其中地上建筑面积 40.1 万 m^2，地下建筑面积 10.7 万 m^2，规划地下停车库停车泊位 1812 个，地上停车泊位 57 个。

2. 交通需求预测

根据历年进行的吸引点交通调查和项目功能定位，以中山大道万达广场客流量吸引指标和交通方式为参考，确定 2012 年地块范围内建筑的高峰小时人流引发率指标，预测本项目高峰小时产生吸引客流量为 26015 人次 /h，按预测的交通方式划分，项目高峰小时引发的车流量为 1836 辆 /h。

根据道路流量的自然增长预测，把项目建成后诱增的交通量叠加到周边道路上。新华西路、新华下路及其交叉路口交通流量增加较大，周边道路服务水平大多下降至 D 级，路口服务水平也处于 D 级，交通压力较大。为了保障周边道路交通正常运行，必须进行交通措施改善。

3. 交通改善措施

从积极促进和支持项目开发的角度，针对项目开发区域周边道路交通系统所存在的问题，提出了近期区域道路交通系统改善和优化建议如下：

（1）将新华西路改为双向 6 车道，增加通行能力。

（2）基于新华西路 6 车道方案，优化新华西路—马场路路口，增加进口车道数，提高路口通行能力。

（3）打通马场一路，减轻新华西路交通压力。

（4）改造马场路，提高通行能力，使其起到支路分

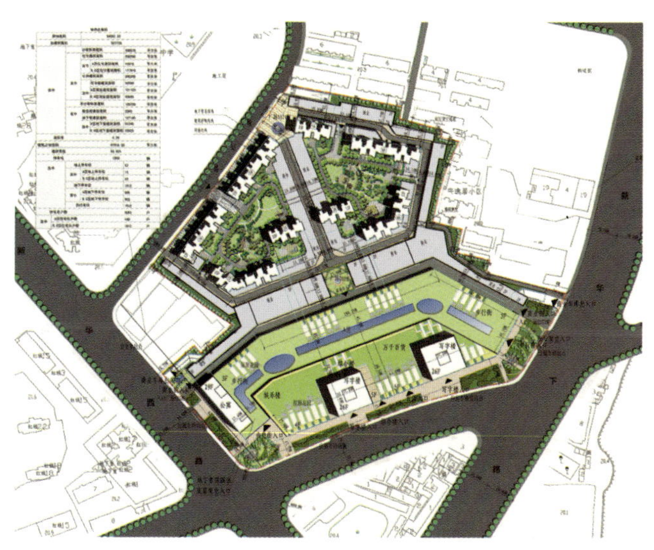

图 11-35　项目平面布置图

图 11-36　交通改善措施图

流作用。

(5) 为缓解新华下路—香港路交叉口的压力，建议增加1条香港路左转新华下路车道数，缩短左转车辆排队长度。

(6) 禁止新华西路—马场角小路路口的马场角小路2个左转，禁止新华西路—马场角路路口的新华西路左转和新华下路左转马场角路，禁止新华下路—马场角小路路口的新华下路左转。

4. 平面布局优化

为减少对周边道路交通的影响程度，提出平面布局改善建议：

(1) 贯通地块内住宅区北侧南北向连通道。

(2) 商业步行街内增设绿化、小品及行人休憩区，营造良好的商业步行环境。

(3) 新华西路、新华下路及马场角小路路侧靠近商业区增设出租车停靠点。同时，马场角小路路侧靠近写字楼出口处增设小汽车临时停靠点，停车位不少于3个。

(4) 建议在平面布置上考虑自行车租赁点的设置，停车泊位不少于30个。同时，考虑商场、办公楼等就业人员的自行车停放，地面增设自行车停放区域，不少于300个停车泊位。

(5) 加强地下车库之间的交通联系，连通地下一层车库与地下二层车库，连通商业区车库与住宅区车库，并使4个出入口能相互共用。

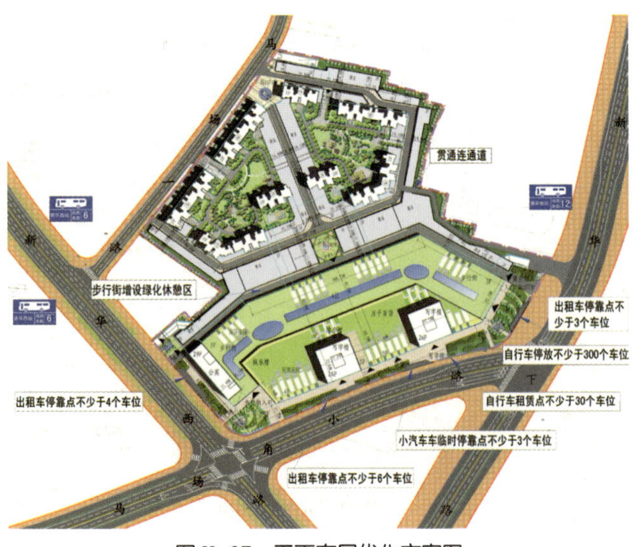

图 11-37 平面布局优化方案图

11.6.3.2 武商摩尔城交通影响评价

1. 项目概况

武商摩尔城项目位于武汉市汉口核心商业区内解放大道、武商路、京汉大道及武展西路围合区域范围内。为了使本项目开发有良好的外部交通条件，也保证项目本身效能的发挥，组织开展了该项目进行交通影响评价工作，对项目周边交通环境，地下空间综合开发衔接、项目与城市轨道交通之间的关系，项目平面布局、机动车内外部交通组织以及行人的地下、地上立体空间交通组织进行细致的分析，并提出相关的改善建议。

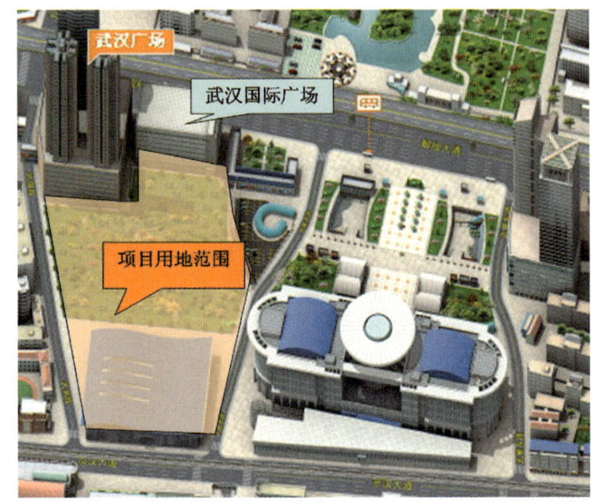

图 11-38 项目用地范围

2. 交通需求预测

2012年项目高峰引发人流量6873人次/h，引发车流量824辆/h，其中引发出租车309辆/h，引发小汽车515辆/h。根据道路流量的自然增长预测，把项目建成后诱增的交通量叠加到周边道路上，来评估道路是否可以承受。

图 11-39 项目开发交通影响评价图

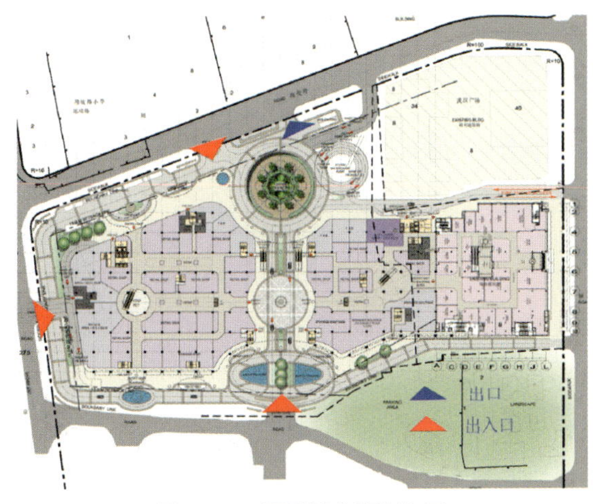

图 11-40　原建筑方案出入口

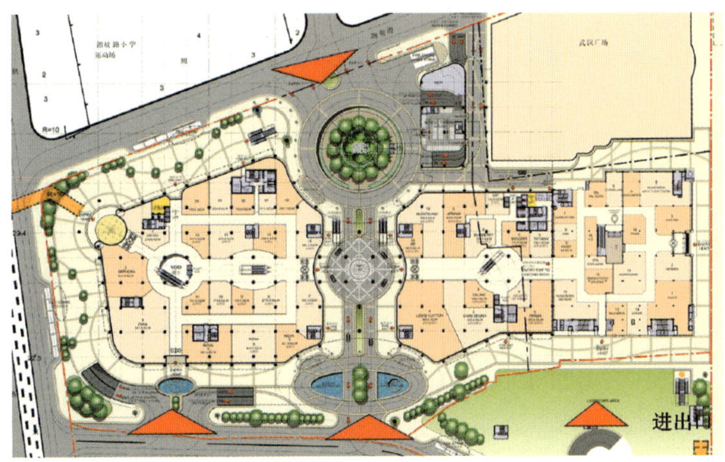

图 11-41　新建筑方案出入口

区域主要道路的服务水平有不同程度的下降，由于车辆进出口设置在武商路和武展西路上，项目建成后这两条道路的交通压力很大，无项目开发时武商路和武展西路服务水平分别为 C 级和 D 级，有项目开发两条道路服务水平均降至 F 级，不能承受项目开发带来的交通压力。

3. 交通改善措施

1）偏移京汉大道出入口位置

按原建筑方案，京汉大道出入口距离路口只有 27m，进出基地的车辆对京汉大道与武展西路交叉口会产生较大的干扰（图 11-40）；此外，京汉大道为城市次干道，项目开发应尽量减少对城市主、次干道车流及人流的干扰。建议偏移此出入口位置至武展西路，离路口不少于 50m 远的位置，结合车库出入口，使车辆在出入口能直接进出基地，减少在基地内部的绕行距离。

2）增设出租车临时停靠带

由于取消了解放大道门前的占道停车，布设的出租车临时停靠带必须满足武广、国广、武商摩尔城三者需求。由于本项目吸引客流出租车比例较高，根据武汉市及国内其他城市类似商业建筑出租车出行调查，预测本项目高峰小时引发出租车流量 309 辆 /h，原设计方案配置的出租车停靠点还不能满足项目开发的需求。建议在武展西路三角绿地增设一处港湾式出租车停靠点，保证至少三处港湾式出租车停靠点，至少 18 个出租车停靠泊位。

3）地下车库出入口设置

根据相关规范的要求和交通组织的需要，对原方案的车库出入口进行核查，提出三条改善方案，一是增设一个出入口，二是改变原来一个出入口的位置，三是改变货车出入口的设置。

4）发挥 15m 城市规划道路功能

由于研究区域东西向联系通道严重缺乏，进出各商业体的车辆干扰主干道车辆行驶。为了充分利用商机，实现区域一体化发展，充分共享资源，区域范围内规划有一条东西向贯通利济北路与武展西路的内部集散型道路，规划道路红线宽 15m。建议优化下沉广场布局，使基地内外的规划 15m 城市道路线形衔接顺畅。使此道路既能保证城市内部道路使用功能，又能充分发挥其在建筑中的交通集散功能，达到双赢的效果。

此外，本评价还就项目与轨道交通的衔接、步行通道的设置、内部车道的设置标准提出了建议，并对各车种交通组织流线进行了梳理，对停车泊位数控制和停车布局提出了要求。

参考文献

[1] 全永燊，金东兴．城市交通规划理论与方法探讨［J］．城市交通，2002（3）．
[2] 赵一新．城市交通规划编制与城市规划管理［J］．城市交通，2007（1）．
[3] 龙宁，李建忠等．关于城市交通规划编制体系的思考［J］．城市交通，2007（2）．
[4] 景国盛．城市交通规划与城市规划的协调［J］．城市规划，2001（2）．
[5] 城市综合交通体系规划编制导则．北京：住房与城乡建设部，2010．
[6] 全永燊，潘昭宇．建国60周年城市交通规划发展回顾与展望［J］．城市交通，2009(5)．
[7] 王静霞．新时期城市交通规划的作用与思路转变［J］．城市交通，2006(1)．
[8] 李江，王文治．交通工程调查指南［M］．人民交通出版社，1990．
[9] 严宝杰．交通调查与分析［M］．人民交通出版社，1994．
[10] 陆锡明．综合交通规划［M］．上海：同济大学出版社，2003．
[11] 王炜．城市道路交通管理规划指南［M］．北京：人民交通出版社，2003．
[12] 毛保华．城市轨道交通规划与设计［M］．北京：人民交通出版社，2006．
[13] 武汉市交通规划设计研究院．武汉市城市交通发展战略［R］．2009．
[14] 武汉市交通规划设计研究院，日本日建设计集团综合研究所．武汉市新时期交通发展战略研究及近期建设规划［R］．2011．
[15] 武汉市交通规划设计研究院．武汉市城市轨道交通线网规划修编［R］．2008．
[16] 武汉市交通规划设计研究院．武汉市城市快速轨道交通建设规划（2010—2017年）［R］．2010．
[17] 武汉市交通规划设计研究院．武汉市城市综合交通规划［R］．2009．
[18] 武汉市交通规划设计研究院．武汉市交通发展年度报告［R］．2010．
[19] 武汉市规划设计研究院．武汉市城市总体规划［R］．2009．
[20] 武汉市交通规划设计研究院．武汉市中心城区30分钟畅通工程规划［R］.2008．
[21] 武汉市交通规划设计研究院，北京交通发展研究中心．武汉市交通信息系统建设项目建议书.2011．
[22] 武汉市交通规划设计研究院．武汉市交通预测模型［R］．2003．
[23] 武汉市交通规划设计研究院．武汉市交通预测模型更新［R］．2010．
[24] 武汉市交通规划设计研究院．武汉市二环线建设规划［R］.2005．
[25] 武汉市交通规划设计研究院．武汉市过江通道规划［R］．2010．
[26] 武汉市交通规划设计研究院．武汉市轨道交通线网规划［R］．2009．
[27] 武汉市交通规划设计研究院．水游城交通影响评价［R］．2008．
[28] 武汉市交通规划设计研究院．地铁2号线循礼门站交通仿真［R］．2011．
[29] 武汉市交通规划设计研究院．武汉市近期交通建设与组织规划［R］．2011．
[30] 武汉市交通规划设计研究院．武汉东湖国家自主创新示范区综合交通规划［R］．2011．
[31] 武汉市交通规划设计研究院．东西湖区综合交通规划［R］．2009．
[32] 武汉市交通规划设计研究院．东湖生态旅游风景区综合交通规划［R］．2009．
[33] 武汉市交通规划设计研究院．武汉华侨城综合交通规划［R］．2008．
[34] 武汉市交通规划设计研究院．武汉市主城区近期道路系统规划［R］．2009．
[35] 武汉市交通规划设计研究院．武汉市快速公交线网规划［R］．2008．
[36] 武汉市交通规划设计研究院．交通衔接与枢纽布局规划研究［R］．2007．
[37] 武汉市交通规划设计研究院．武汉市远城区轨道线网规划［R］．2010．
[38] 武汉市交通规划设计研究院．武汉市轨道资源共享规划［R］．2009．
[39] 武汉市交通规划设计研究院．武汉市近期人行立交布局规划［R］．2009．
[40] 武汉市交通规划设计研究院．武汉市公共自行车系统布局规划［R］．2010．

[41] 武汉市交通规划设计研究院．武汉市货运交通系统规划 [R] ．2009．
[42] 武汉市交通规划设计研究院．都市发展区停车场空间布局及实施规划 [R]．2009．
[43] 武汉市交通规划设计研究院．四新地区智能交通管理系统规划 [R]．2009．
[44] 武汉市交通规划设计研究院．武汉市综合交通枢纽规划 [R] ．2010．
[45] 武汉市交通规划设计研究院．武汉国际博览中心交通规划 [R]．2008．
[46] 武汉市交通规划设计研究院．中央文化旅游区交通规划 [R] ．2010．
[47] 武汉市交通规划设计研究院．江北快速路（二七长江大桥～余泊大道）道路排水修建规划 [R]．2009．
[48] 武汉市交通规划设计研究院．武汉市人行天桥修建规划 [R]．2010．
[49] 武汉市交通规划设计研究院．游艺路公共停车场实施规划 [R]．2010．
[50] 武汉市交通规划设计研究院．武汉市轨道用地控制规划 [R] ．2009．
[51] 武汉市交通规划设计研究院．二环线（汉口段）施工期交通组织 [R]．2009．
[52] 武汉市交通规划设计研究院．辛亥首义百年庆典交通保障规划 [R]．2010．
[53] 武汉市交通规划设计研究院．新华西路万达广场交通影响评价 [R]．2009．
[54] 武汉市交通规划设计研究院．武商摩尔城交通影响评价 [R] ．2008．